絵とき解説

電験三種
演習問題集
法規

（第3版）

柴　崎　　誠　著

基本から応用まで、
わかりやすく解説！

ま え が き

第三種電気主任技術者の国家試験は、例年９月上旬に行われ、ここ数年間の合格率は概ね６～11％程度ですから、受験者の約９～17人のうちのわずか１人のみが合格しています。また、「法規」の科目合格率は概ね15～20％程度ですから、約５～７人の中の１人のみが合格する、という大変に厳しい状況です。しかし、本書で紹介するように、難解な問題は比較的少なく、大半は基礎的な知識で五者択一方式の解答が可能です。それなのに、上述のように合格率が低い主な原因は、法令の規定事項が広範囲であり、**覚えるべきことが多い**からです。その広範囲な知識を確実に理解し、記憶するためには、「それ相応の**学習期間**」と「必ず合格するぞ！という**気構え**」が必要です。そのため、あなたに合った**学習計画**を立て、途中で**進捗状況を確認**し、必要な**軌道修正**を行う必要があります。

と言いましても、本書の読者の大半は現役の社会人ですから、学生時代のように１日中机に向かうことは困難ですから、「**能率よく学習する**」ことが、受験テクニックとして大切です。そのため、本書は以下の方針により編集し、読者の皆さんがこの「法規」の科目を効率よく学べるように工夫しました。

【効率的学習のための工夫】

１．階段を登るように、基礎問題から徐々に難易度を上げた構成

本書は「初めて受験する人にも理解できる」ことを目標にして、見開きの４ページにて、一つの項目を完結するように構成してあります。

その「一つ分の項目」として、比較的易しい「基礎問題」から始め、その後に少しランク・アップした「応用問題」に進み、最後は試験場で余裕を持って解いていただく実力を養うための「模擬問題」を配置しました。階段を登るように、徐々に難易度を上げることにより、学び易く編集してあります。

２．過去の出題傾向に合わせて編集

「法規」の問題は、特に「電気設備の技術基準を定める省令（以下「電技」と略記）」から多く出題されており、その電技で規定されている範囲が大変に広く、規定事項の数も多いのです。しかし、電験第三種の出題傾向としては、ほぼ固定化されています。そのため、過去の出題傾向を入念に調査し、特に出題頻度の高いものに焦点を絞って掲載しました。また、法令の文章のみでは理解し難いことが多いですから、解説図を豊富に掲載して解説し、理解し易く編集しました。

3．問題を左側ページに、解答・解説を右側ページに分けた構成

「法規」の問題は、「電技で規定された事項に関する問題」が多いのですが、計算問題も出題されています。皆さんは、試験場で計算問題の設問文を読まれた後に、その「**解法を、ご自身の頭で思考**」して、解いていただきます。

「法規」の科目に限らず、「**解法を、ご自身の頭で思考する**」ことを繰り返し実行して、解決の能力を高めることが、工学系の受験勉強の要点です。そのため、本書の左側ページを読んだ直後に、右側ページの解答・解説文を読む態度では、「**解法を、ご自身の頭で思考する**」ことの鍛錬にはならず、そのような安易な学習方法では、冒頭に述べた厳しい合格率の試験に合格することは望めません。

本書に添付した右側ページの解答・解説文を**覆**(おお)**い隠**(かく)**す小紙片**を解法を有効に活用され、ご自身の頭で思考することを実行してください。

4．重要な語句を赤色文字で表示

過去の出題傾向を分析し、多頻度に出題されてきた**重要語句**や**概数値**、**キー**に相当する語句を、設問の下に設けた「ヒント」や、右側ページの「解説文」の中で**赤色文字**にて表示しました。

皆さんは、試験日の１～２週間前の**総復習**の段階を迎えたとき、その赤色文字の重要語句や概数値を再度確認され、確実に得点できるようにしてください。

5．解説図を豊富に掲載

国家試験の中には、試験場に関係法令を持ち込み、それを参照しつつ解答することが許可されている試験があります。しかし、皆さんが受験される電気主任技術者の資格試験は、関係法令を参照することは許可されません。そのため、関係法令、特に電技の条文中の「用語の定義」、「規定内容」、「規定値」などを、試験日までに理解し、記憶する必要があります。それらを、確実に記憶していただくために、本書では理解し易(やす)い解説図を豊富に掲載してあります。

6．各問ごとにキーポイントを明示

この「法規」の科目は、上述のとおり「記憶すべき事項」が大変に多いのですが、その出題傾向はほぼ決まっています。その頻出問題を解く際の**キー・ポイント**を、右側の解説ページの最下欄に紹介しました。皆さんは、受験直前の総復習の段階を迎えたとき、上述の赤色文字の重要語句と合わせて、この**キー・ポイント**も確実に記憶していただき、試験に臨んでください。

以上で、「効果的な学習のために工夫したこと」について述べましたが、それらを踏まえ、読者の皆さんが、確実に「法規」に合格していただくための具体的な学習方法を、次ページ以降で紹介します。

【法規合格のための具体的学習方法】

1．計画表を作成し、学習の進捗（しんちょく）状況をご自身で管理する

全ての受験勉強に共通しますが、受験勉強は決して楽しいものではありません。特に「法規」の科目に多く出題されている「法令で規定された事項を理解し、記憶すること」は、卒業直後のお若い方はご苦労が少ないでしょうが、30歳以降の方にとっては「多くのことを、確実に記憶すること」は、難題です。

難題ではありますが、上述のとおり、試験場で関係法令集の参照は許可されない試験ですから、特に「電技の重要事項を理解し、記憶すること」は、合否を直接決定します。そして、一旦記憶した事項は、試験日までに忘れたり、記憶が不確かになりますので、その対策として繰り返しの学習が必要です。そこで、皆さんは、ご自身の現在の実力を予測し、それを基に試験日までの**学習計画表**を作成し、その進捗状況をご自身で管理していただきます。

サラリーマンが、自身の業務を推進する際に、その業務の計画、相談、実行、確認、報告が大切ですが、現在の皆さんは電験第三種の受験勉強を通じて、自己の業務管理の練習も兼ねている、とお考えください。

2．基礎的な学習を、事前に終えておく

この「法規」に限らず、全ての資格試験に共通することですが、本書のような問題集でご自身の実力を確認される以前に、その問題を解くために必要な基礎的な学習を終えておく必要があります。本書では、各章の文頭に「その章のポイント」を掲載しました。もしも、皆さんがその記事を読まれた結果、要点を思い出せない場合には、見切り発車的に前へ進まずに、他の入門書や参考書により、必要な基礎知識を習得してください。

3．すぐに解答・解説文を読む学習方法では、真の実力は得られない

「受験勉強をすること」は、上述のとおり「**自己の頭脳で思考し、解決するための能力を鍛錬すること**」です。皆さんは、受験場で設問文を読まれた直後に、参考書や法令集を参照することなく、ノートも見ずに、関数電卓ではない簡易電卓のみを用いて、所定の時間内に、解答を導き出し、その答の確かめまでを、ご自身一人だけの実力で完遂しなければなりません。

ですから、本書の設問文を読んだ直後に、直ちに右側ページの解答・解説文を読むような安易な学習態度では、「自己の頭脳で思考し、鍛錬すること」にはなっていません。本書の「解説文を**読めたこと**」と、「自己の頭脳で**思考し、解答を導き出せたこと**」とは、全く別のことであると認識してください。

4．解答可能・不可能の分類記号を決めて、表題近くに印す

例えば、本書の問題を容易に解け、解説内容もよく理解できた設問には○印を、答えは正解であったが、解説文の一部に理解していなかった事項がある設問には△印を、解説文の理解が不可能だった設問には×印を、それぞれ付記します。

そして、学習が一通り終えた段階で、△印と×印の事項を再び復習し、さらに試験直前に

×印のページの要点を確認し、**効果的に反復学習**をしてください。

5．　あたかも、設計をしている気持ちで略図を描く

この「法規」の科目では、それぞれの電気設備に必要な地上高、他の物との離隔距離、適用すべき接地工事の種別など、法令で規定された事項が多く出題されています。しかし、皆さんは、電気設備の設計経験がない方が大半です。

そこで、「法規」の学習を効果的に進めていただく工夫として、「略図を描き、その図中に規定の事項や数値を記入して、ご自身が電気設備の設計をしている気持ちになって学習する」という方法がベストです。

6．　難しいと感じたら、その問題は後回しにして、次に進む

本書は、初めて学ぶ人にもスムーズに学習が進むように工夫してありますが、もしも「この模擬問題は難しい」と感じられたときには、上述の“×印”を表題付近に付記して、一旦は前に進んでみてください。例えば、法規と関連が強い「電力」の学習を進めた後に、もう一度「法規」の難問に戻ったら今度は理解できた、ということもあります。ここで、受験テクニックとして重要なことは、いつまでも解けない問題の所で、足踏み状態を続けていないことです。

7．　渡る世間は誘惑ばかり

昨日は新入生の歓迎会だったが、今日は○○工事の打ち上げ会で、明日は野球チームの友好交歓会だ、などと受験勉強をサボる言い訳は、わざわざ探さなくても、あなたの身の周りには、山のように沢山あります。いつの世も、そして、いずれの業界も、「渡る世間は、誘惑ばかり」であることが実情なのです。

冒頭で述べましたように、あなたは大変に厳しい合格率の試験に挑戦していることを、十分に自覚され、「合格するまでの間は、お付き合いを猶予していただく」ことを、職場の周囲の人達に宣言してください。そして、「合格するまで絶対に諦めない」ことと、「ヤル気の持続」が、何よりも必要不可欠です。

本書の読者の皆さんが、晴れて大願成就されることを心から祈念します。

令和３年11月

著者　柴崎　誠

法規 目次

第４章　電技　発変電所等の施設のポイント ……………111

第５章　電技　電線路（その１）のポイント ……………161

第６章　電技　電線路（その２）のポイント ……………199

第7章　電技　電気使用場所、小出力発電設備のポイント ……237

第8章　電技　分散型電源の系統連系設備のポイント …279

第9章　電気施設管理のポイント ……309

第1章　電気関係法令のポイント

1　電気工作物の種類

電気事業法（以下「法」と略記する）により、電気工作物は図1のように区分されています。

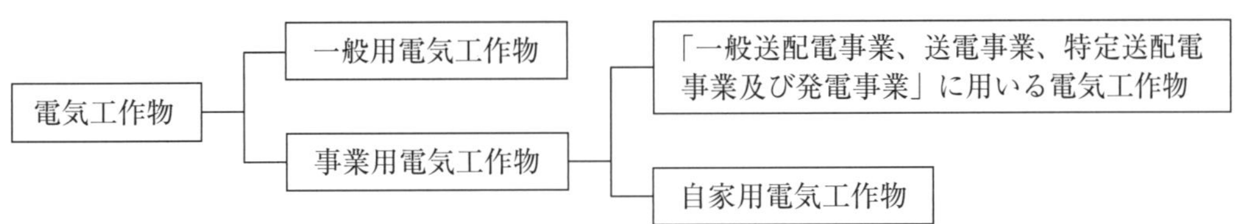

図1　電気工作物の法的区分

(1)　一般用電気工作物

危険度が比較的低い設備で、次の①②③の全てを満たすものが該当します。

① 低圧（600V以下）で受電し、受電した場所と同一構内で電力を使用する設備。

② 受電のための電線路以外は、構外に渡る電線路がない設備。

③ 省令で定める爆発性、引火性の物がない場所に施設する設備。

次の各小出力発電設備の合計が50［kW］未満の設備は、一般用電気工作物に区分されます。

④ 50kW未満の太陽電池発電設備。

⑤ 20kW未満の風力発電設備及びダム設備がなく最大使用水量1m^3/s未満の水力発電設備。

⑥ 10kW未満の内燃力発電設備。

⑦ 10kW未満の燃料電池発電設備で、固体高分子型又は固体酸化物型の最高使用圧力が0.1MPa（液体燃料通過部分は1.0MPa）未満のもの、及び、自動車用の燃料電池発電設備で圧縮水素ガスを燃料とし、全発生電力を当該自動車用の動力で消費するもの。

⑧ スターリングエンジンの運動エネルギーを原動力とする10kW未満の発電設備。

(2)　各事業の定義の概要

上の図1の中で示した「各事業」の定義のうち、電験第三種の学習に必要と思われる基礎的な内容は、次のとおりです。

① 「一般送配電事業」とは、自らが維持・運用する送配電用の電気工作物により、託送供給及び発電量調整供給を行う事業をいい、最終保障供給と離島供給の事業も含みます。

② 「送電事業」とは、自らが維持・運用する送電用の電気工作物により、一般送配電事業者に振替供給を行う事業で、その電気工作物が経済産業省令の規定に該当するものです。

③ 「特定送配電事業」とは、自らが維持・運用する送配電用の電気工作物により、特定の供給地点において、小売供給又は託送供給を行う事業をいいます。

④ 「発電事業」とは、自らが維持・運用する発電用の電気工作物により、電気を発電する事業であって、その電気工作物が経済産業省令の規定に該当するものです。

2　電気工作物の電圧区分、及び低圧電路の電圧維持義務

電気設備に関する技術基準を定める省令（以下「電技」と略記する）の第2条により、電気工作物の使用電圧により、次のように区分され、それぞれ関係法令の規制を受けます。

① **低　　圧**；直流は750V以下、**交流は600V以下**の電圧をいう。

② **高　　圧**；低圧の限度を超えて、**7 000V以下**の電圧をいう。

③ **特別高圧**；直流・交流共に、**7 000Vを超える**電圧をいう。

電気事業法施行規則（以下「施行規則」と略記する）にて、一般送配電事業者は低圧電路の供給場所（通常は柱上変圧器の低圧側端子）において、次の電圧維持を規定しています。

① 100V電路の供給電圧は、**101±6V**の範囲を超えないこと。

② 200V電路の供給電圧は、**202±20V**の範囲を超えないこと。

3　電気主任技術者の選任、届出、保安監督の責任

(1)　電気主任技術者の選任、届出、保安責任

法第43条により、次のように規定しています。

① 事業用電気工作物を設置する者は、事業用電気工作物の工事、維持及び運用に関する**保安の監督**をさせるため、主務省令（経済産業省令）で定めるところにより、主任技術者免状の交付を受けている者のうちから、主任技術者を選任しなければならない。

② 事業用電気工作物を設置する者は、**主任技術者を選任**したときは、遅滞なく、その旨を主務大臣（**経済産業大臣**）に届け出なければならない。これを**解任**した場合も**同様**とする。

③ 電気主任技術者は、事業用電気工作物の**工事**、**維持**及び**運用**に関する**保安の監督**を**誠実に**行わなければならない。

④ 事業用電気工作物の**工事**、**維持**及び**運用**に**従事する者**は、主任技術者がその保安のために**する指示に従わ**なければならない。

(2)　第三種電気主任技術者の保安監督範囲

施行規則第56条にて、次のように保安範囲を規定しています。

① **受電用設備**、及び**送配電線設備**にあっては、**5万V未満**のもの。

② **発電設備**にあっては、**5 000kW未満**のもの。

4　保安規程の作成、届出、遵守義務

(1)　保安規程の作成、届出

法第42条により、保安規程の作成、届出、遵守義務を次のように規定しています。

① 電気工作物の設置者（会社組織の場合は社長）が事業用電気工作物の設置工事を行う場

合は、**保安規程**を作成し、**使用開始前**までに**経済産業大臣**に届け出なければならない。

② 電気工作物の**設置者**及びその**従業員**は、保安規程を**遵守**しなければならない。

③ 保安規程を**変更**したときは、電気工作物の設置者が、**変更理由**を添えて、遅滞なく経済産業大臣に届け出なければならない。

(2) 保安規程に定めるべき事項

施行規則により次の規定があります。

① 電気工作物の工事、維持又は運用に関する**業務を管理**する者の職務、及び組織。

② 電気工作物の工事、維持又は運用に**従事する者**に対する**保安教育**。

③ 電気工作物の工事、維持及び運用に関する**保安**のための巡視、**点検**、及び**検査**。

④ 電気工作物の運転、又は**操作**。

⑤ 発電所の運転を**相当期間停止**する場合における**保全の方法**。

⑥ 災害、その他非常時にとるべき措置。

⑦ 電気工作物の工事、維持及び運用に関する**保安の記録**。

⑧ 事業用電気工作物の**法定自主検査**に係る実施体制、及び**記録保存**。

⑨ その他電気工作物の工事、維持及び運用に関する**保安**に関して**必要な事項**。

5　技術基準適合命令

法第40条に次の規定があります。**経済産業大臣**は、事業用電気工作物が経済産業省令で定める**技術基準**に適合していないと認めるときは、事業用電気工作物を**設置する者**に対し、その技術基準に適合するように事業用電気工作物を修理し、改造し、若しくは移転し、若しくはその使用を一時停止すべきことを命じ、又はその使用を制限することができる。

6　自家用電気工作物の工事の事前届出

法第48条により、自家用電気工作物のうち、次の設備は工事計画の**事前届出**が必要です。なお、受電設備で工事計画の**認可申請**が必要なものはありません。

① 自家用の需要設備の遮断器、断路器、変圧器、避雷器などの受電設備を設置する場所を総称して「**受電所**」と定義されている。

② 受電所のうち「工事計画の**事前届出**」が必要な「設置の工事」は**1万V以上**の遮断器及び10MVA以上の機器である（平成16年7月の施行規則改正により、高圧受電設備の全てが事前の届け出が不要となった。）

③ 受電所以外で「工事計画の事前届出」が必要な設備は、**17万V以上**のものである。（この設備は第三種電気主任技術者の保安監督範囲の5万Vを超過している。）

④ 電気事業法施行令により設置する場所を所轄する**産業保安監督部長**へ、工事着手の**30日前**までに届け出る。

⑤　既設需要設備の増設、容量変更の場合は、次の「届出」が必要である。
イ．受電線路用の遮断器の増設、又は20%以上の遮断容量変更の工事。
ロ．容量10MVA以上、または出力10MW以上の機器の設置工事。
⑥　需要設備の工事計画の事前届出の際に、次の書類を添付する。
イ．工事計画書、ロ．工事工程表、ハ．変更の工事の場合は、変更理由
ニ．添付書類（平面図、断面図、単線結線図、三相短絡容量計算書、電力ケーブルの構造図、地中電線路の布設図など）

7　電気工作物の事故報告

電気関係報告規則（以下「報告規則」と略記する）は、第1条「定義」、第2条「定期報告」、第3条「事故報告」、第4条「公害防止等に関する届出」により構成されており、このうちの第1条、第3条、第4条がよく出題されています。

(1)　事故報告の対象となる設備

事故報告の対象は「主要電気工作物に破損事故を生じた場合」であり、需要設備のうちで「主要電気工作物」に該当する設備は、使用電圧が1万V以上の次のものです。

①　受電用遮断器。
②　定格のバンク容量値が1万kVA以上の変圧器。
③　容量の値が1万kVA以上の周波数変換機器，整流機器，調相機及び分路リアクトル。
④　群容量の値が1万kVA以上の電力用コンデンサ。
⑤　使用電圧値が5万V以上の架空送電線路及び地中送電線路。

(2)　「破損事故」の定義（第1条第2項六号、七号）

電気事故が発生した際に、報告義務が生ずる「破損事故」の法的な定義は、日本語の言葉としての「破損」のイメージとは大変に異なっていますから、よく注意して覚えてください。

破損事故とは、「主要電気工作物が、変形、損傷、若しくは破壊、火災、又は絶縁劣化、若しくは絶縁破壊が原因で、その電気工作物の機能が低下、又は喪失したことにより、直ちにその運転が停止し、若しくはその運転を停止しなければならなくなった場合、又はその使用が不可能となり、若しくはその使用を中止することをいう。」と、定められています。

したがって、保護継電器の動作により、自動的に遮断器が引き外され、主要電気工作物が停止した場合は勿論（もちろん）のこと、巡視・点検で不具合を発見し、当該機器を停止すべきと判断し、手動操作にて停止した場合も、この破損事故に該当し、電気事故の報告義務の対象となります。

(3)　電気事故報告の報告期限と報告方法

電気事故の報告は、「事故の発生を知った時から24時間以内（平成28年4月の改正により、従来の48時間から24時間となった。）に、可能な限り速やかに、電話等により報告する。」と、規定されています（本書の解説文では、これを「速報」と略記します）。この速報の方法として、

電話で概要を連絡した後に、事故の要点を箇条書で表した速報用紙を、ファクシミリ又は電子メールにて伝送します。

さらに、電気事故の報告方法として、「事故の発生を知った日から30日以内に、指定書式の報告書により報告する。」と、規定されています（本書の解説文では「詳報」と略記します）。

(4)　電気事故の報告先と報告対象の事故

上記(3)項の速報、詳報共に、報告先は所轄の産業保安監督部長であり、報告書の報告者名は「設置する者」、すなわち会社組織の場合は代表取締役社長の氏名を記入します。

第三種電気主任技術者の保安監督範囲の電気工作物のうち、電気事故が原因の破損事故又は電気工作物の誤操作若しくは電気工作物を操作しないことによる事故のうち、報告の対象となる事故の種別を次に示します。（以下に示すものは、報告規則による規定であり、労働安全衛生規則等の他法令で規定される報告対象を表すものではありません。）

① **感電・死傷事故**；被災者が死亡又は治療のために入院した場合の人身事故。
　検査のための入院や、通院で治療した場合は、報告の対象ではない。

② **電気火災事故**　；電気事故が原因で、建造物が半焼又は全焼した場合の火災事故。
　半焼とは、延床面積の20％以上を焼損させた場合である。

③ 公共の財産に被害を与えた破損事故。

④ 認可出力が、500kW以上の燃料電池発電所、10kW以上の太陽電池発電所、及び全ての風力発電所の主要電気工作物の破損事故。

⑤ **需要設備の事故**；使用電圧が1万V以上の主要電気工作物の破損事故。

⑥ **他社波及事故**　；3kV以上の電気設備事故により、他社へ電力供給が停止した事故。

8　公害防止等に関する届出

報告規則第4条により、電気事業者又は自家用電気工作物を設置する者は、次に示す「届出を要する場合」に該当するときは、電気工作物の所有者名、事業所名、所在地、設備名を、設置後に遅滞なく（事故発生の場合は、可能な限り速やかに）、所轄の産業保安監督部長に届け出なければなりません。

「届出を要する場合に該当するもの」

① ダイオキシン類に該当する電気工作物を設置、又は排出量を変更する場合。

② ダイオキシン類に該当する電気工作物の事故により大気中に多量に排出した場合。

③ 現用又は予備用の電気工作物に0.5ppmを超える濃度のポリ塩化ビフェニル（PCB）を含有する絶縁油を使用していることが判明した場合。

④ ポリ塩化ビフェニルの含有濃度が0.5ppm超過の絶縁油使用の電気設備を廃止した場合（なお、平成28年8月のPCB特措法の改正により、PCBを含む電気機器の種類や保管場所の区域に応じて政令で定めた処分期間内に処分することになった）。

⑤ 騒音規制法の適用地域内に、電気工作物を設置、又は変更する場合（原動機の定格出力が7.5kW以上のコンプレッサ等の設置の工事、変更の工事が該当する）。

⑥　ばい煙発生施設又は大気汚染防止法に該当する電気工作物の故障、破損、その他の事故が発生し、ばい煙が大気中に多量に排出した場合。

⑦　水質汚濁防止法に該当する電気工作物の破損事故により、**油を含む水**を公共用水域に排出し、又は地下に浸透したことにより、人の健康に被害を生ずるおそれがある場合、又は生活環境に被害を生ずるおそれがある場合。

⑧　**絶縁油**が構内以外に排出した場合、又は地下に浸透した場合（PCB含有の有無に無関係であり、またPCBの含有濃度にも無関係に、届出義務の対象となることに注意する）。

9　電気用品安全法

⑴　電気用品安全法の目的（第１条）、対象品の区分

電気用品安全法（以下「安全法」と略記する）の目的は、「電気用品の製造、販売等を規制するとともに、電気用品の**安全性の確保**につき、民間事業者の自主的な**活動**を促進することにより、電気用品による**危険及び障害の発生を防止する**」ことです。安全法にて規制される物品は、「**特定**電気用品」と「特定電気用品**以外**の電気用品」に区分されています。

⑵　事業の届出（第３条）

電気用品の**製造**又は**輸入**の事業を行う者は、事業開始の日から起算して**30日以内**に**経済産業大臣**へ届出が必要です。同法では、その事業者を**届出事業者**と定義しています。

届出事業者は、事業の地位を**継承**した場合や、届出事項に**変更**があった場合、及び事業を**廃止**した場合には、遅滞なく**経済産業大臣**へ届出が必要です。

⑶　技術基準適合の義務（第８条）

届出事業者は、電気用品を**製造**し、又は**輸入**する場合、経済産業省令で定める技術上の基準（**技術基準**）に**適合**するようにしなければなりません。

また、届出事業者は、**製造**又は**輸入**する電気用品について**検査**を行い、その**検査記録を作成**し、これを**保存**しなければなりません。

⑷　特定電気用品の適合性検査の義務（第９条）

特定電気用品の届出事業者は、その電気用品を販売するときまでに、民間の「**認定検査機関**」又は「**承認検査機関**」により「**適合性検査**」を受ける義務があります。

特定電気用品の届出事業者は、認定検査機関、又は承認検査機関が行った検査結果を記録した**証明書**の交付を受け、その検査記録を**保存**する義務があります。

この認定検査機関、承認検査機関は、経済産業省が定めた方法により電気用品の検査を行い、当該電気用品が技術基準に適合しているときは、証明書を当該事業者に交付します。

(5) 省令で定めるマークの表示（第10条）

届出事業者は、電気用品の適合性検査を受審した結果、適合の**証明書**を受領したときは、省令で定められた、右の**図1**に示すPSEマークを、当該電気用品に表示する義務があります。

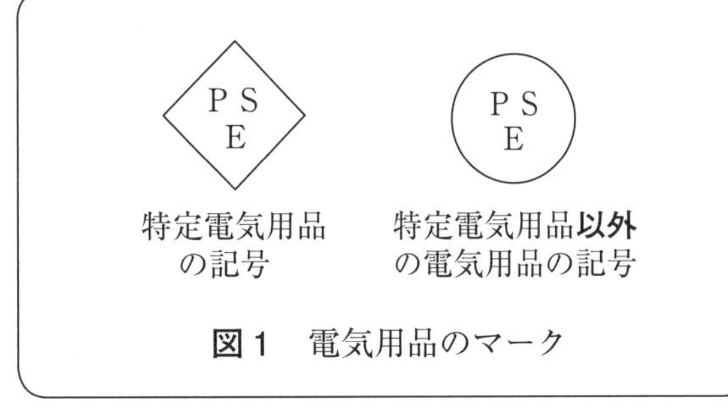

図1　電気用品のマーク

安全法第27条により、電気用品の製造、輸入又は販売の事業を行う者は、図1に示したPSEマークの表示が付されているものでなければ、電気用品を**販売**し、又は販売の目的で**陳列**することができません。

(6) 電気工作物への使用の制限（第28条）

電気事業者、自家用電気工作物を設置する者、及び電気工事士法で定める電気工事士は、図1に示したPSEマークの表示が付されているものでなければ、電気用品を電気工作物の設置又は変更の工事に使用することはできません。

(7) 特定電気用品の品目

特定電気用品の対象品は、長時間専ら無監視状態で使用される電線、配線器具、人体に直接接触して使用するため危険性が高い治療器具などであり、具体的には次のものです。

① 一般用電気工作物の一部分となるもの
電線、ヒューズ、スイッチ、接続器、小型変圧器、三相電動機など

② 一般用電気工作物に接続して使用されるもの
電気便座、電気温水器、サウナバス、鑑賞魚用ヒーター、冷蔵用ショーケース、自動販売機、電動式おもちゃ、家庭用各種治療器具、電気浴器用電源装置など

③ 携帯用発電機（系統に並列しない機器であるが、特定電気用品であることに注意する）

(8) 特定電気用品以外の電気用品

主な電気用品は、次のとおりである。

① 一般用電気工作物の一部分となるもの
電線管、単相電動機など

② 一般用電気工作物に接続して使用されるもの
電熱器具、電動力応用機械器具、光源応用機械器具、電子応用機械器具、交流用電気機械器具など

10 電気工事士法

(1) 電気工事士法の目的と工事範囲

この法の目的は、『電気工事の作業に従事する者の資格及び義務を定め、もつて電気工事の欠陥による災害の発生の防止に寄与すること』と、定めてあります。

電気工事士が工事可能な範囲は、**一般用電気工作物**、及び**500kW未満の自家用の需要設備**の電気工事のうち常時系統に接続して運転する**発電設備を除く**電気設備です。

つまり、500kW以上の需要設備の工事や、発電設備の工事を行う場合には、電気主任技術者の保安監督の下で、その電気工事を実施する必要があります。

(2) 電気工事士の種類と資格

電気工事士は、次の4種の資格に区分され、従事可能な工事範囲を定めています。

① **第二種**電気工事士；**一般用**電気工作物（したがって600V以下）の電気工事。

② **第一種**電気工事士；一般用電気工作物、及び自家用電気工作物のうちの**500kW未満の需要設備**であって、ネオン用設備と非常用予備発電設備を**除く**電気工事。

③ **認定**電気工事従事者；第一種電気工事士の工事可能範囲のうち、**600V以下**で使用する自家用電気工作物の簡易な電気工事（電線路に係るものを除く）。

④ **特殊**電気工事士；自家用電気工作物に係る次の工事範囲。

　イ．**ネオン用設備**の分電盤、主開閉器、タイムスイッチ、点滅器、ネオン用変圧器、ネオン管及びこれらの付属設備の工事。

　ロ．**非常用予備発電装置**として設置する原動機、発電機、配電盤、及びこれらの付属設備の工事。

〔注意〕**特殊**電気工事士免状は、上記の「ネオン用」と「非常用予備発電装置用」とが、それぞれ独立しており、別個に交付される。したがって、いずれか一方の免許の交付を受ければ、他の一方も自動的に工事が可能となるものではない。

(3) 電気工事士でなければできない電気工事の作業

電気工事士法の規定により、次の電気工事は、電気工事士の免許の交付を受けていない者が行うことはできません。

① **電線相互**の**接続**、電線と**配線器具**との**接続**

② **電線**をガイシ、造営材、その他の**物件に取り付け**る作業

③ 電線を**電線管**、線ぴ、ダクト、などに**収める**作業

④ **配線器具**、ボックス、配電盤を**造営材等に取り付け**る作業

⑤ **電線管の加工**、電線管とボックスとの接続作業

⑥ 電線、電線管、線ぴ、ダクト等が、**造営材を貫通する部分の防護装置**取り付け

⑦ **金属製の電線管**、線ぴ、ダクト等を**建造物の金属板張り部分への取り付け**

⑧ 一般用、または自家用電気工作物の**接地工事**

⑨ **600Vを超える**電圧で使用する機器に**電線を接続**する作業

11 電気工事業法（電気工事業の業務の適正化に関する法律）

(1) 電気工事業の登録通知制度

① 電気工事業の登録申請
電気工事業を営もうとする者は、**2以上の都道府県**の区域内で営業所を設置して事業を営む場合は**経済産業大臣**の登録を受けるための登録申請を、又**1の都道府県**の区域内で営業所を設置して事業を営む場合は当該営業所の所在地を管轄する**都道府県知事**の登録を受けるための登録申請をしなければなりません。
自家用電気工作物のみの電気工事業を営む者は、事業開始の**10日前**までに、その旨を**都道府県知事**に通知しなければなりません。

② 登録の有効期間と更新登録
上記①項の登録の有効期間は**5年間**であり、その有効期間が満了後も引き続き電気工事業を営む場合は、**更新の登録**を受けなければなりません。

(2) 主任電気工事士の設置義務

第19条の規定により、『登録電気工事業者は、一般用電気工作物に係る電気工事の業務を行う**営業所ごと**に、**一般用電気工事の作業を管理**させるため、その営業所に勤務する事業主、役員又は従業員であって、かつ、第一種電気工事士、又は第二種電気工事士免状の交付を受けた後に登録事業者のもとで電気工事に関し**3年以上**の実務の経験を有する第二種電気工事士を、**主任電気工事士**として置かなければならない。』と規定しています。

(3) 電気工事業者の業務規制

電気工事業を営む者は、次の事項を遵守しなければなりません。

① **電気工事士**でない者を、電気工事に**従事**させないこと。
② 電気工事業者でない者に、電気工事を**請け負わせない**こと。
③ **電気用品安全法**に定めるPSEマークが付されている電気用品でなければ、電気工事に使用することができないこと。
④ 電気工事が適切に行われたことを**検査**するのに必要な**絶縁抵抗計**、その他経済産業省令で定める**器具**を備えること。
⑤ 営業所及び電気工事の施工場所ごとに、見やすい場所に、**標識を掲示**すること。
⑥ 営業所ごとに**帳簿**を備え、所要事項を**記載**し、**保存**しなければならないこと。

(4) 経済産業大臣又は都道府県知事の監督

① 経済産業大臣又は都道府県知事は、電気工事業者が行う電気工事により**危険及び障害**が発生し、又は発生するおそれがある場合、**必要な措置**を命ずることができる。
② 経済産業大臣又は都道府県知事は、電気工事業者が登録（通知）事項の変更を怠り、又は虚偽の届出をしたとき、あるいは不正な手段で登録を受けたときは、6ヶ月以内の期間を定めて事業の停止を命ずることができる。

1 電気工作物の種類と電圧の区分

【基礎問題1】 電気設備の技術基準を定める省令により、電気工作物の使用電圧の値に基づいて、低圧、高圧、特別高圧の三つに区分することを規定している。その電圧の区分について述べた次の(1)〜(5)の文章のうち、誤っているものを二つ選べ。

(1) 単相3線式の外線（電圧線）の相互間の使用電圧値が200Vで、その中性線の一端を接地して使用する屋内配線の電路は、低圧に区分される。
(2) 三相3線式の線間電圧値が200Vで、その配線の1線が接続する電源側の端子を接地して使用する屋内配線の電路は、低圧に区分される。
(3) 対地電圧値が直流1 500Vの電車駆動用き電線路は、高圧に区分される。
(4) 三相4線式で線間電圧値が420Vの屋内配線の電路は、高圧に区分される。
(5) 定格電圧値が11kVの三相同期発電機の出力端子から、発電機昇圧用変圧器の一次側端子までの三相3線式電路の部分は、高圧に区分される。

【ヒント】 「第１章のポイント」の第2項「電気工作物の電圧区分、及び低圧電路の電圧維持義務」を復習し、解答する。

【基礎問題2】 電気事業法で定める電気工作物の種別として、次の(1)〜(5)のうち、自家用電気工作物に該当するものを一つ選べ。

(1) 最大出力が48kWで、低圧配電線に接続する太陽電池発電設備。
(2) 最大出力が18kWで、低圧配電線に接続する風力式発電設備。
(3) 最大出力が28kWで、ダム設備を持たない水力発電設備であって、一般送配電事業者が運用する低圧配電線に接続して運転し、かつ、発電事業用以外の設備。
(4) 最大出力が8kWで、内燃力により発電機を駆動する発電設備。
(5) 最大出力が9kWで、固体高分子型の燃料電池発電設備で、最高使用圧力が0.1MPa未満の発電設備。

【ヒント】 「第１章のポイント」の第1項「電気工作物の種類」の中の(1)「一般用電気工作物」、及び、(2)「各事業の定義の概要」を復習し、解答する。

【基礎問題1の答】（4）及び（5）

電圧の区分は、電気設備の技術基準を定める省令（以下「電技」と略記する）の第2条により、次のように規定されている。

⑴　**低圧**とは、直流は750V以下、**交流**は600V**以下**の電圧をいう。

⑵　**高圧**とは、低圧の限度を超えて、**7000V以下**の電圧をいう。

⑶　**特別高圧**とは、直流・交流共に**7000Vを超える**電圧をいう。

設問の文章を次のように吟味し、電圧の区分を判断する。

⑴の単相3線式の200V配線の電路は、交流600V以下の低圧であり、**正文**である。

⑵の三相3線式の200V配線の電路は、交流600V以下の低圧であり、**正文**である。

⑶の直流1500Vのき電線路は、直流750Vを超えて、かつ、7000V以下であるので、高圧であり、**正文**である。

⑷の三相4線式の420V屋内配線の電路は、交流600V以下であるから、低圧に区分され、これが**誤文**である。

⑸の三相同期発電機の出力端子から発電機昇圧用変圧器の一次側（発電機側）端子までの11kVの電路は、7000Vを超えているため、特別高圧に区分され、これも**誤文**である。

【基礎問題2の答】（3）

自家用電気工作物に該当するものは、第1章のポイントの図1に示したとおりである。

次の各小出力発電設備の合計が50kW未満の施設は、一般用電気工作物に区分される。

（次の①～⑤の中の赤色の太字体の語句と数値を暗記する）。

①　**50kW未満の太陽電池**発電設備。

②　**20kW未満の風力**発電設備及びダム設備がなく最大使用水量1m³/s未満の**水力**発電設備。

③　**10kW未満の内燃力**発電設備。

④　**10kW未満の燃料電池発電設備**で、固体高分子型又は固体酸化物型の最高使用圧力が0.1MPa（液体燃料通過部分は1.0MPa）未満のもの、及び、自動車用の**燃料電池発電**設備で圧縮水素ガスを燃料とし、全発生電力を当該自動車用の動力で消費するもの。

⑤　**スターリングエンジン**の運動エネルギーを原動力とする**10kW未満**の発電設備。

したがって、設問の⑶の水力発電設備の最大出力は28kWであるから、上記②項の20kW未満に該当しないので、「小出力発電設備」の範疇（はんちゅう）ではなく、一般用電気工作物に区分されない。つまり、法的には「**自家用電気工作物**」に該当するため、**電気主任技術者**の選任と届出、**保安規程**の作成と届出、**定期点検**の実施とその記録保存など、関係法令により保安上の規制を受ける設備である。

【模擬問題】　次の(1)〜(5)に挙(あ)げる電気設備を、一般送配電事業者が運用する配電線路に接続して運用する場合、その電気設備が電気事業法によって規定する一般用電気工作物に該当するものを選べ。

(1)　三相3線式200Vの低圧配電線路から受電し、その受電電力の全部を受電した小規模工場にて消費し、かつ、その小規模工場の敷地外に施設した最大出力9kWの風力発電設備と接続して運転する全部の電気設備。

(2)　単相3線式200Vの低圧配電線路から受電し、その受電電力の一部を第一工場にて消費し、かつ、その第一工場の敷地外に隣接している第二工場へ送電するための単相3線式200Vの低圧配電線路を含む全部の電気設備。

(3)　三相3線式200Vの低圧配電線路から受電し、その受電電力の全部を省令で定める火薬に該当するものを製造する工場内で消費する需要設備。

(4)　最大出力が48kWの太陽電池発電設備であって、三相3線式6.6kVの配電線に接続して発電運転を行う発電設備。

(5)　最大出力が9kWの固体高分子型の燃料電池発電設備であって、その最高使用圧力が90kPaであり、三相200Vの配電線路に接続して運転する発電設備。

類題の出題頻度　★★☆☆☆

【ヒント】「第１章のポイント」の第1項「電気工作物の種類」の(1)「一般用電気工作物」の解説記事、及び図１を復習して解答する。

電気工作物は、電気事業法により次の図に示すように「一般用電気工作物」と「事業用電気工作物」に区分されている。その「事業用電気工作物」は、次の図に示すように二つに区分されている。

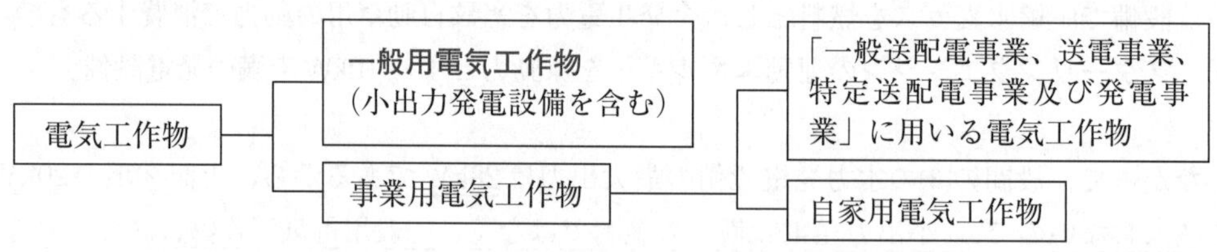

図　電気事業法による電気工作物の区分

この設問は、「一般用電気工作物」に該当するものを問うており、「小出力発電設備」に該当するものは一般用電気工作物の範疇(はんちゅう)として区分されている。

【答】（5）

一般用電気工作物に区分される電気設備は、危険度が低いものであって、次の①②③の全てを満たす設備が該当する。

① 低圧（600V以下）で受電し、受電した場所と**同一構内**で電力を使用する設備。
② 受電のための電線路以外は、**構外**に渡る電線路が**ない**設備。
③ 省令で定める**爆発性**、**引火性**の物がない場所に施設する設備。

次の各**小出力発電設備**の**合計が50［kW］未満**の設備も、一般用電気工作物に区分される。

④ **50kW未満**の**太陽電池**発電設備。
⑤ **20kW未満**の**風力**発電設備及びダム設備がなく最大使用水量$1m^3/s$未満の**水力**発電設備。
⑥ **10kW未満**の**内燃力**発電設備。
⑦ **10kW未満**の**燃料電池**発電設備で、固体高分子型又は固体酸化物型の最高使用圧力が0.1MPa（液体燃料通過部分は1.0MPa）未満のもの、及び、自動車用の**燃料電池**発電設備で圧縮水素ガスを燃料とし、全発生電力を当該自動車用の動力で消費するもの。
⑧ **スターリングエンジン**の運動エネルギーを原動力とする**10kW未満**の発電設備。

以上の規定事項を踏まえて、設問の文章を次のように吟味する。

⑴の文章中の「敷地外に施設した・・・風力発電設備へ接続する全部の電気設備」は、上記②の「受電のための電線路以外は、**構外**に渡る電線路が**ない**設備」に該当しないため、この電気設備は一般用電気工作物ではない。

⑵の文章中に「・・・その第一工場の敷地外に隣接している第二工場へ送電するための単相3線式200Vの低圧配電線路を含む全部の電気設備」とあるが、この低圧配電線路も、上記②の「受電のための電線路以外は、**構外**に渡る電線路が**ない**設備」に該当しないため、一般用電気工作物ではない。

⑶の文章中に「・・・省令で定める火薬に該当するものを製造する工場内・・・」とある部分が、上記③の「省令で定める**爆発性**、**引火性**の物がない場所に施設する設備」に該当しないため、一般用電気工作物ではない。

⑷の文章中に「・・・**6.6kV**の配電線に接続して、発電運転を行う」とあるので、これは**高圧配電線**に接続する発電設備であり、上記④～⑧に共通する「600V以下の電線路に接続する発電設備」に該当しないため、一般用電気工作物ではない。

⑸の文章は、上記④～⑧に共通する「**600V以下**の電線路に接続する発電設備」に該当し、かつ、上記⑦の条件にも適合するので、これが一般用電気工作物に該当する。

小出力発電設備は、一般用電気工作物に
区分され、関係法令の適用を受ける。

2 主任技術者の選任と届出

【基礎問題】 電気事業法で規定する第三種電気主任技術者が保安の監督の業務を行うことができる電気設備の範囲を述べた文章として、適切でないものを次の(1)〜(5)のうちから一つを選べ。

(1) 33kVで受電する需要設備であって、発電設備を持たない設備
(2) 22kVで受電する需要設備であって、受電用遮断器の定格遮断電流が30kAを超えるものを有する設備
(3) 絶縁油を使用した33kVの電力ケーブルを含む需要設備
(4) 市街地を通過する33kVの架空送電線路
(5) 認可出力が5MWの太陽電池発電設備

【ヒント】「第１章のポイント」の第3項「電気主任技術者の選任、届出、保安監督の責任」を復習し、解答する。

【応用問題】 電気事業法で定める電気主任技術者の選任、届出、及び保安監督の範囲について述べた文章として、適切でないものを次の(1)〜(5)のうちから一つを選べ。

(1) 事業用電気工作物を設置する者は、事業用電気工作物の工事、維持及び運用に関する保安の監督をさせるため、経済産業省で定める主任技術者の免状の交付を受けている者の中から主任技術者を選任しなければならない。
(2) 事業用電気工作物を設置する者は、主任技術者を選任したときは、遅滞なくその旨を所轄の産業保安監督部長に届け出なければならない。
(3) 電気主任技術者は、事業用電気工作物の工事、維持及び運用に関する保安の監督を誠実に行わなければならない。
(4) 事業用電気工作物の工事、維持及び運用に従事する者は、主任技術者がその保安のためにする指示に従わなければならない。
(5) 事業用電気工作物を設置する者は、事業用電気工作物の工事、維持及び運用に関する保安の監督をさせる主任技術者を変更したときは、遅滞なくその旨を届け出なければならない。

【ヒント】「第１章のポイント」の第3項「電気主任技術者の選任、届出、保安監督の責任」を復習し、解答する。

【基礎問題の答】（5）

施行規則により、第三種電気主任技術者が保安の監督にあたることができる設備の範囲を、次のように規定している。

① 受電用設備、及び送配電線路の設備にあっては、**5万V未満**のもの。

② **発電設備**にあっては、認可出力が**5 000kW未満**のもの。

設問の各文章を、以下に解説する。

(1)の需要設備の受電電圧33kVは、50kV未満であり、保安監督が可能である。

(2)の受電用遮断器は、その定格遮断電流値に無関係に、受電電圧22kVの需要設備は50kV未満の電圧値であるから、保安監督が可能である。

(3)の電力ケーブルは、施行規則の改訂前は25kV未満が保安監督が可能な設備であったが、改訂後は架空送電線路の設備と同じ電圧値になり、33kVは保安監督が可能である。

(4)の50kV未満の架空送電線路は、市街地通過の有無に関係なく、保安監督が可能である。

(5)の5MWの発電設備は、その認可出力が**5 000kW未満**に該当しないため、第三種電気主任技術者が保安の監督にあたることができる発電設備ではない。

【応用問題の答】（2）

設問の(2)以外の文章は、全て正文である。(2)の文章は、「電気主任技術者の届出」に関する事項を述べたものであるが、それは電気事業法（以下「法」と略記）第43条により、届出先を次のように規定している。

『事業用電気工作物を設置する者は、主任技術者を選任したときは、遅滞なく、その旨を**経済産業大臣**に届け出なければならない。』

電気主任技術者を「選任する人」は、設問の(1)の文章にあるように「事業用電気工作物を**設置する者**」である。

その「**設置する者**」は、工事現場の責任者ではなく、例えば、その電気工作物の所有者が株式会社の場合は、その会社を代表する責任者の**代表取締役社長**である。

実際に、電気主任技術者の届出書の案文を作成する実務や、その届出書を持参して役所に届け出る実務は、第三種電気主任技術者の試験に合格した後の将来のあなたであろうが、上述のように届出書としての宛名は**経済産業大臣**であり、届出人は代表取締役社長であり、それに会社の公印を捺印（なついん）して作成する。そのように、社長から大臣へ届け出る書類であることは、電気保安面における電気主任技術者の法的責任が大変に重いことを表している。

【模擬問題】 次の文章は、電気事業法で定めている電気主任技術者について述べたものであるが、この文章の空白の(ア)〜(オ)に当てはまる適切な語句として、全て正しく組み合わせたものを、次の(1)〜(5)のうちから一つを選べ。

事業用電気工作物を設置する者は、事業用電気工作物の工事、維持及び運用に関する［(ア)］の監督をさせるため、経済産業省令の定めにより、［(イ)］の免状の交付を受けている者のうちから、［(イ)］を選任しなければならない。

事業用電気工作物を設置する者は、［(イ)］を選任したときは、遅滞なく、その旨を［(ウ)］に届け出なければならない。これを解任した場合も同様とする。

［(イ)］は、事業用電気工作物の工事、維持及び運用に関する［(ア)］の監督を［(エ)］に行わなければならない。

事業用電気工作物の工事、維持及び運用に［(オ)］は、主任技術者がその［(ア)］のためにする指示に従わなければならない。

	(ア)	(イ)	(ウ)	(エ)	(オ)
(1)	運転	運転員	都道府県知事	常	運転
(2)	保守	保守員	産業保安監督部長	十分に	保守
(3)	操作	操作員	都道府県知事	休まず	操作
(4)	保安	主任技術者	経済産業大臣	誠実	従事する者
(5)	点検	点検員	経済産業大臣	完全	定期点検

類題の出題頻度　★★★★☆

【ヒント】「第１章のポイント」の第3項「電気主任技術者の選任、届出、保安監督の責任」を復習し、解答する。

この設問は、空白の(イ)の部分が多いので、法第43条をよく読んでいないと解答が難しいが、第43条を数回読んでいれば、解答は十分に可能である。

この設問内容は、合格後のあなた方が電気主任技術者に就任した後に、大変重要な事項であるので、十分に内容を理解し、保安の監督業務を誠実に行えるようにしておこう。

【答】（4）

電気事業第43条により、電気主任技術者の選任と届出について、次のように規定している。

会社組織の場合は社長

この言葉を３点セットで覚える

『事業用電気工作物を設置する者は、事業用電気工作物の**工事、維持及び運用**に関する**保安の監督**をさせるため、経済産業省令の定めにより、主任技術者の免状の交付を受けている者のうちから、主任技術者を**選任**しなければならない。』

主任技術者の主要な任務である

『事業用電気工作物を設置する者は、主任技術者を**選任**したときは、遅滞なく、その旨を**経済産業大臣**に届け出なければならない。これを**解任**した場合も同様とする。』

届出書の宛名は経済産業大臣

転勤や退職により交代したときなど

『電気主任技術者は、事業用電気工作物の**工事、維持及び運用**に関する**保安の監督**を**誠実**に行わなければならない。』

この業務も３点セットで覚える

電気保安の重い責任を負っている

『事業用電気工作物の**工事、維持及び運用**に**従事する者**は、主任技術者がその保安のためにする**指示**に従わなければならない。』

電気保安に関する最新知識の習得は勿論（もちろん）、作業安全に関する知識も習得し、関係の技術者へ適切な指示をしよう。

Key Point

電気主任技術者の選任届出書は、
経済産業大臣宛で作成する。

3 保安規程の作成と届出

【基礎問題1】 電気事業法で定める保安規程の作成、届出、及び記載すべき事項に関する文章として、適切でないものを次の(1)～(5)のうちから一つを選べ。

(1) 保安規程に網羅すべき事項は、電気事業法施行規則で定めてある。
(2) 保安規程を作成したときは、経済産業大臣へ届け出なければならない。
(3) 保安規程で定めた事項は、電気工作物の設置者、主任技術者、及び電気工作物の保安に関する従事者の全てが遵守(じゅんしゅ)しなければならない。
(4) 保安規程に記載すべき事項には、平常時の運転、操作方法だけでなく、発電所の運転を相当期間停止する場合の保全方法や、災害その他非常時にとるべき措置も含まれている。
(5) 電気工作物の保安教育、及び災害復旧訓練の実施、及びその記録に関する事項は、電気工作物を所有する会社の規則で明文化すれば、保安規程で定めなくてよい。

【ヒント】 「第１章のポイント」の第4項「保安規程の作成、届出、遵守義務」を復習し、解答する。

【基礎問題2】 電気事業法で定める保安規程の作成、届出に関する次の文章中の(ア)、(イ)及び(ウ)に該当する語句を、下の「解答群」の中から選べ。

(1) 自家用の需要設備に適用する電気工作物の設置者は、その電気工作物に関する保安規程を作成し、[　(ア)　]までに経済産業大臣へ届け出なければならない。
(2) 電気工作物の設置者及びその従業員は、保安規程を[　(イ)　]しなければならない。
(3) 事業用電気工作物の設置者が保安規程を変更したときは、[　(ウ)　]を添えて、遅滞なく、経済産業大臣に届け出なければならない。

「解答群」遵守(じゅんしゅ)、変更理由、使用開始前

【ヒント】 「第１章のポイント」の第4項「保安規程の作成、届出、遵守義務」を復習し、解答する。

【基礎問題1の答】　(5)

設問の(5)以外の文章は、全て正文であるが、(5)の「電気工作物の工事、維持及び運用に関する**保安の記録**に関する事項」も、保安規程に記載しておかなければならない。

設問の(4)の文章にあるように、保安規程には『事業用電気工作物の工事、維持又は運用に従事する者に対する**保安教育**に関すること』及び『**災害**その他**非常時**にとるべき**措置**』も網羅して定めておく必要がある。

さらに、それらを実施した際の記録書の保管についても、『事業用電気工作物の工事、維持又は運用に関する保安についての記録に関すること』として定めるべき事項である。

【基礎問題2の答】　(ア)　使用開始前、(イ)　遵守(じゅんしゅ)、(ウ)　変更理由

法第42条により、保安規程の作成、届出、遵守義務について次のように規定している。

① 『事業用の電気工作物の設置者は、その電気工作物に関する**保安規程**を作成し、その電気工作物を**使用開始する前**までに、**経済産業大臣**に届け出なければならない。』

(解説)　上の「基礎問題1」で述べたように、「電気工作物の設置者」は、「電気主任技術者の選任、届出」の場合と同様に、株式会社の場合にはその会社の代表取締役社長である。

② 『電気工作物の**設置者**及びその**従業員**は、保安規程を**遵守**(じゅんしゅ)しなければならない。』

(解説)　保安規程に記載すべき内容の中に、「電気工作物の工事、維持及び運用に関する保安のための**巡視**、**点検**、及び**検査**」が含まれている。そして、保安規程を遵守しなければならない対象として、「設置者」も含まれている。そのため、保安規程の変更手続きをせずに、会社経費の節減を目的に定期点検の1回分を省略する、などの行為は許されない。

③ 『保安規程を**変更**したときは、電気工作物の設置者が、**変更理由**を添えて、遅滞なく経済産業大臣に届け出なければならない。』

(解説)　この文章どおり、「変更理由」を説明した添付書が必要であることを、覚えておこう。

【模擬問題】 次の文章は、電気事業法で定めている保安規程に定めるべき事項を述べたものである。この文章の空白の(ア)～(オ)に当てはまる適切な語句として、全て正しく組み合わせたものを、次の(1)～(5)のうちから一つを選べ。

(1) 電気工作物の工事、維持又は運用に関する業務を管理する者の [(ア)] 、及び組織に関する事項。
(2) 電気工作物の工事、維持又は運用に従事する者に対する [(イ)] に関する事項。
(3) 電気工作物の工事、維持及び運用に関する保安のための巡視、 [(ウ)] 、及び検査に関する事項。
(4) 電気工作物の運転、又は [(エ)] に関する事項。
(5) [(オ)] 、その他非常時にとるべき措置に関する事項。

	(ア)	(イ)	(ウ)	(エ)	(オ)
(1)	職務	技術教育	点検	停止方法	電気火災
(2)	所属	安全教育	保守	操作	地震被害
(3)	職務	保安教育	点検	操作	災害
(4)	役職	保安教育	保守	調整方法	津波被害
(5)	職務	技術教育	調査	工事方法	災害

類題の出題頻度 ★★★★☆

【ヒント】「第１章のポイント」の第4項「保安規程の作成、届出、遵守義務」の解説記事を復習し、解答する。

この設問の保安規程に記載する内容は、電気主任技術者にとって非常に重要なルールであるから、自分が管轄する電気工作物の特性をよく理解して保安規程を作成し、その保安規程を誠実に遵守しなければならない。

【答】(3)

電気事業法施行規則（以下「施行規則」と略記）により、保安規程に定めるべき事項として、次のように定めている。
（**赤色ゴシック体**が、過去に出題された語句であるから、確実に覚える。）

(1)　電気工作物の工事、維持又は運用に関する業務を管理する者の**職務**、及び**組織**に関する事項。
（解説）　保安に関する責任の体制を明確にする。
(2)　電気工作物の工事、維持又は運用に従事する者に対する**保安教育**に関する事項。
（解説）　保安教育の実施計画書と実施報告書を作成し、保存する。
(3)　電気工作物の工事、維持及び運用に関する保安のための**巡視**、**点検**、及び**検査**に関する事項。
（解説）　巡視と点検は、対象物とその実施周期も決めておく。
(4)　電気工作物の**運転**、又は**操作**に関する事項。
（解説）　運転規範や操作要綱として作成し、(2)項の保安教育にも活用する。
(5)　発電所の運転を**相当期間停止**する場合における**保全の方法**に関する事項。
(6)　**災害**、その他**非常時**にとるべき措置に関する事項。
（解説）　非常時設備対策要綱などが該当する。
(7)　電気工作物の工事、維持及び運用に関する**保安の記録**に関する事項。
（解説）　各工事件名ごとに綴り、保管期限を明記して保存する。
(8)　事業用電気工作物の**法定自主検査**に係る実施体制、及び記録保存に関すること。
(9)　その他電気工作物の工事、維持及び運用に関する保安に関して必要な事項。

上記の(1)から(4)までの文章は、設問の(1)～(4)までの文章にそれぞれ該当し、上記の(6)の文章は設問の(5)の文章に該当する。
これらの文章は、法令と同じ用語であるため、なじみが感じられないが、保安規程は電気主任技術者として大変に重要であるため、過去に繰り返し出題されている。
特に、上記の(1)～(9)までの文章中の**赤色のゴシック体**で表した語句が重要であるので、それらの語句を何回も繰り返して発声しつつ、紙に書いて、試験日までに確実に覚えていただきたい。

保安規程は、電気主任技術者にとって
保安上大変に重要な事項を定めたものである。

4 技術基準適合命令、工事計画の事前届出

【基礎問題1】 次の文章は、電気工作物を技術基準に適合させることに関して、電気事業法で定めた内容の抜粋である。この文章中の(ア)から(エ)までの空白の部分に当てはまる適切な語句を、下の「解答群」から選び、書き入れて文章を完成させよ。

［(ア)］は、事業用電気工作物が経済産業省令で定める［(イ)］に適合していないと認めるときは、事業用電気工作物を［(ウ)］に対し、その技術基準に適合するように事業用電気工作物を修理し、改造し、若しくは移転し、若しくはその使用を一時［(エ)］すべきことを命じ、又はその使用を制限することができる。

「解答群」停止、設置する者、技術基準、経済産業大臣

【ヒント】「第１章のポイント」の第5項「技術基準適合命令」を復習し、解答する。

【基礎問題2】 電気事業法で定める工事計画の事前申請の手続きに関する記述として、次の(1)～(5)までの文章のうち、その内容が適切でないものを一つ選べ。

(1) 工事計画の事前申請が必要な電気工作物は、認可申請が必要なものと、届け出が必要なものに区分され、それぞれ規定している。

(2) 工事計画の事前申請が必要なものは、事業用電気工作物が対象であり、一般用電気工作物は対象ではない。

(3) 自家用電気設備のうちの受電設備については、工事計画の事前申請の手続きとして、届け出が必要な対象設備はあるが、認可申請が必要な設備はない。

(4) 自家用電気工作物のうちの需要設備については、その遮断器、断路器、変圧器、避雷器などの受電設備を設置する場所を総称して受電所と定義している。

(5) 受電所のうち、工事計画の事前届出が必要な設置の工事の対象は、高圧以上の電気工作物である。

【ヒント】「第１章のポイント」の第6項「自家用電気工作物の工事の事前届出」を復習し、解答する。

【基礎問題1の答】 (ア)　経済産業大臣、(イ)　技術基準、(ウ)　設置する者、(エ)　停止

法第40条「技術基準適合命令」からの出題であり、次のように規定している。

一般用電気工作物以外の全ての電気工作物が該当する。

大変に重要な法令であり、第2章以降で学習する。

検査官の立入検査により技術基準に適合か否か確認している。

経済産業大臣は、事業用電気工作物が経済産業省令で定める**技術基準**に適合していないと認めるときは、事業用電気工作物を**設置する者**に対し、その技術基準に適合するように事業用電気工作物を修理し、改造し、若しくは移転し、若しくはその使用を一時**停止**すべきことを命じ、又はその使用を制限することができる。

電気設備の保安維持のため、所管の大臣に大きな権限が与えられている。

【基礎問題2の答】　(5)

工事計画の事前申請の手続きは、法第47条により次のように規定している。

(1)　工事計画の事前申請が必要な電気工作物は、認可申請が必要なものと、届け出が必要なものに区分され、それぞれ規定している。
（説明）認可申請が必要な設備は、17万V以上の超高圧設備である。

(2)　工事計画の事前申請が必要なものは、事業用電気工作物が対象であり、一般用電気工作物は対象ではない。
（説明）一般用電気工作物は、電気工事士法、電気工事業法に保安維持の規制がある。

(3)　自家用電気設備のうちの受電設備については、工事計画の事前申請の手続きとして、届け出が必要な対象はあるが、認可申請が必要な対象はない。
（説明）自家用の受電設備で、認可申請が必要な対象はない。

(4)　自家用電気工作物のうちの需要設備については、その遮断器、断路器、変圧器、避雷器などの受電設備を設置する場所を総称して受電所と定義している。
（解説）電気事業法で定める「受電所」の定義を覚えておこう。

(5)　受電所のうち、工事計画の**事前届出**が必要な設置の工事の対象は、**1万V以上**の電気工作物である。
（解説）受電所のうち「工事計画の**事前届出**」が必要な「設置の工事」は、平成16年7月の施行規則改正により、高圧受電設備の全てが事前の届け出が不要となり、届け出が必要なものは1万V以上の特別高圧の受電設備に変更された。

【模擬問題】 次の文章は、電気事業法及び電気事業法施行令により規定した需要設備に該当する電気工作物の工事計画の事前申請の手続きに関する事項の一部を記述したものである。この文章中の(ア)〜(カ)の空白の部分に当てはまる適切な語句を正しく組み合せたものを、次の(1)〜(5)のうちから一つを選べ。

電気事業法の規定により、需要設備に使用する電気工作物の設置の工事を計画する場合は、その使用電圧が［(ア)］V以上のものは、工事計画の事前届出が必要である。

上記の電気工作物の設置の工事を行おうとする者は、電気事業法施行令の規定により、その電気工作物の設置場所を所轄する［(イ)］へ、工事着手の［(ウ)］日前までに、工事計画の事前届出書を提出しなければならない。

また、既設の需要設備を増設、又は容量変更の工事を行おうとする場合で、次に該当するときは、工事計画の事前届出書を届け出なければならない。

① ［(エ)］用の遮断器の増設、又は［(オ)］%以上の遮断容量変更の工事。

② 容量が［(カ)］MV･A以上、または出力が［(カ)］MWの機器の工事。

	(ア)	(イ)	(ウ)	(エ)	(オ)	(カ)
(1)	7千	知事	30	主変圧器	30	10
(2)	600	産業保安監督部長	60	主変圧器	30	5
(3)	1万	知事	7	主変圧器	20	10
(4)	7千	知事	60	受電線路	30	5
(5)	1万	産業保安監督部長	30	受電線路	20	10

類題の出題頻度 ★★★☆☆

【ヒント】「第１章のポイント」の第6項「自家用電気工作物の工事の事前届出」の解説記事を復習し、解答する。

需要設備については、「工事の事前認可」を必要とするものはなく、使用電圧が1万V以上の特別高圧の需要設備について「工事の事前届出」が必要である。

【答】（5）

法第47条により規定されている工事の事前申請手続きのうち、電験第三種によく出題されるものは、**自家用電気工作物の受電設備**である。その受電設備については、次の各項に相当する工事を行う場合、工事計画の**事前届出**が必要である。

(1) 自家用の需要設備の遮断器、断路器、変圧器、避雷器などの受電設備を設置する場所を総称して「**受電所**」と定義している。

(2) 需要設備に使用する電気工作物の「設置の工事」のうち、「工事計画の**事前届出**」が必要なものは、使用電圧が**1万V以上**の設備である。

（説明）　平成16年7月の施行規則改正により、高圧受電設備の全てが事前の届け出が不要となり、届け出が必要なものは1万V以上の特別高圧の受電設備になった。

(3) 受電所以外で「工事計画の事前届出」が必要な設備は、**17万V以上**のものである。

（説明）　この設備は、第三種電気主任技術者の保安監督範囲の5万Vを超過しているので、これまで電験第三種の問題には出題されていない。

(4) 設置する場所を所轄する**産業保安監督部長**に、工事着手の**30日前**までに届け出る。

（説明）　電気主任技術者の届出、及び保安規程の届出は、経済産業大臣である。

また、電気工事士法、電気工事業法で規定されている届出書の提出先は県知事である。

しかし、法第47条で規定した「工事計画の事前届出書」のうち、**需要設備**については電気事業法施行令により、**所轄の産業保安監督部長**へ権限が移譲されている。

届け出た工事計画書の内容を変更する必要があると、**産業保安監督部長**が判断した場合には、届出日から30日以内に、変更の通知書が届くので、その30日間は工事に着手することはできない。

(5) 既設の需要設備を増設する工事、又は需要設備の機器の容量を変更する工事を計画するときは、次の工事に該当する場合に「事前届出」が必要である。

① **受電線路用の遮断器**の増設、又は**20%以上**の遮断容量変更の工事。

② 容量**10MVA以上**、または出力**10MW以上の機器**の設置工事。

(6) 需要設備の工事計画の事前届出の際に、次の書類を添付する。

イ．工事計画書、ロ．工事工程表、ハ．変更の工事の場合は、変更理由

ニ．添付書類（平面図、断面図、単線結線図、三相短絡容量計算書、電力ケーブルの構造図、地中電線路の布設図など）

1万V以上の需要設備の工事計画書は、工事着手の30日前までに、所轄の**産業保安監督部長**へ届け出る。

5 電気事故報告

【基礎問題1】 電気関係報告規則の規定により、事故の報告をすべき対象は主要電気工作物に破損事故を生じた場合であるが、次に挙（あ）げる需要設備の電気工作物のうち、事故報告の対象となる電気設備を一つ選べ。

(1) 22kVの受電用遮断器であって、その定格遮断電流が20kAのもの
(2) 33kVの主変圧器用の遮断器であって、その定格遮断電流が31.5kAのもの
(3) 33kV/6.6kVの三相用の主変圧器であって、単相容量3 000kVAを3台組み合わせた△結線により1バンクを構成するもの
(4) 6.6kVの電力用コンデンサ群であって、その群容量が12 000kVAのもの
(5) 33kVの架空送電線路

【ヒント】 「第1章のポイント」の第7項の(1)「事故報告の対象となる設備」を復習し、解答する。

【基礎問題2】 次の文章は、電気関係報告規則で規定した事故報告の対象となる主要電気工作物の「破損事故」の定義を表したものである。この文章中の(ア)～(エ)に当てはまる適切な語句を、下の「解答群」の中から選び、文章を完成させよ。

破損事故とは、主要電気工作物が、変形、損傷、若しくは破壊、火災、又は絶縁劣化、若しくは［(ア)］が原因で、その電気工作物の［(イ)］、又は喪失したことにより、直ちにその運転が停止し、若しくはその［(ウ)］しなければならなくなった場合、又はその使用が［(エ)］となり、若しくはその使用を中止することをいう。

「解答群」機能が低下、絶縁破壊、不可能、運転を停止

【ヒント】 「第1章のポイント」の第7項の(2)「破損事故の定義」を復習し、解答する。

【基礎問題1の答】（1）

電気事故報告の対象になる電気設備は、電気事故報告規則（以下「報告規則」と略記する）の第1条「用語の定義」で規定してある。

報告の対象となるものは、「主要電気工作物に破損事故を生じた場合」である。そして、需要設備のうちで「主要電気工作物」に該当するものは、使用電圧が1万V以上の次の設備である。

①使用電圧値が1万V以上の受電用遮断器。

②使用電圧値が1万V以上で、バンクの定格容量が1万kVA以上の変圧器。

③使用電圧値が1万V以上で、群容量値が1万kVA以上の電力用コンデンサ。

④使用電圧値が5万V以上の架空送電線路及び地中送電線路。

設問の文章は、次のように解釈し、報告の対象か否かを判断する。

(1)の遮断器は、1万V以上で、かつ、受電用の遮断器であるから、報告対象である。

(2)の遮断器は、主変圧器用であり、受電用ではないため、報告対象ではない。

(3)の変圧器は、単相3 000kVAを3台組み合わせた三相であり、バンク容量（三相分の容量）は9 000kVAであり、1万kVA以上ではないため、報告対象ではない。

(4)の電力用コンデンサは、使用電圧が6.6kVであり、1万V以上ではないため、報告対象ではない。

(5)の33kVの架空送電線路は、5万V以上ではないため、報告対象ではない。

【基礎問題2の答】（ア）絶縁破壊、（イ）機能が低下、（ウ）運転を停止、（エ）不可能

事故報告の対象となる主要電気工作物の「破損事故」の定義は、報告規則第1条の第2項により、上記の「解答」の語句を使用して規定してある。

したがって、その電気工作を保護する継電器の動作により、自動的に遮断器が引き外され、その主要電気工作物が自動停止した場合は「破損事故」に相当するので、電気事故としての報告の義務が課（か）せられている。

しかし、上述の保護継電器の動作により自動停止した場合だけでなく、日常巡視や定期点検などにより、電気設備に不具合があることを発見し、その機器を停止すべきと判断したため、手動操作にて停止した場合も、この破損事故に該当し、電気事故の報告義務がある。

このように、電気関係報告規則で定められている「破損事故」の定義内容は、我々が日常会話で使用している言葉としての「破損事故」のイメージと大変に異なっているので、上記の定義文をよく注意して覚えておこう。

【**模擬問題**】 次の文章は、電気関係報告規則で規定している電気事故の報告について述べたものであるが、その内容が適切でないものを、次の(1)～(5)のうちから一つを選べ。

(1) 電気事故の報告は、事故の発生を知った時から24時間以内に、可能な限り速やかに、電話等により報告しなければならない。さらに、事故の発生を知った日から30日以内に、指定書式の報告書により報告しなければならない。

(2) 電気事故の報告をすべき破損事故が発生したときは、その破損事故を生じた電気工作物を設置した者が、所轄の産業保安監督部長へ報告しなければならない。

(3) 作業員が高圧回路に接触した感電事故であって、その被災者が7日間以上に亘（わた）り通院治療して完治した場合の人身事故は、電気事故報告の対象ではない。

(4) 電気事故が原因で生じた建造物の火災であって、その火災により焼損した床面積が、延床面積（のべゆか）の20％未満である場合の電気火災事故は、電気事故報告の対象ではない。

(5) 認可出力が9kWの燃料電池式発電設備、太陽電池式発電設備、及び風力発電設備の主要電気工作物の破損事故は、電気事故報告の対象ではない。

類題の出題頻度 ★★☆☆☆

【**ヒント**】「第１章のポイント」の第7項の(4)「電気事故の報告先と報告対象の事故」の解説記事を復習し、解答する。

この設問の文章の全部が、電気事故としての報告対象であるように感じてしまう。

この報告規則に限らず、法律の条文はキーポイントとなる用語や数値があるので、その部分に焦点を当てて、発声しながら、メモ用紙に書くことにより、確実に覚えていただきたい。

【答】(5)

報告規則第3条により、設問の(1)の「報告の期限及び報告先」については、この設問文のように規定しているので正文である。

スマホや携帯電話が広く普及した今日、事故発生から事故を知った時までの時間が数時間後という長時間では、電気主任技術者として誠実に職務を遂行しているとは言えないので、その伝達時間は社会的常識で判断する（なお、電気主任技術者が入院中や旅行中は、代行者による速報が認められている）。

この報告期限の「事故の発生を知った時から**24時間以内**（速報）」、「事故の発生を知った日から**30日以内**（詳報）」は、特に多頻度出題の重要事項であるから、法改正後の「速報は24時間以内」を確実に覚えておこう。

設問の(2)の「報告者と報告先」は、速報、詳報共に報告先は**所轄の産業保安監督部長**であり、報告者は「**設置する者**」（会社組織の場合は、代表取締役社長）であり(2)は正文である。

設問の(3)の「**感電・死傷事故**」は、接触した電路の電圧値に無関係であり、治療日数にも無関係であり、被災者が**死亡又は入院**治療した場合に報告対象である。この設問文のように、**通院**治療の場合や**検査入院**の場合は報告対象ではないので、この(3)は正文である。

設問の(4)の「**電気火災事故**」は、電気事故が原因で建造物を**半焼**又は**全焼**させた場合が、報告対象である。その「半焼」の定義は、延床面積の**20%以上**を焼損させた場合であるから、設問の延床面積の20%未満を焼損させた場合は、報告対象ではなく、この(4)は正文である（ちなみに、焼損面積は、消防署が現場検証して決定した値である）。

設問の(5)の文章が、もしも、「需要設備の主要電気工作物の破損事故」の場合ならば、使用電圧が1万V以上が報告対象である。しかし、この設問は「発電設備の主要電気工作物の事故報告」であるから、1万V以下であっても、認可出力が、**500kW以上の燃料電池発電設備**、**10kW以上**（令和3年4月に改正）の**太陽電池発電設備**、及び**全ての出力の風力発電設備**のそれぞれの破損事故については、電気事故報告規則で規定する報告の対象設備である。よって、この(5)の風力発電設備の部分が誤っている。

なお、この設問文にはないが、使用電圧が**3kV以上**の電気設備事故により、他社への電力供給を停止させた事故は、「**他社波及事故**」に該当し、電気事故報告規則で規定する報告の対象である。この**3kV**の電圧値は、他の報告対象事故の電圧値と比較して大変に低いので、注意して記憶しておこう。

需要設備は1万V以上、太陽電池発電所は10kW以上の破損事故が、報告対象である。

6 公害防止報告、電気用品安全法

【基礎問題1】 次の(1)～(5)の文章のうち、電気関係報告規則により自家用電気工作物の設置者が届出を要さないものを一つ選べ。

(1) 電気工作物の破損事故により、ダイオキシン類を大気中に多量に排出した場合。
(2) 常時は使用しない予備変圧器であって、その変圧器の絶縁油の中に、濃度が0.6ppmのポリ塩化ビフェニルを含有していることが判明した場合。
(3) ポリ塩化ビフェニルの含有濃度が0.5ppmである絶縁油を使用した変圧器を廃止した場合。
(4) 水質汚濁防止法に該当する油入変圧器から絶縁油が漏れ出て、その絶縁油が雨水と共に敷地内の地下に浸透し、それにより人の健康に被害を生ずるおそれがある場合。
(5) ポリ塩化ビフェニルを全く含有しない絶縁油を使用する変圧器があり、その変圧器から10cc未満の極(ごく)少量の絶縁油が漏れて地下に浸透したが、その浸透範囲が変圧器を設置した敷地内（構内）に限る場合。

【ヒント】「第１章のポイント」の第７項「公害防止等に関する届出」を復習し、解答する。

【基礎問題2】 次の文章は、電気用品安全法の目的を表したものであるが、この文章中の(ア)、(イ)、(ウ)、(エ)及び(オ)の空白部分に当てはまる適切な語句を、下の「解答群」の中から適切なものを選び、文章を完成させよ。

電気用品安全法の目的は、「電気用品の (ア) 、販売等を規制するとともに、電気用品の (イ) の確保につき、民間事業者の自主的な (ウ) を促進することにより、電気用品による (エ) 、及び障害の発生を防止する」ことである。

この電気用品安全法で規制される物品は、 (オ) 電気用品と (オ) 電気用品以外の電気用品に区分されている。

「解答群」特定、危険、活動、安全性、製造

【ヒント】「第１章のポイント」の第9項の(1)「電気用品安全法の目的」を復習し、解答する。

【基礎問題1の答】（3）

報告規則第4条の規定により、電気事業者又は自家用電気工作物の設置者は、次の(3)以外の事案が生じた場合、電気工作物の所有者名、事業所名、所在地、設備名を、設置後に遅滞なく（事故発生の場合は可能な限り速やかに）、**所轄の産業保安監督部長**に届け出る義務がある。

(1)の**ダイオキシン**類に該当する電気工作物は、**設置**、又は排出量を**変更**する場合、更にこの設問のように破損事故により大気中に多量に排出した場合に、届け出る義務がある。

(2)の**ポリ塩化ビフェニル（PCB）**を含有する絶縁油は、濃度が0.5ppmを超えることが判明した場合に届出の義務があり、設問の0.6ppmはその範疇（はんちゅう）である。

(3)は、(2)項に基づき、**所轄の産業保安監督部**へ届け出られた保管文書を、絶縁油使用機器を廃止後に、文書廃棄の処理を行うため「濃度が0.5ppm超過の絶縁油」が届出の対象である。設問の濃度0.5ppmは、0.5ppmを超過しておらず、届出の対象ではない。

(4)の漏油事故で、人の健康に被害を生ずるおそれがある場合は、届出の対象である。

(5)の「絶縁油が漏れて**地下に浸透**した場合」は、絶縁油にPCBを全く含んでいない場合であっても、また漏油が極（ごく）少量であっても、さらに地下浸透の範囲が敷地内（構内）に限る場合であっても、構内以外に排出又は地下に浸透した場合は、届出の対象である。

【基礎問題2の答】（ア）**製造**、（イ）**安全性**、（ウ）**活動**、（エ）**危険**、（オ）**特定**

電気用品安全法（以下「安全法」と略記）の目的は、その第1条により次のように規定している。

『電気用品の**製造**、**販売等**を規制するとともに、電気用品の**安全性の確保**につき、民間事業者の自主的な**活動**を促進することにより、電気用品による**危険**、及び**障害**の発生を防止する。』

電気用品は、安全法により次の**図1**に示す「**特定**電気用品」と、**図2**に示す「特定電気用品**以外**の電気用品」に区分され、それぞれ規制を受けている。

図1　特定電気用品を表す記号

図2　特定電気用品以外の電気用品を表す記号

また、特定電気用品の届出事業者は、特定電気用品について**適合性検査**を受審しなければならず、その審査の結果、適合の証明書を受領したときは、省令で定めた図1の**PSEマーク**を、当該電気用品に表示する義務がある。さらに、安全法第27条により、電気用品の製造、輸入又は販売の事業を行う者は、上に示した図1又は図2に該当する**PSEマーク**の表示が付されているものでなければ、電気用品を**販売**し、又は販売の目的で**陳列**することはできない、と規制している。

【模擬問題】 次の(1)～(5)の文章は、電気用品安全法（以下、この設問文では「安全法」と略記する）で定めた事項について記述したものである。その記述内容が、同法の規定する項を基に判断して、適切でないものを一つ選べ。

(1) 電気用品の製造又は輸入の事業を行う者は、事業開始の日から起算して60日以内に所轄の産業保安監督部長へ届出の手続きを行う必要があり、その届出を行った事業者を、この安全法では届出事業者と定義している。
届出事業者は、事業の地位を継承した場合や、届出事項に変更があった場合、及び事業を廃止した場合には、遅滞なく所轄の産業保安監督部長へ届出が必要である。

(2) 届出事業者は、電気用品を製造し、又は輸入する場合、その電気用品が経済産業省令で定める技術上の基準（技術基準）に適合するようにしなければならない。

(3) 特定電気用品の届出事業者は、その電気用品を販売するときまでに、民間の「認定検査機関」又は「承認検査機関」により「適合性検査」を受けなければならない。
特定電気用品の届出事業者は、認定検査機関、又は承認検査機関が行った検査結果を記録した証明書の交付を受け、その検査記録を保存しなければならない。
この認定検査機関、承認検査機関は、経済産業省が定めた方法により電気用品の検査を行い、当該電気用品が技術基準に適合しているときは、当該事業者に証明書を交付する。

(4) 電気用品の製造、輸入又は販売の事業を行う者は、経済産業省の省令で定めるPSEマークの表示が付されているものでなければ、電気用品を販売し、又は販売の目的で陳列することができない。

(5) 電気事業者、自家用電気工作物を設置する者、及び電気工事士法で定める電気工事士は、経済産業省の省令で定めるPSEマークの表示が付されているものでなければ、電気用品を電気工作物の設置又は変更の工事に使用することはできない。

類題の出題頻度 ★★★☆☆

【ヒント】「第１章のポイント」の第9項「電気用品安全法」の解説記事を復習して、解答する。この設問の文章は、よく注意して読まないと、全部が正しい文章のように感じてしまう。「第１章のポイント」の解説記事の中で、特に重要な語句は、赤色の太字体で表しているので、その用語に注意力を集中して学習するとよい。

【答】(1)

設問の(1)の文章は、次の二重線を施した部分に誤りがあり、それを赤色で示した語句に修正して正文になるので、その正しい語句を覚えておこう。

(1)　電気用品の製造又は輸入の事業を行う者は、事業開始の日から起算して ~~60~~ 30日以内に~~所轄の産業保安監督部長~~ **経済産業大臣**へ届出の手続きを行う必要があり、その届出を行った事業者を、この安全法では届出事業者と定義している。
届出事業者は、事業の地位を継承した場合や、届出事項に変更があった場合、及び事業を廃止した場合には、遅滞なく ~~所轄の産業保安監督部長~~ **経済産業大臣**へ届出が必要である。

設問の(2)～(5)は正文であるが、次にその要点を解説する。

(2)は、届出事業者の義務を表したものであり、電気用品を**製造**し、又は**輸入**する場合、その電気用品が経済産業省令で定める**技術基準に適合**させる義務がある。これは、製造する者だけでなく、輸入する事業を営む者にも**技術基準適合**の義務を課していることを覚えておこう。

(3)は、電気用品のうち、特定電気用品の届出事業者は、認定検査機関、又は承認検査機関検査により**適合性検査**を受ける義務を述べたものであるが、その特定電気用品の届出事業者に検査結果の証明書を**保存**する義務を課していることも覚えておこう。

(4)は、販売又は販売目的で陳列する電気用品には、経済産業省の省令で定める**PSEマークの表示義務**を述べたものであるが、これは販売する電気用品だけでなく、販売目的で陳列する電気用品にも義務付けていることに注意して、覚えておこう。

(5)は、電気工作物の設置又は変更の工事に電気用品を使用する場合、PSEマークの表示がないものを使用することを禁止する規定である。その義務は、**一般用電気工作物**にも適用させるため、「電気事業者及び自家用電気工作物を設置する者」だけでなく、電気工事士法で定める電気工事士に対しても、工事に使用する電気用品にPSEマークの表示が付いていることを確認することを求めている。

以上に述べた「適合性検査」は、民間の「認定検査機関」又は「承認検査機関」により実施するのであるが、その検査を受審する義務は、安全法により規定している。

電気工作物の工事に使用する電気用品は、PSEのマークが付いているものでなければならない。

7 電気工事士法と電気工事業法

【基礎問題1】 次の(a)の文章は電気工事士法について、また、(b)の文章は電気工事業の業務の適正化に関する法律について、それぞれの法律の目的を述べたものである。この中の(ア)、(イ)、(ウ)及び(エ)の空白の部分に当てはまる適切な語句を、下の「解答群」の中から選び、この文章を完成させよ。

(a) この法律は、電気工事の作業に従事する者の資格及び [(ア)] を定め、もつて電気工事の欠陥による [(イ)] の発生の防止に寄与することを目的とする。

(b) この法律は、電気工事業を営む者の登録等及びその業務の規制を行うことにより、その業務の適正な実施を確保し、もつて [(ウ)] 電気工作物及び自家用電気工作物の [(エ)] の確保に資することを目的とする。

「解答群」保安、一般用、災害、義務

【ヒント】「第1章のポイント」の第10項「電気工事士法」、及び第11項「電気工事業法」を復習し、解答する。

【基礎問題2】 次の(1)~(5)の文章のうち、電気工事業の業務の適正化に関する法律により規定した内容として、適切でないものを一つ選べ。

(1) 一つの都道府県内に営業所を設置し、一般用電気工作物を含む電気工事業を営む者は、当該営業所の所在地を管轄する都道府県知事の登録を受けるための登録申請をしなければならない。
(2) 登録申請の有効期間は5年間であり、その有効期間が満了後も引き続き電気工事業を営む場合は、その電気工事業を営む者が更新の登録を受けなければならない。
(3) 登録電気工事業者は、自家用電気工作物に係る電気工事の業務を行う営業所ごとに、自家用電気工事の作業を管理させるため、主任電気工事士としておかなければならない。
(4) 電気工事業を営む者は、電気工事士でない者を電気工事に従事させてはいけない。
(5) 電気工事業を営む者は、電気工事が適切に行われたことを検査するのに必要な絶縁抵抗計その他経済産業省で定める器具を、営業所に備えておかなければならない。

【ヒント】「第1章のポイント」の第11項「電気工事業法」を復習し、解答する。

【基礎問題1の答】 (ア)　**義務**、(イ)　**災害**、(ウ)　**一般用**、(エ)　**保安**

電気工事士法の第1条により、この法の目的を次のように規定している。

『この法律は、電気工事の作業に従事する者の資格及び**義務**を定め、もつて電気工事の欠陥による**災害**の発生の防止に寄与することを目的とする。』

また、電気工事業の業務の適正化に関する法律（以下「電気工事業法」と略記する）の第1条により、この法の目的を次のように規定している。

『この法律は、電気工事業を営む者の登録等及びその業務の規制を行うことにより、その業務の適正な実施を確保し、もつて**一般用**電気工作物及び**自家用**電気工作物の**保安**の**確保**に資することを目的とする。』

【基礎問題2の答】　(3)

電気工事業法の第19条により、**主任電気工事士**について次のように規定している。

一般用電気工作物は、主任技術者を選任する義務がないため、工事の段階で**確実な作業管理**が求められている。

これを、「一般用電気工事」という。

『登録電気工事業者は、一般用電気工作物に係る電気工事の業務を行う営業所ごとに、**一般用電気工事の作業を管理**させるため、その営業所に勤務する事業主、役員又は従業員であって、第一種電気工事士、又は第二種電気工事士免状の交付を受けた後登録事業者のもとで電気工事に関し**3年以上の実務の経験**を有する第二種電気工事士を、**主任電気工事士**としておかなければならない。』

第二種電気工事士には、**3年以上**の実務経験が必要である。

この名称を覚える。

実務経歴の証明書を発行する。

『ただし、登録電気工事業者（法人である場合においては、その役員のうちいずれかの役員）が、第一種電気工事士又は電気工事士法による第二種電気工事士免状の交付を受けた後電気工事に関し3年以上の実務の経験を有する第二種電気工事士であるときは、その者が自ら主としてその業務に従事する**特定営業所**については、前項を適用しない。』

自分自身が必要な要件を満足した電気工事士であり、かつ、その営業所を自分自身が経営する場合には、**一般用**電気工作物の電気工事の**管理責任者**は自分自身であることが**明確**であるため、あえて主任電気工事士を置かなくてよい、という趣旨である。

【模擬問題】 電気工事士法で規定した内容について述べた次の(1)～(5)の文章のうち、その内容が適切ではないものを一つ選べ。

(1) 第二種電気工事士は、一般用電気工作物の電気工事に従事することができるので、10kW未満の家庭用太陽電池式発電装置の工事を行うことができる。
(2) 第一種電気工事士は、一般用電気工作物、自家用電気工作物、及び500kW未満の発電設備であって、ネオン用設備と非常用予備発電設備を除く電気工事に従事することができるので、常時一般送配電事業者が運用する系統に接続して運転する50kW以上で500kW未満の太陽電池発電設備の工事を行うことができる。
(3) 認定電気工事従事者は、第一種電気工事士が工事の実施が可能な工事範囲のうち、600V以下で使用する自家用電気工作物の簡易な電気工事であって、電線路に係るものを除く電気工事に従事することができるので、高圧で受電する需要設備のうちの低圧回路のみの電気工事を行うことができる。
(4) ネオン用特殊電気工事士は、自家用電気工作物に係る電気工事のうちネオン用設備の分電盤、主開閉器、タイムスイッチ、点滅器、ネオン用変圧器、ネオン管及びこれらの付属設備を含むネオン工事に従事することができる。
(5) 非常用の予備発電装置用の特殊電気工事士は、自家用電気工作物に係る電気工事のうち非常用予備発電装置として設置する原動機、発電機、配電盤、及びこれらの付属設備を含む非常用予備発電装置の工事に従事することができる。

類題の出題頻度 ★★★☆☆

【ヒント】 「第1章のポイント」の第10項の(2)「電気工事士の種類と資格」の解説記事を復習し、解答する。この設問の文章は少々長いので、よく注意して読まないと、全部が適法のような印象を受けてしまう。

この書籍の購読者の方々は、第三種電気主任技術者の資格試験を受験するために学習中であるが、その試験範囲として「電気工事士が工事可能な範囲」の問題が出題されている理由は、次のとおりである。

すなわち、「電気工事士が工事可能な範囲を超えた規模の電気工事については、第三種電気主任技術者等の保安監督の下で、その電気工事を実施すべきである」からである。そのように「電気工事士が工事可能な範囲を超えた規模の電気工事」は、試験合格後に第三種電気主任技術者として業務に就(つ)かれたみなさんにとって、直接関係する重要な工事規模であるため、過去に「電気工事士が工事可能な範囲」に関する問題が出題されてきたのである。

【答】（2）

電気工事士法の第3条により、『第一種電気工事士免状の交付を受けている者でなければ、自家用電気工作物に係る電気工事の作業に従事してはならない。』と規定している。

この電気工事士法でいう「自家用電気工作物」の定義は、同法第2条により、「電気事業法で規定する自家用電気工作物のうち、発電所、変電所、最大電力五百キロワット以上の需要設備、その他の経済産業省令で定めるものを除く電気工作物」である、と規定している。

つまり、次の図に示すように、「500kW以上の需要設備、及び、常時一般送配電事業者が運用する系統に連繫（れんけい）して運転する発電設備」のうち一般用電気工作物に該当せず、かつ、電気事業用電気工作物にも該当しない電気工作物は、電気事業法で定義する自家用電気工作物に該当するが、電気工事士法で定義する自家用電気工作物には該当しないのである。

電気事業法の定義

発電設備、変電設備、送電設備、開閉設備及び需要設備、電力保安通信設備など、一般用及び電気事業用に該当しない全ての電気工作物が該当する。

電気工事士法の定義

(1) 500kW未満の需要設備。
(2) 常時は電気事業者の電力系統に連繫して運転しない非常用発電設備。

図　自家用電気工作物について電気事業法と電気工事士法の定義の相違

以上のことから、設問の(2)以外の文章は正しいが、(2)の文章は次の二重線の語句に誤りがあり、それを次の赤色の語句に修正して正文になる。

(2)　第一種電気工事士は、一般用電気工作物、~~自家用電気工作物、及び500kW未満の発電設備~~ 500kW未満の需要設備 であって、ネオン用設備と非常用予備発電設備を除く電気工事に従事することができるので、常時一般送配電事業者が運用する系統に接続して運転する50kW以上で500kW未満の太陽電池発電設備の工事を行うこと ~~ができる~~ はできない。

すなわち、常時一般送配電事業者が運用する系統に接続して運転する5 000kW未満の太陽電池発電設備の工事は、第三種電気主任技術者の保安監督の下で実施する。ただし、500kW未満の需要設備のうち、第1章のポイントの第10項の(3)「電気工事士でなければできない電気工事の作業」で示した作業は、電気工事士免状の交付を受けた者が行う必要がある。なお、特殊電気工事士の免状は、設問文の(4)及び(5)の記述どおり、それぞれ個別に発行されている。

第一種電気工事士が作業可能な範囲は、500kW未満の需要設備で、発電設備を有しない設備工事である。

第1章 電気関係法令のまとめ

1．次の各小出力発電設備の合計50kW未満のものは、一般用電気工作物である。
(1) 50kW未満の太陽電池発電設備。
(2) 20kW未満の風力発電設備及びダム設備がなく最大使用水量が1m^3/s未満の水力発電設備。
(3) 10kW未満の内燃力発電設備。
(4) 10kW未満の燃料電池発電設備で固体高分子型又は固体酸化物型のもの、及び、自動車用の燃料電池発電設備で、圧縮水素ガスを燃料とし、全発生電力を当該自動車の動力で消費するもの。
(5) スターリングエンジンを原動力源とする10kW未満の発電設備。

2．事業用電気工作物の設置者は、電気主任技術者を選任したときは、遅滞なく、経済産業大臣へ届け出なければならない。

3．事業用電気工作物の設置者は、保安規程を作成し、使用開始前までに、経済産業大臣へ届け出てなければならない。
設置者、主任技術者及び従事者は、保安規程を遵守（じゅんしゅ）しなければならない。

4．自家用の需要設備の遮断器、断路器、変圧器、避雷器など、1万V以上の受電設備の工事を計画するときは、工事着手の30日前までに、所轄の産業保安監督部長へ、工事の事前届出書を提出しなければならない。

5．電気事故の報告は、事故の発生を知ったときから24時間以内に、さらに事故発生日から30日以内に、所轄の産業保安監督部長へそれぞれ報告しなければならない。

6．電気用品安全法の要点は、次のとおりである。
(1) 製造又は輸入事業者は、事業開始から30日以内に経済産業大臣へ届け出る。
(2) 届出事業者は、電気用品を技術基準に適合させる。
(3) 特定電気用品の検査結果の証明書を保存しておく。
(4) 電気用品には、省令で定めるPSEマークを表示する。
(5) 電気工作物の工事には、PSEマーク付きの電気用品を使用する。

7．第一種電気工事士が可能な工事範囲は、一般用電気工作物及び500kW未満の自家用の需要設備で、かつ、発電設備を持たない設備である。
500kW以上の需要設備、又は5 000kW未満で常時一般送配電事業者が運用する系統に接続して運転する発電設備は、第三種電気主任技術者の保安監督の下で、その電気工事を実施する。

第2章　電技の総則(その1)のポイント

電気設備に関する技術基準を定める省令（以下「電技」と略記）は、電気工作物に要求される性能を文章で表したものですから、電気保安の原則を考えれば条文を暗記していなくてもある程度は解答が可能です。しかし、「電気事業法に基づく経済産業大臣の処分に係る審査基準のうちの電気設備技術基準の解釈について」（以下「解釈」と略記）は、技術基準の適合性審査の判断基準ですから、内容は数値化されたものが多いため、要点を理解し暗記しなければ解答は不可能です。ですから、この章以降は解釈を中心に解説します。電技及び解釈は、法規の配点の約6～7割を占めており、合否に大きく影響しますから、力を入れて取り組んでください。

1　用語の定義（電技第1条、解釈第1条）

(1)　電路、電線、電線路、配線の定義

電路、電線、電線路、配線について電技により定義されている事項のうち、電験第三種の設問文を読むときに必要となる事項を**図1**に示します。

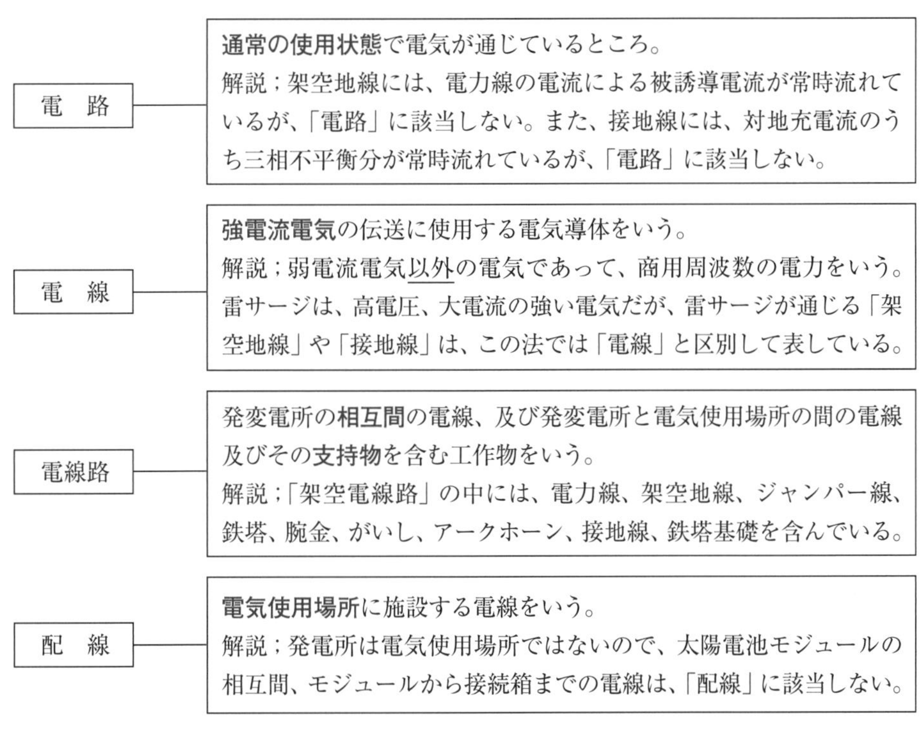

図1　電路、電線、電線路、配線の定義

(2)「**支持物**」とは、電線や通信線を支持することを主目的とする木柱、鉄柱、鉄筋コンクリート柱、鉄塔、パンザーマストなどをいいます。

(3)「**調相設備**」とは、電力用コンデンサ、分路リアクトル、同期調相機、静止型無効電力調整装置（SVC）など、無効電力調整用の電気設備の総称です。

(4)「使用電圧（公称電圧）」とは、その電路を代表する線間電圧をいい、例えば「高圧配電線の使用電圧値は6 600Vである」などと表現します。

(5) 電路や電力用機器の絶縁耐力試験時の印加電圧値は、「最大使用電圧値」に対する倍数で表します。その「最大使用電圧値」とは、送配電線の故障時に現れる異常電圧値のことではなく、通常の無負荷運転時又は軽負荷運転時に、フェランチ現象などのために日常的に現れる最大の電圧値をいいます。「使用電圧の値」と「最大使用電圧の値」の関係を次の**表1**に示します。この表中の赤色の数値は、確実に暗記する必要があります。

表1「使用電圧」と「最大使用電圧」の関係（解釈第1条二号のイ）

使用電圧の区分	「最大使用電圧」の「使用電圧」に対する倍数
1 000V以下	1.15
1 000Vを超え500 000V未満	1.15/1.1
500 000V	1.05、1.1、又は1.2
1 000 000V	1.1

(6)「**技術員**」とは、電気設備の運転や管理をする上で必要な電気的知識や技能を持っている技術者をいいます。「守衛」は、「技術員」に該当しませんから、「守衛所」は「技術員駐在所」ではありません。

(7)「**電気使用場所**」とは、電気を使用するための電気設備を施設した「一つの建物、又は一つの単位を成す場所」をいいます。「**需要場所**」とは、上記の「電気使用場所」を含む「一つの構内又はそれに準ずる区域」であって、「発電所、変電所及び開閉所」以外をいいます。つまり、「需要場所」とは、「電気を使用する場所」と「その電気を受電するための電気設備を設置した場所を総称した場所や区域」を指します。

(8)「架空引込線」とは、架空電線路の支持物から、他の支持物を経ずに、需要場所の取付け点までの架空電線部分をいいます。

(9)「**連接引込線**」とは、ある需要場所の引込線から分岐して、支持物を経ないで他の需要場所の引込口までの部分に施設する引込線をいいます。

2　電圧の種別（電技第2条）

次の**表2**に示すように、電圧を低圧、高圧、特別高圧の3種類に区分し、それぞれ必要な保安面の規制をしています。

表2　電圧の区分

電圧の区分	直流回路	交流回路
低　　圧	750V 以下	600V 以下
高　　圧	750V を超え 7 000V 以下	600V を超え 7 000V 以下
特別高圧	7 000V を超えるもの	7 000V を超えるもの

（説明）　三相3線式で中性点接地式の電線路で、線間電圧11 430V、相電圧6 600Vの配電線路が亘長の長い郡部の一部に適用されています。電技第2条第2項の規定により、7 000V以下の単相回路部分は、線間電圧印加部分と一体的に特別高圧に区分されていますが、各条文のただし書きにより、11 430Vの線間電圧部分は高圧と同等の規制内容になっています。

3　感電、火災等の防止（電技第4条）

『電気設備は、**感電**、**火災**その他人体に**危害**を及ぼし、又は物件に**損傷**を与えるおそれがないように施設しなければならない』と、規定しています。

4　電路の絶縁（電技第5条）、電線等の断線の防止（電技第6条、解釈第3、13条）

電技第5条により、電路の絶縁性能について、次のように規定しています。

(1)　電路は、**大地から絶縁**しなければならない（対地絶縁の原則）。

(2)　電路の絶縁性能は、事故時に想定される**異常電圧**を考慮し、**絶縁破壊**による危険のおそれがないものでなければならない（「おそれがない」とは、「可能性がない」の意味）。

(3)　**変成器**内の巻線と当該変成器内の他の巻線との絶縁性能は、上記(2)項と同様とする。

また、電技第6条により『電線、支線、架空地線、弱電流電線等その他の電気設備の保安のために施設する線は、**通常の使用状態**において**断線**のおそれがないように施設しなければならない。』と規定しています。これを受けて、解釈第3条「電線の規格の共通事項」により、電線に具備すべき性能を、次のように規定しています。

(1)　通常の使用状態における**温度**に耐えること。

(2)　線心が2本以上のものは、**色分け**等により、線心が**識別**できること。

また、解釈第5条「絶縁電線」により、絶縁電線には**電気用品安全法**の適用を受けるもの（PSEマーク付きのもの）を使用するほか、次の性能を持つように規定しています。

(3)　絶縁電線の構造は、**絶縁物で被覆**した電気的導体であること。

(4)　**低圧絶縁電線**のうち、導体断面積が300mm^{2}以下のものは、清水に1時間浸した後、導体と大地間（絶縁物の外側の表面）との間に**交流3 000V**を連続して**1分間**の印加に耐え、かつ、その後に直流100Vを1分間印加したときの**絶縁抵抗値**が、別表で定める値以上であること。

また、解釈第13条「電路の絶縁」により、『電路は、次の各部を除き大地から絶縁すること。』と規定しています。

(1)　接地工事の接地点。

(2)　エックス線発生装置、試験用変圧器、電気柵など、電路の一部を大地から絶縁せずに使用することがやむを得ないもの。

(3)　電気浴器、電気炉、電解槽など大地から絶縁することが技術上困難なもの。

5　電線の接続法(電技第7条、解釈第12条)

電技により、電線の接続部の接続方法の原則を、次のように規定しています。

(1)　接続部の**電気抵抗**を**増加**させないこと(抵抗［Ω］が同値ならば「増加」ではない)。

(2)　接続部の**絶縁性能**が**低下**するおそれがないこと(低下の可能性がないように接続する)。

(3)　通常の使用状態において**断線**のおそれがないこと(規制値以上の太さにする)。

この規定を受けて、解釈により次のように具体的に規定しています。

(1)　電線の接続部分に接続管その他の器具を使用するか、ろう付け(ハンダ付け)による他に、電線の**引張強さ**が電線自体の強さに対し**20%以上減少させない**こと。

ここで注意すべきは、接続部分の引張強さが電線自体の80%で接続した場合は、20%の減少であるため**違法**であり、**80%を超える**場合に**適法**となります。

(2)　絶縁電線の相互間の接続部分の**絶縁効力**は、絶縁電線の絶縁物と同等以上の絶縁効力の**接続器**を使用するか、又は同等以上の絶縁効力の**絶縁物で被覆**する。

(3)　アルミニウムと銅など、**化学的性質の異なる導体**を接続する場合は、接続部分に**電気的腐食**を生じないように接続する。

(4)　配線工事部分の**アルミニウム導体相互間**を接続する場合は、**電気用品安全法**の適用を受ける**接続器**、又は日本産業規格の規定に適合する接続器を使用して接続する。

6　電気機械器具の熱的強度(電技第8条、解釈第20条)

電技により、『電路に施設する電気機械器具は、**通常の使用状態**で発生する**熱に耐える**ものでなければならない。』と、規定しています。

これを受けて、解釈によりJESC(日本電気技術規格委員会規格)で定める試験時の熱に耐えるものであること、と規定しています。

この解釈の改正以前は、電力用変圧器等の新・増設工事の際に、現地にてその電力機器の温度上昇試験を実施してきましたが、解釈の改正以降は電力機器を製造する工場にてJESCで定める温度上昇試験を実施した結果により、熱的強度を保有していることが確認できたものは、現地における電力機器の温度上昇試験を省略することが認められました。

7　低圧電路の絶縁性能（解釈第14条）

低圧電路の絶縁性能は、（後述のように）柱上変圧器等から電力を供給する電路は**漏えい電流値**で規制していますが、**発変電所等及び電気使用場所内**の低圧電路は、開閉器又は過電流遮断器で区切られる各電路ごとに、次の**表3**で示す**絶縁抵抗値**を維持するよう規定しています。

表3　発変電所等及び電気使用場所の低圧電路が維持すべき絶縁性能

低圧電路の対地電圧の区分	絶縁抵抗値	参考（一般的な呼称）
150V以下	0.1MΩ以上	100V 回路
150Vを超えて300V 以下	0.2MΩ以上	200V 回路
300Vを超過	0.4MΩ以上	400V 回路

この絶縁抵抗測定の作業時は、その低圧電路を一時的に停電させる必要があります。その停電が困難な場合には、解釈の規定により、『電気使用場所の低圧電路に使用電圧が加わった状態で、**漏えい電流値が1mA以下**であること。』を実測し、絶縁抵抗測定に代えることができます。

この漏えい電流測定による代替試験法には、次の二つの欠点があります。

(1)　低圧電路の電圧線の漏えい電流値の中に、対地静電容量による充電電流分が含まれているため、漏えい電流値からは正確な絶縁性能の判断が困難であること（平成17年に、その充電電流値を表す式、及びその電流値を求める計算問題が出題されました）。

(2)　単相2線式、又は単相3線式の複数本の電線のうち、接地工事を施した電線の絶縁不良は、漏えい電流値に現れないため、絶縁性能が正常か否かの判断が不可能であること。

上記の表3の絶縁抵抗値及び漏えい電流測定による代替試験法は、発変電所等の低圧電路にも適用されるが、低圧の電線路の絶縁電線には適用されない。

8　高圧、及び特別高圧の電路の絶縁性能（解釈第15条、第16条）

『高圧又は特別高圧の**電路**、及びその電路に接続する**機械器具**は、次の**表4**に示すように、電路の**最大使用電圧**の区分に応じて、電路と対地間、及び心線相互間に**連続して10分間**の試験電圧値を加えたとき、これに耐える絶縁性能を有すること。』と規定しています。

表4　電路の最大使用電圧値に対する試験電圧値の倍数

電路の最大使用電圧値	電路の種類	試験電圧値の倍数
7 000V以下	①交流の電路	**1.5**倍の交流電圧で、かつ500V以上の交流電圧
	②直流の電路	**1.5**倍の**直流電圧**、又は**1**倍の**交流電圧**
7 000Vを超え60 000V以下	③15 000V以下の**中性点多重接地式**の交流の電路	**0.92**倍の交流電圧
	④上記以外の交流の電路	**1.25**倍の交流電圧で、かつ、10 500V以上の交流電圧

（説明）(1) 上表は、第三種電気主任技術者の保安監督範囲の50kV以下のみを表している。

(2)　表中の電路の**最大使用電圧**の値は、公称電圧の値の1.15/1.1倍である。
(3)　交流電路用ケーブルの**直流試験電圧**値は、表4に示す交流電圧値の**2倍**で行う。
(4)　燃料電池の直流電路は、上表②の電圧値を、充電部と大地間に印加する。
(5)　太陽電池モジュールは、次のイ項又はロ項のいずれかに適合する絶縁性能を有すること。
　イ．上表の②の電圧値を、充電部と大地間に印加する試験に耐えること。
　ロ．JIS C 8918「結晶系太陽電池モジュール」又はJIS C 8939「薄膜太陽電池モジュール」の規格に適合するとともに、先に表3で示した絶縁性能に準ずること。

9　接地工事の種類と工事方法

(1)　電路の一部を接地する目的（電技第10条）

電技第5条により「**電路は大地から絶縁する**」ことを**原則**としています。一方、電技第10条により『電気設備の必要な箇所には、異常時の**電位上昇**、高電圧の侵入等による**感電**、**火災**その他**人体に危害**をおよぼし、又は物件への**損傷**を与えるおそれがないように、**接地**その他適切な措置を講じなければならない。』と規定してあります。

そのため、電路には次のように**接地工事**を施し、保安の確保を図っています。

①　電路の**中性点**を**接地**することにより、地絡故障時の健全相の対地電圧の上昇を抑制でき、さらに地絡保護継電器をより確実、より高速度に動作させる（解釈第19条）。
②　高低圧連繋用変圧器の**混触防止板**を接地することにより、巻線同士が混触したときに、低圧電路の対地電位の異常な上昇を抑制し、感電事故を予防する（解釈第24条）。
③　**避雷器**の一端子を接地して、電路の**サージ性過電圧**を大地に放電し、電路の対地電位の上昇を抑制し、電力機器の絶縁破壊を防止する（解釈第37条）。

接地工事は大変重要な役割を持つため、「法規」及び「電力」の重要事項になっています。

(2)　接地工事の種類及び施工方法の詳細（電技第11条、解釈第17条）

電技により『電気設備に**接地**を施す場合は、電流が**安全**かつ**確実**に**大地**に通ずることができるようにしなければならない。』と規定しています。これを受けて、解釈により、接地工事を次の**表5**に示す4種類に区分し、施工上の詳細事項を規定しています。この表中の赤色の名称と数値は、過去の問題に頻出した重要事項ですから、確実に暗記してください。

表5　接地工事の種別と施工上の細目

接地工事の種別	接地抵抗値	軟銅線の直径	接地線の引張強さ
A種接地工事	10Ω以下	2.6mm以上	1.04kN以上
B種接地工事	次ページに示す計算式で求める	＊2.6mm以上 (4mm以上)	1.04kN以上 (2.46kN以上)
C種接地工事	10Ω以下 ＊＊500Ω以下	1.6mm以上	0.39kN以上
D種接地工事	100Ω以下 ＊＊500Ω以下		

＊印は、高圧又は15kV以下の特別高圧架空電線路の電路と低圧電路とを結合する変圧器の金属製外箱は2.6mm以上とし、それ以外は4mm以上とする。
＊＊印は、低圧電路の地絡故障時に0.5秒以内に**自動遮断**する場合に適用できる。

⑶　A種又はB種接地線に人が触れるおそれがある場合（解釈第17条、1項三号）

移動用の電気機械器具及び発変電所等の接地工事の場合を除き、表題の接地工事の具体的な工法として、次の**図2**に示すように施設しなければなりません。

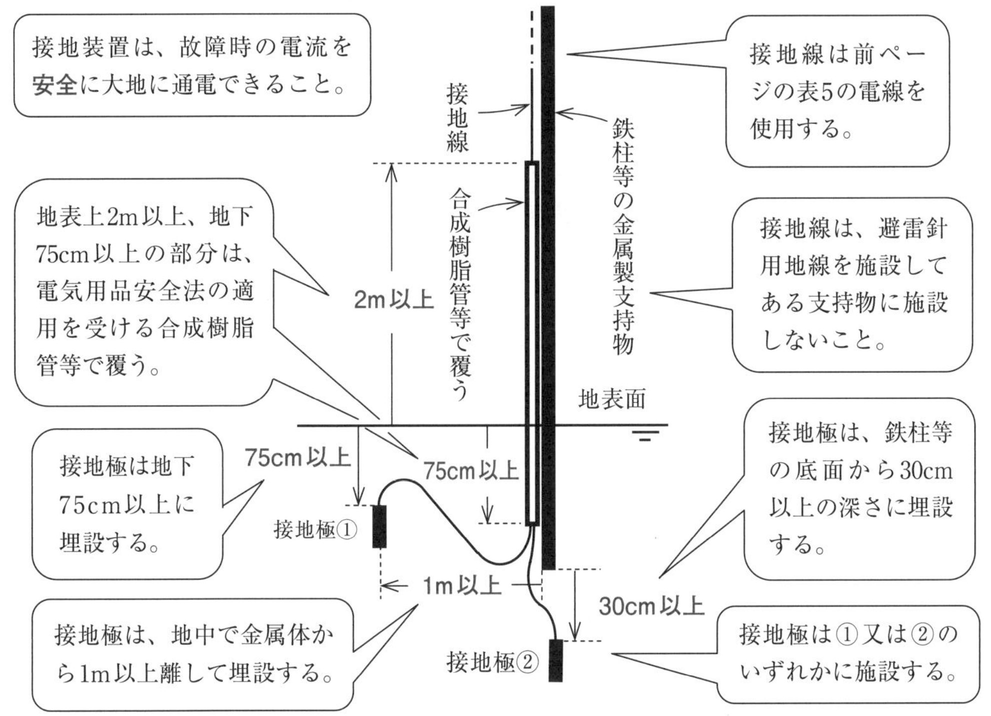

図2　人が触れるおそれがある場所に施設するA種及びB種接地工事の施設方法

⑷　B種接地工事の接地抵抗値の計算式（解釈第17条2項一号、解釈第24条1項二号）

B種接地工事の接地抵抗 R_b［Ω］の値は、1線地絡電流 I_g［A］から次式で求めます。

B種接地工事の接地抵抗　$R_b\,[\Omega] \leqq \dfrac{V_g\,[\mathrm{V}]}{I_g\,[\mathrm{A}]}$（5Ω未満とすることを要しない）　⑴

⑴式の V_g［V］の値は、一次側電路と二次側電路の混触時の「地絡保護継電器の動作時間」と「遮断器の遮断時間」との和の**自動遮断時間**により、次の三つの区分から選択します。

⑴式の V_g［V］の値
- **1秒以内**に自動遮断する場合……………………　V_g=600［V］
- **1秒を超えて2秒以内**に自動遮断する場合……　V_g=300［V］
- **2秒を超えて**自動遮断する場合…………………　V_g=150［V］

また、⑴式の1線地絡電流値 I_g［A］の値は、実測値を適用するか、特別高圧電路で実測が困難な場合は線路定数を使用して求める他に、次の⑵式により求めます。

$$I_g\,[\mathrm{A}] = \underbrace{1}_{\text{EVT三次回路の制限抵抗分}} + \underbrace{\frac{\frac{V}{3}L-100}{150}}_{\text{架空線の充電電流分}} + \underbrace{\frac{\frac{V}{3}L'-1}{2}}_{\text{ケーブルの充電電流分}} \qquad (2)$$

この(2)式自体は暗記しなくてよいですが、次の①項から⑦項は覚えてください。

① Vは、電路の**公称電圧**［kV］を**1.1で除した値**（6.6kVの場合は6とする）。

② Lは、同じ高圧母線に接続されるケーブル以外の**高圧架空電路の電線延長**［km］（つまり、三相3線式の場合の線路延長は、地図上の距離の3倍の値である）。

③ L'は、同じ高圧母線に接続される**高圧ケーブル**の電路の**線路延長**［km］。

④ 右辺の第2項及び第3項の値は、負値となる場合は**0に切り上げる**。

⑤ 1線地絡電流I_g［A］の値は、少数点以下を四捨五入せずに**切り上げる**。

⑥ I_g［A］の値は、2［A］未満の場合は**2［A］に切り上げる**。

⑦ R_bの計算値が5［Ω］未満の場合は、5［Ω］未満で施工することを要しない。（つまり、B種接地工事を5［Ω］で施工しても、適法として扱われる）。

10　B種接地工事の接地箇所に常時流れる電流値の計算方法

三相200V電路の実際の接地箇所は、電源の中性点Nではなく、多くの場合は次の**図3**に示すように第2相目のB相で接地しているため、各相の電線の対地電位は等しくならず、絶縁不良がない正常状態であっても、B種接地工事箇所に電流I_{EB}［A］が流れます。その電流値を表す式、及び電流値を求める問題が平成17年に出題されましたから、以下にその解法を解説します。図3の各相の対地静電容量は互いに等しいC［F］であり、電源の各**相電圧値**をE_A［V］、E_B［V］、E_C［V］、B種接地抵抗値をR_B［Ω］とします。

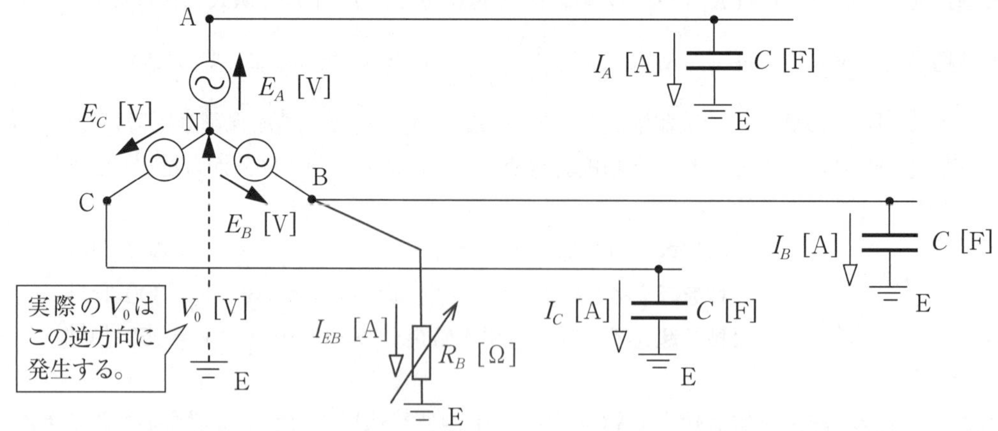

図3　低圧回路の対地静電容量の不平衡によりB種接地箇所に流れる電流I_{EB}［A］

この設問により、零相分電圧 V_0 [V] の矢印方向を、図示のとおり大地の点Eから三相電源の中性点Nの方向に仮定したため、A相の対地静電容量に印加される電圧ベクトルは $\dot{E}_A+\dot{V}_0$ です。B相及びC相も同様に表され、各相ごとの対地静電容量に流れる電流 I_A、I_B、I_C [A]、それにB種接地抵抗に流れる電流 I_{EB} [A] は次式で表されます。

$$\dot{I}_A=+j\omega C\times(\dot{E}_A+\dot{V}_0)、\dot{I}_B=+j\omega C\times(\dot{E}_B+\dot{V}_0)、\dot{I}_C=+j\omega C\times(\dot{E}_C+\dot{V}_0)\ [\mathrm{A}] \tag{3}$$

$$\dot{I}_{EB}=\frac{\dot{E}_B+\dot{V}_0}{R_B}\ [\mathrm{A}] \tag{4}$$

図3の大地の点Eにキルヒホッフ第一法則を適用して、次式で表されます。

$$\dot{I}_A+\dot{I}_B+\dot{I}_C+\dot{I}_{EB}=0\ [\mathrm{A}] \tag{5}$$

この式に、(3)式及び(4)式を代入して、次式で表します。

$$j\omega C\times(\dot{E}_A+\dot{E}_B+\dot{E}_C)+j3\omega C\dot{V}_0+\frac{\dot{E}_B+\dot{V}_0}{R_B}=0\ [\mathrm{A}] \tag{6}$$

この式の左辺の（ ）内は、三相電源の各相電圧のベクトル和であり、平常時はほぼ0 [V] ですから式から消去して、次式のように表すことができます。

$$+j3\omega C\dot{V}_0+\frac{\dot{E}_B+\dot{V}_0}{R_B}=0\ [\mathrm{A}] \tag{7}$$

$$+j3\omega C\cdot\dot{V}_0+\frac{1}{R_B}\dot{E}_B+\frac{1}{R_B}\dot{V}_0=0\ [\mathrm{A}] \tag{8}$$

$$\left(+j3\omega C+\frac{1}{R_B}\right)\times\dot{V}_0=\frac{1}{R_B}(-\dot{E}_B)\ [\mathrm{A}] \tag{9}$$

E_B に負符号が付いていることに注意し、零相分電圧 V_0 [V] を次式で表します。

$$\dot{V}_0=\frac{-\dot{E}_B}{\left(\frac{1}{R_B}+j3\omega C\right)\times R_B}=\frac{-\dot{E}_B}{1+j3\omega CR_B}\ [\mathrm{V}] \tag{10}$$

(10)式の右辺の E_B の負符号は、「実際に現れる V_0 の方向は、この設問で仮定した図3の方向の逆方向であり、中性点Nから大地Eの方向である。」ことを表しています。

先の(4)式の中の V_0 に、上の(10)式の最右辺を代入して、次のように展開します。

$$\dot{I}_{EB}=\frac{\dot{E}_B+\frac{-\dot{E}_B}{1+j3\omega CR_B}}{R_B}=\frac{1}{R_B}\left(1+\frac{-1}{1+j3\omega CR_B}\right)\times\dot{E}_B\ [\mathrm{A}] \tag{11}$$

この式の右辺の（ ）内を通分して、次のように展開します。

$$\dot{I}_{EB}=\frac{1}{R_B}\times\left(\frac{1+j3\omega CR_B-1}{1+j3\omega CR_B}\right)\times\dot{E}_B=\frac{1}{R_B}\times\left(\frac{+j3\omega CR_B}{1+j3\omega CR_B}\right)\times\dot{E}_B\ [\mathrm{A}] \tag{12}$$

$$\dot{I}_{EB}=\frac{+j3\omega C}{1+j3\omega CR_B}\times\dot{E}_B=\frac{1}{R_B+\dfrac{1}{+j3\omega C}}\times\dot{E}_B\ [\mathrm{A}] \tag{13}$$

この⒀式が、低圧電路に絶縁不良がない正常状態のときに、B種接地点の電流I_{EB}［A］を表す式です。次に、接地抵抗R_Bの値が0［Ω］から∞［Ω］まで変化する場合を考えます。接地相であるB相の相電圧E_B［V］を基準位相にして表すと、図3のB相電線から大地Eの方向に向かって流れる電流I_{EB}［A］は次のように変化します。

⑴　$R_B=0$［Ω］のとき

$$\dot{I}_{EB}=\frac{1}{\dfrac{1}{+j3\omega C}}\dot{E}_B=+j3\omega C\times\dot{E}_B\ [\mathrm{A}] \tag{14}$$

この接地点電流I_{EB}［A］は最大値であり、$E_B=-V_0$を基準にして90度の進み位相です。

⑵　$R_B=\infty$［Ω］のとき

$$\dot{I}_{EB}=\frac{\dot{E}_B}{R_B}\ [\mathrm{A}]\quad（ただし R_B=\infty） \tag{15}$$

この接地点電流I_{EB}［A］は無限小であり、接地相のE_Bと同位相です。

⑶　$|R_B|=\left|\dfrac{1}{3\omega C}\right|$［Ω］のとき

⒀式の分母が遅れ45度であるため、I_{EB}［A］はE_Bに対して進み45度となります。

11　その他の接地工事に関する規制

⑴　C種、D種接地工事を施す金属体（解釈第17条の5項、6項）

解釈の規定により、C種接地工事を施す金属体と大地との間の電気抵抗値が10Ω以下である場合は、C種接地工事を施したものとみなされます。

同様に、電気抵抗値が100Ω以下である場合は、D種接地工事を施したものとみなされます。

⑵　工作物の金属体を利用した接地工事（解釈第18条）

建物の鉄骨や鉄筋コンクリートの鉄筋（鉄骨等）を、A種、B種、C種及びD種、並びに電路の中性点接地工事の**共用接地極**に利用する場合は、鉄骨等又は鉄筋コンクリートの一部を**地中に埋設**し、かつ、**等電位ボンディング**を施すように規定しています。

さらに、**電気抵抗が2Ω以下の値を保っている鉄骨等**は、次の①又は②の接地工事の**共用接地極**に使用することができます（次ページで述べる、**需要場所の引込口付近の建物用鉄骨**を、混触防止板用のB種接地工事の接地極に利用可能な接地抵抗値は3Ω以下の場合です）。

①　非接地式高圧電路に施設する機械器具等の**A種接地工事**

②　非接地式高圧電路と低圧電路を結合する変圧器に施す**B種接地工事**

このB種接地工事は、非接地式高圧電路には認められていますが、35kV以下の特別高圧電路と結合する変圧器のB種接地工事には認められていないことに注意が必要です。

これらのA種又はB種接地工事を、人が触れるおそれがある場所に接地線を施設する場合、その接地線を低圧ケーブル工事に準じて施設するように規定しています。

この規定の文中の「等電位ボンディング」とは、建物の鉄骨等の相互間を電気的に接続し、かつ、建物内の金属製水道管及び窓枠など電気系統以外の導電性部分も含め、人が触れるおそれがある範囲の**全ての導電性部分**を共用接地極に電気的に接続することにより、等電位を確保する工法です。そして、特別高圧又は高圧の機械器具の接地線に1線地絡電流が流れたとき、建物内の導電部分に**50V**を超える接触電圧を発生させないように規定しています。

もしも、水道の本管と建物内水道管とを、電気的に絶縁せずに、直結しようとする場合には、水道管理者（一般的には市区町村の長）の事前許可が必要ですが、それを許可された例は確認されていません。また、「上記の共用接地極以外の接地極」として、金属製水道管を利用した接地工事の実施例も確認されなかったため、平成25年5月の解釈改正により、金属製水道管を接地極として利用する場合の条項が削除されています。

(3)　保安上又は機能上必要な電路の接地（解釈第19条）

解釈により、『電路の**保護装置の確実な動作**の確保、**異常電圧の抑制**又は**対地電圧の低下**を図るために必要な場合は、次の①から③に接地を施すことができる。』と規定しています。

①　電路の**中性点**（使用電圧が300V以下の電路で、電源変圧器が三角結線式などのため、電路の中性点接地が困難なときは、**電路の一端子**を接地してよい）。
②　**特別高圧**の**直流電路**（7 000Vを超える直流電路が該当する）。
③　**燃料電池**の電路又はこれに接続する直流電路。

上記の接地工事は、次の①から⑤の方法で行うよう規定しています。

①　接地極は、電路の地絡故障時に生じる**電位差**により、人若しくは家畜又は他の工作物に**危険**を及ぼすおそれがないように施設すること。
②　接地線は、高圧又は特別高圧電路には直径**4mm**以上、低圧電路の場合は直径**2.6mm**以上の**軟銅線**、又は同等以上の引張強さを持つもので腐食し難い金属線を使用するとともに、地絡故障時の電流を**安全**に通じることができること。
③　接地線は、**損傷**を受けるおそれがないように施設すること。
④　接地線に接続する抵抗器又はリアクトルその他は、地絡故障時の電流を**安全**に通じることができること。
⑤　接地線に接続する抵抗器又はリアクトルその他は、取扱者以外の者が出入りできない場所に施設するか、又は**接触防護措置**を施すこと。
⑥　変圧器の**安定巻線**を接地する場合は、**A種接地工事**によること。
⑦　需要場所の引込口付近において、大地との電気抵抗値が**3Ω以下**の地中に埋設されている**建物用鉄骨等**を、B種接地工事を施した低圧電路に加えて**利用**することができる。

1 技術基準の用語の定義

（説明）これ以降の基礎問題、応用問題及び模擬問題の設問文の中で「電気設備技術基準」とあるのは、「電気設備に関する技術基準を定める省令」の略である。また、「電気設備技術基準の解釈」とあるのは、「電気事業法に基づく経済産業大臣の処分に係る審査基準のうちの電気設備の技術基準の解釈について」の略である。この略は、第2章から第8章までの設問文の中において、同様とする。

【基礎問題】「電気設備技術基準」により規定している用語について述べた次の(1)〜(5)の文章のうち、適切でないものを一つ選べ。

(1) 接地線及び架空地線は、電路の範疇（はんちゅう）には含まれない。
(2) 電路は大地から絶縁することが原則であるが、接地線等は大地から絶縁することを求めていない。
(3) 鉄塔などの支持物は電線路に含まれるが、地中線用の管路は土木設備であるため電線路には含まれない。
(4) 調相設備とは、電源線路に流れる負荷電流の位相を調整することにより、その電源線路に流れる無効電力を調整するための電気設備の総称である。
(5) 配線とは、電気使用場所に施設する電線をいう。

【ヒント】 第2章のポイントの第1項「用語の定義」を復習し、解答する。特に、電線、電路、電線路は、似て非なるものであるから、よく整理しておこう。

【応用問題】 次の文章は、「電気設備技術基準」で規定している条文の一部である。この文章中の(ア)〜(エ)の空白部分に当てはまる適切な語句を、下の「解答語群」の中から選び、この文章を完成させよ。

1. 電気設備は、[(ア)]、[(イ)]その他人体に危害を及ぼし、又は物件に損傷を与えるおそれがないように施設しなければならない。
2. 電路は、大地から[(ウ)]しなければならない。ただし、構造上やむを得ない場合であって、通常予見される使用形態を考慮し危険のおそれがない場合、又は混触による[(エ)]の侵入等の異常が発生した際の危険を回避するための接地その他の保安上必要な措置を講ずる場合は、この限りでない。

「解答語群」絶縁、高電圧、火災、感電

【ヒント】「第2章のポイント」の第1項「用語の定義」を復習し、解答する。

【基礎問題の答】　(3)

電気設備の技術基準を定める省令（以下の解説文では「電技」と略記）の第1条1項八号により、『「**電線路**」とは発電所、変電所、開閉所及びこれらに類する場所並びに電気使用場所相互間の電線並びにこれを支持し、又は保蔵する工作物をいう。』と規定しているため、地中管路は電力ケーブルを保蔵する設備であり、「地中電線路」は次の**図**に示すように地中管路をも含めた総称である。

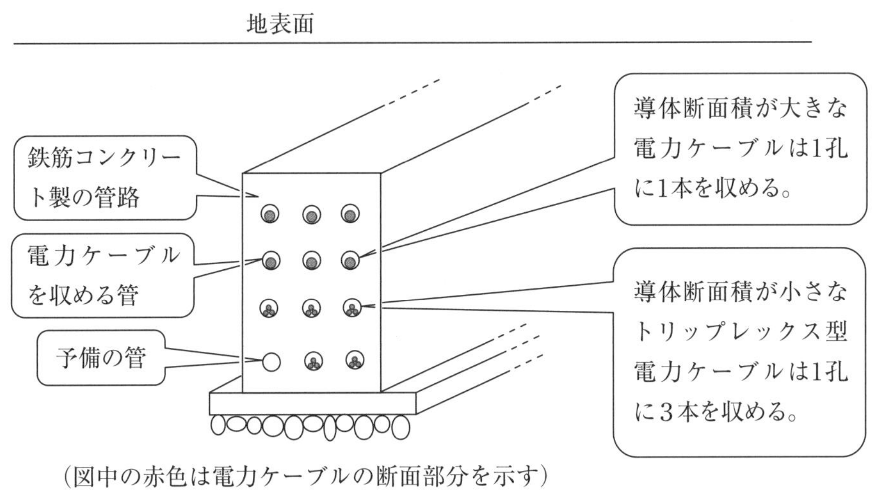

（図中の赤色は電力ケーブルの断面部分を示す）

図　管路式の地中電線路の施設例

【応用問題の答】　(ア)　**感電**、(イ)　**火災**、(ウ)　**絶縁**、(エ)　**高電圧**

設問の1項は、電技第4条「電気設備における感電、火災等の防止」からの出題であり、『電気設備は、**感電**、**火災**その他人体に危害を及ぼし、又は物件に損傷を与えるおそれがないように施設しなければならない。』と、電気設備の保安原則を規定している。

この条文の中の「**おそれ**がないように」とは、「**可能性**がないように」という意味であるから、「現在の運転状態で、感電や火災を生じていなければ、違法な設備ではない」と考えることは不適切である。正しくは、「今まで、たまたま運良く、感電や火災を生ずることなく運転できた設備であっても、感電や火災を生ずる可能性がある状態ならば、違法な設備」と判断する。

設問の2項は、電技第5条「電路の絶縁」の1項からの出題であり、『電路は、大地から**絶縁**しなければならない。ただし、構造上やむを得ない場合であって、通常予見される使用形態を考慮し危険のおそれがない場合、又は混触による**高電圧**の侵入等の異常が発生した際の危険を回避するための接地その他の保安上必要な措置を講ずる場合は、この限りでない。』と規定している。その一例が、電源の中性点の接地、300V以下の電路の一端子の接地である。なお、機械器具の外箱の接地も、上記の電路の接地と同様に扱われる。

【模擬問題】 次の文章は、「電気設備技術基準」により規定した電圧の種別に基づいて記述したものであるが、次の(1)〜(5)のうちから条文の解釈方法が適切でないものを一つ選べ。

(1) 電路の使用電圧（公称電圧）とは、その電路を代表する電圧を線間電圧の値で表したものであり、例えば「高圧配電線の使用電圧の値は6 600Vである」などと表現するが、その中性点非接地式電路の通常時の対地電圧の値は3 810Vである。

(2) 法的な使用電圧の区分として、低圧、高圧、特別高圧の3種類に分けられており、最近大型ビル等に盛んに適用されている420Vの屋内配線（400V級の屋内配線と表現されることもある）は低圧に区分され、この法の規制を受ける。

(3) 電路の「最大使用電圧の値」とは、雷撃等により毎年数回から十数回程度の頻度でその電路に現れる異常電圧の値をいい、高圧又は特別高圧の電路及び電力用機器は、その異常電圧に耐える絶縁性能を有するか、又はその異常電圧による絶縁破壊を予防するための避雷器等を施設しなければならない。

(4) 高圧又は特別高圧の電路及び電力用機器が保有すべき絶縁性能は、絶縁耐力試験で確認しているが、その試験時に被試験物に印加する電圧の値は、「最大使用電圧の値」に対する倍数値で表し、使用電圧の値が1 000Vを超え500 000V未満の電気設備の最大使用電圧の値は、使用電圧の値の1.15/1.1倍である。

(5) 三相4線式で中性点接地式の11 430Vの配電線路は、その単相回路の部分に相電圧の6 600Vが印加され、その電圧値は7 000V以下であるが、その単相回路の部分は線間電圧が印加される回路の部分と一体的に特別高圧に区分され、法の規制を受けている。

類題の出題頻度 ★★★☆☆

【ヒント】 「第2章のポイント」の第2項「電圧の種別」の解説記事、及び表2で表した内容を復習し、解答する。

前ページの「基礎問題」及び「応用問題」も、電技からの出題であるが、設問文が比較的短いため、出題された条文を暗記していなくても、電気設備に対する保安原則である感電、火災、損傷の予防について考えれば、五者択一式で解答可能なものが多い。しかし、この模擬問題の設問文のように記述が長い問題は、法令で規定した主旨を真に理解していなければ、その適否の判断に迷い、解答が困難になってしまう。

法令の条文は、ある程度暗記しなければならないが、「規定内容の主旨を真に理解して暗記する」ように心がけて学習するとよい。

【答】(3)

設問の(3)の文章にある「最大使用電圧」とは、送・配電線路の故障時に現れる異常電圧値のことではなく、通常の無負荷運転時、又は通常の軽負荷運転時に、フェランチ現象などのために日常的に現れる最大の線間の電圧値をいう。

設問の(3)の文章の後半部分に記述した「高圧又は特別高圧の電路及び電力用機器は、その異常電圧に耐える絶縁性能を有するか、又はその異常電圧による絶縁破壊を予防する避雷器等を施設しなければならない。」という部分の主旨は正しい。

そのため、電路や電力用機器の絶縁耐力試験を行うときに印加する「試験電圧の値」は、「最大使用電圧の値」よりも高くなければならない。具体的には、解釈第1条二号のイ項により「印加する試験電圧の値」を「最大使用電圧の値」に対する倍数値で規定しており、その倍数値を次の**表1**に示す。表中の赤色の数値は、確実に暗記する必要がある。

表1　「使用電圧」と「最大使用電圧」の関係（解釈第1条二号のイ）

使用電圧の区分	「最大使用電圧」の「使用電圧」に対する倍数値
1 000V以下	1.15
1 000Vを超え500 000V未満	1.15/1.1
500 000V	1.05、1.1、又は1.2
1 000 000V	1.1

第三種電気主任技術者が保安監督の任務にあたることが可能な50kV以下の電路であって、現在の一般の電力系統に実在する電路の「使用電圧の値」と「最大使用電圧の値」の関係を、次の**表2**に示す（富士川水系の水力発電所が連繫する架空送電線路に44kVがあるが、これは一般的な公称電圧値ではないので、表2から割愛した）。

表2　一般の系統に実在する電路の使用電圧値と最大電圧値の関係

電路の使用電圧の値	最大使用電圧の値
6 600 [V]	$6\,600\,[\mathrm{V}]\times\dfrac{1.15}{1.1}=6\,900\,[\mathrm{V}]$
11 430 [V]	$11\,430\,[\mathrm{V}]\times\dfrac{1.15}{1.1}=11\,950\,[\mathrm{V}]$
22 000 [V]	$22\,000\,[\mathrm{V}]\times\dfrac{1.15}{1.1}=23\,000\,[\mathrm{V}]$
33 000 [V]	$33\,000\,[\mathrm{V}]\times\dfrac{1.15}{1.1}=34\,500\,[\mathrm{V}]$

電路の最大使用電圧とは、その電路に日常的に現れる最大の線間電圧値をいう。

2 電線の接続法等

【基礎問題】「電気設備技術基準」及び「電気設備技術基準の解釈」により規定している「電線に要求される絶縁性能及び引張強さ」について述べた条文の主旨として、次の(1)～(5)のうちから適切でないものを一つ選べ。

(1) 電路は、大地から絶縁しなければならないが、保安上必要な接地線等は絶縁すべきものから除外される。
(2) 電路の絶縁性能は、事故時に想定される異常電圧を考慮し、絶縁破壊による危険のおそれがないものでなければならない。
(3) 変成器内の巻線と他の巻線との間の絶縁性能は、事故時に想定される異常電圧を考慮し、絶縁破壊による危険のおそれがないものでなければならない。
(4) 電線、支線、架空地線、弱電流電線等その他の電気設備の保安のために施設する線は、通常の使用状態において断線のおそれがないように施設しなければならない。
(5) 電線の接続部分の引張強さは、電線自体の引張強さよりも減少させてはならない。

【ヒント】 第2章のポイントの第5項「電線の接続法」を復習し、解答する。
設問の文末の（　）内に記したとおり、「接続の工法としては合法的ではあるが、条文の主旨を表した文章としては正しい表現ではない」ものを選択し、解答する。

【応用問題】 電線の接続方法について述べた次の(1)～(5)の文章の内容を、「電気設備技術基準」及び「電気設備技術基準の解釈」の規定を基に判断し、接続工法として適切でないものを一つ選べ。

(1) 接続部分の引張強さが、電線自体の引張強さに対して20％以上減少させない方法で接続した。
(2) 接続部分に接続管を使用するか、又はハンダ付けにより接続した。
(3) 絶縁電線相互間の接続部分の絶縁効力は、絶縁電線の絶縁物と同等以上の絶縁効力を持つ接続器を使用するか、又は同等以上の絶縁効力の絶縁物で被覆した。
(4) アルミニウム導体の電線と銅導体の電線など、電気化学的性質の異なる導体間の接続部分に電気的腐食を生じないように、酸化被膜を施して接続した。
(5) 配線工事部分のアルミニウム導体の相互間の接続は、電気用品安全法の適用を受ける接続器を使用して接続した。

【ヒント】 第2章のポイントの第5項「電線の接続法」を復習し、解答する。

【基礎問題の答】（5）

電技第7条「電線の接続」により、『電線を接続する場合には、接続部分において電線の電気抵抗を増加させないように接続するほか、絶縁性能の低下及び通常の使用状態において断線のおそれがないようにしなければならない。』と規定している。

これを受けて、解釈第12条一号のイ．項により、『電線の引張強さを**20％以上減少させない**こと』と規定している。

例えば、電線自体の引張強さが100kNである場合、その電線の接続部分の引張強さが81kNであるとき、引張強さの減少分は19kNであるから、百分率表示の減少分は19％である。したがって、解釈第12条で規定する『電線の引張強さを**20％以上減少させない**』の条件を満たしており、合法的な接続方法である。

しかし、設問の(5)の文章のように、「電線の接続部分の引張強さは、電線自体の引張強さよりも減少させてはならない。」という条件は、満たしていない。よって、この設問文の(5)が、条文の主旨を正しく表した文章としては、「適切ではないもの」である。

このように、法令に関する問題で注意すべきことは、設問で解答するように指定している内容が、「法令に照らして、その工事方法が合法的か否か」なのか、それとも、「設問の文章内容が、法令の主旨に照らして正しいか否か」を、よく判読し、解答しなければならない。

【応用問題の答】（4）

設問の(4)の文章は、よく注意して読まないと正文のような印象を持ってしまうが、次のアンダーラインを施した文章を追加することにより、正文になる。

(4)　アルミニウム導体の電線と銅導体の電線など、電気化学的性質の異なる導体間の接続部分に電気的腐食を生じないようにするため、又酸化被膜を形成して電気抵抗が増加しないようにするため、接続器の箇所にコンパウンドを塗布　施　して接続した。

つまり、接続箇所に酸化被膜が形成すると、接続面の電気抵抗が増加する不具合を生ずるので、人為的に酸化被膜を形成させる接続方法は行わない。

上記の正しい文章のように、接続器の接触面の相互間及び電線を接続器で圧縮した部分に**コンパウンド**を塗布して防護する**目的**は、酸化被膜の形成による**電気抵抗の増加**を防止すること、及び、接続箇所への湿気や水分の浸入による**湿食**や**電食**を防止するためである。

【模擬問題】　次の表1に示す5人の作業員A～Eが、絶縁電線相互間の接続作業を行い、その接続部分を絶縁物で十分に被覆して仕上げた。その接続作業の後に接続箇所の性能試験を行った結果、電気抵抗［μΩ］の値、引張強さ［kN］の値及び絶縁効力［kV］の値は、表1に示すとおりであった。この表1の結果を、「電気設備技術基準の解釈」により規定している電線の接続箇所に必要とする性能に基づいて評価し、次の問(a)及び問(b)に答えよ。ただし、電線の長さ10cm当たりの電気抵抗値は30.0［μΩ］、引張強さは20.0［kN］、絶縁効力は20.0［kV］であるものとし、表1に示した各作業員の電気抵抗は接続箇所を含む絶縁電線10cm当たりの値であるものとする。

表1　接続箇所の性能試験の結果

作業員の識別記号	電気抵抗［μΩ］	引張強さ［kN］	絶縁効力［kV］
A	29.9	16.0	18.0
B	30.1	15.9	20.1
C	30.0	16.2	16.1
D	30.0	16.1	20.0
E	30.5	16.0	20.0

(a)　電気抵抗及び引張強さの二つの試験項目について、双方とも規制事項を満足している作業員を、次の(1)～(5)のうちから一つを選べ。

(1)　作業員のA、B及びDの3人である。
(2)　作業員のC及びDの2人である。
(3)　作業員Aのみである。
(4)　作業員Bのみである。
(5)　作業員Dのみである。

(b)　三つの試験項目について、規制事項を全て満足している作業員を正しく判定したものを、次の(1)～(5)のうちから一つを選べ。

(1)　作業員Aのみである。
(2)　作業員C及びDの2人である。
(3)　作業員Cのみである。
(4)　作業員Dのみである。
(5)　全てを満足している作業員はいない。

【ヒント】「第2章のポイント」の第5項「電線の接続法」を復習し、解答する。

【答】(a) (2)、(b) (4)

解釈第12条「電線の接続法」の規定により、次のように判定する。

1. 電気抵抗値の規定内容とその判定結果

接続部分の電気抵抗値は、電線自体の電気抵抗値より増加させないものが、「規定に適合するもの」である。設問の表1の電気抵抗値を、次の**表2**に転記し、規定に適合するものの「判定」欄に○印を、不適合のものには×印を、それぞれ記入して表した。

評価の結果、作業員Aは「規定に適合」している。さらに、作業員C及びDは、電線自体と同じ電気抵抗値であることから、増加はしていないので、「規定に適合」である。

2. 引張強さの規定内容とその判定結果

解釈により、『電線の引張強さを20%以上減少させないこと。』と規定している。

電気抵抗の試験結果と同様に、引張強さの「判定」欄に○印又は×印を記入した。

作業員A及びEは、20%の減少であるため「規定に不適合の接続」であり、作業員C及びDの2人が「規定に適合」の接続方法である。

その結果、問(a)の電気抵抗及び引張強さの二つの試験項目について、双方とも規制事項を満足している者は、作業員のC及びDの2人である。

3. 絶縁効力の規定内容とその判定結果

解釈により、『接続部分を絶縁電線の絶縁物と同等以上の絶縁効力のあるもので十分に被覆する。』と規定している。したがって、作業員B、D及びEの3人が「規定に適合」である。

以上の結果から、問(b)の三つの試験項目の全てについて、「規定に適合する接続」である者は、作業員Dのみである。

表2　接続箇所の性能試験結果

作業員の識別記号	電気抵抗		引張強さ			絶縁効力	
	試験結果 [μΩ]	判定	試験結果 [kN]	減少分 [%]	判定	試験結果 [kV]	判定
A	29.9	○	16.0	20.0	×	18.0	×
B	30.1	×	15.9	20.5	×	20.1	○
C	30.0	○	16.2	19.0	○	16.1	×
D	30.0	○	16.1	19.9	○	20.0	○
E	30.5	×	16.0	20.0	×	20.0	○

電気抵抗値は増加させない。

引張強さは20% 以上減少させない。

絶縁効力は絶縁電線と同等以上。

接続部分の電気抵抗は**増加**させず、
引張強さは**20%以上減少**させない。

3 電路の絶縁性能

【基礎問題】 電気使用場所の低圧電路に保有すべき絶縁性能について述べた文章として、「電気設備技術基準の解釈」の規定に基づいて判断して適切でないものを、次の⑴～⑸のうちから一つ選べ。

⑴ 開閉器又は過電流遮断器で区切られる電路ごとに、規定の絶縁性能を有すること。
⑵ 使用電圧が100Vの電路の絶縁性能は、0.1MΩ以上の絶縁抵抗値を保つこと。
⑶ 使用電圧が200Vの電路の絶縁性能は、0.2MΩ以上の絶縁抵抗値を保つこと。
⑷ 使用電圧が420Vの電路の絶縁性能は、0.4MΩ以上の絶縁抵抗値を保つこと。
⑸ 絶縁抵抗測定のための停電が困難な場合には、その低圧電路に使用電圧が加わった状態における漏えい電流値が10mA以下であれば、絶縁抵抗測定の試験に代えることができる。

【ヒント】 第2章のポイントの第7項「低圧電路の絶縁抵抗」を復習し、解答する。

【応用問題】 次の表は、高圧又は特別高圧の電路の絶縁性能を試験する際の、被試験電路の最大使用電圧値と、それに印加する試験電圧値を表したものである。この表の試験電圧値として、「電気設備技術基準の解釈」の規定内容を基に判断し、適切でないものを⑴～⑸のうちから一つを選べ。

	被試験電路の種類とその使用電圧値	試験電圧値
⑴	交流6 600Vの配電線路	交流10 350V
⑵	太陽電池モジュールの直流1 500Vの電線路	直流 2 352V
⑶	中性点多重接地式の11 400Vの配電線路	交流14 898V
⑷	交流22 000Vの送電線路	交流28 750V
⑸	交流33 000Vの送電線路	交流43 125V

【ヒント】 第2章のポイントの第8項「高圧、及び特別高圧の電路の絶縁性能」を復習し、解答する。特に、設問の表で与えられた被試験電路の電圧値が、「使用電圧の値」か、それとも「最大使用電圧の値」かについて、よく注意して判読する。また、設問の⑶の被試験電路は、その中性点を「単に接地した電路」ではなく、「多重接地した電路」であることに注視して解答する。

【基礎問題の答】　(5)

解釈第14条「低圧電路の絶縁性能」の規定により、設問の(1)〜(4)は正文であるが、(5)の漏えい電流値の「10mA以下」が誤っており、正しくは「**1mA以下**」である。

第2章のポイントでも解説したが、漏えい電流測定による代替試験法には、次の二つの欠点があるため、被試験電路の停電が可能な場合は、絶縁抵抗測定をすべきである。

(1)　三相変圧器の低圧側端子の一端子にB種接地工事を施す場合は、各電線の対地静電容量の印加電圧が不平衡となり、健全絶縁状態の平常時に接地箇所に電流が流れ、特に大静電容量の電路は絶縁性能の良否判定が困難である。

(2)　B種接地工事を施した相の電線は、その絶縁不良が漏えい電流値に現れないため、絶縁性能の判断が不可能であること。

右**図**はR相、S相、T相のうちS相にB種接地工事を施した場合の充電電流のベクトル図である。3線の絶縁が健全時に、各相の充電電流I_{CR}、I_{CS}、I_{CT}のうちI_{CS}はほぼ0［A］のため、接地箇所の電流I_{EB}はI_{CR}とI_{CT}のベクトル和となり、I_{EB}の大きさで絶縁の良否判断は困難である。なお、右図のI_{EB}の基準方向は、P46の図3の「電験の設問で指定されたI_{EB}の方向」の逆方向のため、右図のI_{EB}はP48の(13)式の右辺に負符号を付けて表される。

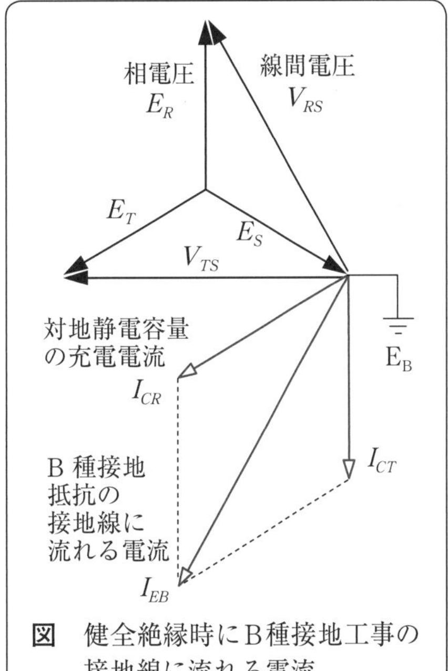

図　健全絶縁時にB種接地工事の接地線に流れる電流

【応用問題の答】　(3)

次の(1)〜(5)の算式のように、与えられた「使用電圧値」を1.15/1.1倍して「最大使用電圧値」とし、さらに「解釈第15条で規定した倍数値」を乗算して「試験電圧値」を求める。

(1)　交流6 600Vの配電線路は $6\,600\,[\mathrm{V}]\times\dfrac{1.15}{1.1}\times 1.5 = 10\,350\,[\mathrm{V}]$

(2)　直流1 500Vの電線路は $1\,500\,[\mathrm{V}]\times\dfrac{1.15}{1.1}\times 1.5 = 2\,352\,[\mathrm{V}]$（直流）

(3)　中性点多重接地式11 400V電路は $11\,400\,[\mathrm{V}]\times\dfrac{1.15}{1.1}\times 0.92 = 10\,965\,[\mathrm{V}]$

設問の(3)の試験電圧値は、**0.92倍**すべきところを誤って1.25倍して求めている。

(4)　交流22 000Vの送電線路は $22\,000\,[\mathrm{V}]\times\dfrac{1.15}{1.1}\times 1.25 = 28\,750\,[\mathrm{V}]$

(5)　交流33 000Vの送電線路は $33\,000\,[\mathrm{V}]\times\dfrac{1.15}{1.1}\times 1.25 = 43\,125\,[\mathrm{V}]$

【模擬問題】　次の図1に示すように、使用電圧が33kVのCVTケーブルの3線分の心線を一括した部分と大地との間に、「電気設備技術基準の解釈」の規定に基づいた試験電圧を印加して絶縁性能試験を行う場合、次の(a)及び(b)の問に答えよ。

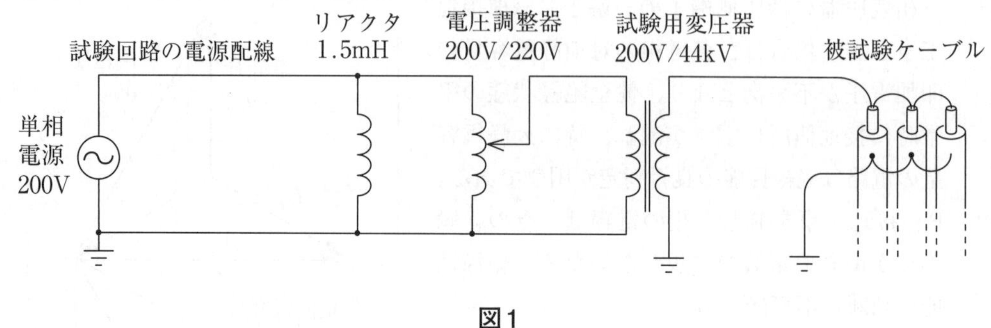

図1

(a)　被試験ケーブルの絶縁性能試験時に、試験用変圧器の二次側巻線（被試験物に接続する巻線）から出力する充電容量［kV·A］の値として、最も近いものを次の(1)～(5)のうちから一つを選べ。ただし、被試験ケーブル1線分の対地静電容量は0.1［μF］、周波数は50［Hz］であり、被試験ケーブルの誘電損（誘電体損）は無視できるものとする。

(1)　58　　(2)　175　　(3)　210　　(4)　252　　(5)　302

(b)　試験回路の電源配線から供給される電流［A］の値が、1.5［mH］のリアクタを接続しない場合に比べて、それを接続することにより何%になるか、最も近い百分率値を次の(1)～(5)のうちから一つを選べ。ただし、規定の試験電圧値を出力しているときの試験用変圧器の一次側巻線から流れる励磁電流値は200［A］であり、その他試験用変圧器の損失分を始め、他の定数は全て無視できるものとする。

(1)　32　　(2)　35　　(3)　38　　(4)　41　　(5)　44

類題の出題頻度　★★★★★

【ヒント】　試験回路の被試験ケーブル側から電源側の順に、各部の電流値を求める。その際に、進み電流に$+j$の符号を、遅れ電流に$-j$の符号を、それぞれ付記することが非常に大切である。その虚数符号の付記を怠る（おこたる）と、大変に誤りやすい問題である。

【答】(a)（2）、(b)（3）

問(a)の解き方；33kVの被試験ケーブルの「試験電圧値」は、次式で求まる。

試験電圧値　$33\,000\ [\mathrm{V}]\times\dfrac{1.15}{1.1}\times 1.25=43125\ [\mathrm{V}]$　(1)

3線分を一括した合成の対地静電容量値は、1線分の3倍の0.3×10^{-6} [F] である。また、周波数は50 [Hz] であるから、試験用変圧器から出力する充電電流値は次式で求まる。

3線分の充電電流値　$2\pi\times50\times0.3\times10^{-6}\times43125=4.06\ [\mathrm{A}]$　(2)

試験用変圧器から出力する充電容量 [kV·A] の値は、次式で求まる。

充電容量値　$43.125\ [\mathrm{kV}]\times4.06\ [\mathrm{A}]=175.1\fallingdotseq175\ [\mathrm{kV\cdot A}]$　(3)

問(b)の解き方；次の**図2**に示すように、回路の各部分に流れる電流のうち、進み電流に$+j$の符号を、遅れ電流に$-j$の符号を付記し、電源の配線に流れる合成電流値を求める。

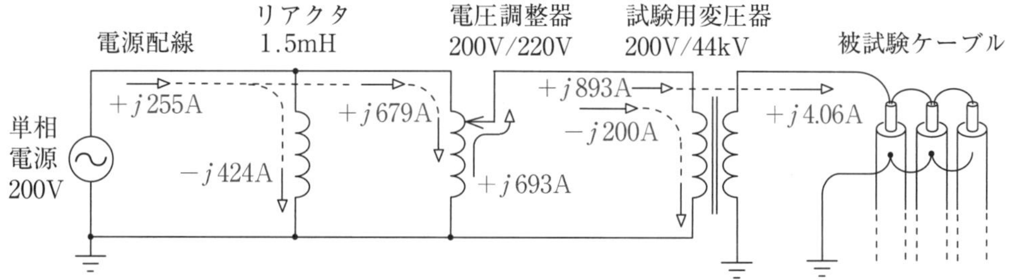

図2　試験回路の各部に流れる電流の位相と大きさ

試験用変圧器の一次側の充電電流……　$+j4.06\ [\mathrm{A}]\times\dfrac{44\,000}{200}=+j893\ [\mathrm{A}]$　(4)

電圧調整器の二次側出力電流…………　$+j893\ [\mathrm{A}]-j200\ [\mathrm{A}]=+j693\ [\mathrm{A}]$　(5)

電圧調整器の二次側出力電圧………　$43125\ [\mathrm{V}]\times\dfrac{200\ [\mathrm{V}]}{44\,000\ [\mathrm{V}]}=196.0\ [\mathrm{V}]$　(6)

電圧調整器の一次側入力電流………　$+j693\ [\mathrm{A}]\times\dfrac{196.0\ [\mathrm{V}]}{200\ [\mathrm{V}]}=+j679\ [\mathrm{A}]$　(7)

リアクタに流れる電流…………　$\dfrac{200\ [\mathrm{V}]}{+j2\pi\times50\times1.5\times10^{-3}\ [\Omega]}=-j424\ [\mathrm{A}]$　(8)

電源の配線に流れる合成電流…………　$+j679\ [\mathrm{A}]-j424\ [\mathrm{A}]=+j255\ [\mathrm{A}]$　(9)

リアクタの有無による配線電流比…　$\dfrac{+j255\ [\mathrm{A}]}{+j679\ [\mathrm{A}]}\times100\ [\%]=37.6\fallingdotseq38\ [\%]$　(10)

耐圧試験回路には、大きな充電電流が流れるため、リアクタを接続して電源線の電流を低減している。

4 接地工事の種別と施設方法

【基礎問題】 次の文章は、「電気設備技術基準」により規定している電路の保安上必要な措置について述べたものである。この文章の中の(ア)から(オ)までの空白部分に当てはまる適切な語句を、下の「解答語群」の中から選び、この文章を完成させよ。

電路は大地から [(ア)] することが原則であるが、電気設備の必要な箇所には、異常時の [(イ)] 上昇、高電圧の侵入等による [(ウ)] 、 [(エ)] その他人体に危害をおよぼし、又は物件への損傷を与えるおそれがないように、 [(オ)] その他適切な措置を講じなければならない、と規定してある。

「解答語群」火災、接地、感電、電位、絶縁

【ヒント】 第2章のポイントの第9項「接地工事の種類と施設方法」の中の(1)「電路の一部を接地する目的」を復習し、解答する。

【応用問題】「電気設備技術基準の解釈」により、接地工事の種別と施工上の細目について、次の**表1**に示すように規定している。この表中の(ア)から(ク)の空白部分に当てはまる数値を記入し、この表を完成させよ。ただし、この表のB種接地工事は33kV電路と420V電路を結合する変圧器の金属製外箱に適用する場合を示す。

表1 接地工事の種別と施工上の細目

接地工事の種別	接地抵抗値	軟銅線の直径	接地線の引張強さ
A種接地工事	[(ア)] Ω以下	[(オ)] mm 以上	1.04kN 以上
B種接地工事	解釈 17 条で定める計算式で求める	[(カ)] mm 以上	2.46kN 以上
C種接地工事	[(イ)] Ω以下 ＊ [(ウ)] Ω以下	[(キ)] mm 以上	0.39kN 以上
D種接地工事	[(エ)] Ω以下 ＊ [(ウ)] Ω以下		

＊印は、低圧電路の地絡故障時に [(ク)] 秒以内に自動遮断する場合に適用できる。

【ヒント】 第2章のポイントの第9項「接地工事の種類と施設方法」の中の(2)「接地工事の種類及び施工方法の詳細」を復習し、解答する。

【基礎問題の答】 次の文章中の赤色の語句で示す。

電技第5条により「電路は大地から(ア)**絶縁する**」ことを原則としている。その一方、電技第10条により『電気設備の必要な箇所には、異常時の(イ)**電位**上昇、高電圧の侵入等による(ウ)**感電**、(エ)**火災**その他人体に危害をおよぼし、又は物件への損傷を与えるおそれがないように、(オ)**接地**その他適切な措置を講じなければならない。』と規定してある。

以上の目的を達成するため、電路には次の**接地工事**を施し、保安の確保を図っている。

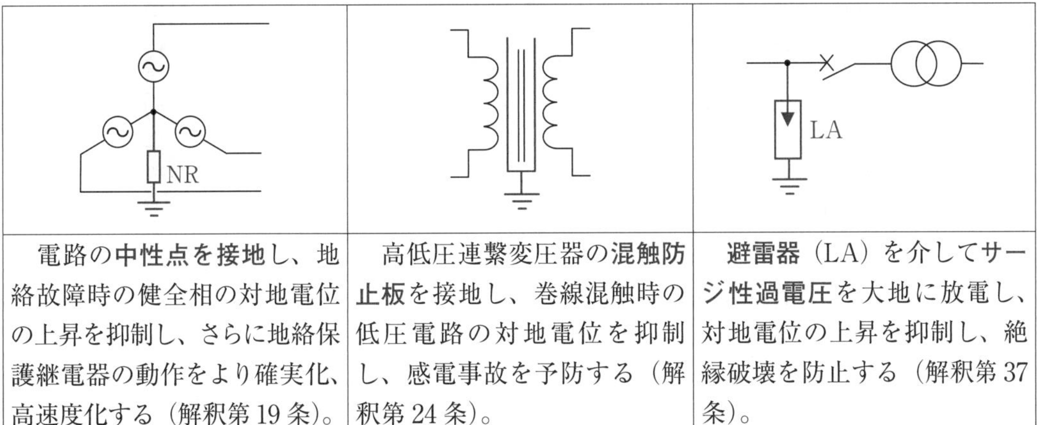

電路の**中性点を接地**し、地絡故障時の健全相の対地電位の上昇を抑制し、さらに地絡保護継電器の動作をより確実化、高速度化する（解釈第19条）。	高低圧連繋変圧器の**混触防止板**を接地し、巻線混触時の低圧電路の対地電位を抑制し、感電事故を予防する（解釈第24条）。	**避雷器**（LA）を介してサー**ジ性過電圧**を大地に放電し、対地電位の上昇を抑制し、絶縁破壊を防止する（解釈第37条）。

【応用問題の答】 解答は、次の**表2**の中の赤色の数値にて示す。

表2 「接地工事の種別と施工上の細目」の設問の正解値

接地工事の種別	接地抵抗値	軟銅線の直径	接地線の引張強さ
A種接地工事	10Ω以下	2.6mm以上	1.04kN以上
B種接地工事	（計算式の詳細は次項で学習する）	4mm以上	2.46kN以上
C種接地工事	10Ω以下 ＊500Ω以下	1.6mm以上	0.39kN以上
D種接地工事	100Ω以下 ＊500Ω以下		

＊印は、低圧電路の**地絡故障時**に0.5**秒**以内に**自動遮断**する場合に適用できる。

この設問のB種接地工事の変圧器は、33kV/420Vの場合について解答するように指定してあるが、6.6kV/100、200Vの場合の接地線はA種接地工事の場合と同じである。

電気主任技術者が、電気設備の保守を行う上で、接地工事を施した箇所の保全は最も重要な事項である。その中でも、上の表2に示した内容は特に重要であり、過去の問題に多頻度に出題されている。上表の「接地工事の種別名」、「接地抵抗値」、「軟銅線の直径の値」は、是非とも確実に暗記していただきたい。

【模擬問題】 次の**図1**は、Ａ種接地工事又はＢ種接地工事の接地極及び接地線を、人が触れるおそれがある場所に施設する場合の施設方法を示したものである。この図中の接地極Ａは鉄柱等の金属製支持物の下方向に埋設する場合を示し、接地極Ｂは鉄柱等から水平方向に離して埋設する場合を示す。この図の(ア)～(オ)で示した部分の「電気設備技術基準の解釈」で規定した「許容最小限の長さ」を、全て正しく組み合わせたものを次の(1)～(5)のうちから一つを選べ。ただし、図中の(ア)～(オ)は、次の部分の長さを表すものとする。

(ア)は、合成樹脂管等の地表面から上方
(イ)は、合成樹脂管等の地表面から下方
(ウ)は、鉄柱等の底面からの深さ
(エ)は、鉄柱等から水平方向の離隔距離
(オ)は、接地極の地表面からの埋設深さ

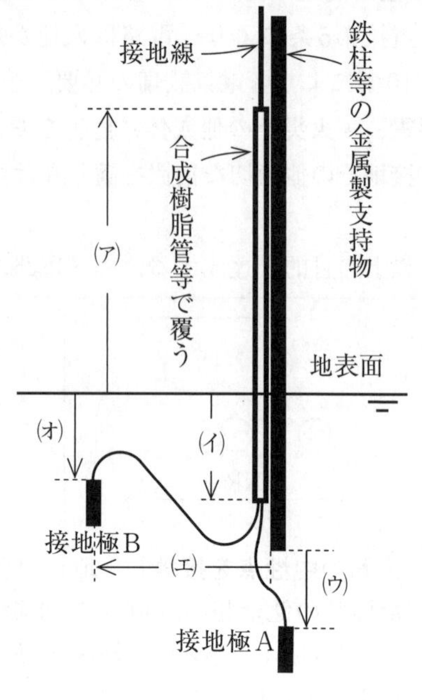

図1

	(ア)	(イ)	(ウ)	(エ)	(オ)
(1)	1.8m	75cm	20cm	1m	75cm
(2)	2m	50cm	30cm	0.5m	50cm
(3)	1.8m	50cm	20cm	1m	75cm
(4)	2m	75cm	30cm	1m	75cm
(5)	1.8m	50cm	30cm	0.5m	50cm

【ヒント】 第2章のポイントの第9項「接地工事の種類と施設方法」の中の(3)「Ａ種又はＢ種接地線に人が触れるおそれがある場合」を復習し、解答する。

【答】（4）

設問のＡ種とＢ種の接地工事方法として、接地線の太さ以外は、両接地工事とも同じ方法で施設するように定めている。

電気機械器具の絶縁に故障を生じたときに、接地線に電流が流れ、その電流値［A］と接地極の接地抵抗値［Ω］との積で決まる電圧［V］が発生する。その電圧は、接地極を中心として、地表面に電位傾度となって現れる。そのため、人が触れるおそれがある場所にＡ種又はＢ種接地工事を施設する場合には、次の**図2**に示すように、接地極を十分な深さに埋設し、かつ、接地極から地上部までの接地線を大地から十分に絶縁するように定めている。

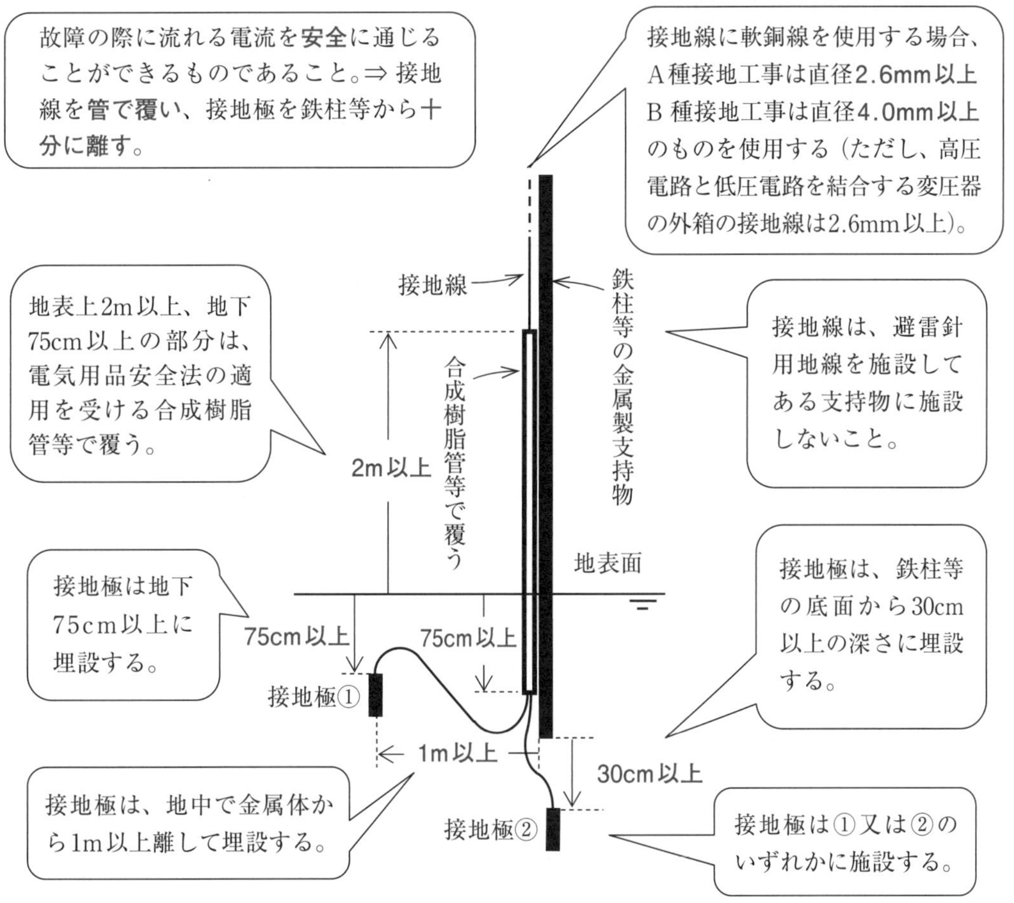

図2　人が触れるおそれがある場所に施設するＡ種及びＢ種接地工事の施設方法

Key Point

人が触れる場所のＡ種及びＢ種接地工事は、電流を安全に大地へ通電できる施設にする。

5 B種接地工事の技術計算法

【基礎問題】 次の式は、「電気設備技術基準の解釈」で定めたB種接地工事の接地抵抗［Ω］の値を表したものである。この式及びB種接地工事の施設方法について述べた次の(1)〜(5)の文章のうち、適切でないものを一つ選べ。

$$R_b\,[\Omega] \leqq \frac{V_g\,[\mathrm{V}]}{I_g\,[\mathrm{A}]} \qquad (1)$$

(1) V_g［V］の値は、高圧又は特別高圧電路と低圧電路が混触を生じたときの低圧電路の対地電位の上昇値［V］の限度を示している。

(2) I_g［A］の値は、高圧又は特別高圧電路の1線地絡電流値である。

(3) V_g［V］の値は、高圧又は特別高圧電路の地絡遮断時間により三つに区分されている。

(4) 我国の中性点非接地式6 600V配電線路の標準的な地絡遮断時間は1秒以内である。

(5) 地絡遮断時間が1秒以内の電路に適用される V_g［V］の値は300［V］である。

【ヒント】 第2章のポイントの第9項(4)「B種接地工事の接地抵抗値の計算式」を復習し、解答する。

【応用問題】 B種接地工事の接地抵抗値を求める際の1線地絡電流 I_g［A］は、実測値を適用する他に、次の(2)式を適用することができるが、この(2)式の変数及び数値の処理方法について述べた次の(1)〜(5)の文章のうち、適切でないものを一つ選べ。

$$I_g\,[\mathrm{A}] = 1 + \frac{\frac{V}{3}L - 100}{150} + \frac{\frac{V}{3}L' - 1}{2} \qquad (2)$$

(1) Vは、電路の公称電圧［kV］の値を1.1で除した値である。

(2) Lは、同じ高圧母線に接続される架空電路のうちケーブル部分を除く電線延長［km］の値である。

(3) L'は、同じ高圧母線に接続される高圧ケーブルの電線延長［km］の値である。

(4) 右辺の第2項及び第3項が負値となる場合は、0に切り上げる。

(5) 1線地絡電流 I_g［A］の値は、小数点以下を四捨五入せずに切り上げ処理を行い、かつ、その値が2［A］未満となる場合には2［A］に切り上げる。

【ヒント】 第2章のポイントの第9項の(4)「B種接地工事の接地抵抗値の計算式」を復習し、解答する。

【基礎問題の答】 (5)

解釈第17条2項一号により、高圧又は特別高圧電路と低圧電路が混触したときの低圧電路の対地電位の上昇値 V_g [V]、及びその高圧又は特別高圧電路の1線地絡電流値 I_g [A] から、B種接地工事の接地抵抗値 R_b [Ω] の上限値を、次の再掲(1)式で規定している。

$$\text{B種接地工事の接地抵抗}\ R_b\,[\Omega] \leqq \frac{V_g\,[\mathrm{V}]}{I_g\,[\mathrm{A}]} \qquad \text{再掲(1)}$$

高圧又は特別高圧電路と低圧電路とを結合する変圧器は、その低圧側端子の一つを、再掲(1)式で表すB種接地工事を施しているため、電路の一端子は、接地工事を施している。その高圧又は特別高圧電路と低圧電路とが混触したとき、高圧又は特別高圧電路の地絡保護継電器は地絡故障を感知し、当該の遮断器へ引き外し信号を送出する。

設問の(4)の文章にあるように、現在の我国の中性点非接地式6 600V高圧配電線路の標準的な地絡方向継電器(DGリレー)の動作時間は700msであり、配電用変電所の引出口遮断器の遮断時間は8サイクルであるから、両者を合計した自動遮断時間は**1秒以内**である。

設問の(3)の文章のように、上の再掲(1)式の V_g [V] の値は、混触時の自動遮断時間により、次の三つの区分から選択するように規定している。

(1)式の V_g [V] の値
- **1秒以内**に自動遮断する場合…………………… V_g=600 [V]
- **1秒を超えて2秒以内**に自動遮断する場合 …… V_g=300 [V]
- **2秒を超えて**自動遮断する場合………………… V_g=150 [V]

設問の(5)の文章は、1秒以内であるから、V_gの値は600 [V] を適用する。

【応用問題の答】 (3)

解釈第17条2項二号により、高圧電路の1線地絡電流 I_g [A] の値は、実測値を適用する他に、次の再掲(2)式を適用することができる、と規定している。

$$I_g\,[\mathrm{A}] = \underbrace{1}_{\text{EVT三次回路の制限抵抗分}} + \underbrace{\frac{\frac{V}{3}L-100}{150}}_{\text{架空線の充電電流分}} + \underbrace{\frac{\frac{V}{3}L'-1}{2}}_{\text{ケーブルの充電電流分}} \qquad \text{再掲(2)}$$

この式の右辺の第2項にあるLは、同じ高圧母線に接続される**架空**電路のうちケーブル部分を除いた**電線延長** [km] であるから、設問の(2)の文章は正しい。例えば、三相3線式の架空電路1回線分の線路延長は、亘長(地図上の距離)の3倍の値である。

一方、再掲(2)式の右辺の第3項にあるL'は、同じ高圧母線に接続される**高圧ケーブル**の電路の**線路延長** [km] であり、この設問の(3)の文章が誤っている。高圧ケーブル1回線分の線路延長は、亘長と同値である。

【模擬問題】 次の図1に示すように、線間電圧が V [V]、電源の周波数が f [Hz] の対称三相電源から三相3線式の低圧電路を通して電力を供給している。その低圧電路のB種接地工事は、三相変圧器の二次側の一端子を接地している。この低圧電路の1相当たりの対地静電容量を C [F]、B種接地工事の接地抵抗値を R_B [Ω] とするとき、次の(a)及び(b)の問に答えよ。ただし、上記以外のインピーダンスは全て無視できるものとする。

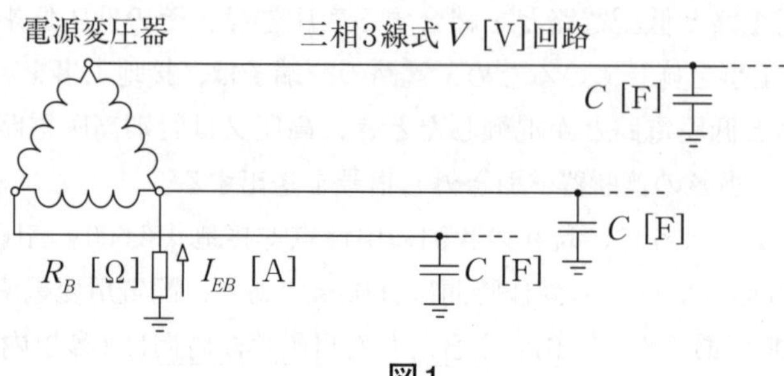

図1

(a) 図1の低圧電路に使用電圧を印加しているとき、B種接地工事の接地線に常時流れる電流 I_{EB} [A] の大きさ（絶対値）を表す式として、正しいものを次の(1)～(5)のうちから一つを選べ。ただし、低圧電路の絶縁物の漏れ電流は流れていないものとする。

(1) $$\frac{V}{\sqrt{3\times(R_B)^2+\dfrac{1}{12\times(\pi fC)^2}}}$$

(2) $$\frac{V}{\sqrt{(R_B)^2+\dfrac{1}{36\times(\pi fC)^2}}}$$

(3) $$\frac{V}{\sqrt{3\times(R_B)^2+\dfrac{3}{4\times(\pi fC)^2}}}$$

(4) $$\frac{V}{\sqrt{(R_B)^2+\dfrac{1}{4\times(\pi fC)^2}}}$$

(5) $$\frac{V}{\sqrt{\dfrac{3}{(R_B)^2}+\dfrac{1}{36\times(\pi fC)^2}}}$$

(b) 線間電圧 V の値を200 [V]、電源の周波数 f の値を50 [Hz]、B種接地工事の抵抗 R_B の値を10 [Ω]、低圧電路の1相当たりの対地静電容量 C の値を1 [μF] とするとき、B種接地工事の接地線に常時流れる電流 I_{BE} [mA] の大きさとして、最も近いものを次の(1)～(5)のうちから一つを選べ。

(1) 1 160　(2) 188　(3) 108　(4) 65.9　(5) 38.1

類題の出題頻度 ★★☆☆☆

【ヒント】 第2章のポイントの第10項「B種接地工事の接地箇所に常時流れる電流値の計算方法」の解説記事を復習し、解答する。

【答】(a) (1)、(b) (3)

問(a)の解き方；設問の図1に鳳・テブナンの定理を適用して解くため、接地抵抗R_B [Ω] を低圧電路から一旦切離し、次の**図2**のように表す。

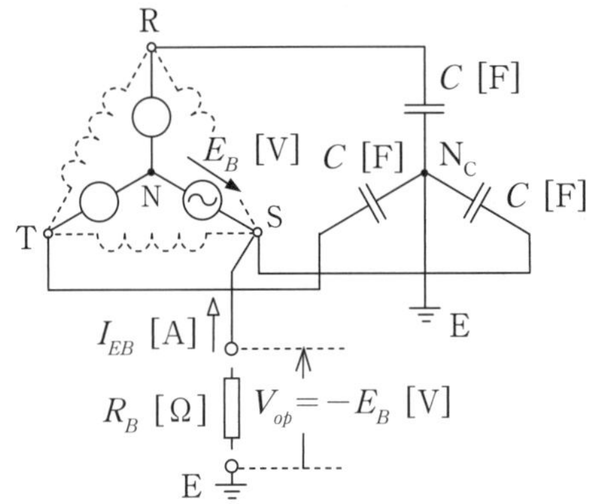

図2　設問の図1に鳳・テブナンの定理を適用して描きなおした図

図3　左の図2の開放端子電圧を電源として各要素を並び替えた図

図2の対称三相電源の中性点Nは、大地Eと同電位となるため、開放端子電圧V_{op} [V] は、三相電源の相電圧値となる。その図2を、見やすく書き変えたものが**図3**である。図3は、V_{op} [V] を電源として、$3C$ [F] とR_B [Ω] が直列接続の状態であり、点線円で示した電源インピーダンスは題意により無視できる。したがって、上の図2、図3の電流I_{EB} [A] の基準方向は先にP46の図3に示したI_{EB}の基準方向の逆方向であるから、P48の(13)式の右辺に負符号を付けて、次式で表される。

$$\dot{I}_{EB}=\frac{-\dot{E}_B}{R_B+\dfrac{1}{+j3\omega C}}=\frac{\dot{V}_{op}}{R_B+\dfrac{1}{+j3\omega C}}\ [\mathrm{A}] \qquad \text{再掲(13)}$$

V_{op}を相電圧の$V/\sqrt{3}$に代え、電流I_{EB} [A] を絶対値で表すと、次式のようになる。

$$|\dot{I}_{EB}|=\frac{V/\sqrt{3}}{\sqrt{(R_B)^2+\left(\dfrac{1}{3\times 2\pi fC}\right)^2}}=\frac{V}{\sqrt{3\times(R_B)^2+\dfrac{1}{12\times(\pi fC)^2}}} \qquad (1)$$

問(b)の解き方；(1)式に、題意の各値を代入して、次式のようにI_{EB} [A] の値を求める。

$$|\dot{I}_{EB}|=\frac{200}{\sqrt{3\times 10^2+\dfrac{1}{12\times(\pi\times 50\times 10^{-6})^2}}}=\frac{200}{1838}=0.1088\ [\mathrm{A}]\fallingdotseq 108\ [\mathrm{mA}] \qquad (2)$$

三相低圧電路の1線にB種接地工事を施すと、
2線分の対地充電流のベクトル和が常時流れる。

6 その他接地工事に関する規制

【基礎問題】「電気設備技術基準及びその解釈」の規定に基づき、金属体を接地極として利用する場合について述べた次の文章中の(ア)〜(ウ)の空白部分に当てはまる適切な語句又は数値を、下の解答語群の中から一つずつ選び、この文章を完成させよ。

金属体と大地間の電気抵抗値が [(ア)] Ω以下の場合、その金属体を [(イ)] 種接地工事の接地極に利用することができる。また、金属体と大地間の電気抵抗値が100Ω以下の場合は、その金属体を [(ウ)] 種接地工事の接地極に利用することができる。

「解答語群」A、B、C、D、5、10

【ヒント】 第2章のポイントの第11項の(1)「C種、D種接地工事を施す金属体」を復習し、解答する。

【応用問題】「電気設備技術基準及びその解釈」の規定に基づき、建物の鉄骨等の等電位ボンディングについて述べた次の文章中の(ア)〜(オ)の空白部分に当てはまる適切な語句又は数値を、下の解答語群の中から一つずつ選び、この文章を完成させよ。

鉄骨等を、A種、B種、C種及びD種接地工事、その他の接地工事に係る共用の接地極として使用する場合には、建物の鉄骨又は鉄筋コンクリートの一部を地中に埋設するとともに、 [(ア)] を施すこと。

また、鉄骨等をA種又はB種接地工事の接地極として使用する場合であって、特別高圧又は高圧の機械器具の金属製外箱に施す接地線に [(イ)] が流れた場合において、建物の柱、梁、床、壁等の構造物の導電性部分間に [(ウ)] Vを超える [(エ)] が発生しないように、建物の鉄骨又は鉄筋は、相互に [(オ)] に接続されていること。

「解答語群」クロス ボンディング、等電位ボンディング、三相短絡電流、最大負荷電流、1線地絡電流、150、50V、歩幅電圧、接触電圧、強固に、電気的に

【ヒント】 第2章のポイントの第11項の(2)「工作物の金属体を利用した接地工事」を復習し、解答する。

【基礎問題の答】　解答は、次の文章中の赤色の太字体で示す。

金属体と大地間の電気抵抗値が(ア)**10Ω**以下の場合、その金属体を(イ)**C種接地工事**の接地極に利用することができる。また、金属体と大地間の電気抵抗値が100Ω以下の場合は、その金属体を(ウ)**D種接地工事**の接地極に利用することができる。

これは、解釈第17条の5項、及び6項により規定している「金属体を**C種**又は**D種**接地工事の接地極として利用する場合」の問題である。この解釈第17条の「金属体」は、建物の鉄骨や鉄筋に限らず、その一部が地中に埋設され、接地抵抗値が規定値を満足していれば、適用可能である。しかし、適用可能な接地工事の種別は「C種又はD種接地工事」であって、**A種又はB種接地工事には適用できない**。そのため、金属体の施工方法として、次の「応用問題」に出てくる「等電位ボンディングを施す」などの施工条件は付されていない。

【応用問題の答】　解答は、次の文章中の赤色の太字体で示す。

建物の鉄骨等を、A種、B種、C種及びD種接地工事、その他の接地工事に係る共用の接地極として使用する場合には、建物の鉄骨又は鉄筋コンクリートの一部を地中に埋設するとともに、(ア)**等電位ボンディング**を施すこと。

また、鉄骨等をA種又はB種接地工事の接地極として使用する場合であって、特別高圧又は高圧の機械器具の金属製外箱に施す接地線に(イ)**1線地絡電流**が流れた場合において、建物の柱、梁、床、壁等の構造物の導電性部分間に(ウ)**50V**を超える(エ)**接触電圧**が発生しないように、建物の鉄骨又は鉄筋は、相互に(オ)**電気的**に接続されていること。

これは、解釈第18条1項により規定している「工作物の金属体を利用した接地工事」からの出題である。

この条文の**等電位ボンディング**とは、鉄骨造、鉄骨鉄筋コンクリート造又は鉄筋コンクリート造の建物の鉄筋や鉄骨と、その建物内の導電性の水道管、窓枠、扉、壁、床など人が触れるおそれ（可能性）がある範囲の全ての導電性の部分とを、電気的に接続する施工方法である。

その**等電位ボンディング**を施すことにより、電気機械器具の内部に絶縁不良などが発生し鉄骨等の接地線に1線地絡電流が流れたとき、**50V**を超える接触電圧が発生しないように、等電位性を確保し、感電や火災を予防している。

【模擬問題】 次の文章は、接地工事に関する事項を述べたものであるが、その内容が「電気設備技術基準の解釈」で規定された事項を基にして判断し、適切でないものを次の(1)～(5)のうちから一つを選べ。

(1) 建物の鉄骨や鉄筋コンクリートの鉄筋（鉄骨等）を、A種、B種、C種及びD種、並びに電路の中性点接地工事の共用接地極に利用する場合は、鉄骨又は鉄筋コンクリートの一部を地中に埋設し、かつ、等電位ボンディングを施すものであること。

(2) 大地との間の電気抵抗値が2Ω以下の値を保っている建物の鉄骨その他の金属体は、非接地式高圧電路に施設する機械器具等のA種接地工事、及び非接地式高圧電路と低圧電路を結合する変圧器に施すB種接地工事に利用することができる。

(3) 三相4線式で使用電圧値が420Vの電路であって、対地電圧の異常上昇の抑制を図るために必要な場合は、その電路の中性点を接地することができるが、中性点に接地を施し難いときは、その電路の一端子を接地することができる。

(4) 変圧器の安定巻線若しくは遊休巻線又は電圧調整器の内蔵巻線を異常電圧から保護するために必要な場合は、その巻線に接地を施すことができるが、その接地はA種接地工事によらなければならない。

(5) 高圧又は特別高圧の電路から需要場所の低圧電路に侵入する雷等の異常電圧を抑制するために、「高圧又は特別高圧と低圧との混触による危険防止施設」の規定により施してあるB種接地工事に重複して、次の①項で述べる鉄骨を接地工事の接地極として使用し、かつ、次の②項で述べる接地線を施設することができる。

① 鉄骨は、需要場所の引込口付近の地中に埋設されている建物の鉄骨であって、大地との電気抵抗が3Ω以下の値を保っているものであること。

② 接地線に軟銅線を使用する場合は直径2.6mm以上のものとし、かつ、その接地線に接触防護措置を施したものであること。

【ヒント】 第2章のポイントの第11項「その他の接地工事に関する規制」の解説記事を復習し、解答する。

【答】（3）

設問の(3)の文章は、『三相4線式で使用電圧値が420Vの電路であって、対地電圧の異常上昇の抑制を図るために必要な場合は、その電路の中性点を接地することができる。』という部分までは正しい。しかし、その後の文章の『･･･中性点に接地を施し難いときは、その電路の一端子を接地することができる。』という文章が適用可能な低圧電路は、次の**図3**に示す使用電圧が300V以下の低圧電路である。したがって、次の**図1**に示す使用電圧値が50Hzの場合は420V、60Hzの場合は440Vの電路には適用できず、中性点に接地を施さなければならない。なお、次の**図2**のように、使用電圧が300V以下で中性点の接地が可能な電路は、その中性点に接地を施さなければならない。

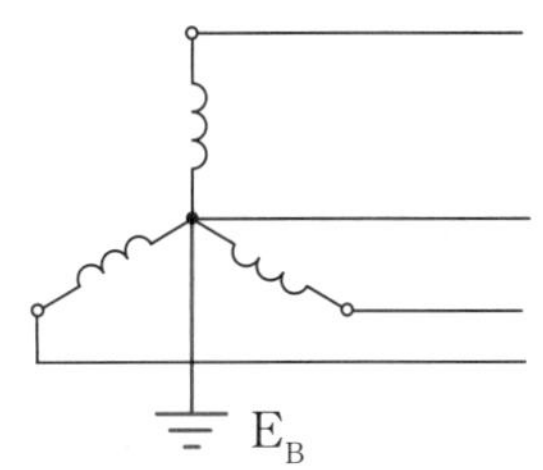

図1　420V電路の接地

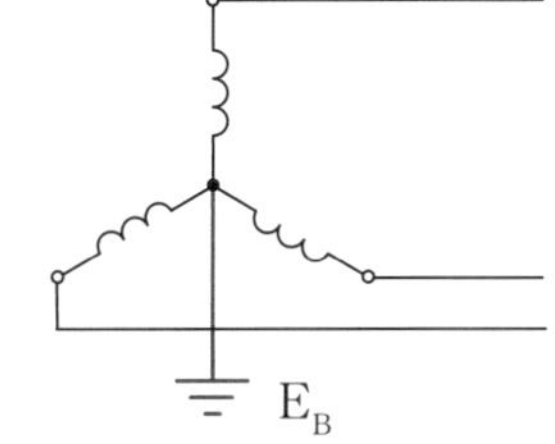

図2　200V電路の接地

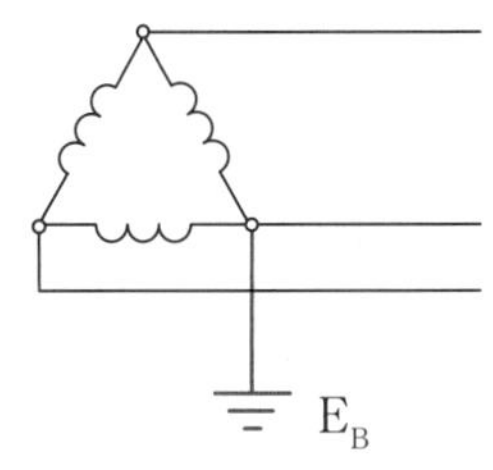

図3　200V電路の接地

なお、設問の(1)の建物の鉄骨等を、接地工事の共用接地極に利用する場合には、等電位ボンディングを施すことが施工条件である。

(2)は、需要場所に限定していないため、大地との間の電気抵抗値に**2Ω以下が必要**であり、下の(5)で述べる3Ω以下ではないことに注意する。

(4)の変圧器の**安定巻線**は、変圧器の一次側巻線と二次側巻線が共に星形結線である場合、二次側巻線の誘導電圧に大きな波形歪が現れることの対策として、第三の巻線として三角結線式の巻線を同じ鉄心に施すものである。その第三の巻線から、外部に電力を取り出す巻線を「**三次巻線**」という。一方、外部に電力を取り出さず、三角結線式巻線の対地電位を安定させる目的で、その一端を接地する巻線は「**安定巻線**」といい、ブッシングは1相のみ施設する。

(5)は、解釈第24条で規定しているB種接地工事とは別に、需要場所の引込口付近の建物の鉄骨を、接地工事の接地極として使用し、その建物内の低圧電路に侵入する雷等の異常電圧を抑制することを認める条項である。

この接地工事は、解釈第24条で規定するB種接地工事と重複して施設するため、接地抵抗値は**3Ω以下**であり、上記の(2)で述べた2Ω以下ではないことに注意する。

420Vの低圧電路のB種接地工事は、
その中性点に接地を施す。

第2章 電技の総則（その1）のまとめ

1. 電路の「最大使用電圧」とは、その電路に現れる異常電圧値のことではなく、通常の運転時に、日常的に現れる最大の線間電圧値をいう。

2. 電線の接続部分は、電気抵抗を増加させない。
電線の接続部分の引張強さは、20%以上減少させない。
絶縁電線の接続部分の絶縁効力は、電線の絶縁物と同等以上にする。

3. 絶縁性能の試験回路の電流計算法は、被試験物側から電源側に向かって順に、各部の電流値を求める。その際に、充電電流には進み位相の$+j$を付記し、変圧器の励磁電流とリアクタ電流には遅れ位相の$-j$を付記することにより、計算ミスを少なくすることができる。

4. 人が触れるおそれがある場所のA種及びB種接地工事は、接地極を十分な深さに埋設し、かつ、接地極から地上2mまでの接地線を防護する。

5. 各接地工事の接地抵抗値と、接地線に軟銅線を使用する場合の太さは、次のとおりである。
A種接地工事は、10Ω以下で、2.6mm以上
B種接地工事は、計算式で求め、4mm以上
ただし、高圧電路と低圧電路を結合する変圧器の場合は2.6mm以上
C種接地工事は、10Ω以下で、1.6mm以上
D種接地工事は、100Ω以下で、1.6mm以上
C種又はD種接地工事の場合で、0.5秒以内で動作する漏電遮断器を適用する場合には、500Ω以下でよい。

6. 三相3線式低圧電路のB種接地工事は、中性点接地が困難な場合に、変圧器二次側の一端子の接地が許され、その場合には対地充電流の2相分のベクトル和が、常時接地線に流れる。

7. 建物の鉄骨等を、A種、B種、C種及びD種、並びに電路の中性点接地工事の共用接地極に利用する場合は、鉄骨等の一部を地中に埋設し、かつ、等電位ボンディングを施さなければならない。

第3章　電技の総則(その2)のポイント

1　高圧及び特別高圧の機械器具の施設（解釈第21条、第22条）

発変電所等の機械器具は、後述の「発電所の機械器具の施設」により施設しますが、それ以外の配電線路や需要場所などの高圧及び特別高圧の機械器具は、次のように施設します。

(1) 屋内に施設する場合は、取扱者以外の者が出入りできないように措置する。

(2) 屋外に施設する場合は、次のように施設する。ただし、工場の構内に施設する高圧機器の場合は、次のイ項のみでよい。

イ. 周囲にさく、へい等を設ける。

ロ. 機械器具の使用電圧が35kV以下の場合の「さく、へい等の高さ」と「充電部までの距離」の和の値は、**図1**に示すように**5m以上**とする。

ハ. **危険**である旨を**表示**する。

図1　35kV以下の高圧・特別高圧機器の充電部までの距離

(3) 機械器具を次の①～④のように施設し、かつ、人が触れるおそれがないように施設する。

① 高圧の機械器具の電線は高圧ケーブル又は引下げ用高圧絶縁電線を使用する。

② 高圧の機械器具を市街地に施設する場合は、地表上**4.5m以上**とする。

③ 高圧の機械器具を市街地以外に施設する場合は、地表上**4m以上**とする。

④ 特別高圧の機械器具は、地表上**5m以上**とする。

(4) 高圧の機械器具は、コンクリート製の箱又は**D種**接地工事を施した金属製の箱に収め、かつ、充電部が露出しないように施設する。

(5) 工場等の構内に施設する特別高圧の機械器具は、絶縁された箱又は**A種**接地工事を施した金属製の箱に収め、かつ、充電部が露出しないように施設する。

2　アークを生じる器具の施設（解釈第23条）

高圧又は特別高圧の開閉器、遮断器、避雷器、放電装置など、その装置が動作するときにアークを生ずるものは、次の(1)又は(2)のいずれかにより施設します。

(1) **耐火性**のものでアークを生ずる部分を囲むことにより、木製の壁又は天井など可燃性のものから隔離する（ガス遮断器やガス絶縁式負荷開閉器のように、その遮断部を金属製の容器内に収めた構造の機械器具が、これに該当する。）

(2) 周囲の可燃性のものとの**離隔距離**を、次の**図2**に示すように施設する。

① 開閉器等の使用電圧が**高圧**の場合は、Dを**1m以上**に施設する。

② 開閉器等の使用電圧が**特別高圧**の場合は、Dを**2m以上**に施設する。ただし、使用電圧が35kV以下の機械器具を、その動作時に発生するアークの方向及び長さを制限し、火災が発生しないように施設する場合は、Dを**1m以上**とすることができる。

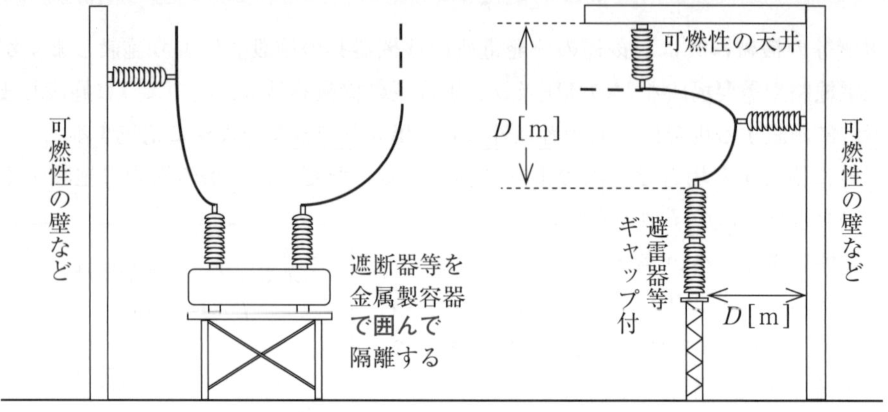

図2　アークを生ずる器具の施設

3　高圧又は特別高圧と低圧との混触による危険防止施設（解釈第24条）

「高圧又は特別高圧の電路」と「低圧電路」とを結合する変圧器には、次の(1)から(4)までの全ての条件を満足させた**B種接地工事**を施します。

(1) 次の①から③のいずれかの箇所に**B種接地工事**を施すこと。

① 低圧側の**中性点**（原則的には、中性点を接地しなければならないことに注意する）。

② 使用電圧が**300V以下**の低圧電路で、中性点の接地が困難なときは、**低圧側の一端子**（これは、二次側巻線が300V以下の**三角結線式**変圧器に適用され、星形結線式には適用できない。また、使用電圧が400Vの電路も適用できないことに注意する）。

③ 低圧電路が非接地式の場合は、その変圧器の内部に設けた**金属製の混触防止板**。

(2) **B種接地工事の接地抵抗値**として許容される上限値は、第2章のポイントで示した次の再掲(1)式によるが、その計算結果が5Ω未満の場合は5Ω未満で施工することを要しない。

$$\text{B種接地工事の接地抵抗値}\ R_b\,[\Omega] \leqq \frac{V_g\,[\mathrm{V}]}{I_1\,[\mathrm{A}]} \qquad \text{再掲(1)}$$

再掲(1)式の V_g［V］の値
- **1秒以内に自動遮断する場合** ……………………… $V_g=600$［V］
- **1秒を超えて2秒以内に自動遮断する場合** …… $V_g=300$［V］
- **2秒を超えて自動遮断する場合** ………………… $V_g=150$［V］

(3) **特別高圧電路と低圧電路**とを直接結合する変圧器の場合も、**B種接地工事の接地抵抗**の許容上限値値は、上記の再掲(1)式による。ただし、次の①項又は②項に該当する電路を除き、再掲(1)式の計算結果が10Ωを超える場合は、**10Ω以下**で施設すること（つまり、次の①項及び②項の電路は、再掲(1)式の計算結果が10Ωを超える場合には、10Ω以下で施工することは要さず、計算結果の接地抵抗値以下で施設してよい）。

① 特別高圧電路の使用電圧が**35kV以下**であって、かつ、その電路の**地絡故障**時の自動遮断時間が**1秒以内**の電路。

② **中性点接地式**の電路であって、使用電圧が**15kV以下**（実在する電路としては、線間電圧値が11.4kVで、相電圧値が6.6kV）の架空電線路。

(4) 変圧器のB種接地工事は、次のように施設する。

① 次の**図3**に示すように、変圧器の施設箇所ごとにB種接地工事を施す。

② 土地の状況により、変圧器の施設箇所において、再掲(1)式で示した接地抵抗値が得難い場合には、次のイ.又はロ.のいずれかに適合する**接地線**を施設し、次の**図4**に示すようにB種接地工事を施す対象の変圧器の施設箇所から**200m以内**の所に接地工事を施し、合成接地抵抗値が再掲(1)式の値を満足するように施設する。

イ. **架空接地線**は、直径**4mm以上**の**硬銅線**を使用し、低圧架空電線の規定に準じて施設する。

ロ. **地中接地線**は、地中電線路の施設方法に準じて施設する。

③ 土地の状況により、上記の①及び②の方法により難いときは、次の**図5**に示す**共同地線**を設け、2以上の施設箇所に共通のB種接地工事を施すことにより、再掲(1)式で示した接地抵抗値を満足させる。

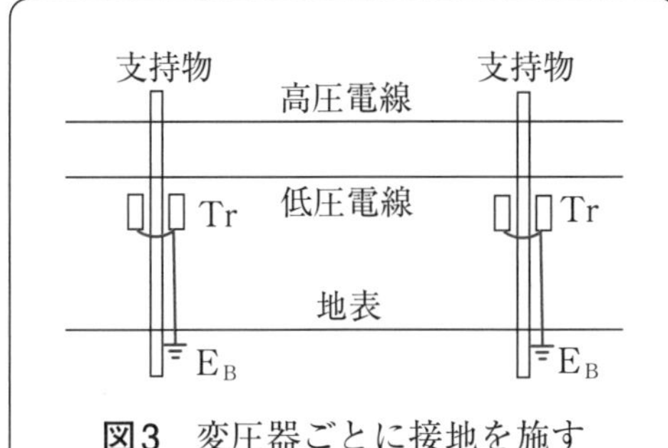

図3　変圧器ごとに接地を施す

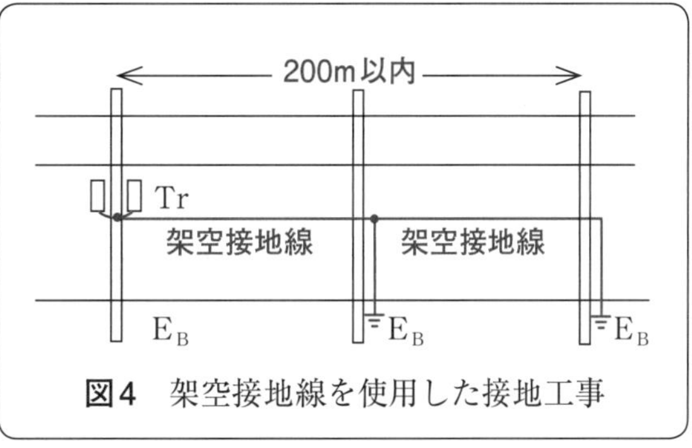

図4　架空接地線を使用した接地工事

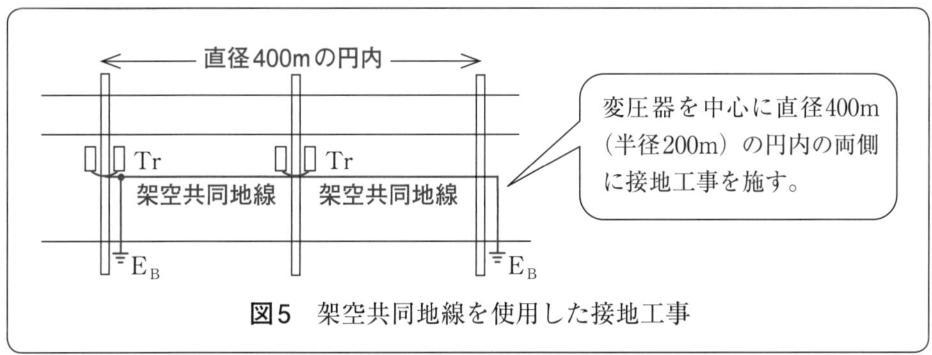

図5　架空共同地線を使用した接地工事

4　特別高圧と高圧との混触等による危険防止施設（解釈第25条）

特別高圧電路と高圧電路とを結合する変圧器の内部で混触事故が発生した場合、又は特別高圧電路で発生した異常電圧が変圧器を介して高圧電路に侵入した場合は、高圧電路の絶縁が危険な状態になります。その保安対策として、右の**図6**に示すように、**高圧電路**に使用電圧の**3倍以下**の電圧で**放電**する装置を、その変圧器の高圧端子に近い**1極**に設け、**A種接地工事**（10Ω以下）を施します。ただし、使用電圧の**3倍以下**の電圧で放電する**避雷器**を、高圧電路の**母線**に施設する場合は、上記の放電装置を要しません。

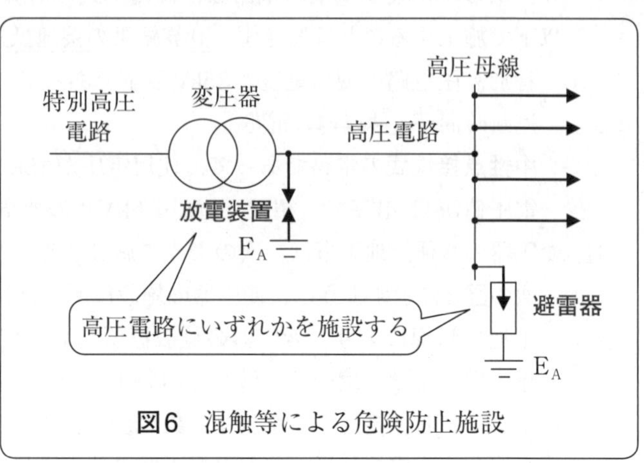

図6　混触等による危険防止施設

5　特別高圧配電用変圧器の施設（解釈第26条四号）

次の**図7**に**レギュラー ネットワーク配電方式**を示します。これは、2～3回線以上の特別高圧電路で受電し、2～3台の変圧器の二次側を常時並列運転で運用します。そのため、供給信頼度が大変高く、大形ビルの受電設備に多くの適用例があります。この図の特別高圧電路のある回線に短絡故障が発生すると、変圧器の二次側母線をUターンして、変圧器の二次側から一次側へ短絡故障電流が逆流することを逆電力継電器等で検出し、当該変圧器の二次側遮断器を引き外す規定があります。なお、1線地絡故障時は、零相分電流I_0の3倍が流れますが、I_0は絶縁変圧器を通過しないため、図7の保安措置は短絡故障に対してのみ必要な設備です。

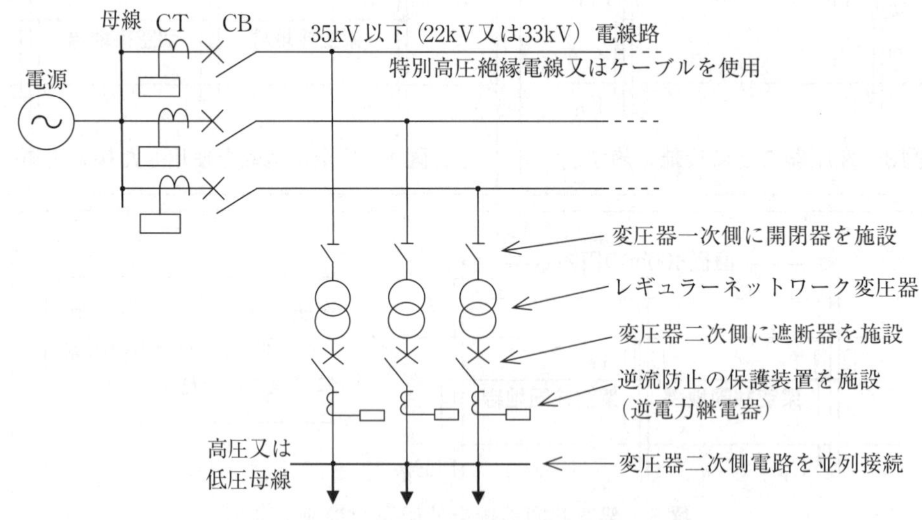

図7　レギュラーネットワーク配電方式の構成

6　特別高圧を直接低圧に変成する変圧器の施設（解釈第27条）

特別高圧を直接低圧に変成する変圧器の内部で、両巻線同士が混触する事故が発生したとき、特別高圧電路から低圧電路へ危険な高電圧が侵入するため、次の(1)から(6)までの施設を除き施設しないこと、と規定しています（つまり、(1)から(6)までの施設は設置が可能です）。

(1)　発電所又は変電所、開閉所若しくはこれらに準ずる場所の**所内用の変圧器**。
(2)　使用電圧が**100 000V以下**（実在の公称電圧として77kV以下）の変圧器であって、抵抗値が**10Ω以下**の**B種接地工事**を施した金属製の**混触防止板**を有するもの。
(3)　使用電圧が**35 000V以下**（実在の公称電圧として33kV、22kV）の変圧器であって、特別高圧と低圧の巻線**混触**時に、変圧器を電路から**自動遮断**する装置を設けたもの。
(4)　**電気炉**等、**大電流**を消費する負荷に電気を供給するための変圧器。
(5)　交流式電気鉄道用の**信号回路**に電気を供給するための変圧器。
(6)　**中性点接地式**で15kV以下（実在の公称電圧**11.4kV**）の架空電線路の変圧器。

7　計器用変成器の二次側電路の接地（解釈第28条）

計器用変成器とは、計器用変圧器（VT）と変流器（CT）を総称したものです。特別高圧や高圧の電路の電圧値を、電圧計や継電器の電圧コイルに入力する110Vに縮小するものがVTです。また、電流計や継電器の電流コイルに入力する5A以下（又は1A以下）に縮小するものがCTです。このVT、CTの一次巻線と二次巻線の間で混触が発生した場合には、計器や継電器の回路に高電圧が侵入し、その付近の作業員が危険な状態になります。その場合の保安措置として、VT及びCTの二次側電路には、次の接地工事を施すよう規定しています。

(1)　**特別高圧**用変成器の二次側電路は、**A種**接地工事（10Ω以下、2.6mm以上の軟銅線）
(2)　**高圧**用変成器の二次側電路は、**D種**接地工事（100Ω以下、1.6mm以上の軟銅線）

ここで注意すべきことは、一般的に高圧の機械器具の金属製外箱はA種接地工事を施す規定がありますが、一次側電路が高圧のVT及びCTの二次側電路は**D種**接地工事でよいことです。このように接地工事の種別が異なる理由として、VT及びCTの二次側電路に接近する人は、電気関係の作業員のみであり、一般の人々はその電路に接近することがないためです。

8 機械器具の金属製外箱等の接地(解釈第29条)

機械器具の金属製の台及び外箱に施すべき接地工事の種別を、次の**表1**に示します。

表1 機械器具の金属製の台及び外箱に施す接地工事の種別

機械器具の使用電圧の区分		接地工事の種別	接地抵抗値	軟銅線
低圧	300V以下	D種接地工事	100Ω以下(*)	1.6mm以上
	300V超過	C種接地工事	10Ω以下(*)	1.6mm以上
高圧又は特別高圧		A種接地工事	10Ω以下	2.6mm以上

(*)は、低圧電路の地絡自動遮断時間が0.5秒以内の場合は、500Ω以下を適用する。

小出力発電設備の太陽電池モジュール、燃料電池発電設備、それらに用いる常用の蓄電池に接続する機械器具を、次の場所に施設する場合は、**表1**に示した接地工事の省略が可能です。

(1) 交流**対地電圧150V以下**又は直流300V以下の機器を**乾燥**した場所に施設する場合
(2) **低圧**用機器を**乾燥**した木製の床など**絶縁性**のものの上で取り扱う場合
(3) 電気用品安全法の適用を受ける**二重絶縁構造**の機器の場合
(4) 二次側が非接地式で、**300V以下**で、3kVA以下の**絶縁変圧器**から供給する場合
(5) 水気のある場所以外の場所の**低圧機器**へ、電気用品安全法の適用を受ける「検出感度が15mA以下で動作時間が**0.1秒以下**の電流動作型の**漏電遮断器**」から供給する場合
(6) 金属製外箱等の周囲に適当な**絶縁台**を設ける場合(高圧機器にも適用される)
(7) 外箱のない計器用変成器が、**絶縁物で覆われたもの**である場合
(8) 低圧又は(中性点接地式で15kV以下の電路を含む)高圧の機器を、木柱等の絶縁性のものの上であって、人が容易に触れるおそれがない高さに施設する場合

太陽電池モジュール、燃料電池発電設備、常用蓄電池の電路に施設する機械器具の金属製外箱等の**接地工事**は、解釈第29条4項により使用電圧に応じて**表2**のように施設します。

表2 太陽電池モジュール等の直流電路の機械器具の金属製外箱等の接地工事

直流電路の使用電圧	接地工事の種別	接地抵抗値	軟銅線の太さ
300V以下	D種接地工事	100Ω以下	1.6mm以上
(*)300Vを超え450V以下	C種接地工事	100Ω以下	2.6mm以上
300V超過	C種接地工事	10Ω以下	2.6mm以上

C種接地工事の接地抵抗値は10Ω以下が原則ですが、上表中(*)印の「300Vを超え450V以下」は、次の(1)から(4)の全条件を満足する場合に**100Ω以下**が可能です。ただし、軟銅線の接地線の太さは本来の直径2.6mm以上であり、1.6mmは不可に注意してください。

〔太陽電池モジュール等の直流電路のC種接地工事に100Ω以下を適用できる4条件〕

(1)　直流電路は、**非接地式**であること。

(2)　逆変換装置（コンバータ）の交流側に**絶縁変圧器**を施設すること。

(3)　太陽電池モジュールの合計出力は、**10kW以下**であること。
（一般用電気工作物の範疇（はんちゅう）となる"50kW未満"ではないことに注意する。）

(4)　直流電路に太陽電池モジュール等、接続箱、逆変換装置及び避雷器以外は施設しないこと。

9　静電誘導作用又は電磁誘導作用による感電の防止

電技では、人の健康に影響を及ぼす**静電誘導障害**及び**電磁誘導障害**について、それぞれ個別に規制をしています。初学者の中に、この静電誘導と電磁誘導の現象や障害を、ただ単に「誘導」という一つの単語で表現する人を見かけますが、この両者は発生原理も規制値の単位も異なりますから、正しく区別して理解し、その規制値を覚えなければなりません。

(1)　静電誘導作用の規制（電技第27条）

右の**図8**は、一般的な垂直縦配列で構成した並行2回線送電線路の片側回線部分のみを示したものです。この図で**静電誘導**現象の原理図を解説します。図の送電線路の最上相をA相とし、その対地電圧をE_a［V］、A相電線と人体との間の静電容量をC_a［F］とします。同様に、中相をB相、E_b［V］、C_b［F］とし、最下相をC相、E_c［V］、C_c［F］とします。この図のE_a、E_b、E_cの各対地電圧を起誘導電圧として、**静電容量分圧**により人体に電圧が現れます。通常の運転状態における系統電源は対称三相電圧ですから、図の対地電圧E_a、E_b、E_cは平衡しており、そのベクトル和は0［V］です。しかし、図示のとおり各電力線と人体との離隔距離が異なるため、静電容量C_a、C_b、C_cは等しい値ではなく、人体は最も近いC相のE_c［V］の影響を強く受け、その結果人体に**静電誘導電圧**E_m［V］が現れます。この静電誘導電圧値が、人体の頭部から足先まで全て同電位［V］ならば、人体の健康に何の問題も生じませんが、人体の部位によりE_mの大きさに差があるときは問題を生じます。

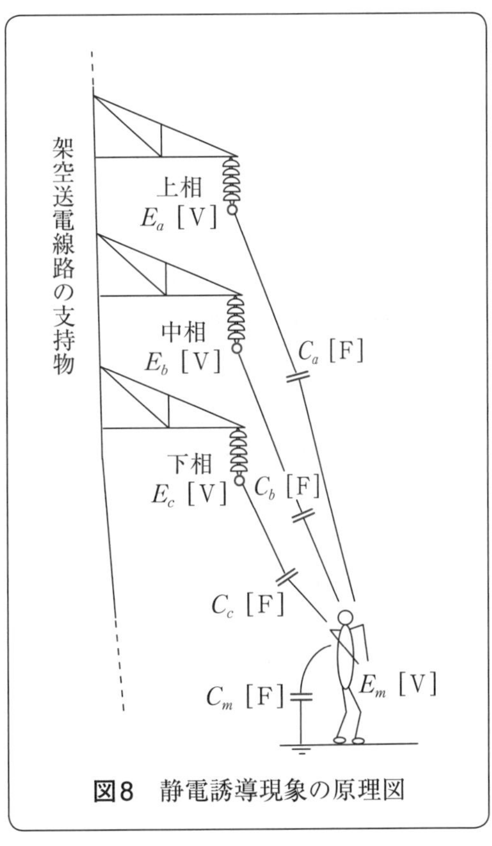

図8　静電誘導現象の原理図

ここで、例をあげて解説します。人体の心臓がある地上1m付近の位置を基点として、その5mm上方の点hに静電誘導される電圧をE_h［V］、5mm下方の点lの静電誘導電圧をE_l［V］とします。この人体の点hと点lとの間の電位差は、E_h-E_l［V］であり、その間隔は

10mmですから、地上1m付近の電界強度の値（ベクトル量である“電界の強さ［V/m］”の絶対値）はE_h-E_l［V/10mm］＝100（E_h-E_l）［V/m］です。電技第27条により、この静電誘導電圧の値を［kV/m］単位で次のように規制しています。

『特別高圧の架空送電線路は、通常の使用状態において、**静電誘導作用**により人による**感知**のおそれがないよう、地表上**1m**における電界強度が**3kV/m以下**になるように施設しなければならない。ただし、田畑、山林その他の人の往来が少ない場所において、人体に危害を及ぼすおそれがないように施設する場合は、この限りでない。』

この条文の「通常の使用状態」とは、「1線地絡や2線地絡の故障中ではなく、平常の運用状態」をいいます。ですから、先に図8で解説したように、架空送電線には系統電源の相電圧、すなわち対称三相状態の各相の相電圧が印加されています。

(2) 変圧器等からの電磁誘導作用による人の健康影響の防止（電技第27条の2）

次の**図9**で架空送電線路の**電磁誘導現象**の原理図を解説します。通常の運転中に架空送電線のA相に流れる電流をI_a［A］、その電流によって発生する磁束をϕ_a［Wb］とし、同様にB相電流をI_b［A］、その磁束をϕ_b［Wb］、C相電流をI_c［A］、その磁束をϕ_c［Wb］とします。これらの磁束ϕ_a、ϕ_b、ϕ_cは同時に発生しますが、それらを全部描くと見にくくなるため、図9ではϕ_bのみを代表して描いてあります。この図の送電線に**アンペア右手の法則**を適用し、右手の親指を電流方向に合わせると、人差し指から小指の方向に磁束が発生します。図の人体には磁束ϕ_a、ϕ_b、ϕ_cが同時に鎖交して、電磁誘導電圧を発生します。ここで、「通常の運転状態」における送電線電流は、三相負荷電流に単相負荷電流が重畳して流れているため、必ずしも三相平衡電流ではありませんが、三相負荷電流分も、また単相負荷電流分も、共に零相分電流を含んでいないため、I_a、I_b、I_cのベクトル和は0［A］です。しかし、各相の電線と人体との離隔距離は等しくないため、人体には最も近い電線の電流による磁束の影響を最も強く受け、電磁誘導電圧が現れるのです。

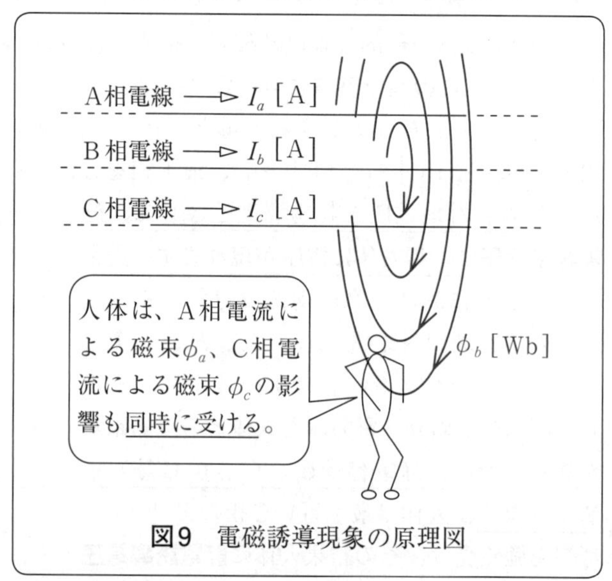

図9 電磁誘導現象の原理図

電磁誘導現象の基になるものは磁束量［Wb］ですが、人体に対する影響は“磁束密度［Wb/m^2］＝［T］”で評価します。そのため、電技第27条の2により、電磁誘導障害を防止するために次のように規制しています。

『変圧器、開閉器その他これに類するもの又は電線路を、発電所、変電所、開閉所及び需要場所以外の場所に施設するに当たっては、通常の使用状態において、電磁誘導作用により人の健康に影響を及ぼすおそれがないよう、電気機械器具等のそれぞれの付近において、人によって占められる空間に相当する空間の**磁束密度**の平均値が、**200μT**（マイクロ テスラ）**以下**になるように施設しなければならない。ただし、田畑、山林その他の人の往来が少ない場所において、人体に危害を及ぼすおそれがないように施設する場合は、この限りでない。』

10　ポリ塩化ビフェニル使用電気機械器具の施設禁止(電技第19条、解釈第32条)

電技第19条「公害等の防止」の14項により、『**ポリ塩化ビフェニル**（PCB）を含有する**絶縁油**を使用する電気機械器具は、電路に施設してはならない。』と規定しています。この規定は、鉄道車両の主変圧器又は主整流設備を除き、その他の変圧器、遮断器などの電気機械器具の種別を問わず、また、架空電線路か地中電線路かを問わず、その使用を**禁止**しています。

これを受けて、解釈第32条により、『ポリ塩化ビフェニルを含有する絶縁油とは、絶縁油に含まれるポリ塩化ビフェニルの量が試料1kgにつき0.5mg以下である絶縁油以外のものである。』と規定しています。つまり、PCBの含有濃度が**0.5ppmを超える**絶縁油は、**使用禁止**です。ですから、PCB濃度の実測値が不検出か又は0.5ppm**以下のものが使用可能**です。

11　低圧電路に施設する過電流遮断器の性能（電技第14条、解釈第33条）

電技により、『電路の必要な箇所には、**過電流**による**過熱焼損**から電線及び電気機械器具を保護し、かつ、**火災**の発生を防止できるよう、**過電流遮断器**を施設しなければならない。』と規定しています。これを受けて、解釈により、次のように具体的に定めてあります。

(1)　過電流遮断器は、通過する**短絡電流**を**遮断**する能力を有すること。
(2)　**配線用遮断器**は、定格電流の**1倍**の電流で動作しないものであり、かつ、1.25倍及び2倍の電流で解釈の33-1表で定める時間で動作すること。
(3)　**電動機のみ**に供給する低圧電路の**短絡保護専用**の遮断器は、電動機が**焼損**するおそれがある過電流を生じた場合に、自動的にその過電流を遮断すること。
(4)　**短絡保護専用**遮断器は、過負荷装置が短絡電流によって**焼損する前**に、その**短絡電流**を遮断する能力を有すること。

12　地絡遮断装置の施設（電技第15条、解釈第36条）

電技により、『電路には、**地絡**が生じた場合に、電線若しくは電気機械器具の**損傷**、**感電**又は**火災**のおそれがないよう、**地絡遮断器**の施設その他適切な措置を講じなければならない。ただし、電気機械器具を**乾燥**した場所に施設する等地絡による危険のおそれがない場合は、この限りでない。』と規定しています。

これを受けて、地絡故障時に電路を自動的に遮断する装置の施設について解釈により規定してありますが、次の(1)〜(3)に挙げる低圧電路については、その適用が除外されています。

(1) 機械器具に、**簡易接触防護措置**（金属製のもので防護する場合は、機械器具と電気的に接続させないもの。）を施す場合

(2) 機械器具を、次のいずれかの場所に施設する場合

① 発電所、変電所、開閉所若しくはこれらに準ずる場所。

② **乾燥した場所。**

③ 対地電圧が**150V以下**の機械器具を、水気のある場所以外の場所に施設する場合。

(3) 機械器具が、次のいずれかに該当する場合

① 電気用品安全法の適用を受ける**二重絶縁構造**のもの。

② ゴム、合成樹脂その他の**絶縁物で被覆**したもの。

③ 誘導電動機の二次側電路に接続されるもの。

④ 「試験用変圧器」等電路の一部を大地から絶縁せずに使用することがやむを得ないもの、及び、**電気浴器**等大地から絶縁することが技術上困難なもの。

13 避雷器等の施設（電技第49条）

電技により、『雷電圧による電路に施設する電気設備の損壊（絶縁破壊）を防止できるよう、**避雷器**の施設その他適切な措置を講じなればならない。』と規定しています。

(1) 避雷器を施設すべき箇所（解釈第37条）

上記の電技の規定を受けて、解釈により**架空電線路**の次の箇所に**避雷器**を施設することを規定しています。なお、**図10**の（　）内の番号は、下記の箇条書きの番号と一致しています。

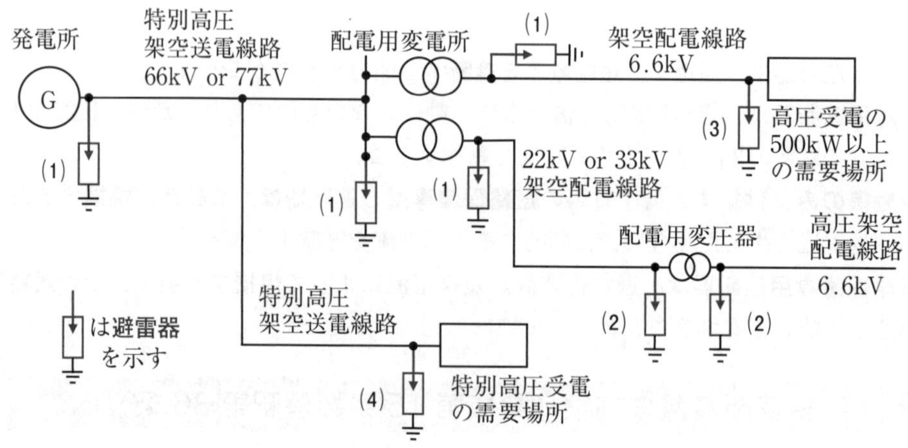

図10　避雷器の設置義務が規定されている箇所

(1) **発電所、変電所**若しくはこれに準ずる場所の**架空電線**の**引込口及び引出口**

(2) 架空電線路に接続する**配電用変圧器**の高圧側及び特別高圧側

(3) **高圧架空電線路**から電気の供給を受ける受電電力が**500kW以上の需要場所**の**引込口**

(4) **特別高圧架空電線路**から電気の供給を受ける**需要場所**の**引込口**

(2) 高圧電路の避雷器の接地抵抗値の特例（解釈第37条3項）

高圧及び特別高圧の電路に施設する避雷器には**A種接地工事**を施し、その接地抵抗値は10Ω以下が原則です。しかし、**高圧配電線路**に施設する避雷器の接地工事は、一般公道の限られた範囲の中で施工することが多いため、10Ω以下の接地抵抗値を維持することが、技術的に困難な場所があります。そのため、解釈第37条3項により、JESC E2018（2015）「高圧架空電線路に施設する避雷器の接地工事」に定める方法で施設する場合の接地抵抗値は、次の**図11**～**図15**に示すように施設してよい、と接地抵抗値の緩和措置を定めています。この図中のTrは変圧器、LAは避雷器、E_AはA種接地工事、E_BはB種接地工事、E_A又はE_Bの付記がないものは共用接地工事を表します。

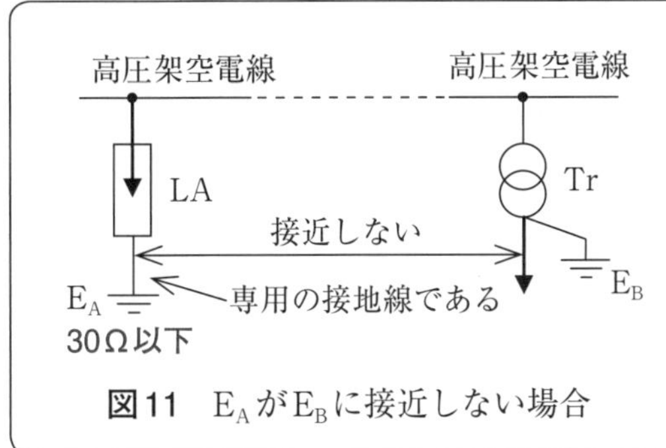

図11　E_AがE_Bに接近しない場合

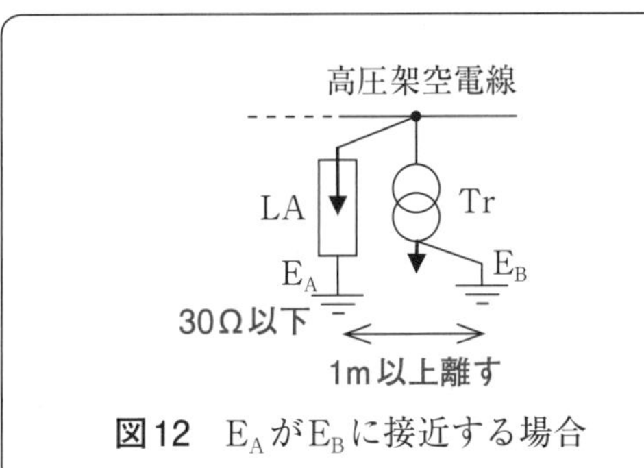

図12　E_AがE_Bに接近する場合

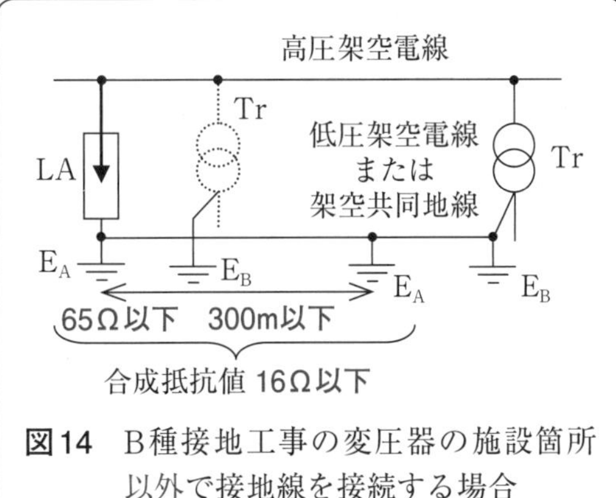

図14　B種接地工事の変圧器の施設箇所以外で接地線を接続する場合

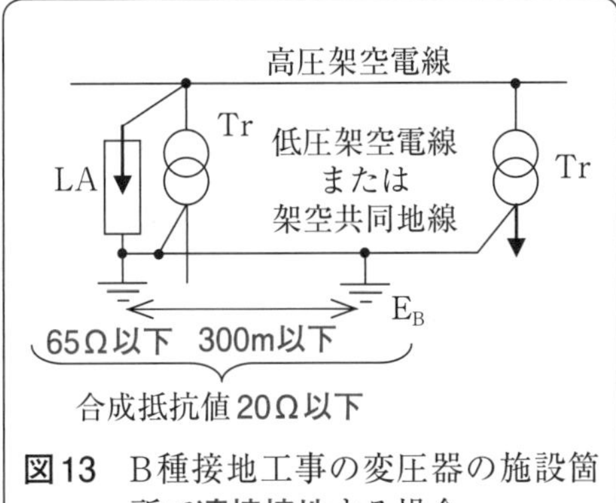

図13　B種接地工事の変圧器の施設箇所で**連接接地**する場合

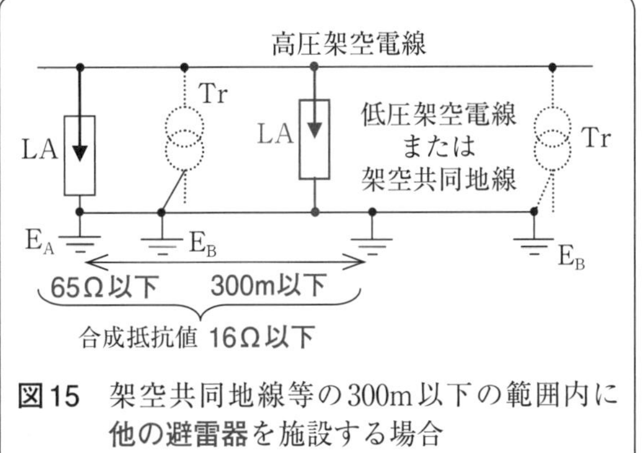

図15　架空共同地線等の300m以下の範囲内に**他の避雷器**を施設する場合

1 機械器具の施設方法

【基礎問題】 次の文章は、高圧及び35kV以下の特別高圧の機械器具を、発電所、変電所及び開閉所以外の場所の屋外に施設する方法について述べたものである。これらの文章の内容を、「電気設備技術基準の解釈」を基に判断し、適切でないものを次の(1)～(5)のうち一つを選べ。

(1) 人が触れるおそれがないように、機械器具の周囲に適当なさく、へい等を設け、かつ、危険である旨の表示をする。

(2) 工場の構内に施設する場合を除き、機械器具の周囲のさく、へい等の高さと、当該さく、へい等から機械器具の充電部までの距離との和を4m以上とする。

(3) 高圧の機械器具の電線には、高圧ケーブル又は引下げ用高圧絶縁電線を使用する。

(4) 高圧の機械器具を、人が触れるおそれがないように施設し、かつ、機械器具の地上高として高圧の場合は4.5m以上、35kV以下の特別高圧の場合は5m以上とする。

(5) 機械器具をキュービクル等の金属製外箱に収める場合の外箱の接地工事の種別は、機械器具が高圧の場合はD種接地工事を施し、機械器具が35kV以下の特別高圧の場合はA種接地工事を施し、かつ、両者とも充電部が露出しないように施設する。

【ヒント】 第3章のポイントの第1項「高圧及び特別高圧の機械器具の施設」を復習し、解答する。第三種電気主任技術者の保安監督の範囲は50kV未満の電気設備であるから、特に**35kV以下の機械器具**に的を絞って、確実に要点を記憶しておこう。

【応用問題】 次の文章は、動作時にアークを生ずる器具を施設する方法について述べたものであるが、文章中の(ア)～(エ)の空白部分に該当する適切な語句を、「電気設備技術基準の解釈」を基に判断して、下の「解答群」の中から選び、この文章を完成させよ。

アークを生ずる部分を [(ア)] のもので囲んで周囲の可燃性のものから隔離するか、又は周囲の可燃性のものとの [(イ)] を器具の使用電圧が高圧の場合は [(ウ)] m以上に施設し、器具の使用電圧が特別高圧の場合は [(エ)] m以上に施設する。

「解答群」2、1、離隔距離、耐火性

【ヒント】 第3章のポイントの第2項「アークを生じる器具の施設」を復習し、解答する。

【基礎問題の答】　(2)

電気関係法規の最大の目的は、この設問の例のような「**公衆に対する保安の確保**」である。

設問の(2)以外の文章は全て正しいが、(2)の文章の「さく、へい等の高さと、さく、へい等から機械器具の充電部までの距離との和は4m以上に施設する」の距離の和が適切ではない。正しくは、右の**図1**に示すように、DとHとの**距離の和**を**5m以上**に施設する必要がある。ここで、さくの高さHを何［m］に施設するかの判断は、設問の(1)の文章（すなわち解釈第21条1項の二号のイ項）の規定のとおり、「人が触れるおそれがないように、機械器具の周囲に適当なさく、へい等を設ける」の条文を満足できる高さである必要がある。

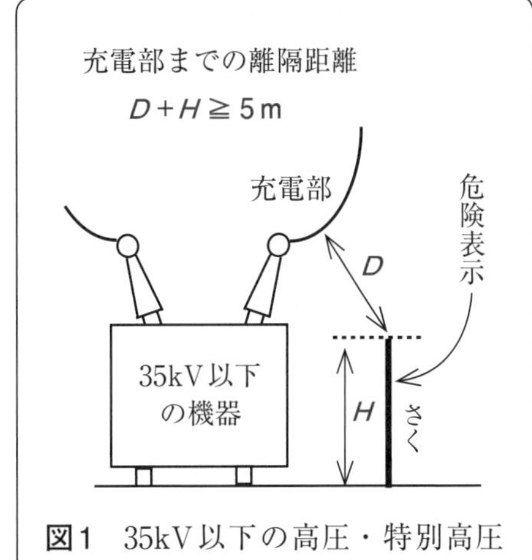

図1　35kV以下の高圧・特別高圧機器の充電部までの距離

ちなみに、発変電規程では、図1のHの高さを1.5m以上と定めている。（現在稼働中の発変電所のさくの高さHの実態は、その大多数が1.8m以上で施設してある。）

【応用問題の答】　(ア)　耐火性、(イ)　離隔距離、(ウ)　1、(エ)　2

解釈第23条「アークを生ずる器具の施設」からの出題である。下の**図2**に示すように、動作時にアークを生ずる器具と周囲の可燃性のものとの離隔距離Dは、器具の使用電圧が**高圧**の場合は**1m以上**、**特別高圧**の場合は**2m以上**と規定している。なお、器具の使用電圧が**35kV以下**の場合で、動作時に発生する<u>アークの方向及び長さを制限</u>し、**火災が発生しないように**施設する場合のDは**1m以上**とすることができることも覚えておこう。

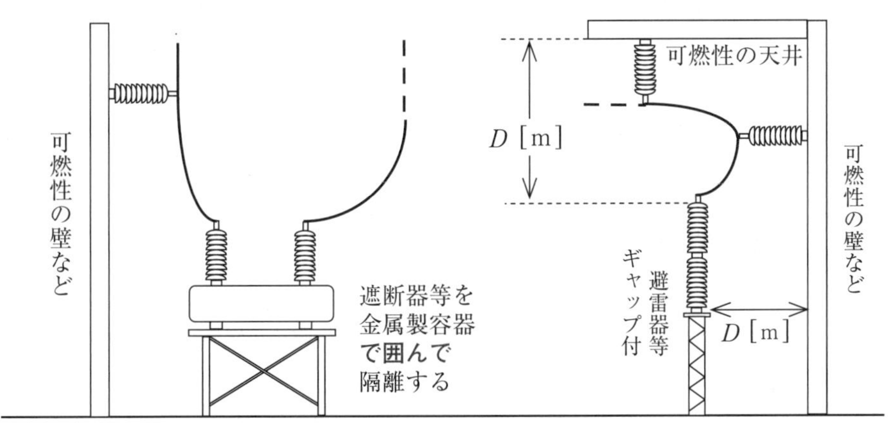

図2　アークを生ずる器具の施設

【模擬問題】 次の文章は、高圧又は特別高圧の電路と低圧の電路とを結合する変圧器に施すB種接地工事について、その施設方法を述べたものである。次の(1)～(5)に表したB種接地工事の施設方法を、「電気設備技術基準の解釈」を基に判断し、適切でないものを一つ選べ。

(1) 変圧器の二次側巻線が三角結線式の場合であって、その使用電圧値が300V以下の場合には、変圧器の二次側端子の一端子にB種接地工事を施すことができるが、二次側の使用電圧値が300Vを超える場合には、変圧器二次巻線を星形結線にし、その中性点にB種接地工事を施す。

(2) 低圧電路が非接地式の場合には、その変圧器の内部に設けた金属製の混触防止板にB種接地工事を施す。

(3) B種接地工事の接地抵抗R_b［Ω］の値は、次式を満足するように施設する。

$$R_b\,[\Omega] \leqq \frac{V_g\,[\mathrm{V}]}{I_1\,[\mathrm{A}]} \qquad (1)$$

ただし、(1)式のI_1［A］は、高圧又は特別高圧電路と低圧電路とが混触を生じたとき、高圧又は特別高圧電路から流れる1線地絡電流［A］の値である。

(4) 上の(3)項の(1)式の分子のV_g［V］の値は、高圧又は特別高圧電路と低圧電路とが混触を生じたときに、高圧又は特別高圧電路に施設した地絡保護継電器の動作時間とその継電器で引き外される遮断器の遮断時間との和の時間により、次の三区分のうちから該当の一つを適用する。

① 上記の和の時間が1秒以下の場合は、600Vを適用する。
② 上記の和の時間が1秒を超え2秒以下の場合は、300Vを適用する。
③ 上記の和の時間が2秒を超える場合は、150Vを適用する。

(5) 特別高圧電路と低圧電路とを結合する変圧器に施設するB種接地工事の接地抵抗値も、上記(3)項の(1)式により算出するが、(1)式による計算結果が10Ωを超える場合には、10Ω以下で施設しなければならない。しかし、特別高圧電路の使用電圧が33kV又は22kVであって、かつ、その特別高圧電路の地絡故障時の自動遮断時間が3秒以内に実施される保護装置を有する場合には、計算結果が10Ωを超える場合であっても、その計算結果の接地抵抗値を適用した接地工事により施設することができる。

類題の出題頻度 ★★★☆☆

【ヒント】 第3章のポイントの第3項「特別高圧又は高圧と低圧との混触による危険防止施設」を復習し、解答する。この問題のように設問文が長い場合は、真の実力を備えていなければ正解は難しい。このB種接地工事は、保安上特に重要事項であるので、力を入れて学習をし、電気主任技術者に就任の後も確実な保安監督ができるようにしておこう。

【答】（5）

設問の(1)〜(4)の文章は正文である。「高圧電路又は特別高圧電路」と「低圧電路」とを結合する変圧器のB種接地工事について、重要な事項を以下に述べる。

設問の(1)及び(2)の文章で述べた箇所にB種接地工事を施さなければならない。

設問の(3)の文章で述べたように、B種接地工事の接地抵抗値として許容される上限値は、次の再掲(1)式により算出するが、その計算結果が5Ω未満となった場合には、5Ω未満で施工することを要しない。

$$\text{B種接地工事の接地抵抗値}\ R_b\ [\Omega] \leqq \frac{V_g\ [\mathrm{V}]}{I_1\ [\mathrm{A}]} \qquad \text{再掲(1)}$$

設問の(4)にあるように、再掲(1)式の分子のV_g［V］の値は、高圧又は特別高圧電路と低圧電路とが混触中の低圧電路の対地電圧値を表しており、高圧又は特別高圧電路の「地絡保護継電器の動作時間」と「その継電器で引き外される遮断器の遮断時間」との和の時間により、次の三つの区分のうちから該当の一つを選択して適用する。

再掲(1)式のV_g［V］の値
- 1秒以内に自動遮断する場合 ……………………… V_g=600［V］
- 1秒を超えて2秒以内に自動遮断する場合 …… V_g=300［V］
- 2秒を超えて自動遮断する場合 ………………… V_g=150［V］

設問の(5)の文章の前半部分は正しく、「特別高圧電路」と「低圧電路」とを結合する変圧器の場合も、接地抵抗の許容上限値は、上記の再掲(1)式により算出する。

ただし、次の①項又は②項に該当する電路を除き、再掲(1)式による計算結果が10Ωを超える場合は、10Ω以下で施設する必要がある。つまり、次の①項及び②項に該当する電路は、再掲(1)式による計算結果が10Ωを超過する場合には、その超過した接地抵抗値で施設することが許される電路である。ただし、再掲(1)式に代入するI_1の計算値が2［A］未満となる場合には2［A］に切り上げる規定があるため、再掲(1)式のR_bの値は必ず300［Ω］以下である。

① 特別高圧電路の使用電圧が35kV以下であって、かつ、その電路の**地絡故障**時の自動遮断時間が1秒以内に実施される保護装置を有する電路である場合。
（設問の文章は、**3秒以内**となっている部分が誤りであり、正しくは1秒以内である。）

② **中性点接地式**の電路であって、使用電圧が15kV以下の架空電線路である場合。
これに該当する実在の電路として、線間電圧値が11 400Vで相電圧値が6 600Vの架空電線路がある。亘長が長い電路の末端に大きな負荷が接続される場合、線間電圧値を6 600Vで構成すると、1日間における重負荷帯と軽負荷帯の受電端電圧の変化幅が過大になるため、その電圧変動率の改善策として適用された経緯がある。

B種接地工事の接地抵抗の上限値は、混触時の地絡遮断時間により、対地電圧上昇値を選択する。

2 変圧器の混触時の危険防止

【基礎問題】 次の文章は、変圧器によって特別高圧電路に結合される高圧電路に対して、これらの電路が互いに混触を生じたときの危険防止の施設について、「電気設備技術基準」及び「電気設備技術基準の解釈」で規定した内容を述べたものである。この文章中の(ア)〜(エ)の空白部分に該当する適切な語句又は数値を下の「解答群」の中から選び、この文章を完成させよ。ただし、この文章中で対象とする変圧器は、電気炉又は電気ボイラなど、常に二次側電路の一部を大地から絶縁せずに使用する負荷に電気を供給する専用変圧器を除くものとする。さらに、対象とする特別高圧電路は、中性点接地式の15 000V以下の電路を除くものとする。

変圧器により特別高圧電路に結合される高圧電路には、使用電圧の［(ア)］倍以下の電圧で［(イ)］する装置を、その変圧器の端子に近い一極に設け、［(ウ)］接地工事を施す。ただし、使用電圧の［(ア)］倍以下の電圧で放電する［(エ)］を高圧電路の母線に施設する場合は、上記の放電装置を設けなくてもよい。

「解答群」A種、B種、2、3、放電、避雷器

【ヒント】 第3章のポイントの第4項「特別高圧と高圧との混触等による危険防止施設」を復習し、解答する。

【応用問題】 次の文章は、33kVの電路から受電し低圧電路へ電力を供給する配電用変圧器を、発電所、変電所及び開閉所等の場所<u>以外の場所</u>に施設する工事方法について述べたものであるが、「電気設備技術基準の解釈」を基に判断し、次の(1)〜(5)のうち<u>適切でない工事方法</u>を一つ選べ。

(1) 変圧器の二次側電路の使用電圧は、三相200V及び単相100Vとした。
(2) 変圧器に接続する特別高圧電線に、特別高圧絶縁電線又はケーブルを使用した。
(3) 変圧器の一次側に、遮断器及び過電流遮断器を施設した。
(4) ネットワーク方式を構成する変圧器は、その二次側に遮断器を施設した。
(5) ネットワーク変圧器の二次側から一次側に電流が流れたとき、自動的に当該変圧器の二次側電路の遮断器を引き外すための過電流継電器を施設した。

【ヒント】 第3章のポイントの第5項「特別高圧配電用変圧器の施設」の図7のレギュラーネットワーク配電方式を復習し、解答する。

【基礎問題の答】　正解の語句又は数値は、次の文章中の**赤色の文字**で示し、その施設状況を次の**図1**に示す（解釈第25条）。

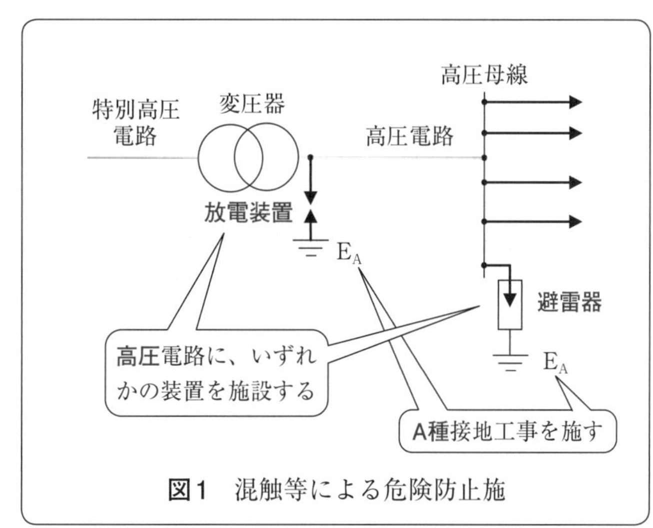

図1　混触等による危険防止施

変圧器により特別高圧電路に結合される高圧電路には、使用電圧の(ア)**3**倍以下の電圧で(イ)**放電**する装置を、その変圧器の端子に近い一極に設け、(ウ)**A**種接地工事を施す。ただし、使用電圧の(ア)**3**倍以下の電圧で放電する(エ)**避雷器**を高圧電路の母線に施設する場合は、上記の放電装置を設けなくてもよい。

特に注意すべきことは、解釈第24条で規定している「高圧電路又は特別高圧電路」と「低圧電路」とを結合する変圧器の混触による危険防止として、変圧器の二次側に施す接地工事の種別は、**B種接地工事**である。しかし、この解釈第25条で規定している「特別高圧電路」と「高圧電路」とを結合する変圧器の混触時の危険防止として施すものは、**放電装置**又は**避雷器**であり、これに施す接地工事の種別は、B種接地工事ではなく、**A種接地工事**である。

避雷器にはA種接地工事を施す、と覚えておこう！

【応用問題の答】　(5)

解釈第26条四号のロにより、『（ネットワーク方式の）変圧器の二次側には、過電流遮断器及び二次側電路から一次側電路に電流が流れたとき、自動的に二次側電路を遮断する装置を施設すること』と規定している。これは、右の**図2**の×印で短絡故障発生時に、図の最も左側の変圧器の二次側から一次側へ大きな**遅相無効電力**が流れる現象を**逆電力継電器**で検出し、二次側遮断器を自動遮断する施設を義務付けたものである。設問の過電流継電器は、電流方向を判別する機能がないため不適切であり、正しくは方向判別機能を持った**逆電力継電器**（又は距離継電器）を適用しなければならない。

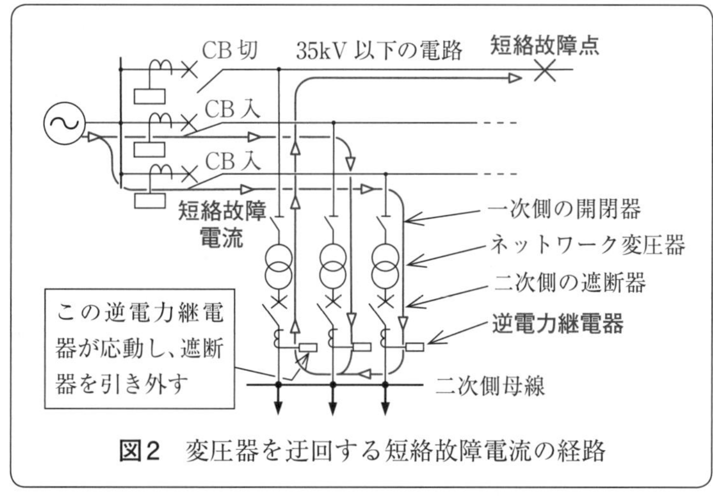

図2　変圧器を迂回する短絡故障電流の経路

【模擬問題】 次の文章は、特別高圧を直接低圧に変成するための変圧器の施設方法について述べたものである。これらの施設方法を、「電気設備技術基準の解釈」を基に判断し、適切でないものを一つ選べ。

(1) 発変電所の所内用変圧器として、一次側の使用電圧値が77kV、二次側の供給電圧値が200V及び100V、三相の定格容量値が1 500kVAの変圧器を設置した。

(2) 一次側の使用電圧値が77kVであって、その変圧器に備えた金属製の混触防止板に施したB種接地工事の接地抵抗値を10Ω以下で施工した配電用変圧器を設置した。

(3) 一次側の使用電圧値が33kV、二次側の供給電圧値が420Vの変圧器であって、その変圧器の33kV巻線と420V巻線とが混触を生じたときに、この変圧器に施設した短絡保護用の比率差動継電器の動作により、変圧器の一次側遮断器及び二次側遮断器を自動的に引き外す装置を設けた。

(4) 一次側の使用電圧値が154kV、三相容量が100kVAの電気炉用変圧器を、製鋼所の構内の屋外の柵の中に設置した。

(5) 変圧器の一次側を中性点接地式の11.4kVの架空電線路に接続し、その11.4kVの電線路に地絡故障を生じたとき、2秒以内で自動遮断が可能な地絡方向継電器を設けた。

類題の出題頻度 ★★★☆☆

【ヒント】 第3章のポイントの第6項「特別高圧を直接低圧に変成する変圧器の施設」を復習し、解答する。

この設問の変圧器の施設については、解釈第27条で規定している。

一般的に、低圧電路の近傍には人がいることが多いと予想されるため、特別高圧を直接低圧に変成する変圧器の内部で、特別高圧巻線と低圧巻線とが混触を生じたときに、低圧電路に特別高圧の電気が侵入し、低圧電路の近傍にいる人はきわめて危険な状態になる。

その危険防止のため、特別高圧電路と低圧電路とを直接変成する変圧器は、電気使用場所（需要設備を設置する場所）への設置を原則的に禁止しているが、解釈第27条で定める6項目に該当する場合については、保安対策を十分に施し、安全性を高めることを条件に、その変圧器の設置を認めている。

そのように、施設を認めている6項目の変圧器とその保安対策の条件を、覚えておこう。

【答】（3）

解釈第27条の一号により、『発電所又は変電所、開閉所若しくはこれらに準ずる場所の所内用の変圧器』は、特別高圧を直接低圧に変成する変圧器として施設を認めている。

設問文の(1)は、「発変電所の所内用変圧器」であるので、上記の一号に適合する。

同条の二号により、使用電圧が100 000V以下（実在の公称電圧として77kV以下）の変圧器の特別高圧巻線と低圧巻線との間に、接地抵抗値が10Ω以下のB種接地工事を施した金属製の混触防止板を有する場合には、その変圧器の施設を認めている。

設問文の(2)の変圧器の一次電圧値は77kVであり、金属製の混触防止板に施したB種接地工事の接地抵抗値を10Ω以下で施工しているので、上記の二号に適合している。

同条の三号により、使用電圧が35 000V以下（実在の公称電圧として33kV又は22kV）の変圧器の特別高圧と低圧の巻線が混触したとき、変圧器を電路から自動遮断する装置を設けた場合の変圧器の施設を認めている。この変圧器の二次側電路の一端子はB種接地工事を施しているので、混触時の現象を一次側電路から見ると1線地絡故障となる。

そして、変圧器の短絡故障電流値の多くが数kA～10数kA程度と大変に大きいが、1線地絡故障電流値は100A～400A程度であるので、1線地絡故障時に短絡保護継電器は応動しない。

設問文の(3)の保護継電器は、短絡保護用の比率差動継電器であるので、解釈第27条の三号により要求している「混触時に、自動的に変圧器を電路から遮断するための装置」の地絡保護継電器に該当しないため、この設問の「施設方法が適切でないもの」である。

すなわち、設問文の(3)の「短絡保護用の比率差動継電器」を「地絡保護用の地絡過電流継電器又は地絡方向継電器」に置き代えれば、三号に適合した設備になる。

同条の四号により、電気炉等、大電流を消費する負荷に電気を供給するための変圧器の施設を認めており、設問文の(4)の電気炉用変圧器はこの四号に適合している。

同条の六号により、解釈第108条に規定する特別高圧架空電線路に接続する変圧器の施設を認めており、その電線路は使用電圧値が15kV以下（実在の公称電圧として11.4kV及び沖縄に施設されている13.8kV）の中性点接地式の架空電線路であり、設問文の(5)の中性点接地式の電路は、この第108条の規定に適合している。

さらに、地絡故障時の自動遮断時間の2秒以内も、第108条の規定に適合している。

変圧器の一次巻線と二次巻線の混触時の
一次側電路の現象は、1線地絡故障である。

3 機械器具の外箱等の接地

【基礎問題1】 一次側の定格電圧値が22kVである計器用変成器があり、その二次側電路の接地工事の施設方法として、「電気設備技術基準の解釈」及び計器用変成器の基本事項を基に判断し、適切でないものを次の(1)～(5)のうちから一つを選べ。

(1) 計器用変成器とは、計器用変圧器と変流器の総称である。
(2) 接地抵抗値を、10［Ω］以下で施設する。
(3) 接地線に軟銅線を使用する場合は、直径2.6mm以上のもので施設する。
(4) 二次側が三相4線式で構成する電路の接地箇所は、いずれかの一端子とする。
(5) 二次側の電路に漏電遮断器を設けて地絡保護の機能を設ける場合は、その二次側電路の接地抵抗値を500［Ω］以下で施設することができる。

【ヒント】 第3章のポイントの第7項「計器用変成器の二次側電路の接地」を復習し、解答する。

【基礎問題2】 次の文章は、計器用変成器の二次側電路の接地工事の施設方法について述べたものである。これらの文章を、「電気設備技術基準の解釈」を基に判断し、適切でないものを次の(1)～(5)のうち一つを選べ。なお、この文章中のVTは計器用変圧器を表し、CTは変流器を表す。

(1) 6.6kVのCTの二次側電路に施した接地工事の抵抗値を、50Ωで施設した。
(2) 6.6kVのVTの二次側電路に施した接地工事の接地線に、直径1.6mmの軟銅線を使用して施設した。
(3) 22kVのCTの二次側電路に施した接地工事の抵抗値を、8Ωで施設した。
(4) 33kVのCTの二次側電路に施した接地工事の接地線に、直径2.0mmの軟銅線を使用して施設した。
(5) 33kVのVTの二次側電路に施した接地工事の抵抗値を、6Ωで施設した。

【ヒント】 第3章のポイントの第7項「計器用変成器の二次側電路の接地」を復習し、解答する。この設問は、「法令の規定内容」ではなく、「施工方法の適否」を問うている。例えば、「A種接地工事は5Ω以下で施工する」という表現は、「法令の規定内容」としては正しくないが、「施工の方法」としては10Ω以下であり、適法である。

【基礎問題1の答】　(5)

この設問の(1)の文章にあるように、「計器用変成器」とは、計器用変圧器（VT）と変流器（CT）を総称した名称である。

22kVの電路は特別高圧であり、その電路に接続するVT及びCTの二次側電路には、**A種接地工事**を施す必要がある。その接地抵抗値は、設問の(2)のとおり**10［Ω］以下**である。

また、接地線に軟銅線を使用する場合の太さは、設問の(3)のとおり**直径2.6mm以上**である。

VT及びCTの二次側電路の多くが三相3線式、又は三相4線式回路で構成され、その接地箇所は中性点や中性線に限らず、設問の(4)のように二次側電路のいずれかの一端子でよいが、必ず1点にて接地する必要がある。もしも、2点で接地すると、保護継電器の誤動作や誤不動作の原因になるので、工事完了の際に接地箇所が1点のみであることを確認している。

解釈第17条3項一号及び4項一号により、「低圧電路に漏電遮断器を設け、0.5秒以内に地絡自動遮断する装置を設けた場合のC種及びD種接地工事の接地抵抗値は500Ω以下でよい」という規定がある。しかし、**CT**の二次側電路を切り開くと、鉄心の磁気飽和に起因して、二次側巻線に**異常電圧が発生**して危険なため、CTの二次側電路に漏電遮断器を施設することは不適切である。そのため、**CT**の二次側電路は「地絡自動遮断する場合は500Ω以下でよい」という規定はない。

また、**VT**の二次側電路を切り開くと、距離継電器の誤動作による遮断器を**誤遮断**する不具合を生ずること、及び、不足電圧継電器が誤動作し**無用な故障警報**を吹鳴することのため、VTの二次側電路に漏電遮断器を施設することは不適切である。そのため、**VT**の二次側電路には「地絡自動遮断する場合は500Ω以下でよい」という規定はない。

よって、設問の(5)の文章内容が適切ではない。

【基礎問題2の答】　(4)

計器用変成器の二次側電路に施す接地工事の種別、および接地抵抗値の上限値及び接地線に軟銅線を使用する場合の太さを表す直径の下限値を、次の**表**に表す。

表　計器用変成器の二次側電路の接地（解釈第28条、第17条）

計器用変成器の使用電圧の区分	接地工事の種別	接地抵抗値	軟銅線
高圧（600Vを超え7 000V以下）	**D種接地工事**	100Ω以下	1.6mm以上
特別高圧（7 000Vを超えるもの）	**A種接地工事**	10Ω以下	2.6mm以上

設問の(4)の文章の33kVのCT二次側電路に施す接地工事の接地線に軟銅線を適用する場合の太さは、直径2.0mmでは不適切であり、直径**2.6mm以上**を使用すべきである。

解釈第29条に、**高圧**の機械器具の金属製**外箱**は**A種**接地工事を施す規定がある。しかし、同じ**高圧**の**VT**及び**CT**の**二次側電路**の一端子に施す接地工事の種別は、上の表に示すように**D種**接地工事であることを覚えておこう。

【模擬問題】　次の(1)〜(5)の文章は、機械器具等の接地工事の施設方法を述べたものである。この接地工事の施設方法を、「電気設備技術基準の解釈」を基に判断し、適切でないものを一つ選べ。

(1)　使用電圧が300V以下の機械器具の金属製外箱にはＤ種接地工事を施し、その接地線に軟銅線を使用する場合の太さは直径1.6mm以上とし、その電路の地絡故障時に自動遮断する装置がない場合の接地抵抗値は100Ω以下で施設する。

(2)　使用電圧が300Vを超える低圧の機械器具の金属製外箱にはＣ種接地工事を施し、その接地線に軟銅線を使用する場合の太さは直径1.6mm以上とし、その電路の地絡故障時に自動遮断する装置がない場合の接地抵抗値は10Ω以下で施設する。

(3)　低圧電路の地絡故障時に0.5秒以内に自動遮断する装置を適用した電路から供給する機械器具の金属製外箱に施す接地工事の接地抵抗値は、Ｄ種接地工事及びＣ種接地工事ともに500Ω以下で施設することができる。

(4)　低圧用機器を乾燥した木製の床など絶縁性のものの上で取り扱う場合には、その機械器具の金属製外箱の接地工事の省略することが認められているが、小出力発電設備である燃料電池発電設備については接地工事の省略が認められていない。

(5)　太陽電池モジュールの合計出力が49kWである直流電路に施設する機械器具であって、その使用電圧が300Vを超え450V以下のものの金属製外箱に施すＣ種接地工事の接地抵抗値を100Ω以下で施設することができる。

類題の出題頻度　★★★★☆

【ヒント】　第3章のポイントの第８項「機械器具の金属製外箱等の接地」を復習し、解答する。

最近は特に、**小出力発電設備の太陽電池発電設備**が盛んに建設され、稼働しているので、この新しい時代に応じた問題の出題が予想される。

そこで、太陽電池、燃料電池の発電設備、及びそれに附属する常用の蓄電池設備に関する法的な規制内容に的を絞って、その要点を整理し、重要事項を記憶しておこう。

なお、「小出力発電設備」に区分される合計出力値は、太陽電池発電設備が50kW未満であり、燃料電池発電設備が10kW未満である。

しかし、使用電圧が300Vを超え450V以下の直流電路の金属製外箱等に施すＣ種接地工事の接地抵抗値として、100Ω以下の緩和措置が適用される対象の出力値は、太陽電池発電設備にあっては合計出力が10kW以下の設備であり、燃料電池発電設備及び常用の蓄電池設備にあっては個々の出力がそれぞれ10kW未満の設備である。

【答】(5)

設問の(5)の文章は、**太陽電池モジュール**の直流電路に施設する機械器具のうち、**300V を超え450V 以下**の金属製外箱に施す**C 種接地工事**について、解釈第29条4項からの出題である。

このC種接地工事の接地抵抗値は、原則的には10Ω以下であるが、100Ω以下で施設が可能なものは、次の一～四に挙げた4条件の全部を満足している必要がある。

設問の(5)の文章の太陽電池モジュールの合計出力が49kWであるから、次の"三"に挙げた「合計出力が10kW以下」の条件を満足していない。さらに、4条件のうちの"三以外の施設条件"を満足している旨の記述がないので、この(5)の文章が適切ではないものである。

〔**太陽電池モジュール**、燃料電池発電設備、常用電源用の蓄電池、及びそれらの直流電路に用いる遮断装置、開閉器の金属製外箱の**C 種接地工事に100Ω以下**を適用できる4条件〕

一　直流電路は、**非接地式**であること。

二　逆変換器（インバータ）の交流側に、**絶縁変圧器**を施設すること。

三　太陽電池モジュールの合計出力は、**10kW 以下**（50kW 未満ではない）であること。
（一般用電気工作物の範疇(はんちゅう)となる"50kW 未満"ではないことに注意する。）

四　直流電路に次の設備以外は施設しないこと。すなわち、太陽電池モジュールとその開閉器、燃料電池発電設備とその遮断装置、常用電源用の蓄電池とその遮断装置、直流変換器、逆変換器、避雷器である。

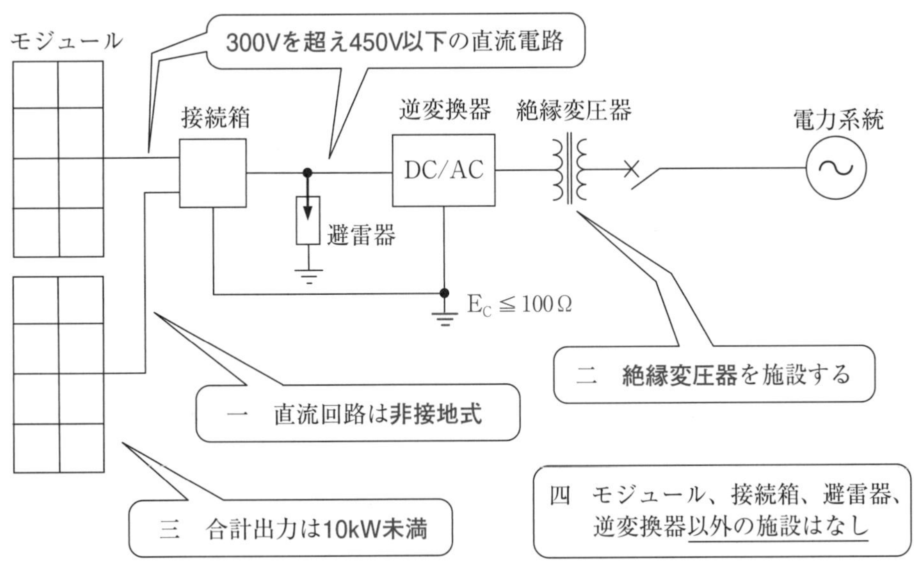

図　小出力発電設備のうち、**太陽電池発電設備**用で300V を超え450V 以下の直流電路の**C 種接地工事に100Ω以下**を適用できる4条件の解説図

太陽電池モジュールの直流電路が4条件を満足する施設の**C 種接地工事は100Ω以下**でよい。

4 誘導障害の防止、PCB入り絶縁油の規制

【基礎問題1】 次の文章は、架空送電線による静電誘導障害の防止について、電気設備技術基準により規定された内容の一部を示したものである。この文章中の(ア)から(エ)の空白に当てはまる適切な語句又は数値を、下の解答群の中から選び、この文章を完成させよ。

特別高圧の架空送電線路は、[(ア)]の使用状態において、[(イ)]誘導作用により人による感知のおそれがないよう、地表上[(ウ)]mにおける電界強度が[(エ)]kV/m以下になるように施設しなければならない。ただし、田畑、山林その他の人の往来が少ない場所において、人体に危害を及ぼすおそれがないように施設する場合は、この限りでない。

「解答群」1、2、3、4、静電、通常

【ヒント】 第3章のポイントの第9項「静電誘導作用又は電磁誘導作用による感電の防止」の(1)「静電誘導作用の規制」を復習し、解答する。特に、**静電誘導現象**と**電磁誘導現象**は、その発生原理も規制値、その単位が異なるので、この両者を正しく区別して内容を理解し、法で定めた規制値と単位を確実に覚えよう。

【基礎問題2】 次の文章は、変圧器、開閉器その他これに類するもの又は電線路を、発電所、変電所、開閉所及び需要場所以外の場所に施設する場合の電磁誘導障害の防止について、電気設備技術基準により規定された内容の一部を示したものである。この文章中の(ア)から(エ)の空白に当てはまる適切な語句を、下の解答群の中から選び、この文章を完成させよ。

[(ア)]の使用状態において、電気機械器具等からの[(イ)]誘導作用により人の健康に影響を及ぼすおそれがないよう、当該電気機械器具等のそれぞれの付近において、人によって占められる空間に相当する空間の[(ウ)]密度の平均値が、商用周波数において[(エ)]μT以下になるように施設しなければならない。ただし、田畑、山林その他の人の往来が少ない場所において、人体に危害を及ぼすおそれがないように施設する場合は、この限りでない。

「解答群」100、200、300、磁束、静電、電磁、通常、異常時

【ヒント】 第3章のポイントの第9項の(2)「変圧器等からの電磁誘導作用による人の健康影響の防止」を復習し、解答する。

【基礎問題1の答】　(ア)　通常、(イ)　静電、(ウ)　1、(エ)　3

第3章のポイントで述べたように、静電誘導作用は静電容量分圧によって被誘導物体に電圧を生ずる現象であるため、たとえ架空送電線の通電電流が0［A］であっても、系統電圧が印加中は静電誘導現象が発生しうる。

右の**図1**に示す人体に、静電誘導現象により現れる電圧（被誘導電圧）の値が、頭から足までの全体が1万Vの高電圧であったとしても、何も問題は生じない。しかし、人体の部位により誘導される電圧値に差があるときは、静電誘導障害を発生する要因となる。

具体的には、電技第27条により、地表上1mにおける電界強度が**3kV/m以下**になるように規制している。

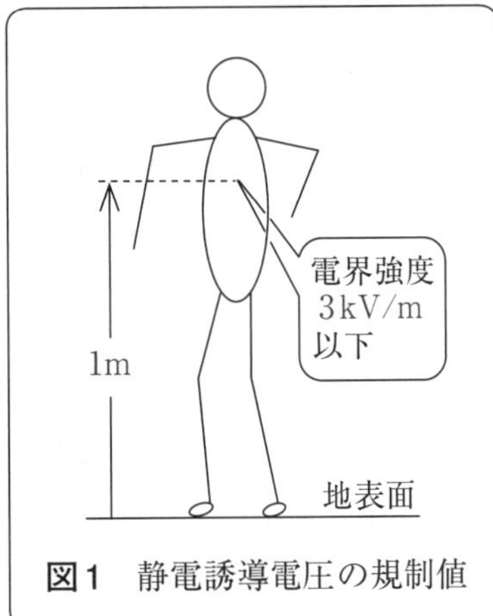

図1　静電誘導電圧の規制値

【基礎問題2の答】　(ア)　通常、(イ)　電磁、(ウ)　磁束、(エ)　200

次の**図2**は、三相3線式の架空送電線により発生する3相分の磁束のうち、B相電流の磁束ϕ_b［Wb］を代表して描いている。この図のように、電線に電流が流れると、その電線の周囲に**アンペア右手の法則**に従って磁束が発生する。その磁束はベクトル量であるから、電磁誘導現象を考える際には磁束の大きさと方向を考慮する必要がある。そして、A相、B相、C相の各電流による3相分の発生磁束のベクトル和が、人体へ電磁誘導する磁束分となる。

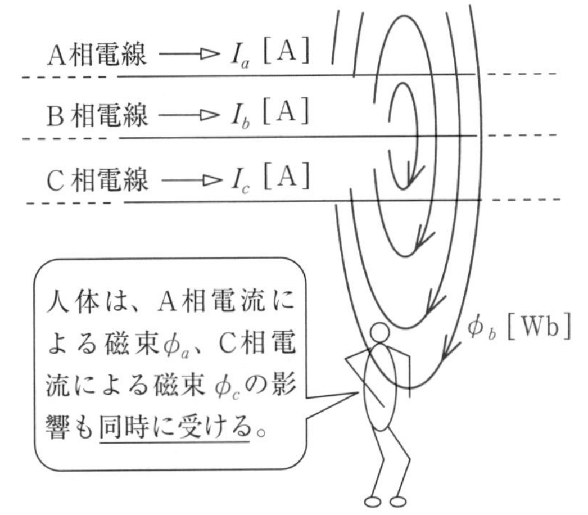

A相電線 ⟶ I_a［A］
B相電線 ⟶ I_b［A］
C相電線 ⟶ I_c［A］
ϕ_b［Wb］
人体は、A相電流による磁束ϕ_a、C相電流による磁束ϕ_cの影響も同時に受ける。

図2　電磁誘導現象の原理図

電技第27条の2の条文では、磁束量［Wb］をそれが貫通する空間の断面積［m^2］で除算した**磁束密度**［Wb/m^2］=［T］（テスラ）の単位の値で規制している。その磁束密度の値は、電線に近い空間ほど大きな値となるが、通常の運転状態では、人が電線から安全な距離だけ離れているため、この条文では『・・・当該電気機械器具等のそれぞれの付近において、人によって占められる空間に相当する空間の磁束密度の平均値が、・・・』と表現している。

また、この条文中の『・・・商用周波数において**200μT**（マイクロテスラ）**以下**・・・』と表現しているが、その商用周波数とは電力系統の周波数の50Hz又は60Hzのことであり、高調波電流により発生する磁束分は考慮しないことを表している。

【模擬問題】 次の文章は、ポリ塩化ビフェニル（PCB）を含有する絶縁油を使用する電気機械器具の施設について述べたものである。これらの文章内容を「電気設備技術基準」、「電気設備技術基準の解釈」及び「電気関係報告規則」で規定した事項を基に判断し、適切でないものを次の(1)～(5)のうちから一つを選べ。

(1) ポリ塩化ビフェニルを含有する絶縁油を使用する電気機械器具は、電路に施設してはならない。
(2) 「ポリ塩化ビフェニルを含有する絶縁油」とは、絶縁油に含まれるポリ塩化ビフェニルの量が試料1kgにつき5mg以下である絶縁油以外のものである。
(3) 「ポリ塩化ビフェニルを含有する絶縁油を使用する電気機械器具」とは、鉄道車両の主変圧器又は主整流設備を除き、その他全ての電気機械器具である。
(4) 「ポリ塩化ビフェニルを含有する絶縁油を使用する電気機械器具」について電気設備技術基準の附則により規定された時点（昭和51年10月16日）において、「現に施設し、又は施設に着手した当該機械器具については、なお従前の例による」と定められているので、従前の場所において改造又は変更することなく従前の状態のままで継続して使用することは、法的には可能である。
(5) 電気関係報告規則により、電気事業者又は自家用電気工作物を設置する者は、電気機械器具の絶縁油にポリ塩化ビフェニルを含有することが判明したときは、「従前のとおり改造又は変更することなく継続使用する場合」も含め、電気工作物の所有者名、事業所名、所在地、設備名を遅滞なく所轄の産業保安監督部長に届け出なければならない。

類題の出題頻度 ★★★☆☆

【ヒント】 第3章のポイントの第10項「ポリ塩化ビフェニル使用電気機械器具の施設禁止」、及び、第1章のポイントの第8項「公害防止等に関する届出」を復習し、解答する。

「公害の防止」に関する事項のうち、「ポリ塩化ビフェニルを含有する絶縁油」は、電気主任技術者の受験学習のみならず、実務面からも、きわめて重要な事項である。そのため、「ここまで理解しておけば完璧である」というレベルの難易度でこの設問を作成した。

「PCB含有の絶縁油」に関することは、きわめて重要な事項であるが、その中でも「**規制対象となるPCB濃度の値**」及び「**絶縁油が規制対象であることが判明した後の保全の方法、及び、報告の方法**」は、特に重要であるので、確実に記憶しておこう。

【答】(2)

設問の(2)の文章は、次の二重線を施した数値に誤りがあり、その正しい数値を赤色で示す。

(2)「ポリ塩化ビフェニルを含有する絶縁油」とは、絶縁油に含まれるポリ塩化ビフェニルの量が試料1kgにつき ~~5~~ 0.5mg以下である絶縁油以外のものである。

試料1kgにつき0.5mg含まれる場合の濃度は、0.5ppmである。つまり、「0.5ppm以下であるもの以外が規制の対象」であるから、次のように解釈することができる。

PCBの含有濃度が0.5ppmのものを含み、その値以下のものは、規制の対象ではない。

PCBの含有濃度が0.5ppmのものを含まず、その値を超過するものが、規制の対象である。

上記の(1)及び(2)以外の設問文について、次のとおり補足の解説をする。

(3)「ポリ塩化ビフェニルを含有する絶縁油を使用する電気機械器具」とは、鉄道車両の主変圧器又は主整流設備を除き、その他全ての電気機械器具である。

> 鉄道車両用の主変圧器、主整流器以外の全ての機械器具が対象である。

(4)「ポリ塩化ビフェニルを含有する絶縁油を使用する電気機械器具」について電気設備技術基準の附則により規定された時点（昭和51年10月16日）において、「現に施設し、又は施設に着手した当該機械器具については、なお従前の例による」と定められているので、従前の場所にて改造又は変更することなく継続使用することは、法的には可能である。

> 改造又は変更して電路に使用することは違法である。

(5) 電気関係報告規則により、電気事業者又は自家用電気工作物を設置する者は、電気機械器具の絶縁油にポリ塩化ビフェニルを含有することが判明したときは、「従前のとおり改造又は変更することなく継続使用する場合」も含め、電気工作物の所有者名、事業所名、所在地、設備名を遅滞なく所轄の産業保安監督部長に届け出なければならない。

> 従前どおりの継続使用については法的に許されるが、
> 「届出の義務」については免除されていない。

絶縁油中のPCB濃度は、0.5ppm以下が規制対象外であり、0.5ppmを超えるものが規制対象である。

5 低圧電路の過電流、地絡遮断装置

【基礎問題1】 次の文章は、過電流から電線及び電気機械器具を保護する方法について述べたものである。この中の(ア)～(ウ)の空白部分に当てはまる語句として、電気設備技術基準を基に判断し、次の(1)～(5)のうちから適切に組み合わせたものを一つ選べ。

電路の必要な箇所には、[(ア)]による過熱焼損から電線及び電気[(イ)]を保護し、かつ、[(ウ)]の発生を防止できるよう、[(ア)]遮断器を施設しなければならない。

	(ア)	(イ)	(ウ)
(1)	地絡過電流	絶縁性能	火災
(2)	過電流	絶縁性能	感電
(3)	漏洩電流	絶縁性能	感電
(4)	過電流	機械器具	火災
(5)	地絡過電流	機械器具	感電

【ヒント】 この問題が、過電流保護に関する問題か又は地絡電流に関する問題かの判断は、「・・・○○○による加熱焼損から電線及び電気○○○を保護し、」に着目する。

【基礎問題2】 次の文章は、地絡に対する保護の方法について述べたものである。この中の(ア)～(ウ)の空白箇所に当てはまる語句として、電気設備技術基準を基に判断し、適切に組み合わせたものを次の(1)～(5)のうちから一つ選べ。

電路に[(ア)]が生じた場合に、電線若しくは電気[(イ)]の損傷、感電又は[(ウ)]のおそれがないよう、[(ア)]遮断器の施設その他の適切な措置を講じなければならない。ただし、電気[(イ)]を乾燥した場所に施設する等[(ア)]による危険のおそれがない場合は、この限りでない。

	(ア)	(イ)	(ウ)
(1)	短絡	機械器具	溶断
(2)	地絡	機械器具	火災
(3)	短絡	機械器具	断線
(4)	地絡	絶縁性能	火災
(5)	地絡	絶縁性能	溶断

【ヒント】 この問題が、過電流保護に関する問題か又は地絡電流に関する問題かの判断は、「ただし、電気○○○を乾燥した場所に・・・」のただし書き部分に着目する。

【基礎問題1の答】　(4)

設問文の「・・・○○○による**加熱焼損**から電線及び電気○○○を保護し、」の部分に着目し、これは「**過電流保護**に関する問題」であると判断できる。

187kV以上の電力系統に適用されている中性点直接接地系を除き、短絡故障電流の大きさは地絡故障電流の大きさの数10倍から数100倍以上と桁違いに大きい。そのため、仮に**過電流保護**の機能が適切ではなく、故障電流の遮断が不可能な場合、又は遮断完了までの時間が著しく遅延する場合には、電線や配線の**過熱**による架空電線の溶断、**感電**や**火災**などの深刻な事故の発生が懸念される。そのため、この「基礎問題1」及び次の「基礎問題2」の内容は、受験対策としてだけでなく、皆さんが将来電気主任技術者に就任された後の実務としても、十分に理解し遵守(じゅんしゅ)することが大切である。

この「基礎問題1」は、電技第14条「**過電流**から電線及び電気機械器具の保護対策」からの出題である。この「過電流」は、前述の「負荷側で**短絡故障**が発生したときの大電流」だけでなく「**過負荷**による過大な電流」も含まれる。また、「**過電流**遮断器」は、低圧電路においては**配線用遮断器**やヒューズが該当する。また、高圧以上の電路では**遮断器**が該当するが、200kVA以下の小規模な高圧受電設備には電力ヒューズを適用したものがある。

【基礎問題2の答】　(2)

この「基礎問題2」は、電技第15条「地絡に対する保護対策」からの出題であるが、設問の文末の「・・・ただし、電気○○○を**乾燥した場所**に施設する場合・・・」の部分に着目し、低圧電路を乾燥した場所に施設する場合には漏電遮断器による地絡自動遮断の施設義務が除外されていることから、これは**地絡保護**に関する問題である、と判断することができる。

この条文の「ただし、電気機械器具を乾燥した場所に施設する等地絡による危険のおそれがない場合には、この限りでない。」と、適用される電路の電圧区分が明記されていない。このただし書きが適用できる電路は、主として低圧電路、および施設範囲がきわめて狭い高圧母線であり、高圧以上の一般的な送・配電線路には地絡自動遮断装置を施設している。

なお、この地絡自動遮断装置の設置が省略可能な施設は、解釈第36条にて具体的に定めてあるが、その場合についても地絡**後備**保護装置等によるバックアップ遮断を可能とするか、又は地絡故障を技術員駐在所に知らせる警報装置が必要である。

なお、特別高圧で受電する需要家の受電用主変圧器の二次側の高圧母線部分の地絡保護は、警報のみとし自動遮断機能を有しない施設が一部にある。その設備では、地絡故障の警報音を聞いた運転員が、手動操作により地絡故障遮断を行うことになるが、突発的に発生するその操作が遅延して、2相地絡、又は3相地絡に拡大してしまう事故例がある。そのような不具合を予防するため、電気主任技術者は設備の重要度や運用実態をよく検討し、保安規程の中の「災害その他非常時に採るべき措置」に操作手順を記載し、定期的に操作訓練を行うとよい。

【模擬問題】　金属製の外箱で覆った構造の低圧の機械器具を、次の文章で表した屋内の電路に接続して使用する場合であって、その電路又は機械器具に地絡故障が発生したとき、当該電路を自動的に遮断器で遮断するための装置の施設を省略することが、「電気設備技術基準の解釈」により許されていない低圧電路を、次の(1)～(5)のうちから一つを選べ。

(1)　6.6kVで受電する需要場所であって、受電用変圧器の二次側電路を三相4線式の420Vで構成し、その電路に接続して使用する機械器具の金属製外箱の周囲の全てを、絶縁性の材料で製造した簡易接触防護装置により完全に覆って保護した場合。
(2)　三相3線式200Vの電路に接続して使用する三相誘導電動機を、屋内の乾燥した場所に施設して使用する場合。
(3)　単相3線式100V/200V電路の中性線の電源側端子を接地した電路に接続して使用する機械器具を、住宅の屋内の水気のある場所以外の場所に施設する場合。
(4)　使用電圧及び対地電圧が200Vの電路に接続して使用する機械器具であって、電気用品安全法の適用を受ける二重絶縁構造である場合。
(5)　太陽電池モジュールの直流電路に接続する機械器具であって、その直流電路が対地電圧450V以下の非接地式であり、かつ、逆変換器の交流側に絶縁変圧器を施設する場合。

類題の出題頻度　★★★☆☆

【ヒント】　第3章のポイントの第12項「地絡遮断装置の施設」を復習し、解答する。

この問題は、設問文の内容を流し読みすると(1)～(5)の全部の電路について、地絡自動遮断装置の施設の省略が許されている設備のような印象を持ってしまうので、落ち着いて内容をよく読むことが大切である。

これは、解釈第36条「地絡遮断装置の施設」からの出題であるが、この条文の1項、3項、4項の適用は、機械器具の使用電圧により次のように区分されている。

①　1項の内容は、60Vを超えて300V以下の低圧電路に適用する。
②　3項の内容は、300Vを超える低圧電路に適用する。
③　4項の内容は、高圧又は特別高圧の電路に適用する。

この条文の1項に、『・・・60Vを超える低圧の機械器具に接続する電路には・・・』とあるので、この1項のみを読むと60Vを超える低圧電路の全部に適用できるように誤解してしまう。この条文の2項に、「第3項に規定するものは、第1項の規定によらず、第3項の規定によること。」という趣旨の規定があり、その第3項に300Vを超える低圧電路について規定している。以上のことから、設問の(1)の420Vの電路は、上記の①項で述べた1項を適用するのではなく、上記の②項で述べた3項を適用して判断する。

【答】(1)

この設問は、解釈第36条「地絡遮断装置の施設」のうちの「屋内に施設する低圧電路」についての出題である。そして、300V以下の電路には1項を適用し、一方300Vを超える電路には3項を適用して、各設問文の内容の正否を判断する。

設問の(1)の電圧値が、仮に300V以下であるならば、1項一号で規定する「機械器具の金属製外箱の周囲を、絶縁性の材料で製造した簡易接触防護装置を設けて防護措置を施す場合」に相当し、地絡自動遮断装置の施設義務の対象外となる。しかし、この設問の高圧受電の変圧器の二次側電路は420Vであるから3項を適用し、次の一号又は二号のいずれかに該当する場合は地絡自動遮断装置の施設義務の適用が除外される。

一　**発電所又は変電所若しくはこれに準ずる場所にある電路**

二　**電気炉、電気ボイラ又は電解槽であって、大地から絶縁することが技術上困難なものに電気を供給する専用の電路**

この設問の電路は、上記の一号、二号のいずれにも該当しないため、地絡自動遮断装置の施設が必要な電路である。

設問の(2)～(5)の電路は、次に述べる条項により、地絡自動遮断装置の施設義務の適用が除外される（つまり、地絡自動遮断装置の施設がなくても違法ではない）。

(2)の「200Vの三相誘導電動機を屋内の**乾燥した場所**に施設する場合」は、1項二号のロの規定により、地絡自動遮断装置の施設義務はない。

(3)の「単相3線式100V/200V電路の機械器具を・・・水気のある場所以外の場所に施設する場合」は、1項二号のハで規定する「**対地電圧が150V以下**の水気のある場所以外の場所」に該当し、地絡自動遮断装置の施設義務はない。

(4)の「・・・200Vの電路に接続して使用する機械器具であって、電気用品安全法の適用を受ける**二重絶縁構造**である場合」は、1項三号のイで規定する「二重絶縁構造のもの」に該当し、地絡自動遮断装置の施設義務はない。

(5)の「太陽電池モジュールの・・・**直流電路が対地電圧450V以下の非接地式**であり、かつ、逆変換器の交流側に**絶縁変圧器**を施設する場合」は、1項七号で規定する施設義務の適用が除外の条件を満足しており、地絡自動遮断装置の施設義務はない。

以上の(2)～(5)は、実際に運用中の電気設備の実態を述べたものではなく、大半の設備には保安維持のために地絡自動遮断の装置を完備しているのが実情である。

300V超過の低圧電路は、発変電所等を除き、
原則的に**地絡自動遮断装置**の施設が**必要**である。

6 避雷器の施設場所と接地工事

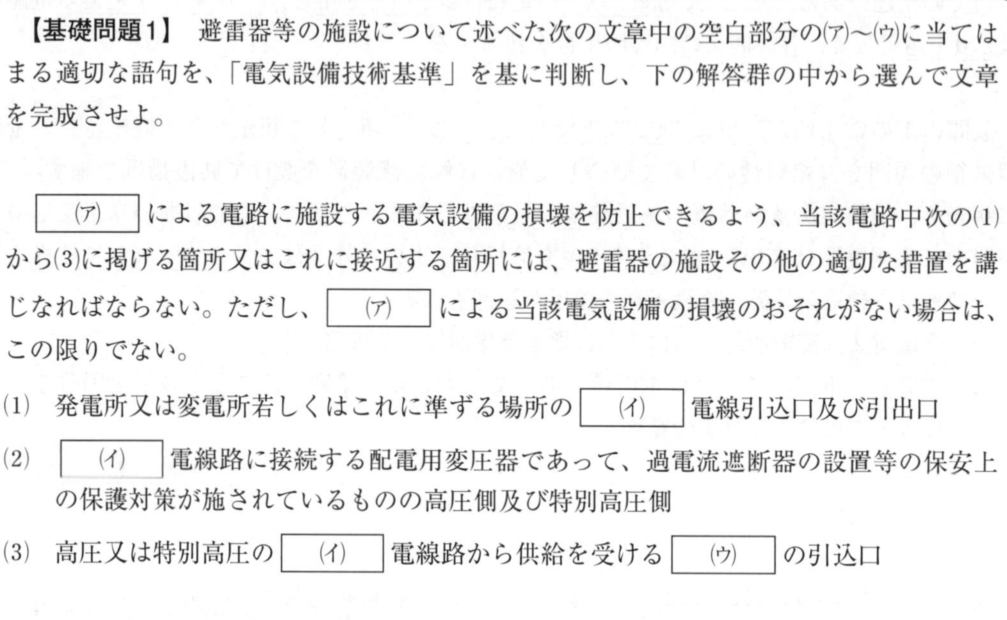

【基礎問題1】 避雷器等の施設について述べた次の文章中の空白部分の(ア)～(ウ)に当てはまる適切な語句を、「電気設備技術基準」を基に判断し、下の解答群の中から選んで文章を完成させよ。

［　(ア)　］による電路に施設する電気設備の損壊を防止できるよう、当該電路中次の(1)から(3)に掲げる箇所又はこれに接近する箇所には、避雷器の施設その他の適切な措置を講じなければならない。ただし、［　(ア)　］による当該電気設備の損壊のおそれがない場合は、この限りでない。

(1) 発電所又は変電所若しくはこれに準ずる場所の［　(イ)　］電線引込口及び引出口

(2) ［　(イ)　］電線路に接続する配電用変圧器であって、過電流遮断器の設置等の保安上の保護対策が施されているものの高圧側及び特別高圧側

(3) 高圧又は特別高圧の［　(イ)　］電線路から供給を受ける［　(ウ)　］の引込口

「解答群」需要場所、変圧器、地中、架空、交流過電圧、雷電圧

【ヒント】 電技第49条「高圧及び特別高圧の電線路の避雷器等の施設」を復習し、解答する。電気設備の絶縁性能を避雷器で保護する対象の電圧は、持続的な交流過電圧か、それとも雷撃によるインパルス状の過電圧かを考えて解答する。

【基礎問題2】 次の需要場所の引込口の箇所又は引込口に近接する箇所に、「電気設備技術基準の解釈」により避雷器を施設することを規定しているものを二つ選べ。ただし、この需要場所の受電線路は同解釈でいう「電線が短いもの以外のもの」である。

(1) 6.6kVの架空電線路から受電する最大受電電力が450kWの需要場所
(2) 6.6kVの架空電線路から受電する最大受電電力が600kWの需要場所
(3) 6.6kVの地中電線路から受電する最大受電電力が1 200kWの需要場所
(4) 22kVの架空電線路から受電する最大受電電力が2 000kWの需要場所
(5) 33kVの地中電線路から受電する最大受電電力が3 000kWの需要場所

【ヒント】 第3章のポイントの第13項の(1)「避雷器を施設すべき箇所」を復習し、解答する。この設問の「ただし書き」の部分は、「避雷器の施設を必要としない特例には該当しない設備」であることを表しているので、「一般的な需要場所」と考えて解答する。

【基礎問題1の答】 (ア)　雷電圧、(イ)　架空、(ウ)　需要場所

電技第49条「高圧及び特別高圧の電線路の避雷器等の施設」からの出題であり、この条文の要点は次のとおりである。

(1)　電気設備の絶縁性能を避雷器で保護する対象の電圧は、持続的な交流過電圧ではなく、雷撃による**衝撃性過電圧**（インパルス過電圧）である。

(2)　条文には「・・・避雷器の施設その他の適切な措置を講じなければならない。」と規定しているので、避雷器に限らず同等の効力を持つものでもよいが、実際の電力系統における雷電圧保護は主として避雷器により実施している。

(3)　避雷器は、電気設備の近傍に進行して来た雷電圧を大地に放電し、その放電が完了した後に、大地への放電電流を遮断し、保護対象の電路を停電させることなく、電路の対地絶縁性能を原状に復帰する性能をもつものである。したがって、放電間隙（放電ギャップ）は放電後に絶縁性能の自復性がないため、避雷器の範疇（はんちゅう）には属さない。

(4)　法的な施設義務の対象は、**架空電線**の引込口及び引出口であり、地中電線路には施設義務を課していない。しかし、母線から侵入した雷サージ電圧が地中電線の送電端と受電端の間を往復反射する過程において、累積的に過電圧を生ずることがあること、及び、地中電線に絶縁破壊事故が発生したときの復旧に長時間を要することから、実際に運用中の地中電線の送電端又は受電端に避雷器を施設する例が多い。よって、この種の問題は、「法的な義務」を問うているのか、それとも「供給信頼度を向上させるための施設方法」を問うているのかを正しく判読して解答しよう。

【基礎問題2の答】 （2）及び（4）

解釈第37条1項からの出題であり、この条文では次の需要場所の引込口又はその近接した箇所に避雷器を施設することを規定している。

①　地中電線で受電する需要場所には施設義務の規定はなく、次の②以降に挙げる架空電線で受電する需要場所に施設義務を定めている。

②　**高圧**架空電線で受電する**500kW以上**の需要場所。

③　**特別高圧**架空電線で受電する全ての受電設備の規模の需要場所。

この設問の<u>受電線の電圧の種別</u>、及び最大受電電力値で表した<u>受電設備の規模</u>を見てみよう。

(1)は、**高圧**の**架空線**受電であるが、**500kW未満**であるため、避雷器の施設義務はない。

(2)は、**高圧**の**架空線**受電で、**500kW以上**であるため、避雷器の施設義務がある。

(3)は、**地中線**受電のため、避雷器の施設義務はない。

(4)は、**特別高圧**の**架空線**受電のため、設備規模に無関係に避雷器の施設義務がある。

(5)は、**地中線**受電のため、避雷器の施設義務はない。

上記「基礎問題1の解説」で述べたとおり、66kV以上の<u>地中電線路</u>の設備実態としては、避雷器を施設する例が多い。

【模擬問題】　次の図1～図3は、6.6kVの架空電路に施設する避雷器の接地工事の施設方法を、高圧電路と低圧電路とを結合する変圧器のB種接地工事と関連させて表したものである。図中の記号のTrは変圧器を、E_Aは避雷器用の接地工事の接地電極の埋設箇所を、E_Bは変圧器のB種接地工事の接地電極の埋設箇所を表している。

図1は、E_AとE_Bの施設位置が接近しておらず、かつ、E_Aが避雷器専用の接地装置の場合である。**図2**は、E_AとE_Bの施設位置が1m以上離した状態で接近している場合である。**図3**は、避雷器を中心とする半径300mの地域内で、E_Bを施設した変圧器の施設箇所で連接接地線によりE_AとE_Bを結び、合成接地抵抗値を20Ω以下にした場合を示す。

各図の避雷器用の接地抵抗値として、「電気設備技術基準の解釈」で規定する許容上限値を全て正しく組み合わせたものを、次の(1)～(5)のうちから一つを選べ。ただし、図中の接地工事は全てJESC E2018（2015）「高圧架空電線路に施設する避雷器の接地工事」に適合した施設であるものとする。

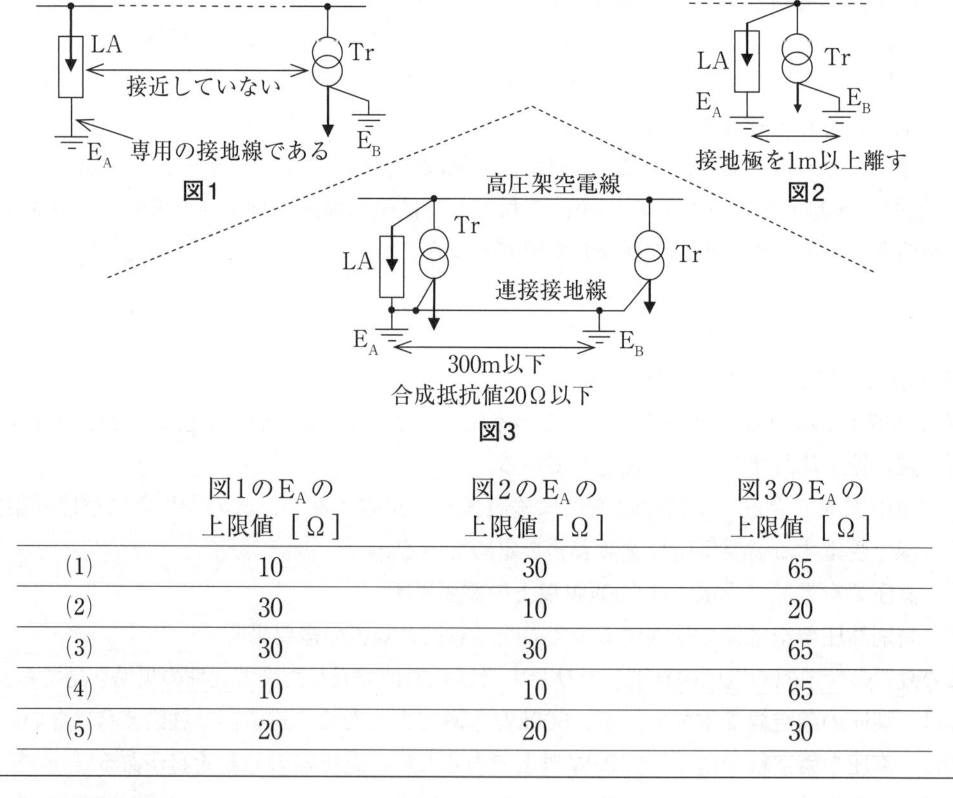

図1　図2　図3

	図1のE_Aの上限値［Ω］	図2のE_Aの上限値［Ω］	図3のE_Aの上限値［Ω］
(1)	10	30	65
(2)	30	10	20
(3)	30	30	65
(4)	10	10	65
(5)	20	20	30

【ヒント】　第3章のポイントの第13項の(2)「高圧電路の避雷器の接地抵抗値の特例」を復習し、解答する。

【答】(3)

架空の送配電線路に接続する変圧器や開閉器などの電気機械器具が、雷撃によるサージ性の過電圧により絶縁破壊することを予防するため、避雷器を施設している。その避雷器の保護効果を十分に高めるために、接地工事の接地抵抗を小さな値で施設することが重要である。

高圧及び特別高圧の電路に施設する避雷器には、解釈第37条3項により**A種接地工事**を施すよう定めてある。そのA種接地工事の地抵抗値は、解釈第17条1項一号により**10Ω以下**で施設するよう定めてある。

しかし、**高圧**配電線路に施設する避雷器の接地工事は、一般の公道の限られた範囲の中で施設することが多いため、10Ω以下の接地抵抗値を維持することが、技術的に困難な場所がある。この実情を踏まえ、JESC E2018 (2015)「高圧架空電線路に施設する避雷器の接地工事」の制定内容を解釈第37条3項のただし書きに反映された。

設問の図1は、避雷器に施す接地電極E_Aの施設位置と、柱上変圧器の二次側端子に施すE_Bの施設位置とが、互いに接近しておらず、かつ、E_Aがその避雷器専用の接地装置である。この場合の接地抵抗値の**許容上限値は30［Ω］**である。

設問の図2は、避雷器用のE_Aの施設位置と、柱上変圧器二次回路用のE_Bの施設位置とが、1m以上離れているが、しかし、十分な離隔距離がない状態で接近している場合である。この場合の接地抵抗値の**許容上限値も30［Ω］**である。たとえ、一般の公道下に接地極を埋設する場合であっても、図2のE_AとE_Bの離隔距離を1m以上とすることは可能であることが多いが、もしも1m未満に接近して施設するときには、設問の図3の方法で施工することができる。

設問の図3は、避雷器を中心とする半径300mの地域内において、避雷器用のE_Aの施設位置と、B種接地工事のE_Bを施した柱上変圧器の施設箇所が1m未満で接近しており、その柱上変圧器の施設箇所でE_AとE_Bを互いに連接接地線で結んで施設する場合である。この場合は、避雷器用のE_Aを単独で計測した場合の接地抵抗値を**65［Ω］以下**とし、かつ、E_AとE_Bを連接接地線で結んだ後の合成接地抵抗値を**20Ω以下**にすることにより、解釈第37条3項のただし書きの規定を満足することができる。この図3の連接接地線として、設問の場合のように**架空共同地線**を設ける方法と、B種接地工事を施した**低圧架空電線**を利用する方法がある。

なお、この設問にはないが、E_Bを施した柱上変圧器の施設箇所以外の箇所で、連接接地線によりE_AとE_Bを相互接続する場合は、E_Aを65［Ω］以下とし、かつ、合成接地抵抗値を**16Ω以下**にして施設することも許容されている。

高圧電路の**避雷器**の接地抵抗値は、施設条件により**30Ω以下**、又は**65Ω以下**で施設が可能である。

電技の総則（その2）のまとめ

1．Ｂ種接地工事の接地抵抗の上限値は、高・低圧混触時の地絡遮断時間により、混触中の低圧電路の対地電圧値を次のように選択し、公式に代入する。
   ①　地絡遮断時間が１秒以内は、対地電圧値に600Ｖを適用。
   ②　地絡遮断時間が１秒を超え２秒以内は、対地電圧値に300Ｖを適用。
   ③　地絡遮断時間が2秒を超える場合は､対地電圧値に150Ｖを適用。
2．変圧器の二次側電路は、Ｂ種接地工事を施しているため、一次巻線と二次巻線との混触時の現象を、一次側電路から見ると、１線地絡故障となる。
   この混触事故に応動する継電器は、変圧器の一次側に施設した地絡過電流継電器、又は地絡方向継電器である。
3．太陽電池モジュールの直流電路のＣ種接地工事に100Ω以下を適用できる4条件は次のとおり。
   一　直流電路は、非接地式である。
   二　逆変換器の交流側に絶縁変圧器を施設する。
   三　太陽電池モジュールの合計出力は10kW以下である。
   四　直流電路にモジュール、接続箱、逆変換器、避雷器以外は施設しない。
4．PCBを含有する絶縁油は、次のように規制されている。
   (1)　鉄道車両用の主変圧器及び主整流装置以外の全機械器具が対象である。
   (2)　PCB濃度が0.5ppmを超えるものが規制の対象となる。
   (3)　規制対象の絶縁油であることが判明したときには、遅滞なく所轄の産業保安監督部長に届出を行う。
5．低圧電路の地絡自動遮断装置に関する規定の概要は、次のとおりである。
   (1)　300Ｖ以下の交流電路は、条件付きにより、施設義務の適用が除外される。
   (2)　300Ｖ超過の交流電路は、発変電所等の施設を除き、原則的に施設義務が適用される。
   (3)　太陽電池モジュールの直流450Ｖ以下の電路は、非接地式の電路であり、かつ、逆変換器の交流側に絶縁変圧器を設ける場合、施設義務の適用が除外される。
6．需要場所の引込口に避雷器の施設義務を負う対象は、高圧架空電線で受電する500kW以上のもの、及び、特別高圧架空電線で受電するものである。
   避雷器にはＡ種接地工事を施し、接地抵抗値の原則は10Ω以下であるが、高圧電路の避雷器は施設条件を満足させることにより30Ω以下、又は連接接地線の使用により65Ω以下で施設することが認められている。

第4章　電技　発変電所等の施設のポイント

電気技術者の重要な任務の一つに**公衆保安の確保**があります。この第4章は、発変電所等の施設について電技と解釈で定めている要点を述べます。特に、特別高圧の電気機械器具に、取扱者以外の人が危険な距離に接近するおそれがないように施設することにより、公衆の保安を確保していることに注視して学習してください。

1　発変電所等への立入の防止（解釈第38条）

(1)　発変電所等の屋外の施設

電技第23条「発電所等への取扱者以外の者の立入の防止」の1項により、『高圧又は特別高圧の電気機械器具、母線等を施設する発電所又は変電所、開閉所若しくはこれらに準ずる場所（発電所等）には、取扱者以外の者に電気機械器具、母線等が**危険**である旨を**表示**するとともに、当該者が容易に構内に**立ち入るおそれがない**ように適切な措置を講じなければならない。』と定めています（この赤色の語句を覚えてください。以下も同様です）。

この電技の規定を受けて、解釈第38条「発電所等への取扱者以外の者の立入の防止」の1項により、高圧又は特別高圧の機械器具等を**屋外**に施設する発電所等は次の一号～四号に示すように施設し、構内に取扱者以外の者が立ち入らない措置を講ずるように定めています。

一　さく又はへいを設けること。

二　**図1**に示すさく又はへいの高さH［m］と、その上端から**35kV以下**の電気機械器具の充電部までの最接近箇所までの距離D［m］との和$H+D$を**5m以上**とすること。

三　出入口に**立入りを禁止**する旨を表示すること。

四　出入口に**施錠装置**を施設して**施錠する**等、取扱者以外の者の出入りを制限する措置を講ずること。（施錠装置を施設するだけでは不十分であり、取扱者が入所中も施錠する必要があることを覚えてください。）

図1　さくの高さと充電部までの最接近距離との和

(2)　発変電所等の屋内の施設

屋内の電気設備については、解釈第38条2項により、上記の(1)屋外設備の一、三、四号と同様の保安措置を定めています。上記の二号の代わりに、「堅ろうな壁を設ける」ことにより、取扱者以外の者が屋内変電所の電気設備を施設した室内に立ち入らないように措置を講ずることを定めています。

(3)　工場等の施設

工場の構内設備は、第38条3項一号により、次のイ項～ニ項を全て満足するように施設することを定めています。

イ　構内境界全般にさく、へい等を施設し、一般公衆が立ち入らないように施設すること。

ロ　危険である旨の表示をすること。

ハ　高圧の機械器具等は、コンクリート製の箱又はD種接地工事を施した金属製の箱に収め、かつ、充電部が露出しないように施設するか、又は充電部が露出しない機械器具に簡易接触防護措置を施すこと。

ニ　特別高圧の機械器具は、次の①～③のいずれかの方法で施設すること。

①　35kV以下の電気機械器具は、前ページの図1に示した$H+D$を5m以上に施設する。

②　機械器具を、絶縁された箱又はA種接地工事を施した金属製の箱に収め、かつ、充電部が露出しないように施設する。

③　充電部が露出しない機械器具に、簡易接触防護措置を施す。

2　電磁誘導作用による人の健康影響の防止（解釈第39条）

電磁誘導に関する規制は、変圧器等の電気機械器具から発生する磁界については解釈31条に、電線路から発生する磁界は解釈第50条にそれぞれ定めていますが、この章で学ぶ変電所又は開閉所から発生する磁界については、解釈第39条により次のように定めています。

1　下記の3項に掲(かか)げる測定方法により求めた実効値で表す磁束密度の測定値が、商用周波数（50Hz又は60Hz）において200μT（マイクロ　テスラ）以下であること。

2　測定装置は、日本産業規格の規定に適合する3軸のものであること。

3　測定する位置は、次のいずれかによること。

一　測定地点の地表、路面又は床から0.5m、1m、1.5mの各点で測定し、その3点の平均値を、（上記1項で定める）測定値とすること。

（二号が適用される地下式変電所は、一般的な変電所ではないため省略する。）

交流電流の1サイクル間に発生する磁束密度の瞬時値は、時間の経過と共に交流波形状に変化します。そのため、磁束密度の値を「2乗の和の平均の平方根」で求める実効値で表します。上記の3項に示した3点における実効値を平均した値（これが電技第27条の2の条文にある平均値）を、上記の1項で規制する200μT以下になるように施設します。

3　ガス絶縁機器等の圧力容器の施設（電技第33条、解釈第40条）

最近は、特別高圧の受変電設備にガス絶縁開閉装置（GIS）が多く適用されています。そのGIS装置、開閉器又は遮断器に使用する圧縮空気装置に必要な機能を、電技第33条「ガス絶縁機器等の危険の防止」により、次の一号～六号のように定めています。

一　圧力を受ける部分の材料及び構造は、**最高使用圧力**に**十分**に**耐え**、かつ、**安全**なものであること。
二　圧縮空気装置の**空気タンク**は、**耐食性**を有すること。
三　圧力が上昇する場合において、当該圧力が**最高使用圧力**に到達する以前に**当該圧力**を**低下させる機能**を有すること。
四　圧縮空気装置は、主空気タンクの圧力が低下した場合に圧力を**自動的**に**回復**させる機能を有すること。
五　**異常な圧力**を**早期**に**検出**できる機能を有すること。
六　ガス絶縁機器に使用する絶縁ガスは、**可燃性**、**腐食性**及び**有毒性**のないものであること。

上記の電技の規定を受けて、解釈第40条「ガス絶縁機器等の圧力容器の施設」のうち**ガス絶縁機器**等の**圧力容器**については、同条の1項により、次のように定めています。
(1)　**ガス絶縁機器**等に使用する圧力容器は、次のように施設します。
一　100kPaを超える絶縁ガスの圧力を受ける部分であって**外気に接する部分**は、最高使用圧力の**1.5倍**の**水圧**（水圧を連続して10分間加えて試験を行うことが困難である場合は、最高使用圧力の**1.25倍**の**気圧**）を**連続して10分間**加え、これに耐え、かつ、**漏洩**（ろうえい）**がない**ものであること。
二　ガス圧縮機を有するものは、ガス圧縮機の出口付近には、**最高使用圧力以下**で動作するとともに、日本産業規格「蒸気用及びガス用ばね安全弁」に適合する**安全弁**を設けること。
三　絶縁ガスの**圧力の低下**により**絶縁破壊**を生ずるおそれがあるものは、絶縁ガスの圧力の低下を**警報**する装置又は絶縁ガスの圧力を**計測**する装置を設けること。（法的には、警報装置か、又は計測装置のいずれか一方を施設すれば違法ではありません。しかし、設備の実態は、圧力容器の保安上の重要性を反映し、警報装置及び計測装置の双方を備えたものが大半です。条文は、保安上の必要最小限の事項を定めたもの、と理解してください）。
四　絶縁ガスは、**可燃性**、**腐食性**、**有毒性**で**ない**こと（現状では、六フッ化イオウガス（SF_6ガス）を適用したものが、最も多く稼働しています）。
(2)　**開閉器**、**遮断器**に使用する**圧縮空気装置**に使用する**圧力容器**は、解釈第40条2項により、次のように施設することを定めています。
一　上記の(1)の一号と同じ耐圧性能を有すること。
二　空気タンクの材料、材料の許容応力及び構造は、日本産業規格の規定に適合するものであることとともに、空気タンクの容量は空気の**補給がない状態**で開閉器又は遮断器の**投入及び遮断**を連続して**1回以上**できる容量を有するものであること。
（三号及び四号は省略）
五　空気圧縮機の出口付近には、**最高使用圧力以下**で動作するとともに、日本産業規格「蒸気用及びガス用ばね安全弁」に適合する**安全弁**を設けること。
六　主空気タンクの**圧力**が**低下**した場合に、**自動的**に圧力を**回復**する装置を設けること。

七　主空気タンク又はこれに近接する箇所には、使用圧力の**1.5倍以上3倍以下**の最高目盛のある**圧力計**を設けること。

4　水素冷却式発電機等の施設（電技第35条、解釈第41条）

電気事業用の大容量の同期発電機の電機子巻線の冷却方式には、内部直接水冷式又は内部直接油冷式が多く適用されていますが、高速で回転している**回転子**の冷却方式には内部直接**水素**冷却式が多く適用されています。その回転子を冷却する冷媒として用いる**水素ガス**は、冷却効率がよく、風損が少なく、絶縁物の劣化も少ないなど、多くの長所をもっています。しかし、水素ガス中に**空気が混入**すると**爆発**する危険があります。その保安上の対策として、電技第35条「水素冷却式発電機等の施設」により、『水素冷却式の発電機若しくは調相設備（同期調相機；ロータリ　コンデンサ）又はこれに附属する水素冷却装置には、次の一号～五号に示すように施設する』と、定めています。

一　構造は、**水素の漏洩**（ろうえい）又は**空気の混入**のおそれがないものであること。

二　発電機、調相機、水素を通ずる管、弁等は、水素が大気圧で**爆発**する場合に生じる**圧力**に耐える**強度**を有するものであること。

三　発電機の**軸封部**から水素が漏洩（ろうえい）したときに、**漏洩を停止**させ、又は漏洩した水素を**安全に放出**できるものであること。

四　発電機内又は調相設備内への**水素の導入**及び発電機内又は調相設備内から水素の外部への**放出**が**安全**にできるものであること。

五　異常を**早期**に**検知**し、**警報**する機能を有すること。

上記の電技の規定を受けて、解釈第41条「水素冷却式発電機等の施設」により、次の一号～十号に示す具体的な施設方法を定めています。

一　水素を通ずる管、弁等は、水素が**漏洩**（ろうえい）**しない構造**のものであること。

二　水素を通ずる管は、**銅管**、**継目無鋼管**又はこれと同等以上の強度を有する**溶接した管**であるとともに、水素が大気圧において**爆発**した場合に生じる**圧力**に耐える**強度**を有するものであること。

三　発電機又は調相機は、**気密構造**のものであり、かつ、水素が大気圧において**爆発**した場合に生じる**圧力**に耐える**強度**を有するものであること。

四　発電機又は調相機に取り付けたガラス製の**のぞき窓**等は、容易に破損しない構造のものであること。

五　発電機の**軸封部**には、窒素ガスを封入することができる装置又は発電機の**軸封部**から漏洩した水素ガスを**安全**に外部に**放出**することができる装置を設けること。

六　発電機内又は調相機内に水素を安全に導入することができる装置、及び発電機内又は調相機内の水素を**安全**に外部へ**放出**することができる装置を設けること。

七　**水素純度**が**85%以下**に低下した場合に、**警報**する装置を設けること。
（平常運転時の水素純度は約90%であり、空気混入時に爆発の可能性がある範囲の上限純度は約70%です。この純度に低下する以前の85%の段階で、運転員に異常を知らせるための警報装置の設置を定めたものです。実際の運用としては、さらに水素純度が低下する場合には、（その一例として）多くの発電プラントにて純度80%～75%の段階で、保護装置により発電ユニットを自動的に保安停止させる運用を行っています。）

八　水素**圧力**を**計測**する装置及び圧力が著しく**変動**したとき**警報**する装置を設けること。
（条文には「圧力が著しく変動したとき」と記述してありますが、これは「圧力上昇と圧力降下の現象が繰り返し発生したとき」という意味ではなく、「平常の圧力に対して、著しく上昇又は降下したとき」と解読します。一般的な水素圧力の監視記録装置には、圧力異常時に警報する機能も組み込まれているものが多く、その運用値として規定の水素圧力に対して80%以下又は120%以上になったとき警報を発する例があります。）

九　水素**温度**を**計測**する装置を設けること。

十　発電機内から水素を外部に放出するための**放出管**は、水素の**着火**による**火災**に至らないように、次のように施設すること。（その詳細な規定事項は省略します。）

5　発電設備等の保護装置（電技第44条1項、解釈第42条）

電技第44条「発変電設備等の損傷による供給支障の防止」の1項により、『**発電機**、燃料電池又は**常用電源**として用いる**蓄電池**には、当該電気機械器具を著しく損壊するおそれがあり、又は一般電気事業者に係る電気の供給に著しい支障を及ぼすおそれがある異常が、当該電気機械器具に生じた場合に、異常を生じた電気機械器具を電路から**自動的**に**遮断**する装置を施設しなければならない。』と定めています。

上記の電技の規定を受けて、解釈第42条「発電機の保護装置」により、次の一号～六号に掲（かか）げる場合には、発電機を**自動的**に電路から**遮断**する装置を施設するように定めています。

上記の電技及び解釈の「・・・遮断する装置」とは、「故障を検出する**保護継電器**」と、その保護継電器からの引き外し指令により「故障電流を遮断する**遮断器**」の全体をいいます。

一　発電機に**過電流**を生じた場合。
（この目的は、発電機外部の短絡故障時に流れる電流により、発電機巻線の焼損防止と、短絡故障点へ大電流を供給し続けることによる障害発生の防止であり、一般用電気工作物以外の発電機は容量に無関係に適用されます。同期発電機から3相短絡故障点に流れる電流値は、その故障直後は定格電流の3～5倍ですが、2～3秒後の永久3相短絡電流値は短絡比の値まで漸次（ぜんじ）減少します。水力機は突極（とっきょく）形のため短絡比は0.80～1.35程度ですから、永久3相短絡電流値は0.8倍～1.35倍となり、過電流を生ずる可能性がありますから、この一号で規定する過電流保護継電器（OCR）を施設しています。

しかし、火力機は円筒形のため、その短絡比は0.64又は0.58であり、永久3相短絡電流値は定格電流値の0.64倍又は0.58倍の小さな値です。そのため、この規定の「過電流を生じた場合」に該当せず、一般的には過電流保護継電器を施設していません。ただし、後述の五号で規定する内部故障検出用の保護継電器は必ず施設し、高速度選択遮断を可能にしてあります）。

二　容量が**500kVA以上の発電機**を駆動する**水車**の油圧装置の**油圧**又は電動式ガイドベーン制御装置、電動式ニードル制御装置若しくは電動式デフレクタ制御装置の**電源電圧**が**著しく低下**した場合。

（最近の水力発電用の制御装置は、運転保守の省力化のため、**オイル レス化**を盛んに進めており、**電動式の制御装置**の適用例が多くあります。その制御装置用の**直流電源の電圧値**の一例として、平常運転時に110Vであるものが、90Vに低下時に警報を発生し、さらに80Vに低下時に、この二号の規定に基づき発電機を自動的に保安停止させています。）

三　容量が**100kVA**（1 000kVAではない！）**以上の発電機**を駆動する**風車**の油圧装置の**油圧**、圧縮空気装置の**空気圧**又は電動式ブレード制御装置の**電源電圧**が**著しく低下**した場合。

四　容量が**2 000kVA以上**の**水車発電機**の**スラスト軸受**（推力軸受）の**温度**が**著しく上昇**した場合。

五　容量が**10 000kVA以上**の**発電機**の**内部**に**故障**を生じた場合。

（この規定の**内部短絡故障**を検出するものに**比率差動継電器**（RDfリレー）があり、**内部地絡故障**を検出するものに**地絡差動継電器**（DfGリレー）があります。）

六　定格出力が**10 000kW**を**超える蒸気タービン**にあっては、その**スラスト軸受**が**著しく摩耗**し、又はその**温度**が**著しく上昇**した場合。

（発電機や変圧器など電気機械の容量値はkVA又はMVAの単位で表しますが、この六号のように発電機の駆動源である水車又はタービンの出力値はkW又はMWの単位で表します。蒸気タービンのスラスト軸受は、上記の四号と同様に、軸方向の荷重を支える推力軸受です。その軸受の摩耗の検出方法は、回転子軸が軸方向に移動する微小な量を、常時精密に測定・監視することにより行っています。）

6 特別高圧の変圧器、調相設備の保護装置（電技第44条2項、解釈第43条）

電技第44条の2項により、『特別高圧の変圧器又は調相設備には、当該電気機械器具を著しく**損壊**するおそれがあり、又は一般電気事業者に係る電気の供給に著しい支障を及ぼすおそれがある**異常**が、当該電気機械器具に生じた場合に、**自動的**にこれを電路から**遮断**する装置の施設その他の適切な措置を講じなければならない。』と定めています。

この条文の「・・・遮断する装置」とは、変圧器の場合と同様に「故障を検出する**保護継電器**」と「故障電流を遮断する**遮断器**」を総称したものです。

(1)　特別高圧の変圧器の保護

上記の電技の規定を受けて、解釈第43条「特別高圧の変圧器及び調相設備の保護装置」の1項により、特別高圧の変圧器の内部に故障を生じたときには、そのバンク容量（三相容量のことであり、単相器3台を組み合わせて構成する場合には1相分の容量の3倍の容量値）に応じて、次の保護装置を施設することを定めています。

① **5 000kVA以上10 000kVA未満の変圧器は、自動遮断装置又は警報装置**

（電験第三種の講義を長年経験してきた中で、この条文中の「“自動遮断装置**又は**警報装置”の部分は、設備の実態から考えて“・・・**及び**・・・”ではないか？」という質問を多く受けてきました。その件は、次のように理解してください。

“解釈の条文”よりも“電技の条文”の方が上位に位置します。ですから、もしもその特別高圧の変圧器が、電技第44条2項で規定する「一般電気事業者に係る電気の供給に著しい支障を及ぼすおそれがある異常が、当該電気機械器具に生じた場合」に該当しない設備ならば、自動遮断装置か又は警報装置のいずれか一方の装置があれば、その施設は適法となります。

しかし、特別高圧の1回線の送電線路には複数の需要設備を接続した構成方法が一般的です。その一般的な送電線路に接続して運用する特別高圧変圧器の内部故障時に自動遮断の装置がなければ、同じ送電線路から受電している他の健全な需要家を波及停止させてしまいます。また、変圧器内部故障は、送電線がいしの表面閃絡故障のように絶縁性能の自復性はありませんから、線路停止から10秒又は1分経過後に実施する自動復旧装置による再送電に失敗し、停電が長時間に及んでしまう不具合を生じます。

そのため、一般的な送電線路に接続する特別高圧変圧器は、電技第44条の2項で定める「一般電気事業者に係る電気の供給に著しい支障を及ぼすおそれがある異常が、当該電気機械器具に生じた場合」に該当する設備形態の変圧器が大半です。

さらに、特別高圧変圧器は受変電設備中で最も重要、かつ、高価な設備であることを反映して、設備の実態は自動遮断装置及び警報装置の両方を備えたものが大多数です。

電技及び解釈の条文は、保安上の必要最小限の事項を定めたものですから、設備の実態と分けて理解してください。）

② **10 000kVA以上**の変圧器内部に故障を生じたとき動作する**自動遮断装置**。

（容量が大きな変圧器には、警報装置のみではなく、自動遮断装置も必要です。）

③ **他冷式変圧器**の**冷却装置**が故障した場合、又は変圧器の**温度**が著しく**上昇**した場合に、**警報**する装置。

（変圧器内部の温度が異常に上昇したときに自動遮断する装置の設置**義務**はありません。しかし、特別高圧変圧器の設備実態としては、警報レベルに達した後も、さらに温度が上昇する場合には、変圧器過負荷保護装置により、一部の負荷線の遮断器を引き外すことにより、変圧器の負荷を軽減し、内部の温度上昇を抑制する機能をもった保護装置を施設して運用する例が多く見られます。この件も、解釈で定める必要最小限の設備要件と、設備の実態とを分けて理解してください。）

(2)　特別高圧の調相設備の保護装置

「調相設備」とは、電力用コンデンサ（SC）、分路リアクトル（ShR）、静止型無効電力調整装置（SVC）、同期調相機（RC）を総称したものです。調相設備の“調相”の意味は、電源電圧の位相を基準として、負荷電流と調相設備の電流をベクトル合成した「総合電流の**位相**を**調整**することにより、総合力率を改善する」ことです。

特別高圧の調相設備は、解釈第43条2項により、次の①項で述べる静止機器のSC、ShRと、②項で述べる回転機器のRCとに分けて、次の**保護装置**を施設することを定めています。

① 電力用コンデンサ（SC）又は分路リアクトル（ShR）は、その容量に応じて、次の保護装置を施設するように定めています。

i　**500kvarを超えて15 000kvar未満**のSC、ShRは、**内部故障**又は**過電流**を生じた場合に動作する保護装置を施設する。

（内部故障時に動作する保護継電器として、瞬時圧力継電器（SPR）、電圧平衡継電器（VBR）等があります。内部故障時には、定格電流よりも大きな電流が流れますから、条文の「又は」によりSPRかOCRのいずれか一方の保護装置を施設すれば適法です。なお、JECの改正により、静止機器であるSC、ShRの機器容量を表す単位には、旧来のkV･Aからkvarに変更されています。）

ii　**15 000kvar以上**のSC、ShRは、**内部故障及び過電流**、又は、**内部故障及び過電圧**を生じた場合に動作する保護装置を施設する。

（大型のSC、ShRは、2種類以上の保護装置の設置を求めています。）

② **15 000kVA以上の調相機**（ロータリコンデンサ；RC）は、**内部に故障**を生じた場合に動作する装置の施設を求めています。

（その内部故障用の保護継電器として、比率差動継電器（RDfR）、地絡差動継電器（DfGR）等があります。なお、回転機械である同期調相機の容量の単位は、発電機や変圧器と同じkVAが用いられ、静止機器であるSC、ShRに使われるkvarではありません。）

7　蓄電池の保護装置（電技第44条1項、解釈第44条）

前出の5項「発電設備等の保護装置」で述べたとおり、電気機械器具の内部故障により電力供給に支障を生じないようにするため、電技第44条により、**常用**電源の蓄電池に対して、発電機と同等の「内部故障時に自動的に電路から遮断する装置」の設置を求めています。

なお、この電技及び後述の解釈の条文でいう「**常用の蓄電池**」には、常用電源が停止したとき又は電圧降下時に緊急的に動作させる非常用予備電源用の蓄電池は**該当しません**。

この条文の「常用の蓄電池」は、電力系統の平常運用時に、発電機と同様に需要設備へ電力を供給する役割を担う電気設備であり、その代表的な例として負荷平準化のために深夜電力を直流電力で貯蔵する設備等があります。その常用の蓄電池は、一般的にきわめて**大容量**であり、その内部抵抗値は非常に小さく、したがって短絡故障を発生したときに、技術的にきわめて困難な**直流の大電流遮断**が必要となるため、保安上重要な電気設備です。

上述の電技第44条1項の規定を受けて、解釈第44条「蓄電池の保護装置」により、次の一号～四号に掲(かか)げる不具合現象を生じたとき、その「常用の蓄電池」を**自動的**に電路から**遮断**する装置の設置を定めています。

一　蓄電池に**過電圧**が生じた場合。

（これは、充電時の過電圧防止の保護機能に不具合を生じたときに発生します。）

二　蓄電池に**過電流**が生じた場合。

（これは、放電時の過負荷、又は外部回路の短絡故障時に発生し、蓄電池が焼損することを予防するために、蓄電池を自動的に電路から遮断します。実際には、直流の大電流を遮断することは技術的に極めて困難であるため、蓄電池と交流電路との間に施設するインバータのゲートをブロックし、電力貯蔵装置の全体を一旦停止させる等の保安措置が行われています。）

三　**制御装置**に**異常**が生じた場合。

（この場合には、蓄電池を安全な状態に維持することが不可能である可能性が高いですから、その蓄電池用のインバータのゲートをブロックします。そのゲート制御回路に故障を生じたときの対策として、ゲート制御回路の二重化等が実施されています。）

四　内部温度が高温のものにあっては、断熱容器の**内部温度**が著しく**上昇**した場合。

（**ナトリウム硫黄(いおう)蓄電池**がこれに該当し、その内部温度は300～350［℃］です。その温度がさらに大きく上昇したとき、**火災**の発生や容器の**破裂**を予防するための保護として、蓄電池用のインバータのゲートをブロックするなどの保安措置を実施します。）

8　燃料電池等の施設（電技第44条、解釈第45条）

電技第44条1項により、『（発電機と同様に）燃料電池には、それが著しく損壊するおそれがあり、又は一般電気事業に係る電気の供給に著しい支障を及ぼすおそれがある異常が、当該燃料電池に生じた場合に、**自動的**に当該燃料電池を電路から**遮断**する装置を施設しなければならない。』と定めています。

この電技の規定を受けて、解釈第45条「燃料電池等の施設」1項一号により、燃料電池等に次のイ項～ハ項に示す状態を生じた場合に、その燃料電池を**電路から遮断**し、燃料電池への**燃料ガス**の供給を自動的に**遮断**し、かつ、燃料電池内の燃料ガスを自動的に**排除**する装置を施設することを定めています。（電気的な遮断と、燃料供給ルートの遮断、さらに燃料の排除が必要なことを覚えてください。）

イ　燃料電池に**過電流**が生じた場合。

（燃料電池の外部にて短絡故障を生じたとき、燃料電池から短絡故障点へ大電流を流し続けることにより、外部電路の障害予防と、燃料電池の損傷予防が目的です。）

ロ　発電要素の**発電電圧**に**異常低下**が生じた場合、又は燃料ガス出口の**酸素濃度**若しくは空気出口の**燃料ガス濃度**が著しく**上昇**した場合。

（この目的は、燃料電池を構成する電解質のシール部分の損傷により、燃料ガスと酸素が直接混合した場合に、燃料電池が爆発等により損壊することを未然に防ぐことです。燃料電池が、そのような損壊を生ずる以前に、発電電圧の異常低下、燃料ガス出口の酸素濃度の上昇、空気出口の燃料ガス濃度の上昇を自動的に検出し、電気的な遮断と、燃料供給ルートの遮断、さらに燃料の排除を行うための装置の施設を定めたものです。）

ハ　燃料電池の**温度**が著しく**上昇**した場合

（この規定の目的は、燃料電池内部で燃料ガスと酸素とが異常な反応を生ずると、燃料電池が損壊するおそれがあるため、その損壊を生ずる以前に、燃料電池内部の温度上昇を検出し、前述のロ項と同じ保安措置を実施することです。）

さらに、燃料電池発電所に施設する燃料電池、電線及び開閉器その他器具は、解釈第45条1項二号～四号により、次のように施設するよう定めています。

二　充電部分が露出しないように施設すること。

（上述のように、燃料電池の外部に施設した交流電路の短絡故障時には、インバータのゲートをブロックして装置全体を一旦停止させることにより、保安措置が可能です。しかし、燃料電池の内部の直流電路に短絡故障を生じたときの直流大電流遮断は、技術的に極めて困難であるため、充電部分が露出しないように施設することにより、直流電路の短絡故障の発生を回避できるように施設することを定めています。）

三　**直流幹線部分**の電路に**短絡**を生じた場合に、当該電路を保護する**過電流遮断器**を施設すること。ただし、次の“イ”又は“ロ”のいずれかに該当する場合はこの限りでない。

イ　電路が短絡電流に耐えるものである場合。

ロ　燃料電池と電力変換装置とが、一つの筐体（きょうたい）に収められた構造のものである場合。

（上記の二号の解説文で述べたように、直流電路の短絡故障時に流れる直流大電流遮断が技術的に極めて困難であるための保安措置です。）

四　燃料電池及び開閉器その他の器具に電線を接続する場合は、**ネジ止め**その他の方法により、**堅ろう**（けい）に接続するとともに、電気的に**完全に接続**し、接続点に**張力**が加わらないように施設すること。

（この目的は、接続点の接続不良による過熱焼損事故を防止することです。）

9　太陽電池発電所の施設（解釈第46条及び発電用太陽電池設備の技術基準）

太陽電池発電所の設備のうち、電気設備は電技解釈第46条により規定し、支持物及び地盤は「発電用太陽電池設備に関する技術基準を定める省令」により規定しています。

(1)　太陽電池発電所の電気設備の要点（電技解釈第46条）

直流電路の電圧値が**750V**を超えるものは**高圧**に区分されますが、解釈46条第1項により次のように定めています。『太陽電池発電所に施設する**高圧**の直流電路の**電線**は、金属製の電気的遮へい層を有する**高圧ケーブル**であること。ただし、取扱者以外の者が立ち入らないような措置を講じた場所において、次の一号～六号に適合する**太陽電池発電設備用直流ケーブル**を使用する場合は、この限りでない。』

一　使用電圧は、**直流1 500V以下**であること。

二　構造は、絶縁物で被覆した上を**外装で保護**した電気導体であること。

三　導体は、**断面積60mm²以下**の別表に規定する**軟銅線**又はこれと同等以上の強さのものであること（別表は省略）。

四　絶縁体は、架橋ポリオレフィン混和物、**架橋ポリエチレン混和物**又はエチレンゴム混和物であること（第四号の上記以外の詳細と第五号、第六号は省略）。

(2)　発電用太陽電池設備の支持物及び地盤の要点（発電用太陽電池設備に関する技術基準）

太陽電池モジュールの**支持物**及び**地盤**は、次のように施設するように定めています。

第3条　太陽電池発電所を施設するに当たっては、**人体に危害**を及ぼし、又は**物件に損傷**を与えるおそれがないように施設しなければならない。

第4条　太陽電池モジュールの**支持物**は、次の各号により施設しなければならない。

一　**自重**、**地震荷重**、**風圧荷重**、**積雪荷重**その他の当該支持物の**設置環境下**において想定される**各種荷重**に対し**安定**であること。

二　前号の荷重を受ける各部材の応力度は、その部材の**許容応力以下**になること。

三　支持物を構成する各部材は、安定した品質であるとともに、**腐食**、**腐朽**その他**劣化**を生じにくい材料又は**防食**等の**劣化防止**のための措置を講じた材料であること。

（四号は省略）

五　支持物の基礎部分は、次に掲げる要件に適合するものであること。

イ　土地又は水面に施設する支持物の基礎は、上部構造から伝わる荷重に対して、上部構造に支障をきたす沈下、浮上がり、水平移動を生じないこと。

ロ　土地に自立して施設する支持物の基礎部分は、杭基礎若しくは鉄筋コンクリート造の直接基礎又はこれらと同等以上の支持力を有するものであること。

六　**土地に自立**して設置面から太陽電池アレイの最高の高さが**9m**を**超える**場合には、構造強度に係る**建築基準法**及びこれに基づく命令の規定に適合すること。

第5条　支持物を土地に自立して施設する場合には、施設による**土砂の流出**又は**地盤の崩壊**を防止する措置を講じなければならない。

10　風力発電所の施設（発電用風力設備の技術基準）

「発電用風力設備に関する技術基準を定める省令」は、風力を原動力として電気を発生するための一般用電気工作物及び事業用電気工作物に適用され、その要点は次のとおりです。

第3条　取扱者以外の者に対する危険防止措置

風力発電所の施設は、取扱者以外の者に見やすい箇所に**風車が危険**である旨を**表示**するとともに、当該者が**容易に接近**するおそれがないように適切な**措置**を講じなければならない。

第4条　風車

風車は、次の各号により施設しなければならない。

一　負荷を遮断したときの**最大速度**に対し、構造上**安全**であること。

二　**風圧**に対して構造上**安全**であること。

三　運転中に風車に損傷を与えるような**振動がない**ように施設すること。

四　通常想定される**最大風速**においても取扱者の意図に反して風車が**起動**することの**ない**ように施設すること。

五　運転中に他の工作物、**植物**等に**接触しない**ように施設すること。

第5条　風車の安全な状態の確保

1　風車は、次の場合に**安全**、かつ**自動的に停止**するような措置を講じなければならない。

一　**回転速度**が著しく**上昇**した場合

二　風車の**制御装置**の機能が著しく**低下**した場合

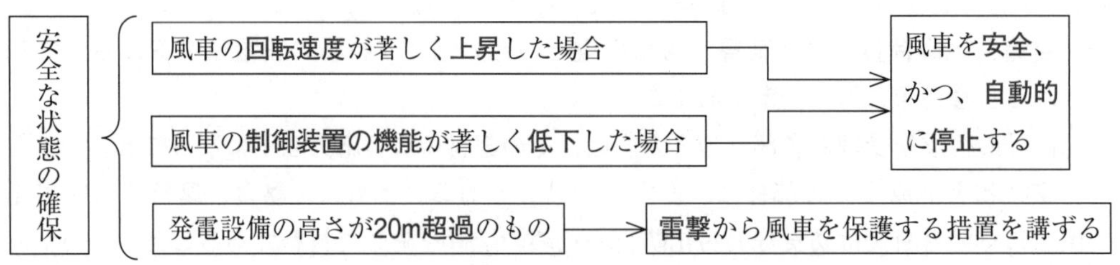

図2　第5条の風車の安全な状態の確保

2　発電用風力設備が一般用電気工作物である場合には、前記の1項の規定中に「安全かつ自動的に停止するような措置」とあるのは「安全な状態を確保するような措置」と読み替えて適用するものとする。

3　最高部の地表面からの高さが**20mを超える**発電用風力設備には、**雷撃**から風車を保護する措置を講じなければならない。ただし、周囲の状況によって雷撃が風車を損傷するおそれがない場合においては、この限りでない。

第6条　圧油装置及び圧縮空気装置の危険の防止

圧油装置及び圧縮空気装置は、次の各号により施設しなければならない。

一　圧油タンク、及び空気タンクの材料及び構造は、**最高使用圧力**に対して十分に耐え、かつ、**安全**なものであること。

二　圧油タンク及び空気タンクは、**耐食性**を有するものであること。

三　装置の圧力が**最高使用圧力**に上昇する**以前**に当該圧力を**低下**させる**機能**を有すること。

四　タンクの**油圧**又は**空気圧**が**低下**した場合、圧力を**自動的**に**回復**させる機能を有すること。

五　**異常**な**圧力**を早期に**検知**できる機能を有すること。

第7条　風車を支持する工作物

風車を支持する工作物は、**自重**、**積載荷重**、**積雪**及び**風圧**並びに**地震**その他の振動及び衝撃に対して**構造上安全**でなければならない。

11　常時監視をしない発電所等の施設（電技第46条、解釈第47条）

電技第46条「常時監視をしない発電所等の施設」の1項により、次のように定めています。

『異常が生じた場合に**人体**に**危害**を及ぼし、若しくは**物件**に**損傷**を与えるおそれがないよう、異常の状態に応じた制御が必要となる発電所、又は一般送配電事業に係る電気の供給に著しい支障を及ぼすおそれがないよう、異常を早期に発見する必要のある発電所であって、発電所の運転に必要な知識及び技能を有する者が当該発電所又はこれと同一の構内において常時監視をしないものは、施設してはならない。ただし、発電所の運転に必要な知識及び技能を有する者による当該発電所又はこれと同一の構内における**常時監視**と**同等**な**監視**を確実に行う発電所であって、**異常**が生じた場合に**安全**かつ**確実**に**停止**することができる措置を講じている場合は、この限りでない。』

この電技第46条の規定を受けて、解釈第47条により、次のように定めています（第三種電気電気主任技術者が保安の監督に従事できる発電設備は認可出力が5 000kW未満の規模であることを考慮し、電験第三種の受験学習に必要と思われる部分を抜粋して表します）。

解釈第47条の第3項は「汽力を原動力とする発電所（地熱発電所を除く。）」に対する規定ですが、この大半が5 000kW以上の規模ですから省略します。また、第4項は「出力が10 000kW以上のガスタービン発電所」に対する規定ですから省略します。

電技第46条の規定を受けて、「解釈第47条の2」により、常時監視をしない発電所の施設方法について、次のように定めています。

常時監視をしない発電所は、次の**図3**に示す3種類に区分し、それぞれに必要な保安措置を定めています。

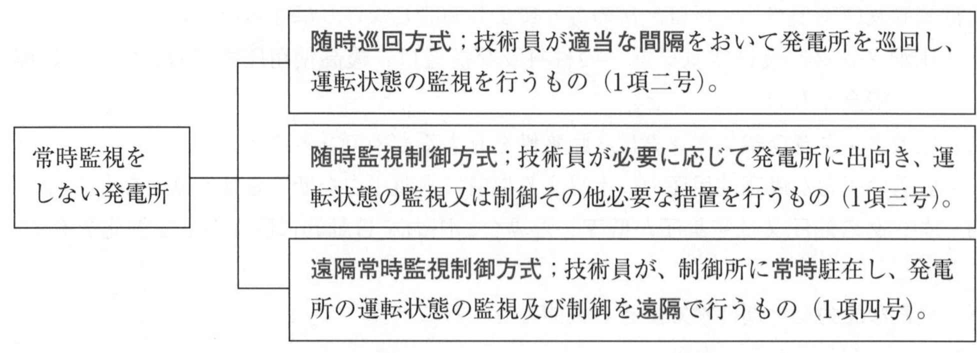

図3　常時監視をしない発電所の法的な区分

上図に示した各監視制御方式の詳細事項を、「解釈第47条の2」の第1項の二号～四号により次のように定めています。

二 「**随時巡回方式**」の発電所は、次に適合するものであること。

- イ　技術員が、適当な間隔をおいて発電所を巡回し、運転状態の**監視**を行うものであること。
- ロ　発電所は、電気の供給に支障を及ぼさないよう、次に適合するものであること。
  - (イ)　当該発電所に**異常**が生じた場合に、一般送配電事業者が電気を供給する**需要場所が停電しない**こと。
  - (ロ)　当該発電所の運転又は停止により、一般送配電事業者が運用する電力系統の**電圧及び周波数**の維持に支障を及ぼさないこと。
- ハ　発電所に施設する**変圧器**の使用電圧は、**170 000V以下**であること

三 「**随時監視制御方式**」の発電所は、次に適合するものであること。

- イ　技術員が、必要に応じて発電所に出向き、運転状態の**監視**又は**制御**その他必要な措置を行うものであること。
- ロ　次の場合に、技術員へ**警報**する装置を施設すること。
  - (イ)　発電所内で**火災**が発生した場合
  - (ロ)　**他冷式**の特別高圧**変圧器**の**冷却装置**が**故障**した場合又は**温度**が**著しく上昇**した場合
  - (ハ)　**ガス絶縁機器**の絶縁ガスの**圧力**が著しく**低下**した場合
  - (ニ)　発電所の種類に応じて解釈46条で定める「警報を要する場合」

四 「**遠隔常時監視制御方式**」の発電所は、次に適合するものであること。

- イ　技術員が、制御所に常時駐在し、発電所の運転状態の**監視**及び**制御**を遠隔で行うものであること。
- ロ　前の三号のロの(イ)～(ニ)に掲(かか)げる場合に、制御所へ**警報**する装置を施設すること。

ハ　制御所には、次に掲げる（遠方監視制御）装置を施設すること。

(イ)　発電所の運転及び停止を、監視及び操作する装置。

(ロ)　使用電圧が100 000Vを超える（公称電圧154kV以上の系統に接続する）変圧器を施設する発電所にあっては、運転操作に常時必要な**遮断器**の開閉を**監視及び操作**を行うための装置。

(ハ)　発電所の種類に応じて必要な装置。

「解釈第47条の2」の第3～11項により各発電所ごとの規定が詳細に定めていますが、電験第三種の学習で必要と思われる「第3項の水力発電所」及び「第5項の太陽電池発電所」の規定の要点を以下に述べます。

3　常時監視をしない**水力発電所**は、次の一号～三号に示すように施設します。

一　水力発電所を**随時巡回方式**により施設する場合

イ　発電所の出力は、**2 000kW未満**とする。

ロ　水車及び発電機には、**自動出力調整装置**又は**出力制限装置**を施設する。

ハ　次に掲(かか)げる場合に、**発電機**を電路から自動的に**遮断**するとともに、水車への**水の流入を自動的に停止**する装置を施設する。

(イ)　水車制御用の圧油装置の**油圧**又は**電動式制御装置**の**電源電圧**が著しく**低下**した場合。

(ロ)　水車の**回転速度**が著しく**上昇**した場合。

(ハ)　発電機に**過電流**が生じた場合。

(ニ)　定格出力が**500kW**以上の水車又はその水車に接続する発電機の**軸受の温度**が著しく**上昇**した場合。

(ホ)　容量が**2 000kVA**以上の**発電機の内部に故障**を生じた場合。

(ヘ)　**他冷式**の特別高圧用変圧器の**冷却装置が故障**した場合又は**温度**が著しく**上昇**した場合。

二　水力発電所を**随時監視制御方式**により施設する場合

イ　前記の「一号のロ項」の**自動出力調整装置**又は**出力制限装置**の規定に準じる。

ロ　前記の「一号のハ項の(イ)から(ホ)まで」に掲げる場合に、**発電機**を電路から自動的に**遮断**するとともに、**水車**への水の**流入**を自動的に**停止**する装置を施設すること。

ハ　次に掲(かか)げる現象を生じたとき、技術員が駐在する所へ**警報**する装置を施設する。

(イ)　**水車**が**異常**により**停止**した場合。

(ロ)　運転操作に必要な**遮断器**が、異常により自動的に**遮断**した場合。

(ハ)　発電所の**制御回路**の**電圧**が著しく**低下**した場合。

ニ　発電機、変圧器等の設備に不具合が発生したとき、その設備を電路から自動的に遮断するとともに、水車への水の流入を自動的に停止する装置を施設する場合には、警報装置を施設しないことができます。

三　水力発電所を**遠隔常時監視制御方式**により施設する場合

（この規定の概要は、上記の「随時監視制御方式」とほぼ同じ内容です。）

イ　前の「一号のロ項」の**自動出力調整装置**又は**出力制限装置**の規定に準じること。

ロ　前の「二号のハ項」の規定は、「制御所へ**警報**する場合」に準用すること。

ハ　上記の他に、この監視制御方式には、水車及び発電機の出力を調整する装置（つまり遠隔監視制御装置）を施設することを定めています。

（第4項は省略します。）

5　常時監視をしない**太陽電池発電所**は、次の一号～三号に示すように施設します。

一　**随時巡回方式**で施設する場合は、他冷式の特別高圧用変圧器の冷却装置が**故障**したとき又は**温度**が著しく**上昇**したとき、**逆変換装置**の運転を**自動停止**する装置を施設する。

二　**随時監視制御方式**は、次のように施設します。

イ　次に掲げる現象を生じたとき、技術員が駐在する所へ**警報**する装置を施設する。

(イ)　**逆変換装置**の運転が、異常により**自動停止**した場合。

(ロ)　運転操作に必要な**遮断器**が、異常により**自動的**に**遮断**した場合。

ロ　次の①又は②の異常が発生したとき、その設備を電路から**自動遮断**するとともに、**逆変換装置**の運転を**自動停止**する場合は、警報する装置を施設しないことができる。

①　**他冷式**（強制循環冷却方式）の特別高圧**変圧器**の**冷却装置**が**故障**した場合又は**温度**が著しく**上昇**した場合。

②　**ガス絶縁機器**の絶縁ガスの**圧力**が著しく**低下**した場合。

三　**遠隔常時監視制御方式**により施設する場合において、前の二号のイ項、及びロ項の規定は、制御所へ警報する場合に準用する。

12　常時監視をしない変電所の施設（電技第46条2項、解釈第48条）

電技第46条「常時監視をしない発電所等の施設」の2項により、次のように定めています。
『第46条の1項に掲げる発電所以外の発電所又は変電所であって、発電所又は変電所の運転に必要な知識及び技能を有する者が当該発電所若しくはこれと同一の構内又は変電所において常時監視をしない発電所又は変電所は、非常用予備電源を除き、異常が生じた場合に安全かつ確実に停止することができるような措置を講じなければならない。』

この電技第46条2項の規定を受けて、解釈第48条により、「常時監視をしない変電所の施設」について次のように定めています（第三種電気電気主任技術者が保安の監督に従事できる受電用設備及び送配電線路は**5万V未満**のものであることを考慮して、電験第三種の受験学習に必要と思われる部分を抜粋して表します）。

同条三号により、次のイ項～リ項に示す故障又は不具合の事象を生じたとき、次の表に示す「警報する場所等」へ警報する装置を施設することを定めています。

イ　運転操作に必要な遮断器が**自動的に遮断**した場合。
ロ　主要変圧器の**電源側電路**が**無電圧**になった場合。
ハ　**制御回路**の**電圧**が著しく**低下**した場合。
ニ　全屋外式変電所以外の変電所にあっては、**火災**が発生した場合。
ホ　容量3 000kVAを超える特別高圧用**変圧器**の**温度**が著しく**上昇**した場合。
ヘ　他**冷**式の特別高圧変圧器の**冷却装置**が故障した場合。
（次の“ト項”及び“チ項”の「調相機」は省略します。）
リ　**ガス絶縁機器**の絶縁ガスの**圧力**が著しく**低下**した場合。
（四号～七号は省略します。）

表　常時監視をしない変電所の施設の監視制御方式

監視制御方式	監視制御の運用方法	変圧器の使用電圧	警報する場所等
簡易監視制御方式	技術員が**必要**に**応じて**変電所に出向いて、変電所の監視及び機器の操作を行うもの	100kV 以下	技術員
断続監視制御方式	技術員が当該**変電所**又はこれから300m以内にある**技術員駐在所**に常時駐在し、**断続的**に変電所に出向いて変電所の監視及び機器の操作を行うもの	170kV 以下	技術員駐在所
遠隔断続監視制御方式	技術員が**変電制御所**又はこれから300m以内にある**技術員駐在所**に常時駐在し、**断続的**に変電制御所に出向いて変電所の監視及び機器の操作を行うもの	170kV 以下	変電制御所及び技術員駐在所
遠隔常時監視制御方式	技術員が**変電制御所**に**常時**駐在し、変電所の監視及び機器の操作を行うもの	制限なし	変電制御所

説明；「**変電制御所**」とは、当該変電所を遠隔監視制御する場所をいう。
「簡易監視制御方式」の「警報する場所」については、技術員に連絡するための補助員がいる場合は、「その補助員がいる場所」とすることができる。

1 発変電所等への立入の防止

【基礎問題】 35kV以下の機械器具及び母線等を、発電所又は変電所、開閉所若しくはこれに準ずる場所の屋外に施設する場合であって、その機械器具を施設した構内の周囲に施すさく又はへいの高さと、そのさく又はへいの上端部から電気機械器具の充電部までの最も近い所までの距離との和［m］の値として、「電気設備技術基準の解釈」で定める必要最小限の値を、次の(1)〜(5)のうち一つを選べ。

(1) 2.5　(2) 3.5　(3) 4.5　(4) 5　(5) 5.5

【ヒント】 第4章のポイントの第1項「発変電所等への立入の防止」の(1)「発変電所等の屋外の施設」を復習し、解答する。その規定の中で、電気機械器具の使用電圧が33kV以下の特別高圧の場合と、6.6kVの高圧の場合とで、同じ「距離の和」が必要であることに特に注意して覚える。

【応用問題】 次の文章は、電気設備技術基準の解釈により「発電所等への取扱者以外の者の立入の防止」について、構内に35kV以下の電気機械器具を施設する方法を規定した一部である。この文章中の(ア)〜(ウ)の空白部分に当てはまる適切な語句を、下の「解答群」の中から選び、この文章を完成させよ。

一　さく又はへいを設けること。
二　さく又はへいの高さと、その上端から35kV以下の電気機械器具の充電部までの最接近箇所までの距離との和を［(ア)］m以上とすること。
三　出入口に［(イ)］する旨を表示すること。
四　出入口に［(ウ)］装置を施設して［(ウ)］する等、取扱者以外の者の出入りを制限する措置を講ずること。

「解答群」施錠、5、4、立入りを禁止

【ヒント】 第4章のポイントの第1項の(1)「発変電所等の屋外の施設」を復習し、解答する。この設問の主旨である「公衆に対する保安の確保」は、電気技術者として最も重要な任務の一つであるから、確実に理解しておこう。

【基礎問題の答】（4）

右の**図1**に示すように、**屋外に施設する35kV以下**の電気機械器具を施設した構内の周囲に施すさく又はへいの高さH [m] と、その上端部から充電部までの最接近距離D [m] との和は、第38条の1項により**5m以上**と定めている。この距離の和のうち、H [m] の部分の許容最小値については、電技及び解釈の条文中に規定はないが、「**公衆に対する保安の確保**」の目的から「取扱者以外の者が立ち入らない高さ」により施設する必要がある。ちなみに、発変電規程ではHの値を1.5m以上と規定しており、これを受けて大多数の発変電所では1.8m以上で設計・施工している。

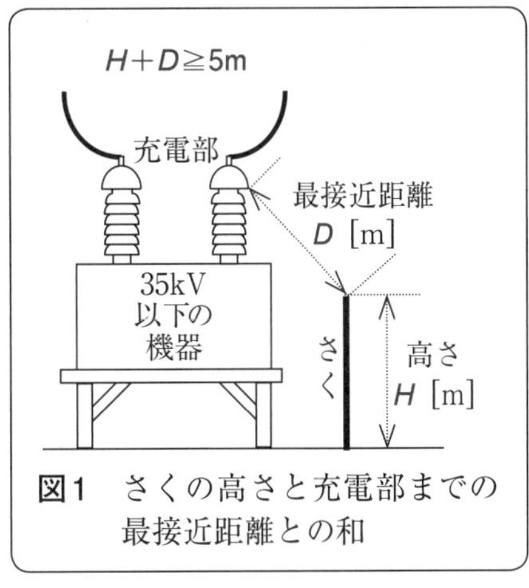

図1　さくの高さと充電部までの最接近距離との和

【応用問題の答】（ア）5、（イ）立入りを禁止、（ウ）施錠

図2に示す「**公衆に対する保安の確保**」のための施設は、電気主任技術者としてきわめて重要である。特に施錠装置については、それを備えておくのみでは不十分であり、取扱者が構内に入っている間も、入口の小窓の内側から手首を出して、施錠しておく必要がある。

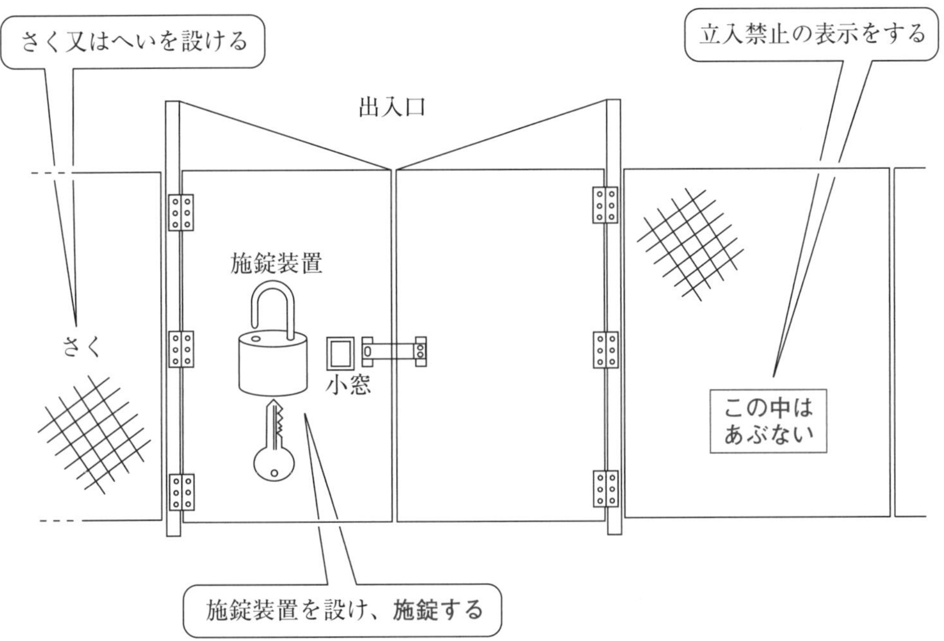

図2　電気機械器具を屋外に設置する発変電所の施設

【模擬問題】　次の文章は、「電気設備技術基準の解釈」で規定している「変電所等からの電磁誘導作用による人の健康影響の防止」の条文の一部である。この文章中の(ア)〜(エ)の部分に当てはまる語句又は数値を正しく組み合わせたものを、次の(1)〜(5)のうちから一つを選べ。

1. 変電所又は開閉所から発生する磁界は、第3項に掲(かか)げる測定方法により求めた　(ア)　密度の測定値（実測値）が、商用周波数において　(イ)　μT以下であること。
2. 測定装置は、日本産業規格で定める規定に適合する3軸のものであること。
3. 測定に当たっては、次の各号のいずれかにより測定すること。
　一　測定地点の地表、路面又は床から0.5m、　(ウ)　m、1.5mの高さで測定し、3点の　(エ)　を測定値とすること。
　（以下の条文は省略する。）

	(ア)	(イ)	(ウ)	(エ)
(1)	電束	100	1	最大値
(2)	電流	100	0.5	平均値
(3)	磁束	200	0.7	最大値
(4)	磁束	200	1	平均値
(5)	電気力線	300	1.5	最大値

【ヒント】　第4章のポイントの第2項「電磁誘導作用による人の健康影響の防止」を復習し、解答する。

【答】(4)

「電磁誘導作用による人の健康影響の防止」については、解釈の下記の条文により、実効値で表した磁束密度として、三つの条文ともに同じ規制値の200μT（マイクロテスラ）以下になるように施設すべき旨を定めている。

解釈第31条により、変圧器などの**電気機械器具**から発生する磁束密度の値を規制。

解釈第39条により、**変電所**又は**開閉所**から発生する磁束密度の値を規制。

解釈第50条により、**電線路**から発生する磁束密度の値を規制。

上記の解釈の各条文中の磁束密度B［T］＝［Wb/m^2］の基となるものは、磁束ϕ［Wb］である。そして、磁束ϕはベクトル量であるから、磁束密度Bもベクトル量である。したがって、磁束ϕは、その大きさだけでなく、次の**図1**に示す発生方向も理解することが大切である。

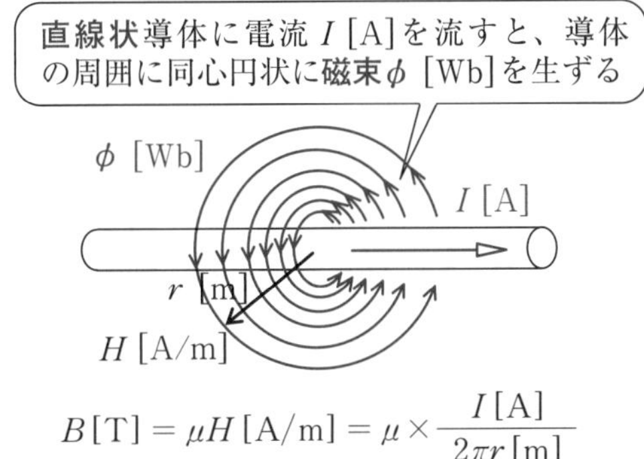

図1　直線状導体の電流と磁束密度

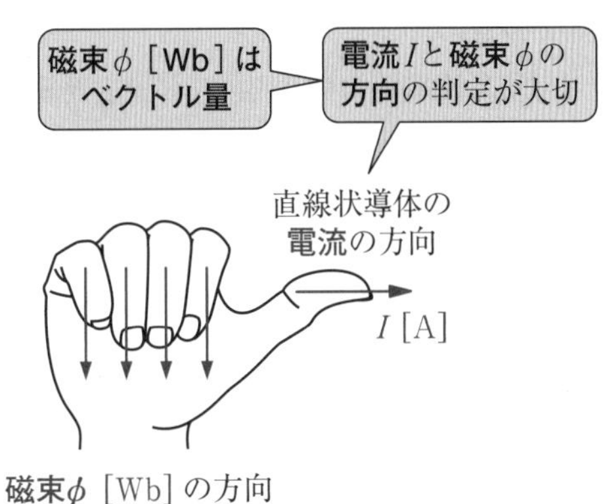

図2　アンペアー右手の法則

図1の直線状の導体に**アンペアー右手の法則**を適用する方法は、**図2**に示すように**右手の親指**を直線状導体の**電流**I［A］**の方向**に合わせたとき、**他の4本の指**の方向が直線状導体の周囲に同心円状に発生する**磁束φ［Wb］の方向**を示す。この発生磁束ϕは、導体に近い所は**"密"**であり、遠い所は**"疎"**であるため、磁束密度の値も導体から遠く離れた所は小さな値である。さらに、実際の電力設備の多くは三相3線式で構成しているため、各相の導体から発生する磁束ϕの3相分をベクトル合成して得られる磁束密度Bの絶対値が200μT以下になるように規制している。その磁束密度の測定場所は、電技第27条の2の2項により「通常の運転状態において、人によって占められる空間に相当する空間」としているので、例えば「変電所構内の巡視路」や「変電所構内と周囲の道路との境界のさくの所」などである。

設問文の2項の「3軸のもの」とは、3次元空間に立体的に発生する磁束密度の値を、x軸分、y軸分、z軸分の3軸分をベクトル合成した値を表示する計器である。

変電所は、通常の運転状態における**磁束密度**の値が、**200μT以下**になるように施設する。

2 発変電所の圧力容器の施設

【基礎問題】 ガス絶縁機器の圧力容器のうち、次の①～③に示す全ての施設条件に適合する部分について、耐圧試験の実施方法及びその圧力容器が保有すべき性能について述べた次の(1)～(5)の文章のうち、「電気設備技術基準の解釈」を基に判断して正しいものを一つ選べ。

施設条件
- ① ガス圧縮機に接続した部分である。
- ② 100kPaを超える絶縁ガスの圧力を受ける部分である。
- ③ 外気に接する部分である。

(1) 最高使用圧力の1.25倍の水圧を連続して10分間加え、これに耐え、かつ、漏洩がないもの。

(2) 最高使用圧力の1.5倍の水圧を連続して1分間加え、これに耐え、かつ、破壊しないもの。

(3) 最高使用圧力の2倍の水圧を連続して10分間加え、これに耐え、かつ、漏洩がないもの。

(4) 最高使用圧力の1.5倍の水圧を連続して10分間加え、これに耐え、かつ、漏洩がないもの。

(5) 最高使用圧力の1.25倍の水圧を連続して10分間加え、これに耐え、かつ、破損しないもの。

【ヒント】 第4章のポイントの第3項「ガス絶縁機器等の圧力容器の施設」を復習し、解答する。

【応用問題】 次の文章は、「電気設備技術基準の解釈」により開閉器、遮断器に使用する圧縮空気装置用の圧力容器に必要な性能について規定した条文の一部である。この文章中の(ア)、(イ)及び(ウ)の空白部分に当てはまる適切な語句又は数値を、下の「解答群」から選んで文章を完成させよ。

(1) 空気タンクの容量は、空気の補給がない状態で開閉器又は遮断器の投入及び遮断を連続して[(ア)]回以上できる容量を有するものであること。

(2) 空気圧縮機の出口付近には、[(イ)]圧力以下で動作するとともに、日本産業規格で定める規格に適合する[(ウ)]を設けること（ただし書きは省略）。

「解答群」1、2、3、放圧板、安全弁、最高使用、定格

【ヒント】 第4章のポイントの第3項「ガス絶縁機器等の圧力容器の施設」の(2)項を復習し、解答する。

【基礎問題の答】（4）

解釈第40条「ガス絶縁機器等の圧力容器の施設」の条文のうち、ガス絶縁機器等の**圧力容器**については、同条の1項により、次のように施設することを定めている。

ガス絶縁機器等に使用する**圧力容器**は、次のように施設すること。

一　100kPaを超える絶縁ガスの圧力を受ける部分であって**外気に接する部分**は、最高使用圧力の**1.5倍**の**水圧**（水圧を連続して10分間加えて試験を行うことが困難である場合は、最高使用圧力の**1.25倍**の**気圧**）を**連続して10分間**加えて試験を行ったとき、これに耐え、かつ、**漏洩**（ろうえい）**がない**ものであること。ただし、ガス圧縮機に接続して使用しないガス絶縁機器にあっては、最高使用圧力の1.25倍の水圧を連続して10分間加えて試験を行ったとき、これに耐え、かつ、漏洩がないものである場合は、この限りでない。

なお、上記の条文中の（　）内は、大形の圧力容器などその構造上水を満たすことに適さないものについて適用され、最高使用圧力の「**1.5倍の水圧**」の代わりに「**1.25倍の気圧**」で耐圧試験を行うことを認めている。気圧で試験する場合の1.25倍に注意して覚えよう。

【応用問題の答】（ア）1、（イ）最高使用、（ウ）安全弁

開閉器及び遮断器は、電力系統の保安を確保するための電気機械器具の中で、特に重要な地位を占める装置である。

この設問は、その開閉器及び遮断器の施設のうち、圧縮装置に使用する圧力容器についての問題であり、解釈第40条「ガス絶縁機器等の圧力容器の施設」の中の第2項の「開閉器及び遮断器に使用する圧縮装置に使用する圧力容器」からの出題である。

設問の(1)の文章は、第2項二号ロからの出題であり、『空気タンクの容量は、空気の**補給がない状態**で開閉器又は遮断器の**投入及び遮断**を連続して**1回以上**できる容量を有するものであること。』と定めている。すなわち、遮断器の空気タンクに必要な容量として、投入が可能なことのみでは不十分であり、その投入操作の直後に引き続いて遮断の操作をも確実に実施できるタンク容量を要求している。

設問の(2)の文章は、第2項五号からの出題であり、『空気圧縮機の最終段又は圧縮空気を通じる管のこれに近接する箇所及び空気タンク又は、圧縮空気を通じる管のこれに近接する箇所には**最高使用圧力以下**の圧力で動作するとともに、日本産業規格JIS B 8210（2009）「蒸気用及びガス用ばね安全弁」に適合する**安全弁**を設けること。ただし、圧力1Mpa未満の圧縮空気装置にあっては、**最高使用圧力以下**の圧力で動作する**安全装置**をもってこれに替えることができる。』と定めている。

【模擬問題】 次の文章は、ガス絶縁機器等に使用する圧力容器が保有すべき性能について、「電気設備技術基準の解釈」で規定している事項の一部を記述したものである。この文章中の(ア)～(エ)の空白部分に当てはまる語句又は数値を、全て正しく組み合わせたものを、次の(1)～(5)のうちから一つを選べ。

ガス絶縁機器等に使用する圧力容器は、次の各号によること。

(a) 100kPaを超える絶縁ガスの圧力を受ける部分であって外気に接する部分は、最高使用圧力の［(ア)］倍の水圧を連続して10分間加え、これに耐え、かつ、漏洩（ろうえい）がないものであること。

(b) ガス圧縮機を有するものは、ガス圧縮機の出口付近には、最高使用圧力以下で動作するとともに、日本産業規格で定める規格に適合する［(イ)］を設けること。

(c) 絶縁ガスの圧力の低下により［(ウ)］を生ずるおそれがあるものは、絶縁ガスの圧力の低下を警報する装置又は絶縁ガスの圧力を計測する装置を設けること。

(d) 絶縁ガスは、可燃性、腐食性及び［(エ)］で**ない**こと。

	(ア)	(イ)	(ウ)	(エ)
(1)	1.15	放圧板	容器の破裂	揮発性
(2)	1.5	安全弁	絶縁破壊	有毒性
(3)	1.25	安全弁	容器の破裂	引火性
(4)	1.5	放圧装置	絶縁破壊	有毒性
(5)	2	安全弁	容器の破裂	爆発性

類題の出題頻度 ★★★☆☆

【ヒント】 第4章のポイントの第3項「ガス絶縁機器等の圧力容器の施設」を復習し、解答する。

特に、最近新設又は増設される33kV以上の受変電設備の大半が、六フッ化イオウガス（SF_6ガス）を使用したガス絶縁開閉装置で施設されているので、この設問内容の「圧力容器が保有すべき性能」を十分に理解し、電気主任技術者としてガス絶縁開閉装置の運転保守を確実に実施できるようにしておこう。

【答】(2)

解釈第40条「ガス絶縁機器等の圧力容器の施設」の第1項には「ガス絶縁装置等に使用する圧力容器」の性能について規定し、第2項には「開閉器及び遮断器に使用する圧縮装置に使用する圧力容器」の性能について規定している。

前ページの「応用問題」は上記の第2項からの出題であったが、この「模擬問題」は上記の第1項からの出題である。

この設問の(a)は、第1項一号からの出題であり、その要点は前ページの「基礎問題の解説」で述べたとおりである。この設問では問うてはいないが、一号の条文中の「水圧を連続して10分間加えて試験を行うことが困難である場合は、最高使用圧力の**1.25倍**の**気圧**により耐圧試験を行う」ことを認めている。筆者が、電験第三種の受験対策の通信教育の添削指導を16年間経験した中で、「気圧による耐圧試験の倍数値は1.5倍」とする誤答が大変に多かったので、この本の読者の方々は特にこの倍数値を正しく記憶していただきたい。

設問の(b)は、第1項二号からの出題であり、その要点は「ガス圧縮機に接続する部分は、最高圧力以下で動作する安全弁で、かつ、その安全弁は日本産業規格で定める規格に適合するものを設ける」ことである。**圧力容器**の保安上、安全弁は非常に重要な役割をもっているので、その役割を理解しつつ上記の条文の要点を記憶していただきたい。

設問の(c)は、第1項三号からの出題であり、その要点は「ガス圧低下時に**警報する装置**又は**ガス圧を計測する装置**のいずれかを設ける」ことである。この条文に限らず、電技も解釈も「保安上必要な最小限の事項」を定めたものであるので「警報装置又は計測装置のいずれか一方を設ければよい」としている。しかし、特別高圧のガス絶縁式の受変電設備は、大変に重要な設備であることを反映し、現状設備のほぼ全数に警報装置と計測装置の両方を設けている。

設問の(d)は、第1項四号からの出題であり、その要点は「絶縁ガスは、**可燃性**、**腐食性**及び**有毒性**でないこと。」と安全なガスであることを定めている。現状設備のほぼ全数に、**六フッ化イオウガス**（SF_6ガス）を使用しており、このガスは上記の安全性を満たしている。しかし、SF_6ガスの比重は空気よりも重いため、もしも使用済みの不要ガスを空気中に放出してしまうと、構内の窪み部分などにこのガスが充満し、その窪み部分で作業中の作業員が窒息する危険がある。また、SF_6ガスは地球温暖化の原因ガスであり、京都議定書にて排出規制の対象に指定されたこともあり、不要ガスはボンベに回収し、再生再利用をしている。

ガス絶縁機器の圧力容器の耐圧試験は、最高使用圧力の**1.5倍**の**水圧**で連続して**10分間**加える。

3 水素冷却式発電機等の施設

【基礎問題】「電気設備技術基準の解釈」の条文中の「水素冷却式発電機等の施設」により、『水素冷却式の発電機若しくは調相機又はこれらに付属する水素冷却装置は、発電機内又は調相機内の水素純度が［　　］%以下に低下した場合に、これを警報する装置を設けること。』と定めている。

この文章中の［　　］の部分に当てはまる適切な数値を、次の(1)〜(5)のうちから一つを選べ。

(1) 65　(2) 70　(3) 75　(4) 80　(5) 85

【ヒント】 第4章のポイントの第4項「水素冷却式発電機等の施設」を復習し、解答する。

【応用問題】「電気設備技術基準」の中の「水素冷却式発電機等の施設」の条文により、『水素冷却式発電機等の構造は、水素の漏洩(ろうえい)又は空気の混入のおそれがないものとすること。』と規定している。さらに、同条文の別号により、『発電機の［　　］から水素が漏洩したときに、漏洩を停止させ、又は漏洩した水素を安全に放出できるものであること。』と規定している。

上記の文章中の［　　］の部分に当てはまる「水素の漏洩を想定した部分を表す適切な語句」として、次の(1)〜(5)のうちから一つを選べ。

(1) 配管部　(2) 発電機用励磁機　(3) 軸封部
(4) 発電機用固定子鉄心　(5) 発電機を覆(おお)うカバー

【ヒント】 第4章のポイントの第4項「水素冷却式発電機等の施設」を復習し、解答する。

水素冷却式の発電機、調相機、水素を通ずる管、弁等のうち、水素の漏洩又は空気の混入のおそれがない状態を維持するために、特に高度な製造技術と運転管理技術を要する部分は何か、について考えて解答する。

【基礎問題の答】（5）

解釈第41条「水素冷却式発電機等の施設」の七号からの出題であり、その七号により次のように定めている。

発電機だけでなく、同期調相機も該当する。

『七　水素冷却式の**発電機**若しくは**調相機**又はこれらに付属する水素冷却装置は、発電機内又は調相機内の**水素純度**が**85%以下**に低下した場合に、これを**警報**する装置を設けること。』

この純度の値を覚える。

水素冷却式の発電機や調相機の平常運転状態における水素純度は約90%であるが、この水素の中に空気が混入すると**爆発**を生じる危険があり、その爆発の上限純度は約70%である。

この上限純度の値に達する以前の純度85%の段階で、運転員に異常を知らせるための警報装置の整定レベルを規定したものである。

法的な義務は上記の警報装置を施設し運用することであるが、実際の設備は水素純度監視保護装置により「水素純度が85%以下で警報する」機能だけでなく、さらに水素純度が80～75%に低下した場合に、発電ユニットを保安停止させる機能を持ったプラントが多い。

【応用問題の答】（3）

電技第35条「水素冷却式発電機等の施設」からの出題である。

この設問はやや専門的な感じがするが、左記の「ヒント」に記したように「水素の漏洩又は空気の混入のおそれがない状態を維持するために、特に高度な製造技術と運転管理技術を要する部分」を考えて解答する。

発電機の軸受の固定部分と回転部分との間にわずかな間隙（かんげき）が必要である。その間隙部分から水素ガスの漏洩防止のため、窒素ガス等を使用した密封構造になっている。その**軸封部**から水素ガスが漏洩したときの必要な機能として、同条三号により次のように定めている。

『三　発電機の**軸封部**から水素が漏洩（ろうえい）したときに、**漏洩を停止**させ、又は漏洩した水素を安全に**放出**できるものであること。』

この電技の規定を受けて、解釈第41条「水素冷却式発電機等の施設」の五号により、次のように具体的な施設方法を定めている。

『五　発電機の**軸封部**には、窒素ガスを封入することができる装置又は発電機の**軸封部**から漏洩した水素ガスを**安全**に外部に**放出**することができる装置を設けること。』

これは、もしも軸封部に不良を生じたとき、発電機内の水素ガスが漏洩して発火し、火災を発生することを予防するため、軸封部に必要な機能を定めたものである。

【模擬問題】　次の文章は、「電気設備技術基準の解釈」で定めている「水素冷却式発電機等の施設」の条文の一部である。この文章中の(ア)～(エ)の空白部分に当てはまる語句として、全て適切に組み合わせたものを次の(1)～(5)のうちから一つを選べ。

水素冷却式の発電機若しくは調相機又はこれらに附属する水素冷却装置は、次により施設すること。

(a)　発電機又は調相機は、気密構造のものであり、かつ、水素が大気圧において爆発した場合に生じる　(ア)　に耐える　(イ)　を有するものであること。

(b)　発電機又は調相機に取り付けたガラス製の　(ウ)　等は、容易に破損しない構造のものであること。

(c)　水素　(ア)　を計測する装置及び　(ア)　が著しく変動したとき警報する装置を設けること。

(d)　水素　(エ)　を計測する装置を設けること。

	(ア)	(イ)	(ウ)	(エ)
(1)	圧力	強度	のぞき窓	温度
(2)	火力	構造	温度計	圧力
(3)	温度	性能	水素導入口	密度
(4)	圧力	特性	圧力計	温度
(5)	温度	強度	水素排出口	密度

【ヒント】　第4章のポイントの第4項「水素冷却式発電機等の施設」を復習し、解答する。
この種の設問に対しては、冷媒である水素に**空気**が**混入**すると**爆発**する危険があること、及び、万が一爆発した場合に、発電機や調相機に爆発に耐える強度がなければ、深刻な二次災害を生じてしまうことを考えて、解答の語句を考えるとよい。

【答】（1）

解釈第41条「水素冷却式発電機等の施設」からの出題である。

その第41条の一号により、『水素を通ずる管、弁等は、水素が**漏洩しない構造**のものであること。』と、水素が空気中の酸素と結合して爆発することを予防すべき旨を定めている。

さらに、上記の「水素を通ずる管、弁等」だけでなく、この設問の(a)にあるように、第41条三号の前段にて次のように定めている。

『三　発電機又は調相機は、**気密構造**のものであり、・・・』

その上さらに、万が一水素が爆発を生じたときの**圧力**（風圧）による二次的災害を防止するために、設問の(a)の後段の文章のように、第41条三号の後段にて次のように定めている。

『三・・・かつ、水素が大気圧において**爆発**した場合に生じる**圧力**に耐える強度を有するものであること。』

設問の(b)は、第41条四号からの出題であり、次のように定めている。

『四　発電機又は調相機に取り付けたガラス製の**のぞき窓**等は、容易に破損しない構造のものであること。』

この「**のぞき窓**」の部分は、前ページの「応用問題の解説」で述べた「軸封部」と共に、気密性能を維持する上で特に留意して保守管理すべき部分であるため、この四号により「容易に破損しない構造」であることを規定したものである。

設問の(c)は、第41条八号からの出題であり、次のように定めている。

『八　水素**圧力**を計測する装置及び圧力が著しく**変動**したとき**警報**する装置を設けること。』

この八号の条文には「・・・変動したとき」とあるが、これは「圧力の上昇と降下の現象が繰り返し発生したとき」という意味ではなく、「平常時の圧力に対して、著しく上昇又は降下したとき」に、警報する装置が必要である旨を定めたものである。

設問の(d)は、第41条九号からの出題であり、次のように定めている。

『九　水素**温度**を計測する装置を設けること。』

これは、水素冷却装置の異常の発生を早期に自動的に検出するため、水素温度を常時計測・監視する装置の設置を規定したものである。

水素冷却装置の**水素純度**が85％以下に
低下したとき**警報**する装置が必要である。

4 発電機・変圧器・蓄電池等の保護装置

【基礎問題】「電気設備技術基準の解釈」により、定格容量が ＿＿＿ ［kVA］以上の発電機を駆動する水車の油圧装置の油圧又は電動式ガイドベーン制御装置、電動式ニードル制御装置若しくは電動式デフレクタ制御装置の電源電圧が著しく低下した場合に、当該発電機を自動的に電路から遮断する装置を設置すべきことを規定している。

この文章中の空白部分に当てはまる数値として適切なものを、次の(1)〜(5)のうちから一つを選べ。

(1) 50　(2) 100　(3) 200　(4) 500　(5) 1 000

【ヒント】 第4章のポイントの第5項「発電設備等の保護装置」を復習し、解答する。

【応用問題】 特別高圧の変圧器及び調相設備に、次の(1)〜(5)に述べる保護装置を施設した場合、「電気設備技術基準の解釈」を基に判断して、その施設方法が適切でないものを一つ選べ。ただし、これらの文章中の容量の値は、全てバンク容量の値を示すものとする。

(1) 10MVAの変圧器の内部に故障を生じたとき、警報する装置を設けたが、自動遮断する装置は設けなかった。
(2) 15MVAの変圧器の内部に故障を生じたとき、自動遮断する装置を設けた。
(3) 10MVAの自冷式変圧器に、温度上昇を検出する継電器を設けなかったので、温度上昇が発生しても、それを警報する機能を持たない変電所として施設した。
(4) 10Mvarの電力用コンデンサに過電流継電器を設け、その動作により当該電力用コンデンサを自動的に電路から遮断する装置を設けた。
(5) 20Mvarの分路リアクトルの内部故障検出の保護継電器及び過電流の保護継電器を設け、いずれか一方の継電器又は双方の継電器が動作したとき、当該分路リアクトルを自動的に電路から遮断する装置を設けた。

【ヒント】 第4章のポイントの第6項「特別高圧の変圧器、調相設備の保護装置」を復習し、解答する。この設問の「バンク容量」とは、三相分の機器容量である。例えば、単相容量5 000kVAの変圧器を3台で三相変圧器として構成する場合のバンク容量は、5 000kVAの3倍の15 000kVAである。

【基礎問題の答】　(4)

解釈第42条「発電機の保護」の二号からの出題である。最近の水力発電用の制御装置は、運転保守の省力化のため**オイルレス化**を盛んに進めているので、従来設備の油圧低下だけでなく、電動式の制御装置の**電源電圧の異常低下**も自動遮断に該当することを覚えておこう。

この設問の第42条二号の外に、同条一号、及び三号～六号により、発電設備に次の不具合を生じた場合に、当該発電機を電路から自動的に遮断すべき旨を定めている。

一　発電機に**過電流**を生じた場合。

三　容量が100kVA以上の発電機を駆動する**風車**の油圧装置の**油圧**、圧縮空気装置の**空気圧**又は電動式ブレード制御装置の**電源電圧**が著しく**低下**した場合。

四　容量が2 000kVA以上の水車発電機の**スラスト軸受**の**温度**が著しく上昇した場合。

五　容量が10 000kVA以上の**発電機**の**内部**に**故障**を生じた場合。

六　定格出力が10 000kWを超える**蒸気タービン**にあっては、そのスラスト**軸受**が著しく**摩耗**し、又はその**温度**が著しく**上昇**した場合。

【応用問題の答】　(1)

特別高圧の変圧器及び調相設備に施設すべき保護装置の規定として、変圧器については解釈第43条の1項により、調相設備については同条2項によりそれぞれ定めている。

そのうち、1項一号の中の表により、『バンク容量が10 000kVA以上の特別高圧変圧器の内部に故障を生じたとき、当該変圧器を自動的に電路から遮断する装置を施設すること。』という趣旨のことを定めている。

設問の(1)の変圧器のバンク容量は10MVAであるから、上記の規定が適用され、内部故障時に自動遮断する装置が必要な変圧器である。

なお、1項二号により、『他冷式変圧器の**冷却装置**が故障した場合、又は変圧器の**温度**が著しく**上昇**した場合に、**警報**する装置を施設すること。』と定めている。この条文の中で、**他冷式変圧器**とは、『変圧器の巻線及び鉄心を直接冷却するため封入した冷媒を強制循環させる冷却方式をいう。』と、定義している。

設問の(3)は、**自冷式**の変圧器であるため、上記の1項二号の条文は適用されず、したがって警報装置を設置する法的な義務はない。(しかし、設備実態としては、自冷式といえども、特別高圧変圧器の重要性を反映し、そのほぼ全数に温度上昇時の警報装置が完備されている。もしも将来の読者が、電気主任技術者として「自冷式変圧器に、温度上昇時の警報装置の要否を検討する機会」があったときには、上記の法的な義務とは別に、「特別高圧の変圧器は、電気設備の中で最も高価で、かつ、最も重要な機器であるため、より安全・確実な運転・保守が求められている」ことを考慮して、温度上昇時の警報の要否を判断していただきたい。)

【模擬問題】 次の文章は、常用の電力供給用の蓄電池であって、発電所又は変電所若しくはこれに準ずる場所に施設する蓄電池に保有すべき保護装置について述べたものである。この文章中の(ア)〜(オ)の空白部分に当てはまる語句として、「電気設備技術基準の解釈」を基に判断し、全て適切に組み合わせたものを次の(1)〜(5)のうちから一つを選べ。

常用の蓄電池には、次の各号に掲(かか)げる場合に、 (ア) にその蓄電池を電路から遮断する装置を設置すること。

一　蓄電池に (イ) が生じた場合。

二　蓄電池に (ウ) が生じた場合。

三　 (エ) 装置に異常が生じた場合。

四　内部温度が高温のものにあっては、 (オ) の内部温度が著しく上昇した場合。

	(ア)	(イ)	(ウ)	(エ)	(オ)
(1)	速やかに	電圧低下	電流喪失	制御	電極材料
(2)	自動的	過電圧	過電流	制御	断熱容器
(3)	速やかに	電圧低下	電流喪失	換気	電極材料
(4)	自動的	電圧低下	電流喪失	冷却	断熱容器
(5)	速やかに	過電圧	過電流	換気	活物質

類題の出題頻度 ★★☆☆☆

【ヒント】 第4章のポイントの第7項「蓄電池の保護装置」を復習し、解答する。

発変電所には、制御保護装置用や計測装置用の電源として蓄電池を施設しているが、この設問の「常用の蓄電池」はその制御保護装置用のものではない。また、常用電源が停電したとき、又は瞬時電圧低下を生じたとき、緊急に重要負荷へ電力を供給するための非常用電源（UPS電源）に使用する蓄電池でもない。

この設問の「常用の蓄電池」は、電力系統の平常運用時において、電気事業用の同期発電機と同様に、需要設備へ電力を供給するための電気設備である。その代表的な例として、**負荷平準化**のために、深夜の余剰電力を直流電力に変換して貯蔵する蓄電池がある。

【答】（2）

解釈第44条「蓄電池の保護装置」からの出題である。左記の「ヒント」に述べた**負荷平準化**のための蓄電池が、この設問の「**常用の蓄電池**」に該当する。

その「**常用の蓄電池**」は、深夜の余剰電力を直流で貯蔵する設備であり、一般的にきわめて**大容量**であるため、その内部抵抗は非常に小さい。そのため、蓄電池の外部で短絡故障を発生したとき、蓄電池から故障点へ流れる大電流を迅速に遮断しなければならない。その故障の発生箇所が交流の電路部分であれば、インバータのゲートをブロックして通電を阻止すればよいが、インバータより蓄電池側の直流電路で短絡した場合には、技術的にきわめて困難な**直流の大電流遮断**が必要となる。その事態の発生を予防するため、保護機能により蓄電池の過電圧充電、過電流放電、内部温度の異常上昇等、蓄電池に故障を少ずる要因を早期に検出し、蓄電池を電路から遮断することを求めている。

設問の一の「蓄電池に**過電圧**が生じた場合」は、充電時の電圧制御回路により、適切な電圧で充電する機能を備えているが、もしも、その制御回路に不具合を生じた場合には、適正値を超える高い電圧で充電するおそれがある。その場合に、蓄電池の内部要素を損傷する可能性があるため、充電電圧値を常時監視し保護する機能を備えている。その保護機能が動作したとき、当該蓄電池を電路から遮断（充電用素子をゲートブロック）することを求めたものである。

設問の二の「蓄電池に**過電流**が生じた場合」は、放電時の過負荷、又は外部回路の短絡故障により、蓄電池から過大な放電電流が流れる。その過大な電流により、蓄電池が過熱焼損することを予防するため、放電電流を常時監視し、その電流が過大であるときには、蓄電池用インバータ素子のゲートブロックにより放電電流を遮断する機能を求めたものである。

設問の三の「制御装置に異常が生じた場合」には、蓄電池の安全な運転ができないおそれがあるため、制御装置の動作状況を常時監視する保護機能を求めたものである。

設問の四の「内部温度が高温のものにあっては、**断熱容器**の内部温度が著しく上昇した場合」は、**ナトリウム硫黄（いおう）蓄電池**が該当し、通常運転時のその内部温度は300～350［℃］である。その内部温度が、平常時に比べて著しく上昇したとき、**火災**の発生や断熱容器の**破裂**を生ずるおそれがある。その様な事故を予防するため、内部温度を常時監視する機能を備え、その機能が動作したときには、蓄電池を電路から自動的に遮断することを求めたものである。

常用蓄電池に、過電圧充電、過電流放電、内部温度の異常上昇を生じたとき、自動遮断の機能が必要である。

5 太陽電池・燃料電池発電設備の施設

【基礎問題】 次の文章は、「発電用太陽電池施設に関する技術基準を定める省令」により規定した一部を抜粋したものである。この文章中の(ア)〜(ウ)の空白部分に当てはまる数値又は語句を、下の「解答群」から選び文章を完成させよ。

1. 太陽電池のモジュールを支持する工作物は、自重、地震荷重、［　(ア)　］、積雪荷重その他の当該支持物の設置環境下において想定される各種荷重に対し安定であること。
2. 土地に自立して施設されるもののうち、接地面からの太陽電池アレイの最高の高さが［　(イ)　］メートルを超える場合には、構造強度等に係る建築基準法及びこれに基づく命令の規定に適合するものであること。
3. 太陽電池のモジュールを支持する工作物を土地に自立して施設する場合には、施設による［　(ウ)　］又は地盤の崩壊を防止する措置を講じなければならない

「解答群」振動荷重、風圧荷重、4、9、土砂流出、モジュールの破損

【ヒント】 第4章のポイントの第9項「太陽電池発電所の施設」を復習し、解答する。設問の「発電用太陽電池施設に関する技術基準を定める省令」は、太陽電池発電所のモジュールを支持する工作物（支持物）及び地盤に関する事項を規定した省令である。

【応用問題】 次の文章は、燃料電池発電所に施設する燃料電池、電線及び開閉器に、電流の過大、電圧の異常低下、電池温度の異常上昇等、「電気設備技術基準の解釈」で定める不具合現象又は故障が発生したときの処置方法について、同解釈で定めた条文の一部を抜粋したものである。この文章中の(ア)及び(イ)の空白部分に当てはまる語句を、下の「解答欄」から選び、この文章を完成させよ。

燃料電池には、（同解釈で定めた不具合現象又は故障が発生した場合に）燃料電池を自動的に電路から遮断し、また、燃料電池内の［　(ア)　］の供給を自動的に遮断するとともに、燃料電池内の［　(ア)　］を自動的に［　(イ)　］する装置を施設すること。（これ以降のただし書きは省略する。）

「解答群」燃焼ガス、燃料ガス、補給、排除

【ヒント】 第4章のポイントの第8項「燃料電池等の施設」を復習し、解答する。

【基礎問題の答】　(ア)　風圧荷重、(イ)　9、(エ)　土砂流出

この設問は、「発電用太陽電池施設に関する技術基準を定める省令」（以下この基礎問題の解説文の中では「同省令」と略記する）からの出題である。

第1問は、同省令の第4条第一号からの出題であり、太陽電池のモジュールを支持する工作物（支持物）は、自重、地震荷重、**風圧荷重**、積雪荷重その他の当該支持物の設置環境下において想定される各種荷重に対し安定であることを定めている。この「支持物の安定」とは、発電用太陽電池施設に関する技術基準の解釈（以下この基礎問題の解説の中では「同解釈」と略記する）により「**支持物が倒壊、飛散及び移動しないことをいう**」と定めている。

第2問は、同省令の第4条第六号からの出題であり、接地面からの太陽電池アレイの最高の高さが**9メートルを超える**場合には、構造強度等に係る建築基準法及びこれに基づく命令の規定に適合させるように定めている。なお、水面に施設する支持物の基礎部分は、同省令の第4条第五号により沈下、浮上がり及び水平方向への移動を生じないことを定めている。

第3問は、同省令の第5条からの出題であり、支持物を土地に自立して施設する場合には、施設による**土砂流出**又は地盤の崩壊を防止する措置を講じなければならない、と定めている。この規定を受けて、同解釈により、土地が降雨等によって土砂流出や地盤崩落等によって公衆安全に影響を与えるおそれがある場合には、排水工、法面保護工等の有効な対策を講じることを定めている。また、同解釈により、施設する地盤が傾斜地である場合には、必要に応じて抑制工、抑止工等の土砂災害対策を講じることを定めている。

【応用問題の答】　(ア)　燃料ガス、(イ)　排除

解釈第45条「燃料電池等の施設」からの出題であり、次の保安措置を定めている。

燃料電池発電所に施設する燃料電池、電線及び開閉器に、不具合現象又は故障が発生したときは、燃料電池を**自動的**に電路から**遮断**する装置（つまり遮断器）を施設しなければならない。これは、外部電源から故障した燃料電池へ故障電流が供給されることによる燃料電池の二次的災害の発生を予防する保安措置である。

解釈では更に、故障発生の直前まで燃料電池の内部へ供給していた**燃料ガスを自動的に**遮断すると共に、燃料電池内に**残留**している未反応分の**燃料ガスを自動的に排除**する装置を施設しなければならないことを定めたものである。

電気回路的な遮断と、燃料供給の遮断だけでなく、燃料電池の内部に残留している**未反応分の燃料ガスを排除する装置**の施設も必要である。

【模擬問題】 次の文章は、燃料電池発電所に施設する電線及び開閉器等について、その施設方法を述べたものである。この文章中の(ア)～(オ)の空白部分に当てはまる語句として、「電気設備技術基準の解釈」を基に判断し、全て適切に組み合わせたものを、次の(1)～(5)のうちから一つを選べ。

一　(前ページの応用問題に掲載したので省略する。)
二　充電部分が (ア) しないように施設すること。
三　直流幹線部分の電路に短絡を生じた場合に、当該電路を保護する (イ) を施設すること。ただし、次のいずれかの場合は、この限りでない。
　イ　電路が短絡電流に耐えるものである場合
　ロ　燃料電池と電力変換装置とが (ウ) に収められた構造のものである場合
四　燃料電池及び開閉器その他の器具に電線を接続する場合は、ねじ止めその他の方法により、 (エ) 接続するとともに、電気的に完全に接続し、接続点に (オ) が加わらないように施設すること。

	(ア)	(イ)	(ウ)	(エ)	(オ)
(1)	劣化	漏電遮断器	1の筐体	接続器で	圧力
(2)	露出	開閉器	堅ろうな箱	接続器で	張力
(3)	発錆	過電流遮断器	十分に大きい	堅ろうに	温度
(4)	温度上昇	漏電遮断器	十分に大きい	慎重に	湿度
(5)	露出	過電流遮断器	1の筐体	堅ろうに	張力

類題の出題頻度 ★★★☆☆

【ヒント】 第4章のポイントの第8項「燃料電池等の施設」を復習し、解答する。

燃料電池は、クリーンな発電装置として、これまで研究開発が進められてきたが、装置が高価であるため、積極的な実用化には至っていなかった。しかし、発電装置のコストダウンの技術が進み、最近では自動車用を始め、発電と同時に発生する温水を利用できる病院用や老人介護施設用として、着目されつつある。

そのため、今後はこの燃料電池発電装置に関する出題が予想されるので、その基礎的な事項をマスターしておこう。

【答】(5)

解釈第45条「燃料電池等の施設」からの出題である。

一号の規定の要点は、前ページの「応用問題の解説」で述べたので、ここでは省略する。

設問の二は、同条二号からの出題である。もしも、直流電路の部分で短絡故障を発生すると、技術的にきわめて困難な直流大電流の遮断が必要となる。その短絡故障が発生する可能性を可能な限り極小化するため、『充電部分が**露出しない**ように施設する』ことを定めている。

設問の三は、同条三号からの出題であり、次の**図**に示す直流幹線部分の電路に短絡を生じた場合に、当該電路を保護する**過電流遮断器**の施設を定めたものである。この「直流幹線部分」は、図示のようにパワーコンディショナシステム（PCS）の燃料電池側に位置しているため、PCSでは過電流を検出できず、またPCS内部のインバータ素子のゲートをブロックしても、直流幹線部分の短絡故障電流の遮断は不可能であるから、過電流遮断器により遮断しなければならない。

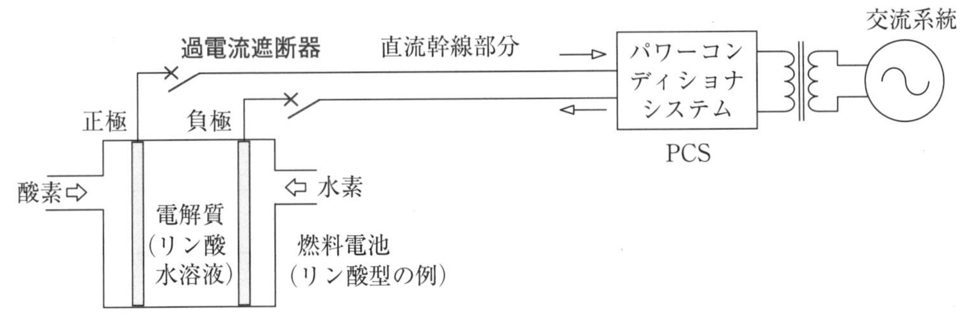

図　燃料電池発電設備の構成概要（過電流遮断器を施設する場合の例）

しかし、上述のように直流大電流の遮断は技術的にきわめて困難であるため、この三号のイ項及びロ項により施設する場合には、直流用の遮断器の施設を免除したものである。

設問の四は、同条四号からの出題であり、電線の接続方法の不適切により、直流の電路に短絡故障等の不具合が発生しないようにするための**予防措置**を定めたものである。

なお、使用電圧が300Vを超え450V以下の直流電路に使用する機械器具の金属製外箱に施すC種接地工事の接地抵抗値は、解釈17条の規定により原則的には10Ω以下であるが、平成29年8月の解釈改正により、個々の燃料電池発電設備の出力が10kW未満の場合は、(改正以前の太陽電池発電設備と同様に) **100Ω以下**とすることが認められた。

燃料電池の故障時に、電路から自動遮断、燃料ガス供給の自動遮断及び電池内の燃料ガスの**自動排除**が必要である。

6 風力発電所の施設

【基礎問題】 次の文章は、「発電用風力設備に関する技術基準を定める省令」により、風車に必要な保安上の機能又は性能について述べたものである。この文章中の(ア)〜(オ)の空白部分に該当する語句を、下の「解答群」から選び、この文章を完成させよ。

風車は、次の各号により施設しなければならない。

一　負荷を遮断したときの (ア) 速度に対し、構造上安全であること。

二　(イ) に対して構造上安全であること。

三　運転中に風車に損傷を与えるような (ウ) がないように施設すること。

四　通常想定される最大風速においても取扱者の意図に反して風車が (エ) することのないように施設すること。

五　運転中に他の工作物、(オ) 等に接触しないように施設すること。

「解答群」植物、風圧、最大、起動、振動

【ヒント】 第4章のポイントの第10項「風力発電所の施設」を復習し、解答する。
電技から出題された他の設問と同様に「電気設備の保安原則」を考えて解答する。

【応用問題】「発電用風力設備に関する技術基準を定める省令」で規定した「風車の安全な状態の確保」について述べた次の文章中の(ア)〜(オ)の空白部分に当てはまる適切な語句又は数値を、下の「解答群」から選び、この文章を完成させよ。

風車は、次の場合に安全かつ自動的に (ア) する措置を講じなければならない。

一　(イ) が著しく上昇した場合

二　風車の制御装置の機能が著しく (ウ) した場合

最高部の地表からの高さが (エ) メートルを超える発電用風力設備には、(オ) から風車を保護する措置を講じなければならない。

「解答群」回転速度、停止、雷撃、低下、20、50

【ヒント】 第4章のポイントの第10項「風力発電所の施設」を復習し、解答する。

【基礎問題の答】 (ア)　最大、(イ)　風圧、(ウ)　振動、(エ)　起動、(オ)　植物

これは「発電用風力設備に関する技術基準を定める省令」（以下、解説文では「発電用風力設備の技術基準」と略記する）の第4条「風車」からの出題である。

左記の「ヒント」にも述べたが、電技から出題された他の設問の場合と同様に「電気設備の保安原則」を考えれば、たとえ発電用風力設備の技術基準を学習していなくても、この種の設問に対する解答は可能である。しかし、確実に得点を得るために、この章の初めの「第4章のポイントの第10項「風力発電所の施設」」を一通り読んでおこう。

なお、「第4章のポイント」に記したが、第3条「取扱者以外の者に対する危険防止措置」の1項により定めている『風力発電所の施設は、取扱者以外の者に見やすい箇所に**風車が危険**である旨を**表示**するとともに、当該者が容易に**接近**するおそれがないように適切な措置を講じなければならない。』からの出題も予想されるので、上記の赤色の語句を答えられるようにしておこう。

また、第3条2項により、「**一般用電気工作物**に区分される最大出力が**20kW未満**の発電用風力施設については、上記の1項の「風力発電所」を「発電用風力設備」と読み替え、さらに「当該者が容易に」を「当該者が容易に風車に」と読み替えて適用する。」という趣旨により、風車に必要な機能や性能が求められていることも覚えておこう。

【応用問題の答】 (ア)　停止、(イ)　回転速度、(ウ)　低下、(エ)　20、(オ)　雷撃

「発電用風力設備の技術基準」の第5条「風車の安全な状態の確保」からの出題である。

同条1項により、「風車は、次の場合に**安全**、かつ**自動的**に**停止**するような措置を講じなければならない。」という趣旨で、必要とする保安措置を次の**図**のように定めている。

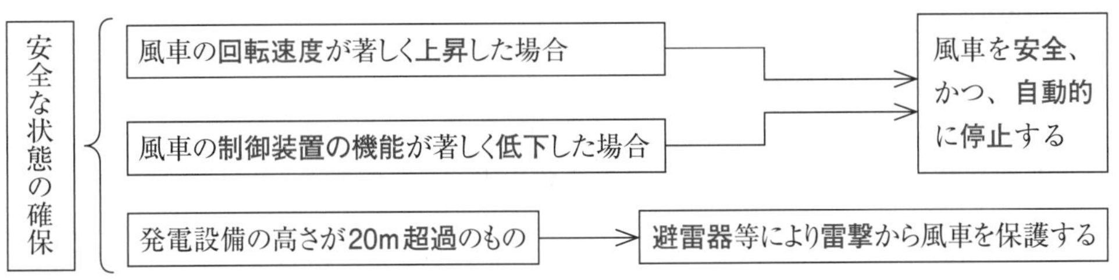

図　第5条で定める「風車の安全な状態の確保」のための保安措置

なお、同条2項により、「発電用風力設備が**一般用電気工作物**である場合には、前の1項の文中の「安全かつ自動的に停止するような措置」とあるのは「安全な状態を確保するような措置」と読み替えて適用する。」という趣旨が定めてある。

上記の「基礎問題の解説」で述べた第3条の「取扱者以外の者に対する危険防止措置」と同様に、20kW未満で一般用電気工作物に区分される発電用風力設備も、20kW以上の規模の設備とほぼ同様の保安措置が求められている。

【模擬問題】 次の文章は、「発電用風力設備に関する技術基準を定める省令」により規定している「圧油装置及び圧縮空気装置の危険の防止」について述べたものである。この文章中の(ア)～(オ)に当てはまる適切な語句又は数値を、全て正しく組み合わせたものを、次の(1)～(5)のうちから一つを選べ。

発電用風力設備に使用する圧油装置及び圧縮空気装置は、次の各号により施設しなければならない。

一　圧油タンク、及び空気タンクの材料及び構造は、[(ア)]に対して十分に耐え、かつ、[(イ)]なものであること。

二　圧油タンク及び空気タンクは、[(ウ)]を有するものであること。

三　装置の圧力が[(ア)]に上昇する以前に当該圧力を低下させる機能を有すること。

四　タンクの油圧又は空気圧が低下した場合、圧力を自動的に[(エ)]させる機能を有すること。

五　異常な圧力を早期に[(オ)]できる機能を有すること。

	(ア)	(イ)	(ウ)	(エ)	(オ)
(1)	常時使用圧力	安定	耐候性	減少	回避
(2)	最高使用圧力	安全	耐食性	回復	検知
(3)	地震発生時の振動	安心	耐熱性	保持	回復
(4)	暴風雨時の最大風圧	漏洩が	耐低温性	維持	放圧
(5)	津波襲来時の水圧	転倒し	耐震性	上昇	低下

【ヒント】 第4章のポイントの第10項「風力発電所の施設」の中の第6条「圧油装置及び圧縮空気装置の危険の防止」で解説した事項を復習し、解答する。

【答】（2）

この設問は、「発電用風力発電設備の技術基準」の第6条「圧油装置及び圧縮空気装置の危険の防止」からの出題である。

風力発電設備の圧油装置及び圧縮空気装置は、風車を制御する駆動源として、平常運転時だけでなく、台風の襲雷時など異常気象時にも安全に制御できる装置である必要があるため、第6条により次のように定めている。

（風力発電設備の）圧油装置及び圧縮空気装置は、次の各号により施設しなければならない。

一　圧油タンク及び空気タンクの材料及び構造は、**最高使用圧力**に対して十分に**耐え**、かつ、**安全**なものであること。

> タンクには、「**耐える**」ことだけでなく、「**安全**」なものであることを求めている。

二　圧油タンク及び空気タンクは、**耐食性**を有するものであること。

> 常に風雨にさらされる環境で使用するため、「**耐食性**」が必要である。

三　装置の圧力が**最高使用圧力**に上昇する**以前**に当該圧力を**低下させる機能**を有すること。

> 安全弁には、最高圧力に達する**以前**に動作するものを適用する。

四　タンクの油圧又は空気圧が**低下**した場合、圧力を**自動的に回復**させる機能を有すること。

> 自動圧力監視・制御装置等により、タンク圧力を常時監視し、**自動的**に圧力調整を行う。

五　**異常な圧力**を早期に**検知**できる機能を有すること。

> タンク圧力の自動調整機能が故障した場合等により、圧力の異常上昇を生じたとき、直ちに**異常圧力を検知**し、放圧等の保安措置を開始できるようにする。

タンクに施設する**安全弁**等は、**最高使用圧力**に達する**以前**に動作するものを適用する。

7 常時監視をしない発電所の施設

【基礎問題】 次の文章は、「電気設備技術基準の解釈」(以下この設問では「解釈」と略記する)により、常時監視をしない発電所を三つの方式に区分し、その概要を表したものである。これらの文章中の(ア)、(イ)及び(ウ)の空白部分に当てはまる方式の名称を下の「解答群」から選べ。

(1) [(ア)] 方式の発電所は、技術員が適当な間隔をおいて発電所を巡回し、運転状態の監視を行うもので、電気の供給に支障を及ぼさないよう、解釈で規定する事項に適合する発電所である。

(2) [(イ)] 方式の発電所は、技術員が必要に応じて発電所に出向き、運転状態の監視又は制御その他必要な措置を行うもので、解釈で規定する事項が発生したとき、技術員へ警報する装置を施設する発電所である。

(3) [(ウ)] 方式の発電所は、技術員が制御所に常時駐在し、発電所の運転状態の監視及び制御を遠隔で行うもので、解釈で規定する遠隔監視制御装置、並びに制御所へ警報する装置を施設する発電所である。

「解答群」遠隔常時監視制御、随時監視制御、随時巡回

【ヒント】 第4章のポイントの第11項「常時監視をしない発電所の施設」を復習し、解答する。

【応用問題】 次の常時監視をしない発電所に具備すべき装置について述べた文章中の(ア)及び(イ)の空白部分に該当する適切な語句を、「電気設備技術基準の解釈」を基に判断して、下の「解答群」の中から選べ。

太陽電池発電所を随時巡回方式により施設する場合は、他冷式の特別高圧用 [(ア)] の冷却装置が故障したとき又は温度が著しく上昇したとき、[(イ)] の運転を [(ウ)] する装置を施設する。

「解答群」自動停止、自動警報、変圧器、逆変換器、順変換器

【ヒント】 第4章のポイントの第11項「常時監視をしない発電所の施設」の中の第5項で述べた事項を復習し、解答する。

【基礎問題の答】　(ア)　随時巡回、(イ)　随時監視制御、(ウ)　遠隔常時監視制御

解釈第47条の2「常時監視をしない発電所の施設」の1項からの出題であり、それぞれ次の**図**のように三つの方式に区分し、必要な施設条件を定めている。

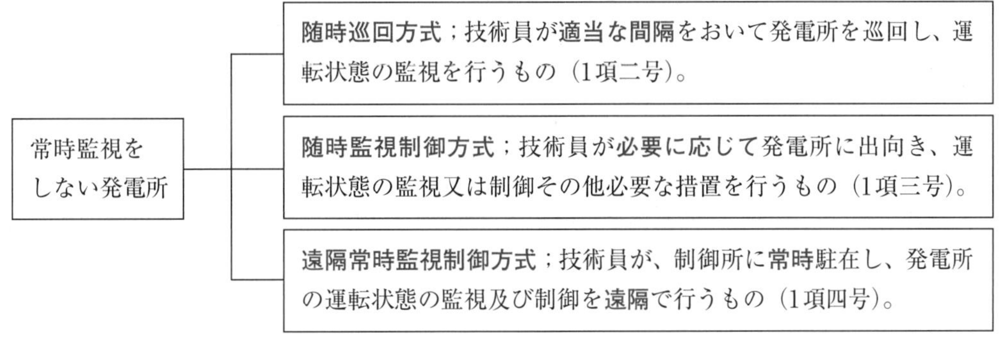

図　常時監視をしない発電所の法的な区分

この図の中の**随時巡回方式**と**随時監視制御方式**は、比較的小規模で、高圧系統に連繫して運転する発電所に適用される例が多い。

遠隔常時監視制御方式は、給電制御所等から三交代制勤務の技術員により、常時遠隔監視制御を行う発電所である。現在の電気事業用の水力発電所のほぼ全数がこの方式で運用しており、その発電所が連繫する系統電圧は66kVから500kVまでの広い範囲に適用されている。

【応用問題の答】　(ア)　変圧器、(イ)　逆変換装置、(ウ)　自動停止

これは解釈第47条の2「常時監視をしない発電所の施設」の5項一号からの出題である。

この設問の太陽電池発電所は**随時巡回方式**であるから、上の「基礎問題の解説」で述べた三つの方式のうち、最も簡易な方式である。

現状の太陽電池発電所は、その最大出力が50kW以上で2 000kW程度までの規模のものが高圧に連繫して運転しており、この設問のように特別高圧の系統に連繫して運転する発電所は2 000kWを超える比較的大規模の発電所である。

その発電所の**他冷式**（変圧器の巻線及び鉄心を直接冷却するため封入した冷媒を強制循環させる冷却方式）の**特別高圧変圧器**の**冷却装置**が**故障**したとき、又は、その変圧器の**温度**が**著しく上昇**したときに、**逆変換装置**の運転を**自動停止**する装置の施設を義務付けている。

その変圧器の異常な温度上昇を検出するものは**温度検出継電器**であり、その動作信号により逆変換器を構成する主要素子であるIGBT等をゲートブロックし、逆変換器を停止している。

なお、解釈第46条「太陽電池発電所の電線等の施設」の1項で定める「高圧の直流電路には**高圧ケーブル**を使用するか、又は同条の規定に適合する**太陽電池発電設備用直流ケーブル**を使用すること」及び発電用太陽電池設備に関する技術基準2項で定める「太陽電池モジュールの**支持物**に**必要な強度**」は、常時監視するか否かに係わらず適用される規定である。

【模擬問題】 次の文章は、常時監視をしない水力発電所を随時巡回方式により施設する場合について述べたものである。この文章中の(ア)～(カ)に当てはまる語句又は数値として、「電気設備技術基準の解釈」を基に判断し、全て適切に組み合わせたものを、次の(1)～(5)のうちから一つを選べ。

常時監視をしない水力発電所を随時巡回方式により施設する場合は、次によること。

イ　発電所の出力は、[(ア)]kW未満であること。

ロ　(ロ項は省略する。)

ハ　次に掲(かか)げる場合に、発電機を電路から自動的に遮断するとともに、水車への水の流入を自動的に停止する装置を施設すること。

(イ)　水車制御用の圧油装置の油圧又は電動式制御装置の[(イ)]が著しく低下した場合。

(ロ)　水車の[(ウ)]が著しく上昇した場合。

(ハ)　発電機に[(エ)]を生じた場合。

(ニ)　定格出力が[(オ)]kW以上の水車又はその水車に接続する発電機の軸受の温度が著しく上昇した場合。

(ホ)　容量が[(カ)]kVA以上の発電機の内部に故障を生じた場合。

(これ以降の条文は省略する。)

	(ア)	(イ)	(ウ)	(エ)	(オ)	(カ)
(1)	2 000	電源電圧	回転速度	過電流	500	2 000
(2)	1 000	制御性能	騒音レベル	過電圧	500	1 000
(3)	2 000	信頼性	回転速度	界磁喪失	1 000	1 000
(4)	1 000	安全性	振動レベル	進相運転	1 000	2 000
(5)	1 000	制御精度	回転速度	脱調現象	2 000	1 000

類題の出題頻度 ★★☆☆☆

【ヒント】 第4章のポイントの第11項「常時監視をしない発電所の施設」の第3項「常時監視をしない水力発電所の施設」を復習し、解答する。

電気機械である発電機や変圧器の容量を表す単位には［kVA］又は［MVA］を使用し、発電機用原動機である水車やタービンの出力を表す単位には［kW］又は［MW］を使用する。

第三種電気主任技術者の保安監督が可能な発電設備の規模は、最大出力が5 000kW未満のものであり、その発電設備は比較的小規模であるため、解釈で定める三つの監視制御方式のうち、この設問の随時巡回方式に的を絞って学習するとよい。

【答】(1)

解釈第47条の2「常時監視をしない発電所の施設」の3項一号からの出題である。

この条文により、監視制御方式の法的区分として、随時巡回方式、随時監視方式、それに遠隔常時監視制御方式に定め、それぞれ施設条件を規定している。左記の「ヒント」にも記したが、第三種電気主任技術者の保安監督範囲の発電設備規模は、最大出力が5 000kW未満のものであるから、上記の監視制御方式のうち、**随時巡回方式**に的を絞って学習しておこう。

常時監視しない水力発電所を随時巡回方式により施設する場合に具備すべきものとして、一号により次のように定めている。

一　**随時巡回方式**により施設する場合は、次のイ項～ハ項によること。

イ　発電所の出力は、2 000kW未満であること。

> 常時監視をせず、適当な間隔で**巡回**する方式のため、**過大な水車入力**を**制限**する装置が必要。

ロ　水車及び発電機には、**自動出力調整装置**又は**出力制限装置**を施設すること。ただし、水車への水の流入量が固定され、おのずから出力が制限される場合はこの限りでない。

ハ　次に掲(かか)げる場合に、**発電機**を電路から自動的に**遮断**するとともに、水車への**水**の流入を**自動的**に**停止**する装置を施設すること。

> 発電機を電路から遮断するだけでなく、**水車入力**を**自動停止**する装置も必要。

(イ)　水車制御用の圧油装置の**油圧**又は**電動式制御装置**の**電源電圧**が著しく**低下**した場合。

(ロ)　水車の**回転速度**が著しく**上昇**した場合。

(ハ)　発電機に**過電流**が生じた場合。

(ニ)　定格出力が500kW以上の水車又はその水車に接続する発電機の**軸受**の**温度**が著しく**上昇**した場合。

(ホ)　容量が2 000kVA以上の**発電機**の**内部**に**故障**を生じた場合。

(ヘ)　他冷式の特別高圧用変圧器の**冷却装置**が**故障**した場合又は**温度**が著しく**上昇**した場合。

> 保安のために必要な施設条件を一読し、解答欄から選択できるようにしておこう。

水力発電所を随時巡回方式で施設できる規模は、2 000kW未満のものである。

8 常時監視をしない変電所の施設

【基礎問題】 次の文章は、常時監視をしない変電所の各監視制御方式について、適用が可能な変圧器の使用電圧について述べたものである。これらの文章を、「電気設備技術基準の解釈」を基に判断し、適切でないものを次の(1)〜(5)のうちから一つを選べ。

(1) 簡易監視制御方式は、100kV以下の変圧器を有する変電所に適用が可能である。
(2) 断続監視制御方式は、170kV以下の変圧器を有する変電所に適用が可能である。
(3) 遠隔断続監視制御方式は、170kV以下の変圧器を有する変電所に適用が可能である。
(4) 遠隔常時監視制御方式は、変圧器の使用電圧値に無関係に適用が可能である。
(5) 33kVで受電する変電所を、常時監視をしない変電所として施設する場合には、断続監視制御方式は適用できるが、簡易監視制御方式は適用できない。

【ヒント】 第4章のポイントの第12項「常時監視をしない変電所の施設」を復習し、解答する。第三種電気主任技術者の保安監督範囲は50kV未満であるから、この監督可能範囲の変圧器を有する変電所に適用可能な監視制御方式を、確実に覚えておこう。

【応用問題】 次の文章は、常時監視をしない変電所の各監視制御方式について述べたものである。これらの文章中の(ア)〜(ウ)の空白部分に当てはまる語句又は数値を、「電気設備技術基準の解釈」を基に判断して、下の「解答群」から選べ。

(a) 断続監視制御方式は、技術員が当該 (ア) 又はこれから (イ) m以内にある技術員駐在所に常時駐在し、断続的に変電所へ出向いて変電所の監視及び機器の操作を行う監視制御方式である。
(b) 遠隔断続監視制御方式は、技術員が当該変電所を遠隔監視制御する (ウ) 又はこれから (イ) m以内にある技術員駐在所に常時駐在し、断続的に変電所へ出向いて変電所の監視及び機器の操作を行う監視制御方式である。

「解答群」変電所、変電制御所、200、300、500

【ヒント】 第4章のポイントの第12項「常時監視をしない変電所の施設」を復習し、解答する。

【基礎問題の答】（5）

解釈第48条「常時監視をしない変電所の施設」の中の次の48-1表からの出題である。

解釈第48条の一号で定める48-1表

変電所に施設する変圧器の使用電圧の区分	監視制御方式			
	簡易監視制御方式	断続監視制御方式	遠隔断続監視制御方式	遠隔常時監視制御方式
100 000V 以下	○	○	○	○
100 000V を超え 170 000V 以下		○	○	○
170 000V 超過				○

（説明；表中の○印は適用が可能であることを示す。）

設問の(1)と(5)の文章は、その内容が互いに矛盾しており、いずれか一方が誤っていることが予想できる。この場合は、(1)の文章が正しく、(5)の文章は次のように修正して正文になる。

(5)　33kVで受電する変電所を、常時監視をしない変電所として施設する場合は、簡易監視制御方式を含め**全ての監視制御方式の適用が可能**である。

【応用問題の答】　(ア)　変電所、(イ)　300、(ウ)　変電制御所

解釈第48条「常時監視をしない変電所の施設」の中の二号からの出題である。

その二号の規定により、常時監視をしない変電所の監視制御方式として、上の48-1表に示したとおり4方式に区分し、それぞれ施設条件を定めている。

このうち、設問の(a)の「断続監視制御方式」と、設問の(b)の「遠隔断続監視制御方式」は、「適用可能な変圧器の使用電圧は170kV以下であること」及び「技術員駐在所は300m以内に置くこと」は共通しているが、この2者は相違点がやや分かりにくいので、次の**表**のように整理し、覚えておこう。

表　断続監視制御方式と遠隔断続監視制御方式の主な相違点

	断続監視制御方式	**遠隔断続**監視制御方式
技術員駐在所まで300m以内は、どこが**基点**か？	基点は、当該**変電所**	基点は、**変電制御所**
技術員が**常時駐在**すべき場所は？	当該**変電所**又は技術員駐在所のいずれか	**変電制御所**又は技術員駐在所のいずれか
故障発生時に**警報音**を吹鳴すべき**場所**は？	技術員駐在所（＊）	変電制御所**及び**技術員駐在所の**双方**

＊印の説明：技術員駐在所に技術員が不在中は、当該変電所に入所中であるので、設備故障時には配電盤室及び屋外に吹鳴される警報音により、技術員は事故発生を知ることができる。

【模擬問題】 次の文章は、常時監視をしない変電所の電気設備に故障又は不具合を生じたとき、技術員駐在所等へ警報すべき事項を定めた「電気設備技術基準の解釈」の条文の一部の抜粋である。この文章中の(ア)〜(オ)の空白部分に当てはまる語句又は数値として、全て正しく組み合わせたものを次の(1)〜(5)のうちから一つを選べ。

常時監視をしない変電所の電気設備に、次に掲（かか）げる故障又は不具合を生じた場合に、解釈の該当条文の表で定める「警報する場所等」へ警報する装置を施設する。

a．運転操作に必要な［(ア)］が自動的に遮断した場合。
b．主要変圧器の電源側電路が［(イ)］になった場合。
c．全屋外式変電所以外の変電所にあっては、［(ウ)］が発生した場合。
d．容量［(エ)］kVAを超える特別高圧用変圧器の温度が著しく上昇した場合。
e．ガス絶縁機器の絶縁ガスの［(オ)］が著しく低下した場合。

	(ア)	(イ)	(ウ)	(エ)	(オ)
(1)	変圧器	電圧低下	水害	1 000	純度
(2)	開閉器	電圧不安定	地震災害	1 500	密度
(3)	制御電源	過負荷	浸水	2 000	絶縁耐力
(4)	遮断器	無電圧	火災	3 000	圧力
(5)	蓄電池	無負荷	過負荷	5 000	温度

類題の出題頻度 ★★☆☆☆

【ヒント】 第4章のポイントの第12項「常時監視をしない変電所の施設」を復習し、解答する。

現在運転中の電気事業用の変電所は、その使用電圧が22kV〜500kVまでの全域に亘り、そのほぼ全数が、この設問のような「当該変電所において常時監視をしない変電所」である。

それらの変電所の監視制御は、解釈でいう「変電制御所」（実際の名称は給電制御所としている社が多い）にて、三交代勤務制の下で365日24時間の文字通り“常時”の体制で、遠隔監視制御装置を使用して監視制御を実施している。

第三種電気主任技術者が保安監督可能な使用電圧は50kV未満であるから、その変電所の規模は比較的小さく、監視制御方式は最も簡略的な簡易監視制御方式の適用が考えられる。

しかし、この設問にある「技術員駐在所等へ警報すべき対象の故障又は不具合の事象」については、設問のd項以外は全ての項について、機器容量値や使用電圧値に無関係に定めている。このことは、たとえ変電所が小規模であっても、電気設備に故障等が発生したときに技術員駐在所等へ警報する装置の機能は、保安維持の上で重要なためである。

【答】（4）

解釈第48条「常時監視をしない変電所の施設」の三号からの出題であり、設問の“a項”の「遮断器が自動遮断した場合」は、三号イ項に定めてある。

この設問では省略してあるが、条文には『遮断器が自動的に再閉路した場合を除く』と、ただし書きが付記してある。この「再閉路により自動復旧した場合」は、継続的な供給支障事故と区別しているためである。しかし、「再閉路**失敗**の場合」及び「再閉路**未実施**の場合」には、継続的な供給支障を生じた事故であるから、警報する必要がある。（以上は法的義務を述べたものであるが、電気事業用の給電制御所の運用実態としては、再閉路**成功**の場合であっても、その架空送電線からT分岐で受電中の需要家に瞬間停電を生じたことを知らせるため、給電制御所にて警報音を発している。この運用実態と法的義務とを区別して学習しよう。）

設問の“b項”は、解釈の三号ロ項に定めてある。この設問の「**電源側電路**が**無電圧**の場合」には、当該変電所の電源側に位置する送電線路又は電源変電所に故障を生じた場合であるので、「当該変電所が**全停状態**となる事故」であり、当然ながら当該変電所から供給していた発変電所や需要家も**波及停電**を生じており、この場合は警報すべき故障に定めている。

設問の“c項”の「**火災発生**の場合」は、解釈の三号ニ項に定めてある。設問文にもあるように、全屋外式変電所は、火災発生の可能性が少なく、かつ、火災の検出が容易でないことを反映し、省略を認めたものである。変電所の設備のうち、遠方監視制御装置や保護継電装置のみを小形の配電盤室に収めた変電所は、その配電盤室に火災検出器を設置し、その動作信号を遠方監視制御装置の伝送情報として変電制御所等へ警報する装置が必要である。

設問の“d項”の「特別高圧用変圧器の**異常温度上昇**の場合」は、解釈の三号ホ項に定めてある。ここで注意すべきことは、解釈第47条「常時監視をしない発電所」で対象となる特別高圧用変圧器は他冷式のものであるが、第48条三号ホ項で定める「常時監視をしない変電所」の「**容量3 000kVAを超える特別高圧用変圧器**」については、自冷式、他冷式を問わずに対象となることである。この両者の差の要因は次のとおりである。発電所の場合は、発電機に過負荷を生じない限り、発電機昇圧用変圧器も過負荷にならない。一方、変電所の変圧器は一般民家に接近して施設されることがあるため、発電所よりも厳しく規制したものである。

設問の“e項”の「ガス絶縁機器の**絶縁ガス圧の低下**の場合」は、解釈の三号リ項に定めてあり、内部閃絡（せんらく）の絶縁破壊を予防するための規定である。この条項のただし書きにより、ガス圧低下により絶縁破壊等を生ずるおそれがないものは除く、と適用を限定している。

3MVA超過の変圧器の**異常温度上昇時**には、
冷却方式に係わらず技術員駐在所等へ**警報**する。

電技　発変電所等の施設のまとめ

1．発変電所の屋外に施設する35kV以下の電気機械器具の周囲に施すさくの高さと充電部までの距離の和は、5m以上に施設する。
変電所、開閉所から発生する磁束密度は、200 μT以下に施設する。

2．ガス絶縁機器用の圧力容器のうち、100kPaを超えるガス圧を受ける部分で、外気に接する部分は、最高使用圧力の1.5倍の水圧を連続して10分間加え、これに耐え、かつ、漏洩（ろうえい）がないものとする。

3．水素冷却式の発電機、調相機は、次の機能や性能を持つものとする。
(1) 水素が漏洩しない気密構造であること。
(2) 水素が爆発した場合の圧力に耐える強度を持つこと。
(3) 軸封部は、窒素ガスの封入を可能とするか、又は、漏洩した水素ガスを安全に外部へ放出が可能な装置を設ける。

4．水力発電所は、油圧式制御装置の油圧低下時、又は、電動式制御装置の制御電源の電圧低下時に、発電機を自動的に電路から遮断する。
常用の蓄電池は、過電圧充電時、過電流放電時、内部温度の異常上昇時に、蓄電池を電路から自動遮断する。

5．燃料電池発電所の燃料電池等に故障が発生時に次の処置を行う。
(1) 燃料電池を電路から自動的に遮断する。
(2) 燃料ガスの供給を自動的に遮断する。
(3) 燃料電池内部の燃料ガスを自動的に排除する。

6．発電用風力発電設備の風車は、次の場合に安全、かつ自動的に停止させる。
(1) 回転速度が著しく上昇した場合。
(2) 風車の制御装置の機能が著しく低下した場合。

7．常時監視をしない水力発電所を随時巡回方式で施設する場合は、次による。
(1) 発電所の出力は、2 000kW未満であること。
(2) 水車及び発電機には、自動出力調整装置又は出力制限装置を施設する。
(3) 解釈で掲（かか）げる故障又は不具合が発生したとき、発電機を電路から自動的に遮断するとともに、水車への水の流入を自動停止する装置を施設する。

8．常時監視をしない変電所に次の事故発生時に、技術員駐在所等へ警報する。
(1) 運転操作に必要な遮断器が自動的に遮断した場合。
(2) 主要変圧器の電源側電路が無電圧になった場合。
(3) 制御回路の電圧が著しく低下した場合。
(4) 全屋外式変電所以外の変電所にあっては、火災が発生した場合。
(5) 3MVA超過の特別高圧用変圧器の温度が著しく上昇した場合。

第5章　電技　電線路(その1)のポイント

架空電線路や地中電線路は、一般の人々の近くに施設することが多いため、特に公衆保安の確保を重要視しています。この第5章では、電技と解釈で定めている電線路の通則と低高圧電線路の規制の概要を中心に、学習上のポイントとなる事項をまとめて解説します。

1　電線路の通則

(1)　電線路に係る用語の定義（解釈第49条）

「A種鉄筋コンクリート柱、A種鉄柱」とは、個々の支持物についての基礎の強度計算を行わずに、支持物の根入れ深さを解釈で規定する値以上に施設するものです。

A種鉄筋コンクリート柱以外の鉄筋コンクリート柱はB種鉄筋コンクリート柱に区分され、A種鉄柱以外の鉄柱はB種鉄柱に区分されます。B種鉄筋コンクリート柱及びB種鉄柱は、その支持物の個々について基礎の強度計算を行い、その計算値に基づいて施設します。

「接近状態」とは、次の**図1**に示すように「第一次接近状態」と「第二次接近状態」に分けて定義しており、単に「接近状態」と表示した場合は、両者を総称したものです。

このうち「**第二次接近状態**」は、図の赤色の**実線**の**長方形**で示す範囲であり、架空電線が他の工作物の上方又は側方において水平距離で**3m未満**に施設されている範囲をいいます。

「**第一次接近状態**」とは、図の赤色の**点線**で示す「支持物の地上高を半径とする**円弧**」で描いた範囲のうち、上記の第二次接近状態を除く範囲です。この範囲は、架空電線が他の工作物の**上方**又は**側方**において、当該架空電線の切断、支持物の倒壊等の際に、電線が他の工作物に接触するおそれがある範囲です。

この図の架空電線の直上部分は、第二次接近状態ではなく、第一次接近状態であることに注意しましょう。

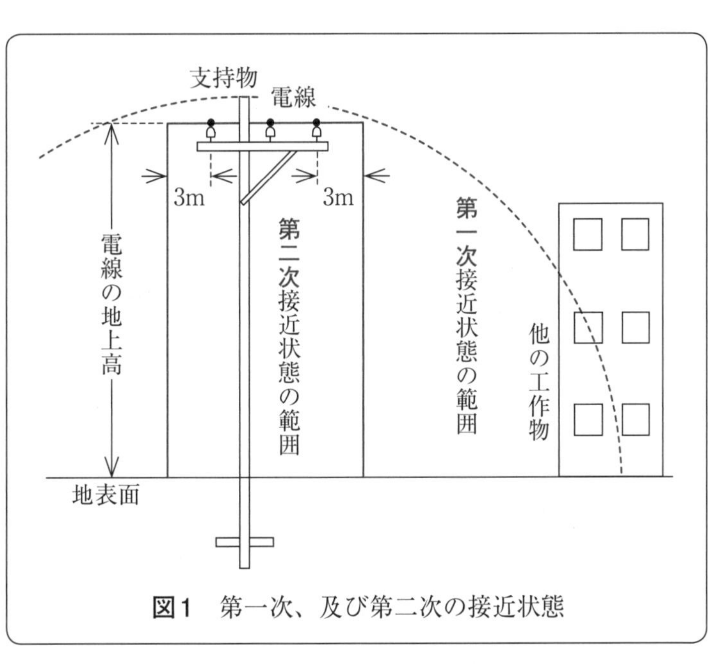

図1　第一次、及び第二次の接近状態

(2) 電磁誘導作用による人の健康影響の防止（解釈第50条）

電線路の電線を流れる商用周波数（50Hz又は60Hz）の電流により、その電線路の周辺に発生する磁界は、**実効値**で表した**磁束密度**の値が**200μT**（マイクロテスラ）**以下**になるように施設する旨を定めています。ここで、高調波電流による磁束密度分は該当しません。

2　架空電線路の通則

(1) 電波障害、通信障害の防止（解釈第51、52条）

架空電線路から発生する電波障害の規制は、解釈第51条1項により「架空電線路は無線設備の機能に継続的かつ重大な障害を及ぼす電波を発生するおそれがある場合には、これを防止するように施設すること。」と、定めています（ネオンサイン等の需要設備の機械器具及び電車線路に対する規制は、他の条文にて定めています）。

さらに、2項により「低圧又は高圧架空電線路から発生する電波の**許容限度**は、（解釈で定める測定方法、及び周波数帯の）準せん頭値で**36.5dB以下**であること。」と定めています。

なお、架空電線路から発生する電波の大きさを実測して得た値の中には、架空電線路自体から発生するコロナ ノイズ等の外に、需要設備のネオンサイン等からの分や、直流式電気鉄道の変電所の整流装置から発生する分も含まれているため、それらを合成した実測値が36.5dBを超過していることが判明した後に、発生原因箇所を調査し、必要な対策を実施しています。

高圧又は特別高圧のケーブルには、その導体の外側に接地を施した金属製の接地静電遮へい層を有しているため、電波障害の発生源にはならず、したがってケーブル以外の電線を使用した架空電線路が、この解釈第51条の対象設備です。

第52条「架空弱電流電線路への誘導作用による通信障害の防止」により、両者が**並行**して施設する場合は、**誘導作用**による通信上の障害の予防策として、次のように定めています。

一　架空電線と架空弱電流電線との離隔距離は、**2m以上**とする。

二　離隔距離を2m以上に施設しても、通信上の障害を及ぼすおそれがあるときは、①両者間の離隔距離の増加、②架空電線のねん架、③D種接地工事を施した金属製遮へい線の施設、④地絡故障電流値の制限など、諸対策を実施するように定めています。

(2) 架空電線路の支持物の昇塔防止（解釈第53条）

架空電線路の支持物（鉄塔や鉄筋コンクリート柱など）に取扱者が昇降に使用する**足場金具**等を施設する場合は、地表上**1.8m以上**に施設するように定めています。

(3) 架空電線路の防護具（解釈第55条）

低圧防護具及び高圧防護具の構造は、外部から充電部分に**接触**するおそれがないように充電部を**覆う**ことができる構造にするように定めています。

(4)　架空電線路の強度検討に用いる荷重（解釈第58条）

1.　架空電線路の強度検討に用いる風圧荷重の風速は、気象庁が地上気象観測指針で定める**10分間平均風速**を適用します。

一　架空電線路の構成材に加わる風圧荷重の種別

(イ)　**甲種風圧荷重**は、同条の表で規定する構成材の垂直投影面積に加わる圧力を基礎として計算したもの、又は**風速40m/s以上**を想定した風洞実験に基づく値より計算したものを適用します。

(ロ)　**乙種風圧荷重**は、架渉線（電線だけでなく、架空地線、保護線、支線等を含む）の周囲に厚さ**6mm**、**比重0.9**の**氷雪**が付着した状態で、**甲種風圧荷重の0.5倍**を基礎とした計算値です。したがって、直径が12mm未満の架渉線の水平横荷重は、甲種よりも乙種の方が受風面積が大きいため風圧荷重は大きな値になります。

(ハ)　丙(へい)種風圧荷重は、**甲種風圧荷重の0.5倍**を基礎とした計算値です。

(ニ)　**着雪時**風圧荷重は、架渉線の周囲に**比重0.6**の雪（氷雪ではない）が同心円状に付着した状態で、**甲種風圧荷重の0.3倍**を基礎とした計算値です。

上記の風圧荷重を適用する区分は、解釈の58-2表で示されていますが、低温季に氷雪が多い地方で海岸地など最大風圧を生ずる地方は、**甲種風圧荷重と乙種風圧荷重のいずれか大きい方**を適用します。

2.　常時想定荷重において、支持物における架渉線の配置が対称でない場合は、（解釈の同条の表で定める荷重のほかに）**垂直偏心荷重**も加算した値を適用します。

3.　**異常着雪時**想定荷重の計算における想定着雪厚さは、当該地域及びその周辺地域の**過去の着雪量**を考慮し、さらに当該地域の**地形等**を十分考慮するように定めています。

4.　鉄塔の風圧荷重は、上記の甲種風圧荷重と、**地域別基本風速**における風圧荷重を比べ、**大きい方の荷重**を考慮します。また、**特殊地形箇所**に施設する場合は、上記の大きい方の荷重と、局地的に強められた風による風圧荷重を比べ、大きい方の荷重を考慮します。

特殊地形箇所として、4項の一号～五号により、稜線上の鞍部、地形が狭くなる湾の奥、海岸近くで突出した斜面傾度の大きな山頂部、半島の岬などを定めています。

5.　鉄塔に甲種風圧荷重を適用する場合には、**地域別基本風速**における風圧荷重と比べて、大きい方の荷重を考慮します。ただし、完成品の底部から全長の1/6（2.5mを超える場合は、2.5m）までを、変形しないように固定し、頂部から30cmの点に柱と直角に設計荷重の2倍の荷重を加えたとき、これに耐える鉄塔ならば、この5項の上記文は適用されません。

【解釈第58条の1項により定義されている**荷重の名称**とその**概要**】

①　水平横荷重は、電線路に直角の方向に作用する水平荷重

②　水平縦荷重は、電線路の方向に作用する水平荷重

③　**常時**想定荷重は、架渉線の切断を考慮しない場合の荷重

④　**異常時**想定荷重は、架渉線の切断を考慮した場合の荷重

⑤　**異常着雪時**想定荷重は、降雪の多い地域における着雪を考慮した荷重

⑸　架空電線路の支持物の強度等（解釈第59条）

この条文により木柱、鉄筋コンクリート柱、鉄柱、鉄塔の各支持物の強度を詳細に定めていますが、その中の学習上の要点は、次の赤色で表した語句と数値です。

1項　「**木柱**の強度の要点」

電線路に直角な方向に作用する風圧荷重に、**安全率2.0**を乗じた荷重に耐える強度を有するように施設します（令和2年5月に、使用電圧に無関係に2.0に改正された）。

高圧又は特別高圧の架空電線路の支持物として使用する木柱の太さは、**末口**で**直径12cm以上**のものを適用します。

2項　「**A種鉄筋コンクリート柱**の強度の要点」

59-4表により、全長20m以下のものの根入れ深さを定めています。

三号により、**水田**その他地盤が軟弱な箇所に施設する場合には、その設計荷重を6.87kN以下、全長は**16m以下**とし、特に**堅**（けい）**ろうな根かせ**を施すよう定めています。

3項　「**A種鉄柱**の強度の要点」

一号により、**鋼板組立柱**又は**鋼管柱**を適用するように定めています

水田その他地盤が軟弱な箇所に施設する場合は、特に**堅**（けい）**ろうな根かせ**を施すように定めています（この場所の全長も16m以下です）。

5項　「**降雪の多い地域**の特別高圧架空電路の鉄塔強度の要点」

異常着雪時想定荷重の2/3倍の荷重に耐える強度を有するように定めています。

6項　「支線による強度の分担の**限度**又は**制限**の要点」

木柱、鉄筋コンクリート柱又は鉄柱に支線を用いて強度を分担させる場合は、解釈で定める「耐えるべき風圧荷重」の**1/2以上**の強度を**支持物**それ自体で有するように定めています（つまり、**支線**による**強度分担**の**限度**は「耐えるべき風圧荷重」の**1/2未満**です）。

7項　「**鉄塔**は、支線を用いてその強度を分担させないこと。」と定めてあります。すなわち、鉄塔は重要電路に適用されること及び鉄塔自体で十分な強度を確保できることにより、原則的に鉄塔を支線で補強することを認めていません。この例外として、移設工事中の仮設鉄塔の補強や、災害により一時的に鉄塔を補強する場合は、支線による補強が可能です。

⑹　架空電線路の支持物の基礎の強度等（解釈第60条）

1項により、架空送電線路の支持物の**基礎**の**安全率**は、解釈で定める「当該支持物が耐えるべき荷重」が加わった状態において、**鉄塔**における異常時想定荷重又は異常着雪時時想定荷重については、**1.33以上**とすると定めています。

2項により、基礎の重量の取り扱いは、日本電気技術規格委員会規格（JESC）の規定により施設することを定めています。

(7) 支線の施設方法及び支柱による代用（解釈第61条）

1　架空電線路の支持物に使用する**支線**は、次の方法で施設します。

一　次の①～③に示す「大きな不平衡張力が作用する支持物の支線」は、引張強さが**10.7kN以上**のものとし、これらを次ページの図2～図4に示します。

①　電線路の径間の差が大きな箇所の支持物（次ページの図2を参照）

②　電線路の水平角が5度を超える箇所の支持物（次ページの図3を参照）

③　電線路の全架渉線を引き留る箇所の支持物（次ページの図4を参照）

上記①～③以外の支持物で、（後にP169で述べる）解釈第62条及び第70条第3項で規定する支持物に適用する支線は**6.46kN以上**のものとします。

二　支線の**安全率**は**2.5以上**とします。ただし、上記の解釈第62条及び第70条第3項の規定により施設する支線の安全率は**1.5以上**とします。

【よくある質問とその回答】上記の二号により、上記の①～③以外の一般的な支線の安全率は**2.5以上**と規定されています。一方、上記の一号の①～③に示された支持物の支線には、大きな不平衡張力が作用するにもかかわらず、その支線の安全率は**1.5以上**と規定されています。このように、大きな不平衡張力が作用する支線の安全率の方が、小さな値で規定されている理由は、次のとおりです。

上記の①～③に該当する支持物自体に、所要の不平衡張力の一部に耐える抗力を保有しています。しかし、上記の一号では、支線の強度計算を簡略化する目的のために、解釈で定める**必要な不平均張力の全部を支線で受け持つものと仮定**して、強度計算をしています。解釈第59条の規定により、支持物自体の強度は、所要引張強度の50％以上にする必要があり、支線分は50％未満であり、その安全率は**1.5以上**です。その結果、所要引張強度に対して、支持物自体分と支線分の**合計引張強さ**の安全率は3.0以上となり、大きな不平衡張力に対して十分な抗力値を保有した施設方法となっています。

三　支線に**より線**を使用する場合は、次により施設します。

イ　素線を**3条以上**より合わせる。

ロ　素線は**直径2mm以上**、かつ、引張強さ0.69kN/mm²以上の**金属線**とする。

（四号及び五号は省略。）

2　**道路横断**の部分の支線の高さは、路面上**5m以上**に施設します。ただし、技術上やむを得ない場合で、かつ、交通に支障がないときは**4.5m以上**、歩行者専用の部分は**2.5m以上**で施設することができます。

3　支線が低圧又は高圧の架空電線と接触するおそれがある場合は、支線の上部にがいしを挿入します。

4　支線は、支線と同等以上の効力（強度）のある支柱で代えることができます。

(8)　架空電線路の支持物における支線の施設（解釈第62条）

高圧又は特別高圧の架空電線路の支持物として使用する木柱、A種鉄筋コンクリート柱又はA種鉄柱を、次の図2～図4に示す場所に施設する場合は、**支線を施す**ように定めています。

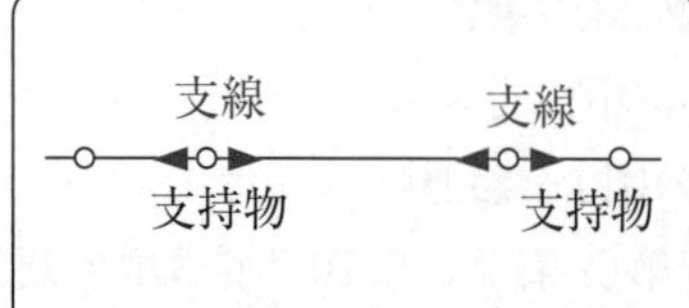

図2　径間差による不平均張力がある場合の支線

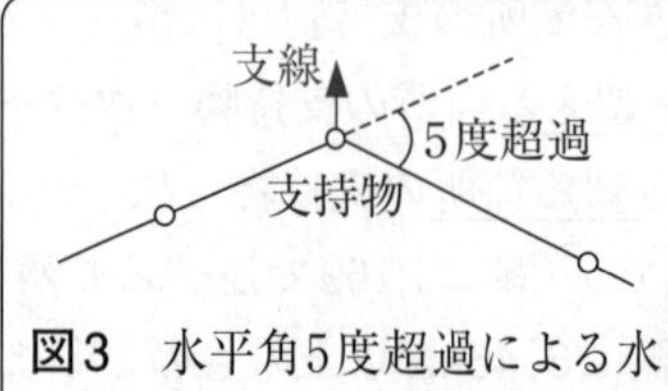

図3　水平角5度超過による水平分力がある場合の支線

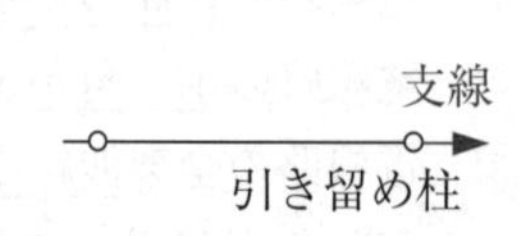

図4　引き留めにより不平均張力がある場合の支線

一　**図2**に示すように、電線路の水平角が5度以下の箇所の支持物で、両側の**径間の差が大きい**場合は、その径間差に起因する不平均張力による**水平力**に耐える支線を、図2の赤色の矢印で示すように電線路に平行な方向の**両側**に設けます。

二　**図3**に示すように、電線路の**水平角が5度を超える**箇所の支持物で、全架渉線につき各架渉線の想定最大張力により生じる**水平横分力**に耐える支線を、図の赤色の矢印で示すように支持物を引き倒す力の**反対側**へ設けます。

三　**図4**に示すように、電線路の全架渉線を**引き留る箇所**の支持物は、全架渉線につき各架渉線の想定最大張力に等しい不平均張力による**水平力**に耐える支線を、図の赤色の矢印で示すように架渉線の**反対側**に設けます。

(9)　架空電線路の径間の制限（解釈第63条）

1　高圧又は特別高圧の架空電線路の径間は、次の**表1**に示すように施設します。

表1　高圧又は特別高圧の架空電線路の径間制限（解釈63-1表）

支持物の種類	許容される上限の径間長[m]	
	長径間工事以外の箇所	長径間工事の箇所
木柱、A種鉄筋コンクリート柱又はA種鉄柱	150	300
B種鉄筋コンクリート柱又はB種鉄柱	250	500
使用電圧が170kV未満の鉄塔	600	制限なし

2　**高圧**架空電線路の径間が**100mを超える**場合は、その部分の電線路は、次のように施設します。

一　**高圧**架空電線は、引張強さ8.01kN以上のもの又は直径**5mm以上**の硬銅線であること。

二　**木柱**の風圧荷重に対する**安全率**は、**2.0以上**であること（令和2年5月に改正）。

3　**長径間工事**は、次の各号のように施設します。

一　**高圧**架空電線は、引張強さ8.71kN以上のもの又は断面積**22mm²以上の硬銅より線**であること。

二　**特別高圧**架空電線は、引張強さ21.67kN以上のより線又は断面積**55mm²以上の硬銅より線**であること。

三　支持物に木柱、鉄筋コンクリート柱又は鉄柱を使用する場合は、次によること。

イ　木柱、A種鉄筋コンクリート柱又はA種鉄柱を使用する場合は、**全架渉線**につき各架渉線の想定最大張力の**1/3**に等しい不平均張力による水平力に耐える**支線**を、（前ページの図2のように）電線路に平行な方向の両側に設けること。

（三号のロ項及びハ項省略します。）

四　**長径間**工事箇所の支持物に**鉄塔**を使用する場合は、当該区間の**両端**に**耐張型**鉄塔を施設すること。ただし、土地の状況により耐張型鉄塔の施設が困難な場合には、当該区間の外側に1径間又は2径間離れた場所に耐張型鉄塔を施設すること。

3　低高圧の架空電線路

(1)　低高圧架空電線路に使用する電線（解釈第65条）

一　低圧又は高圧の架空電線路の電線には、引込用ビニル絶縁電線以外の**絶縁電線**又は**ケーブル**を使用しますが、次の箇所には**裸電線**を使用することができます。

イ　低圧架空電線を、**B種接地工事**の施された**中性線**又は**接地側電線**として施設する場合。

ロ　高圧架空電路を、海峡横断箇所、河川横断箇所、山岳地の傾斜が急な箇所又は谷越え箇所であって、人が容易に立ち入るおそれがない場所に施設する場合。

二　低圧又は高圧の架空電線路の電線に**硬銅線**を使用する場合の**太さ**は、ケーブルの場合を除き、次の**表2**に示すものを施設します。

表2　電線に**硬銅線**を使用する場合の太さ（解釈65-2表）

使用電圧の区分	施設場所	電線の種類	硬銅線の太さ
300V以下	全て	絶縁電線	直径**2.6**mm以上
		絶縁電線以外	直径**3.2**mm以上
300V超過	市街地	絶縁電線	直径**5**mm以上
	市街地外	絶縁電線	直径**4**mm以上

（解釈65-2表では、硬銅線以外を「その他」として所要の引張強さの値を示していますが、出題傾向から判断して、硬銅線以外の「その他」の記載は省略します。）

(2) 電線の引張強さに対する安全率（解釈第66条）

300Vを超える低圧又は高圧の架空電線は、ケーブルである場合を除き、解釈で定める電線自重、氷雪重量及び風圧荷重を合成した荷重が加わる場合における引張強さに対する**安全率**が、次の**表3**に示す値以上となるような**弛度**により施設します。

表3 低高圧架空電線の引張強さに対する安全率（解釈66-1表）

電線の種類	安全率
硬銅線又は耐熱銅合金線	2.2
その他	2.5

（説明） 電線の弛度（たるみ）を大きくすれば、電線に加わる引張荷重の値が小さくなるため、電線の引張強さに対する安全率の値は増加します。しかし、弛度の大きさを増加させることは、電線に想定最大電流が流れたときの最大の温度上昇により電線が線膨張し、電線の地上高が減少し、保安上の問題を生ずるおそれがあります。また、風により電線が横揺れを生じたときに、接近する他の物との接触事故を発生しやすくなります。また、電線に付着した氷雪が脱落する際にスリートジャンプにより電線同士が気中短絡事故を発生する可能性が大きくなります。

そのため、電線の弛度の大きさは、上記の事象を総合的に判断し、決定すべき重要な値ですから、電験第三種の問題に多頻度に出題されています。

(3) 電線の高さ（解釈第68条）

1. 低圧又は高圧の架空電線の高さは、次の**表4**に示す規定値以上で施設します。

表4 低高圧架空電線の高さ（解釈68-1表）

区分		高さ
道路（車両の往来がまれであるもの及び歩行専用の部分を除く。）を**横断**する場合		路面上6m
鉄道又は**軌道**を横断する場合		レール面上5.5m
低圧架空電線を横断歩道橋の上に施設する場合		横断歩道橋の路面上3m
高圧架空電線を横断歩道橋の上に施設する場合		横断歩道橋の路面上3.5m
上記以外	**屋外照明用**の絶縁電線又はケーブルを使用した**対地電圧150V以下**のものを交通の支障がないように施設する場合	地表上4m
	低圧架空電線を**道路以外**の場所に施設する場合	地表上4m
	その他の場合	地表上5m

2. 水面上に施設する場合は、船舶の航行等に危険を及ぼさないように保持します。
3. 氷雪の多い地方に施設する場合は、電線の積雪上の高さを、人又は車両の通行等に危険を及ぼさないように保持します。

(4) 高圧架空電線路の架空地線（解釈第69条）

高圧架空電線路の架空地線には、引張強さ5.26kN以上のもの又は直径4mm以上の裸硬銅線を使用するとともに、これを上記66-1表の安全率に準じて施設するように定めています。

そのため、架空地線に多用されている**亜鉛メッキ鋼より線**の安全率は**2.5以上**を適用します。

(5) 低圧保安工事、高圧保安工事及び連鎖倒壊防止（解釈第70条）

1 低圧保安工事は、低圧架空電路の電線の断線、支持物の倒壊等による危険を防止するため必要な場合に行うものであり、次の一号～三号により施設します。

一 電線は、次のいずれかによること。

イ ケーブルを使用し、第67条の規定により施設すること。

ロ 引張強さ8.01kN以上のもの又は**直径5mm以上の硬銅線**（使用電圧が**300V以下**の場合は、引張強さ5.26kN以上のもの又は**直径4mm以上の硬銅線**）を使用し、第66条第1項の規定に準じて施設すること。

二 **木柱**の風圧荷重に対する安全率は**2.0以上**とし、末口の直径は**12cm以上**とすること（令和2年5月に、この木柱の安全率が従来の1.5から2.0に改正された）。

三 径間は、解釈70-1表で規定する距離以下とすること（解釈70-1表は省略）。

2 高圧保安工事は、高圧架空電路の電線の断線、支持物の倒壊等による危険を防止するため必要な場合に行うものであり、次の一号～三号により施設します。

一 電線は、ケーブルである場合を除き、引張強さ8.01kN以上のもの又は**直径5mm以上の硬銅線**であること。

二 **木柱**の風圧荷重に対する安全率は、**2.0以上**であること（令和2年5月に、この安全率が従来の1.5から2.0に改正された）。

三 径間は、次に示す**表5**によること。ただし、電線に引張強さ14.51kN以上のもの又は断面積**38mm²以上の硬銅より線**を使用する場合であって、支持物にB種鉄筋コンクリート柱又はB種鉄柱を使用するときは、表5によらない施設方法でもよい。

表5 高圧保安工事の径間制限（解釈70-2表）

支持物の種類	径　間
木柱、A種鉄筋コンクリート柱、A種鉄柱	100m以下
B種鉄筋コンクリート柱又はB種鉄柱	150m以下
鉄塔	400m以下

3 低圧又は高圧架空電線路の支持物で直線路が連続する箇所において、**連鎖的に倒壊**するおそれがある場合は、必要に応じ、**16基以下**ごとに、**支線**を電線路に**平行**な方向にその**両側**に設け、また、**5基以下**ごとに支線を電線路と**直角**の方向にその**両側**に設けること。

ただし、技術上困難であるときは、この支線を設けなくてもよい（令和2年5月に、この第3項の「連鎖倒壊防止」の規定が追加された）。

(6) 建物等との接近（解釈第71～77条）

低圧又は高圧の架空電線が、建造物と接近状態（先の図1を参照）で施設する場合は、次のように施設します。

一 **高圧架空電線路**は、**高圧保安工事**により施設します。

二 低圧又は高圧の架空電線と建造物や横断歩道橋等との離隔距離の最小許容値は、次の**表6**に示すように施設します（この表には、多くの事項が記載してありますが、特に赤色の語句と数値を重点的に覚えてください）。

表6 低高圧架空電線が他の工作物等と接近する場合の最小離隔距離

<table>
<tr><td rowspan="2" colspan="3">接近状態にある他の工作物の種類（他の工作物から見た電線の方向）</td><td colspan="2">低圧架空電線</td><td colspan="2">高圧架空電線</td></tr>
<tr><td>右記以外の絶縁電線＊0）</td><td>高圧絶縁電線、低圧ケーブル</td><td>高圧ケーブル以外の電線</td><td>高圧ケーブル</td></tr>
<tr><td rowspan="4">建造物
（第71条）</td><td rowspan="2">上部造営材</td><td>上方</td><td>2m</td><td>1m</td><td>2m</td><td>1m</td></tr>
<tr><td>下方、又は側方</td><td rowspan="2">1.2m
*1)0.8m</td><td rowspan="2">0.4m</td><td rowspan="2">1.2m
*1)0.8m</td><td rowspan="2">0.4m</td></tr>
<tr><td colspan="2">その他の造営材</td></tr>
<tr><td colspan="2">下　方</td><td>0.6m</td><td>0.3m</td><td>0.8m</td><td>0.4m</td></tr>
<tr><td colspan="3">道路、横断歩道橋、鉄道、軌道
（第72条）</td><td colspan="2">離隔距離は3m
水平距離で1m</td><td colspan="2">離隔距離は3m
水平距離で1.2m</td></tr>
<tr><td rowspan="2" colspan="2">索道、及びその支柱
（第73条）</td><td>上方</td><td>0.6m</td><td>0.3m</td><td>0.8m</td><td>0.4m</td></tr>
<tr><td>下方</td><td colspan="2">*2)水平距離2m</td><td colspan="2">*2)水平距離2.5m</td></tr>
<tr><td rowspan="3">架空弱電流電線等
（第76条）</td><td rowspan="2">上方</td><td>裸線、被覆線</td><td>0.6m</td><td>0.3m</td><td rowspan="2">0.8m</td><td rowspan="2">0.4m</td></tr>
<tr><td>通信ケーブル</td><td>0.6m
*3)0.4m</td><td>0.3m
*3)0.5m</td></tr>
<tr><td colspan="2">下　方</td><td colspan="2">*4)原則禁止</td><td colspan="2">*4)原則禁止</td></tr>
<tr><td rowspan="2" colspan="2">アンテナ
（第77条）</td><td>上方</td><td>0.6m</td><td>0.3m</td><td>0.8m</td><td>0.4m</td></tr>
<tr><td>下方</td><td colspan="2">*4)原則禁止</td><td colspan="2">*4)原則禁止</td></tr>
<tr><td rowspan="2" colspan="2">低圧架空電線
（第74、75条）</td><td>上方</td><td rowspan="2">0.6m</td><td rowspan="2">0.3m</td><td>0.8m</td><td>0.4cm</td></tr>
<tr><td>下方</td><td colspan="2">*4)原則禁止</td></tr>
<tr><td rowspan="2" colspan="2">高圧架空電線
（第74、75条）</td><td>上方</td><td colspan="2">*4)原則禁止</td><td rowspan="2">0.8m</td><td rowspan="2">0.4m</td></tr>
<tr><td>下方</td><td>0.8m</td><td>0.4m</td></tr>
<tr><td colspan="3">植　物（第79条）</td><td colspan="4">*4)原則的に常時吹く風等で植物に接触させない。</td></tr>
</table>

*0）昭和47年の改正により、屋外用ビニル絶縁電線（OW電線）を、600Vビニル絶縁電線（IV電線）及び引込用ビニル絶縁電線（DV電線）と同様に使用できるようになった。

*1）人が建造物の外側へ手を伸ばす又は身を乗り出すことができない部分に適用する。

*2）支柱が倒壊の際に接触する恐れがないように施設した場合に適用する。

*3）架空弱電流電線路の管理者の承諾を得た場合で、弱電流電線が絶縁電線と同等以上の絶縁効力がある場合に適用する。

*4）上表の各値は原則であって、条件によっては例外が認められている。

前ページの表6に示した最小離隔距離のうち、電験第三種に最も多く出題されている「建造物との離隔距離の最小許容値」について、低圧電路の電線に最も多く使用されている「屋外用ビニル絶縁電線又は引込用ビニル絶縁電線」を使用した場合、及び、高圧電路の電線に「ケーブル以外の絶縁電線」を使用した場合について、次の**図5**に示します（この電線を使用した場合の離隔距離は、建造物の下方に施設する場合以外は、低圧電路と高圧電路に共通の値です）。

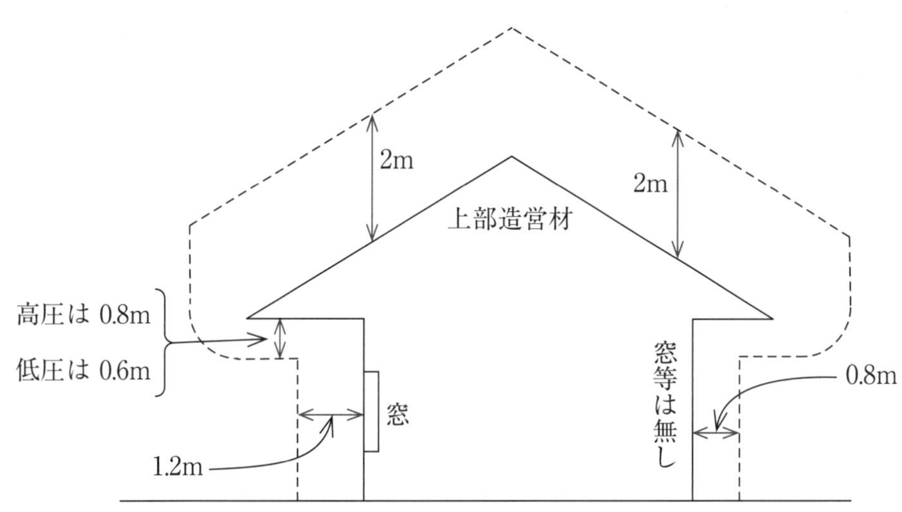

図5　低圧架空電線に600V絶縁電線を使用場合の建物との離隔距離

図5の中で、低圧電路に使用する屋外用ビニル絶縁電線（OW電線）の絶縁物の厚さは、600Vビニル絶縁電線（IV電線）の約2/3ですが、この図に示した建造物との離隔距離に関しては、「低圧電路に使用する電線」の中に、絶縁厚の薄いOW電線も含まれています。

前ページに示した表1の中で、「建造物との離隔距離」に次いで電験第三種に多く出題されているものは、「**道路、横断歩道橋、鉄道、軌道**」との離隔距離です。メモ用紙などに略図を描き、その図中に規制値を書き入れる方法で、表中の赤色の数値を覚えてください。

⑾　低高圧架空電線の併架（解釈第80条）

始めに、受講生からの質問が多い「併架、共架、添架の用語の相違」について述べます。

なお、次の文中の「電線」とは、「強電流電気（つまり電力）の伝送に使用する電気導体」を表します。また、「弱電流電線」とは、弱電流電気（つまり通信用の電気信号）の伝送に使用する電気導体を表しています。

併架とは、**図6**のように同一支持物に複数回線の電線を施設すること（例；解釈第80条）。

共架とは、**図7**のように同一支持物に「電線」と「電力保安通信線以外の弱電流電線」（つまり一般の通信線）を施設すること（例；解釈第80条）。

添架とは、**図8**のように同一支持物に「電線」と「電力保安通信線」を施設すること（例；解釈第134条）。この「電力保安通信線」は、電力系統の運用を行う際に給電所と制御所等の相互間において系統運用に関する連絡や指令・操作を伝えるための通信線です。

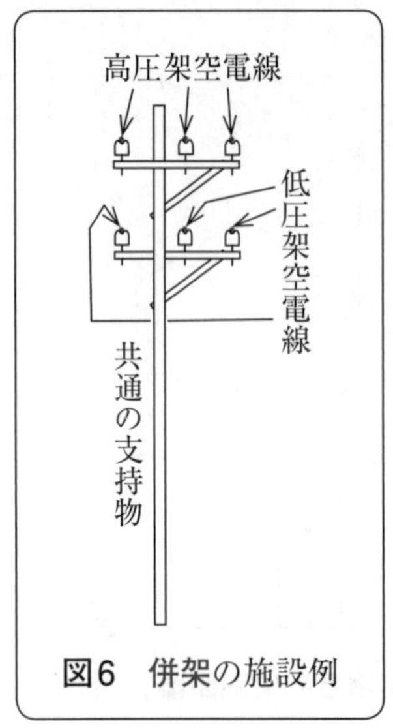

図6　併架の施設例

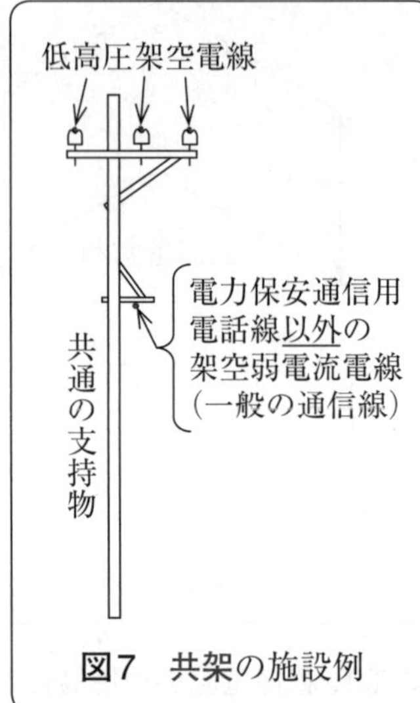

図7　共架の施設例

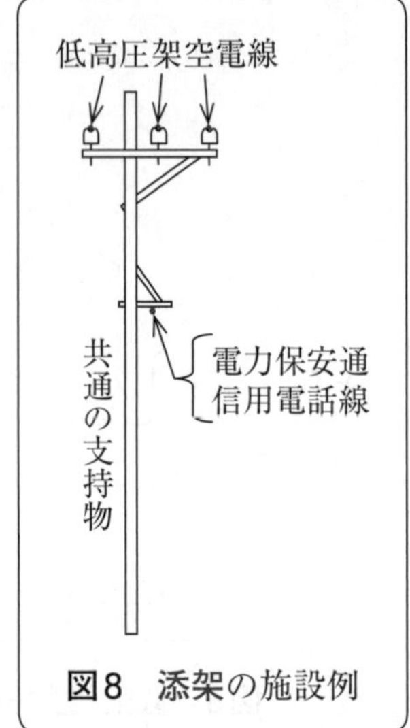

図8　添架の施設例

1. 解釈第80条1項により、低圧架空電線と高圧架空電線とを、同一の支持物に施設する場合には、低高圧混触の防止、作業の安全確保のために、次の一号か二号のいずれかの方法により施設するように定ています。

一　次のイ項～ハにより施設する。

イ　**低圧**架空電線を高圧架空電線の**下側**に施設すること。

ロ　低圧架空電線と高圧架空電線は、**別個の腕金類**に施設すること。

ハ　低圧架空電線と高圧架空電線との離隔距離は、**0.5m以上**であること。

二　**高圧**架空電線に**ケーブル**を使用するとともに、高圧架空電線と低圧架空電線との離隔距離を**0.3m以上**とすることができる。

2. 低圧架空引込線を分岐するとき、規定された地上高を得る等のために、**低圧**架空電を**高圧用の腕金類**に**堅ろう**に施設する場合は、上記の1項の規定によらないで施設できます。（法的にはこのような施設が可能ですが、この施設方法は、特に柱上作業時の感電防止のための安全措置が重要となります。）

⑿　低高圧架空電線と架空弱電流電線との共架（解釈第81条）

低圧又は高圧の架空電線路と、電力保安通信線**以外**の架空弱電流線とを、同一の支持物に施設する場合は、次のように施設するように定めています。

一　電線路の支持物に使用する**木柱**の風圧荷重に対する**安全率**は、**2.0以上**とすること（令和2年5月に、この安全率の値が、従来の1.5から2.0に改正された）。

二　（前ページの図6の施設例のように）架空電線を架空弱電流線の上とし、**別個の腕金類**に施設すること。ただし、架空弱電流電線路等の管理者の承諾を得た場合において、低圧架空電線に高圧絶縁電線、特別高圧絶縁電線又はケーブルを使用するときは、この限りでない。

三　架空電線と架空弱電流電線等との離隔距離は、解釈81-1表で定める値以上であること。その一例は次のとおり。
高圧架空電線に高圧絶縁電線を使用、通信線に通信用ケーブルを使用の場合は1.5m以上
低圧架空電線に低圧絶縁電線を使用、通信線に通信用ケーブルを使用の場合は0.75m以上
（その他は省略します。）

四　架空電線が架空弱電流電線に対して誘導作用により通信上の障害を及ぼすおそれがある場合は、第52条の規定（第5章のポイントの2項⑴電波障害、通信障害の防止）に準じて、両者間の離隔距離を**2m以上**で施設すること。
（五号以降は省略します。）

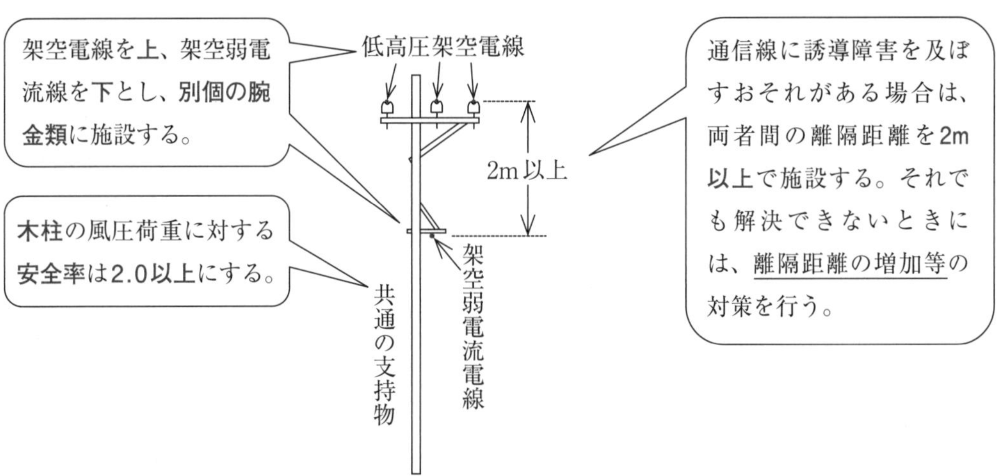

図9　共架施設の規制概要

1 電波障害、通信障害の防止

【基礎問題】 次の文章は、「電気設備技術基準の解釈」の中の「電線路からの電磁誘導作用による人の健康影響の防止」の条文を抜粋したものであるが、この文章中の空白部分に当てはまる適切な数値を、次の(1)〜(5)の中から一つを選べ。

電線路から発生する磁界は、実効値で表した磁束密度の値が、商用周波数において［　　］μT以下であること。

(1) 50　(2) 100　(3) 150　(4) 200　(5) 300

【ヒント】 第5章のポイントの第1項の(2)「電磁誘導作用による人の健康影響の防止」を復習し、解答する。この概数値は、試験日までに覚えておく。

【応用問題】 次の文章は、「電気設備技術基準の解釈」の中の「架空電線路の支持物の昇塔防止」の条文の一部を抜粋したものである。この文章中の(ア)〜(カ)の空白部分に当てはまる適切な語句又は数値を、次の「解答群」の中から選び、この文章を完成させよ。

架空電線路の支持物に取扱者が［(ア)］に使用する［(イ)］等を施設する場合は、地表上［(ウ)］m以上に施設すること。ただし、次の各号のいずれかに該当する場合にはこの限りでない。

一　［(イ)］等が内部に格納できる構造である場合。
二　支持物に［(エ)］防止のための装置を施設する場合。
三　支持物の周囲に取扱者以外の者が立ち入らないように、［(オ)］、へい等を施設する場合。
四　支持物を［(カ)］等であって人が容易に立ち入るおそれがない場所に施設する場合。

「解答群」足場金具、昇降、1.5、1.8、墜落、昇塔、さく、山地

【ヒント】 第5章のポイントの第2項の(2)「架空電線路の支持物の昇塔防止」を復習し、解答する。この設問のように、「公衆に対する保安の維持」に関することは、確実に記憶しておこう。

【基礎問題の答】（4）

解釈第50条「電線路からの電磁誘導作用による人の健康影響の防止」からの出題である。

電磁誘導作用による**磁束密度の上限値**は、次の条文により規制している。

(1)　変圧器等の電気機械器具から発生する磁束密度は、解釈第31条による。

(2)　変電所又は開閉所から発生する磁束密度は、解釈第39条による。

(3)　この設問の電線路から発生する磁束密度は、解釈第50条による。

このように、磁束を発生する場所や設備により規制の条文が異なるが、しかし、磁束密度の上限値に関しては、上記の(1)〜(3)項に共通の値の「**200μT以下**」である。

この単位［μT］は、マイクロテスラと発音し、1［μT］＝1×10^{-6}［T］である。

磁束密度は、三次元空間（縦方向、横方向、奥行き方向の3方向）に立体的に発生するベクトル量であるため、解釈第50条2項により、『・・・磁束密度の測定は日本産業規格で定める規格に適合する**3軸のもの**を使用する。』と、定めている。

また、磁束密度を測定する場所（位置）については、磁界が均一か、不均一かにより、次のように定めている。

一　磁界が**均一**であると考えられる場合は、測定地点を地表上1mの高さの点とし、その点における実効値で測定した値が**200μT以下**になるように施設する。

二　磁界が**不均一**であると考えられる場合は、測定点を地表上から0.5m、1m、1.5mの3点の各点において**実効値**で測定し、それらのを平均した値（これが条文でいう**平均値**）が**200μT以下**になるように施設する。

上記の文章中に、「実効値」と「平均値」の二つの語句が出てくるが、これらを正しく理解した上で、規制値の**200μT以下**を覚えておこう。

【応用問題の答】　(ア)　昇降、(イ)　足場金具、(ウ)　1.8、(エ)　昇塔、(オ)　さく、(カ)　山地

解釈第53条「架空電線路の支持物の昇塔防止」からの出題である。

この規定の目的は、架空電線路の支持物に、一般公衆が昇塔又は昇柱することにより、感電し墜落する事故を予防することである。

足場金具等の取付位置を、地表上から**1.8m以上**の高さに施設すれば、「子供のいたずら」の類(たぐい)は予防することが期待できる。しかし、糸が切れて腕金に巻き付いた凧(たこ)を取るために、大人が外部から梯子(はしご)を持ち込んで昇塔する行為に対しては、完全に予防することが難しい。

そのため、人家に近い場所に鉄塔や柱を建設する場合には、この設問の「ただし書き」の三号にあるように、その鉄塔等の周囲に金属製のさくを施設し、その出入口の門扉(もんぴ)に施錠装置を設け、かつ、必ず施錠しておく、という例が最近は多く見られる。

このような架空電線路の施設の実情は暗記しなくてよいが、法規の学習効果をより高めるために、「**一般公衆に対する保安確保の重要性**」を認識しつつ学習されることを薦める。

第5章　電技　電線路 その1

【模擬問題】　次の文章は、低高圧架空電路の用語の定義、及びその施設方法について述べたものである。これらの文章内容について、「電気設備技術基準の解釈」を基に判断し、適切でないものを一つ選べ。

(1)　A種鉄筋コンクリート柱は、個々の基礎の強度計算は行わず、解釈で規定する根入れ深さにより施設する鉄筋コンクリート柱である。

(2)　A種鉄筋コンクリート柱以外の鉄筋コンクリート柱は、B種鉄筋コンクリート柱に区分され、個々の基礎の強度計算を行って施設するものである。

(3)　第二次接近状態の範囲は、架空電線が他の工作物の上方又は側方において水平距離で2m未満に施設されている範囲をいう。

(4)　低圧架空電線路又は高圧架空電線路から発生する電波の許容限度は、解釈で定める測定方法、及び周波数帯における準せん頭値で36.5dB以下であること。

(5)　架空電線と架空弱電流電線とが並行して施設する場合は、誘導作用による通信上の障害を予防するため、両電線間の離隔距離を2m以上とする。

類題の出題頻度　★★★☆☆

【ヒント】　第5章のポイントの第1項「電線路の通則」と第2項「架空電線路の通則」を復習し、解答する。

この設問では、大変に多くの重要事項を問うているので、効果的に学習を行い、真に実力を蓄えていなければ、正解を得ることはできない。

この種の設問に対して確実に得点するためには、前出の「第5章のポイント」の中で赤色の数値で示した「重要な規制値を確実に覚えること」である。

この章の「低高圧の電線路」に限らず、上述の「重要な規制値」は大変に沢山あるので、それらをただ単に黙読していては、とても覚えることはできない。

しかし、その重要な規制値を確実に覚えなければ、得点はできない。

そこで、「法令に関する効果的な学習方法」が、受験のテクニック上大切になる。

その方法は、あなたが「電気設備を設計する際の概略図を作成する気持ち」になって、メモ用紙に略図を描き、その図中に規制値を書き入れて、学習を進める方法である。

この方法がベストであるので、この書籍の読者の方々に強く推奨する。

【答】(3)

設問の(1)の文章は、解釈第49条「電線路に係る用語の定義」の1項二号からの出題であり、「A種鉄筋コンクリート柱」の定義として正文である。

(2)の文章は、解釈第49条1項三号からの出題であり、「B種鉄筋コンクリート柱」の定義として正文である。

(4)の文章は、解釈第51条「電波障害の防止」の2項からの出題であり、低高圧架空電線路から発生する電波の許容限度値として、正文である。

(5)の文章は、解釈第52条「架空弱電流電線路への誘導作用による通信障害の防止」の1項一号からの出題であり、両電線間の離隔距離を**2m以上**とすることは正しい。

(3)の文章は、解釈第49条1項十号からの出題であり、この文章中の「・・・架空電線が他の工作物の上方又は側方において水平距離で2m未満に施設されている範囲をいう。」が誤りで、正しくは次の**図**のように**水平距離で3m未満**に施設されている範囲である。

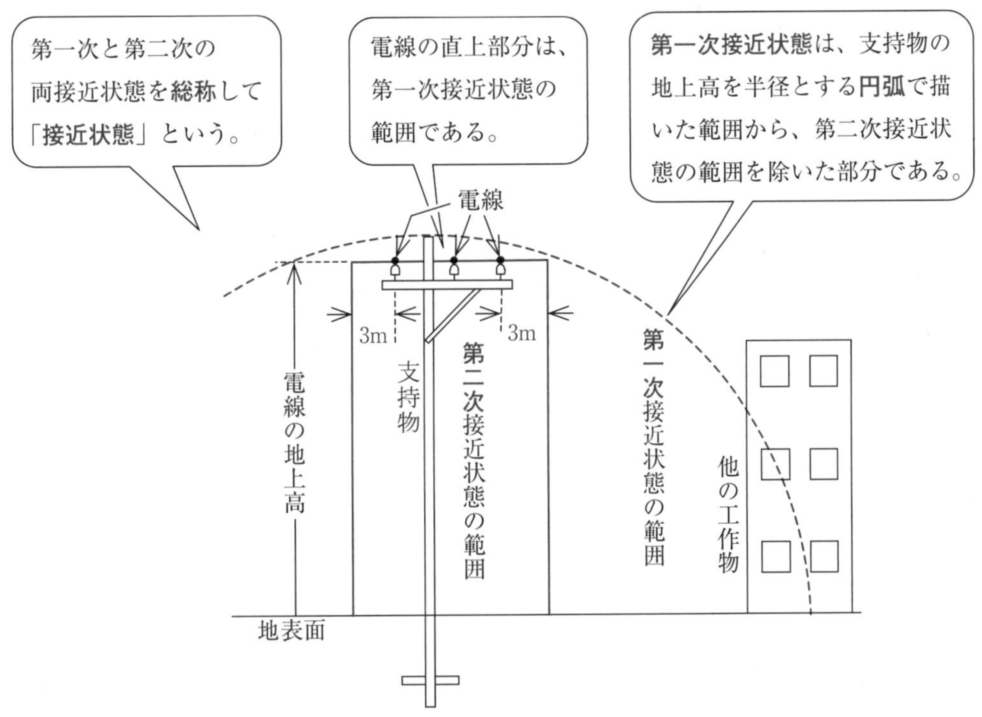

図　第一次、及び第二次の接近状態の定義

第二次接近状態を表す範囲の水平距離の部分は、電線の位置から3m未満である。

2 支持物の荷重と強度等

【基礎問題】「電気設備技術基準の解釈」を基に判断して、次の文章中の(ア)～(エ)に当てはまる適切な数値を埋めて、この文章を完成させよ。

(1) 架空電線路の強度検討に用いる風圧荷重の風速は、気象庁が地上気象観測指針で定める［(ア)］分間平均風速を適用する。
(2) 甲種風圧荷重は、構成材の垂直投影面積に加わる圧力を基礎として計算したもの、又は風速［(イ)］m/s以上を想定した風洞実験に基づく値より計算したものを適用する。
(3) 乙種風圧荷重は、架渉線の周囲に厚さ6mm、比重0.9の氷雪が付着した状態で、甲種風圧荷重の［(ウ)］倍を基礎とした計算値である。
(4) 着雪時風圧荷重は、架渉線の周囲に比重0.6の雪が同心円状に付着した状態で、甲種風圧荷重の［(エ)］倍を基礎とした計算値である。

【ヒント】 第5章のポイントの第2項「架空電線路の通則」の中の(4)「架空電線路の強度検討に用いる荷重」を復習して解答する。

【応用問題】 次の(1)～(5)の文章は、「架空電線路の支持物の強度等」及び「架空電線路の支持物の基礎の強度等」について述べたものであるが、これらの文章を「電気設備技術基準の解釈」を基に判断して、適切でないものを一つを選べ。

(1) 木柱には、電線路に直角方向に作用する風圧荷重に、安全率1.5を乗じた荷重に耐える強度を有するものを適用する。
(2) A種鉄筋コンクリート柱を、水田その他地盤が軟弱な箇所に施設する場合は、設計荷重を6.87kN以下、全長を16m以下とし、特に堅ろうな根かせを施す。
(3) A種鉄柱には、鋼板組立柱又は鋼管柱を適用する。
(4) A種鉄柱は、その設計荷重を6.87kN以下とし、全長が15m以下のものについてはその根入れの深さを全長の1/6以上とする。
(5) 木柱、鉄筋コンクリート柱又は鉄柱に支線を用いてその強度を分担させる場合は、この解釈で耐えるべきとして規定された風圧荷重の1/2以上の風圧荷重に耐える強度を有するものを適用する。

【ヒント】 第5章のポイントの第2項「架空電線路の通則」の中の(5)「架空電線路の支持物の強度等」を復習して解答する。

【基礎問題の答】

この設問は、「電気設備技術基準の解釈」（以下「解釈」と略記する。）第58条「架空電線路の強度検討に用いる荷重」の1項からの出題であるが、正解の値を次の文章中の赤色文字で示す。

(1)の(ア)の風速は、気象庁が地上気象観測指針で定める**10**分間平均風速を適用する。

(2)の(イ)の風速は、**40**m/s以上を想定した風洞実験に基づく値である。

(3)の(ウ)は、右の**図1**に示す状態で、甲種風圧荷重の**0.5**倍を基礎とした値である。

(4)の(エ)の着雪時風圧荷重は、架渉線の周囲に比重0.6の雪（氷雪ではない）が同心円状に付着した状態で、甲種風圧荷重の**0.3**倍を基礎とした計算値である。

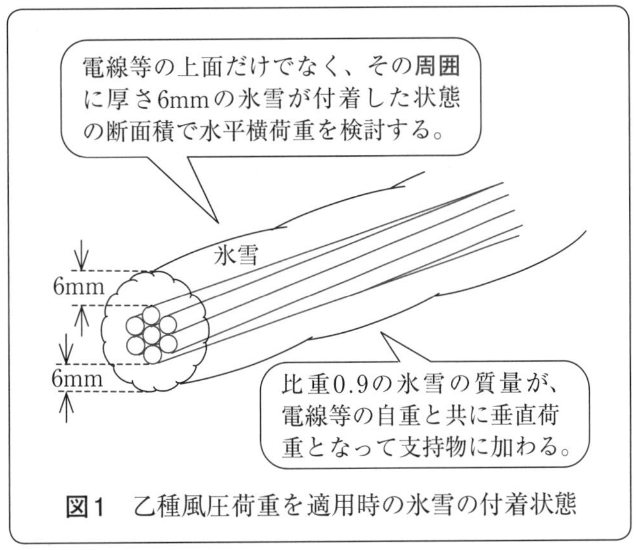

図1　乙種風圧荷重を適用時の氷雪の付着状態

【応用問題の答】　(1)

解釈第59条「架空電線路の支持物の強度等」の2項三号からの出題である。

設問の(1)の文章中の風圧荷重に対する**安全率**の値に誤りがある。令和2年5月の解釈改正以前の安全率の規定値は、架空電線路の使用電圧が低圧の場合は1.2以上、高圧の場合は1.3以上、特別高圧の場合は1.5以上であったが、<u>改正後は使用電圧に無関係に全て**2.0以上**</u>となっている。よって、設問の(1)の文章は、次の二重線部分の1.5を2.0に訂正して正文になる。

(1)　（架空電線路の支持物として使用する）木柱は、（途中の語句は省略）電線路に直角方向に作用する風圧荷重に、安全率~~1.5~~ **2.0**を乗じた荷重に耐える強度を有すること。

なお、令和2年5月の解釈改正により、**木柱の風圧荷重**に対する**安全率**値が1.5以上から<u>2.0以上に変更</u>されている事項は、上記の解釈第59条「架空電線路の支持物の強度等」の外に次の条文も同様に**安全率**値が**2.0以上**に**改正**されているので、まとめて覚えておこう。

① 解釈第70条「低圧保安工事、高圧保安工事及び連鎖倒壊防止」の1項の二号

② 解釈第81条「低高圧架空電線と架空弱流電線等との共架」の1項の一号

③ 第100条「35 000Vを超える特別高圧架空電線と低高圧架空電線等若しくは電車線等又はこれらの支持物との接近又は交差」の4項の三号

【模擬問題】 次の文章は、「電気設備技術基準の解釈」（以下この設問では「解釈」と略記する。）で規定している「架空電線路の鉄塔の強度検討に用いる風圧荷重」について述べたものである。この文章中の(ア)〜(オ)の空白部分に当てはまる語句又は数値として、全て正しく組み合わせたものを次の(1)〜(5)のうちから一つを選べ。

架空電線路の鉄塔の強度検討に用いる風圧荷重は、次の各号に掲(かか)げる特殊地形箇所に施設する場合は、局地的に強められた風による風圧荷重を考慮すること。風圧荷重の検討においては、気象庁が地上気象観測指針で定める10分間平均の風速［(ア)］m/sによる荷重と、気象庁が記録する風速の［(イ)］による荷重を比べて、大きい方の荷重を用いること。

（これ以降のただし書きは省略する。）

一　従来から強い局地風の発生が知られている地域における稜線上の鞍部等、［(ウ)］箇所

二　主風向に沿って地形が狭まる湾の奥等の小高い丘陵部にあって［(エ)］風が当たる箇所

三　海岸近くで突出している［(オ)］の大きな山の頂部等、海岸からの風が強まる箇所（これ以降の四号及び五号の規定は省略する。）

	(ア)	(イ)	(ウ)	(エ)	(オ)
(1)	30	年平均値	風が強くなる	拡散した	大地状平面
(2)	30	年最大値	風が拡散する	拡散した	斜面傾度
(3)	40	年平均値	風が拡散する	収束した	大地状平面
(4)	40	年最大値	風が強くなる	収束した	斜面傾度
(5)	30	年最大値	風が拡散する	拡散した	大地状平面

類題の出題頻度 ★★☆☆☆

【ヒント】 電気設備のうち、避雷器やブッシングなど長尺構造の電気機器は、特に耐震強度が重要である。一方、この設問対象の鉄塔は、地震荷重よりも風圧荷重の方が大きいため、設計・施工面及び保守面での重要度が高い。このことを理解して、第5章のポイントの第2項「架空電線路の通則」の中の(4)項「架空電線路の強度検討に用いる荷重（解釈第58条）」を復習して解答する。この解釈の条文の全てを覚えることは難しいが、上述のように鉄塔の強度を設計する上で、風圧荷重が特に重要であることを踏まえて、上記の第5章のポイント設問の文章を読めば、この設問の空白部分に当てはまる語句や数値の解答候補は推測が可能である。

【答】(4)

この設問は、解釈第58条「架空電線路の強度検討に用いる荷重」の4項からの出題である。

令和元年9月の台風15号により複数の鉄塔に大きな被害を受けたため、近年の自然災害の実情を踏まえて、関係機関により鉄塔被害の再発防止策について審議、検討が行われた。その結果、令和2年5月に、この設問の解釈第58条に4項の規定が新設された。

この4項の趣旨は、「第一号から第五号に掲げる**特殊地形箇所**に施設する鉄塔は、局地的に強められた風による風圧荷重を考慮すること」である。更に、「**10分間平均の風速40m/s**による風圧荷重」と「気象庁が記録する風速の**年最大値**による風圧荷重」とを比べて、**大きい方の風圧荷重を適用**することを定めている。なお、この設問では4項の四号及び五号の内容を問うことは省略したが、特殊地形箇所として四号及び五号に規定した箇所は次のとおりである。

四　半島の岬、小さな島等、海を渡る風が吹きつける箇所

五　強い風が風上側にある標高の高い丘で増速され、直近の急斜面によりさらに増速する箇所

上述の解釈第58条の4項は、令和2年5月に新設された規定であるが、その後の令和2年8月に次の『　』内に示す5項が新設されている。

『5　鉄塔であって、第一項に規定する甲種風圧荷重を適用する場合には、(10分間平均の風速40m/sによる風圧荷重と）**地域別基本風速**における風圧荷重と比べて、大きい方の荷重を考慮すること。』上記の（　）内の文章は、理解しやすいように筆者が加筆したものである。

さらに5項では、既に使用中の鉄塔については、次のただし書きにより、鉄塔を補強して必要な強度を確保することにより、継続して使用することを認めている。

『ただし、完成品の底部から全長の1/6（2.5mを超える場合は、2.5m）までを変形を生じないように固定し、頂部から30cmの点において柱の軸に直角に設計荷重の2倍の荷重を加えたとき、これに耐えるものにあっては、この限りでない。』

支持物としての鉄塔は、550kVや275kVなど特に重要な電力輸送施設として建設されているものが多い。そのため、鉄塔に甲種風圧荷重を適用する場合には、10分間平均の風速40m/sの風に対する風圧荷重だけでなく、この設問の対象とした特殊地形箇所において局地的に強められた風による風圧荷重も考慮すべきことを理解しておこう。

特殊地形箇所に施設する鉄塔の強度検討には、
局地的に強められた風による風圧荷重を考慮する。

3 支線の施設方法

【基礎問題1】 次の一～三の文章で示す箇所に、高圧又は特別高圧の架空電線路の支持物として使用する木柱、A種鉄筋コンクリート柱又はA種鉄柱に使用する支線を施設する場合、「電気設備技術基準の解釈」で定める「支線の引張強さに対する安全率の下限値」として、正しいものを次の(1)～(5)のうち一つを選べ。

一　径間差が大きいため、電線路の方向に大きな不平均張力が生ずる箇所。
二　5度を超える水平角があるため、大きな水平横荷重が生ずる箇所。
三　電線路の全架渉線を引き留る箇所。

(1)　1.2　　(2)　1.3　　(3)　1.5　　(4)　2　　(5)　2.5

【ヒント】 第5章のポイントの第2項「架空電線路の通則」の(7)「支線の施設方法及び支柱による代用」を復習し、解答する。

【基礎問題2】 次の文章は、「電気設備技術基準の解釈」により支線を施設することを規定した箇所の支線の施設方法を述べたものである。この文章中の(ア)～(ウ)の空白部分に当てはまる適切な語句を、下の「解答群」の中から選び、この文章を完成させよ。

高圧又は特別高圧の架空電線路の支持物として使用する木柱、A種鉄筋コンクリート柱又はA種鉄柱には、次の各号により支線を施設すること。

一　電線路の水平角が5度以下の箇所に施設される柱であって、当該柱の両側の径間の差が大きい場合は、その径間の差により生じる不平均張力による水平力に耐える支線を、電線路の平行な方向の［(ア)］に設けること。
二　電線路の水平角が5度を超える箇所に施設される柱は、全架渉線につき各架渉線の想定最大張力により生じる［(イ)］に耐える支線を設けること。
三　電線路の全架渉線を引き留る箇所に使用される柱は、全架渉線につき各架渉線の想定最大張力に等しい不平均張力による水平力に耐える支線を、電線路に［(ウ)］な方向に設けること。

「解答群」平行、水平横分力、水平縦分力、両側

【ヒント】 第5章のポイントの第2項の(8)「架空電線路の支持物における支線の施設」を復習し、解答する。

【基礎問題1の答】（3）

解釈第62条「架空電線路の支持物における支線の施設」により、『高圧又は特別高圧の架空電線路の支持物として使用する木柱、A種鉄筋コンクリート柱又はA種鉄柱には、次の各号（その文章を短文化して表したものが、この設問の一号～三号の文章であり、下の「基礎問題2の答」の解説記事の図1～図3に該当する箇所である）により支線を施設すること。』と、不平均張力が作用する箇所のうち、支線を施設すべき箇所を明示している。

この設問は、上記の解釈第62条により「支線の施設を義務付けた箇所」に施設する支線について、解釈第61条「支線の施設方法及び支柱による代用」により定めている「支線の引張強さに対する安全率の下限値」を問うものである。

この設問の箇所の支線は、引張強さは6.46kN以上、安全率は1.5以上と定めている。

この設問では問うてはいないが、解釈第62条により「支線の施設を義務付けた箇所」以外の箇所に施設する支線の引張強さは10.7kN以上、安全率は2.5以上と定めている。

この両者を正しく使い分け、解答欄の(5)の2.5を誤選択しないように注意しよう。

【基礎問題2の答】（ア）両側、（イ）水平横分力、（ウ）平行

解釈第61条「支線の施設方法及び支柱による代用」からの出題である。

この設問の「解釈により、支線を施設することを義務付けた各箇所」を下の図に示す。

図1は、設問の一号の文章に相当する「大きな径間の差による不平均張力を生じる箇所」を示す。この図の中で赤色で示した支線を、電線路に平行な方向の両側に設ける理由は次のとおりである。平常時の不平均張力は、長径間側に**水平縦荷重**が作用するが、その長径間部分で断線を生じたとき、長径間部分の反対側に水平縦荷重が発生し、その荷重により支持物が将棋（しょうぎ）倒しの状態になることを予防するためである。

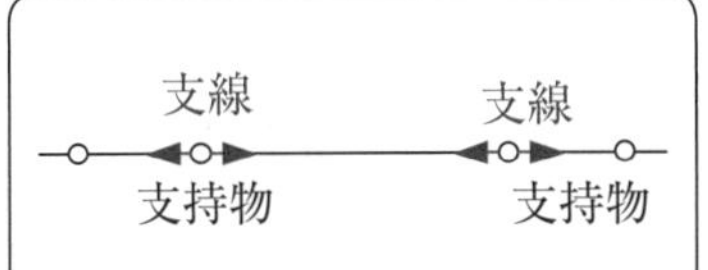

図1　径間差による不平均張力がある場合の支線

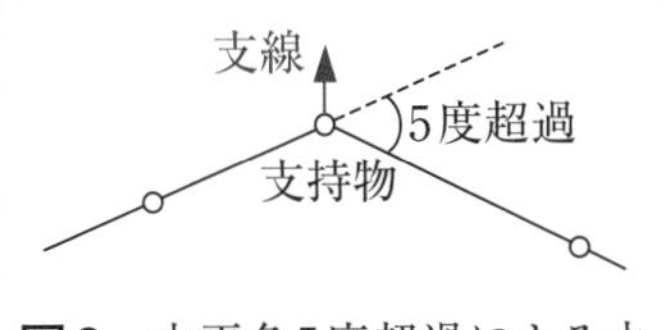

図2　水平角5度超過による水平分力がある場合の支線

図3　引き留めにより不平均張力がある場合の支線

図2は、設問文の二号に相当する「大きな**水平横分力**が働く箇所」を示し、水平角が**5度を超える**箇所に作用する**水平横荷重**に耐える支線を施設する。

図3は、設問の三号の文章に相当する「全架渉線を引き留る箇所」、すなわち配電線路の末端で全架渉線を引き留（ど）めている**引留柱**である。この引留柱は、過去の電験第三種に「支線に必要な強度計算」として最も多く出題されてきたものであり、その計算方法は次項で紹介する。

【模擬問題】　次の文章は、「電気設備技術基準の解釈」で規定している「支持物に使用する支線の施設方法」に関する主要な事項を抜粋したものである。この文章中の(ア)～(エ)の部分に当てはまる語句又は数値を正しく組み合わせたものを、次の(1)～(5)のうちから一つを選べ。

1.　架空電線路の支持物に使用する支線は、次の各号によること。
（一号及び二号は省略する。）
三　支線により線を使用する場合は、次によること。
イ　素線を［(ア)］条以上より合わせたものであること。
ロ　素線は、直径が［(イ)］mm以上、かつ、引張強さが0.69kN/mm²以上の金属線であること。
四　支線を木柱に施設する場合を除き、地中の部分及び地表上［(ウ)］cmまでの地際部分には耐食性のあるもの又は亜鉛めっきを施した鉄棒を使用し、これを容易に腐食し難い根かせに堅ろうに取り付けること。
（五号は省略する。）
2.　道路を横断して施設する支線の高さは、路面上［(エ)］m以上とすること。（これ以降の「2項のただし書き」は省略する。）
3.　低圧又は高圧の架空電線路の支持物に施設する支線であって、電線と接触するおそれがあるものには、その上部に［(オ)］を挿入すること。（これ以降の「3項のただし書き」及び4項は省略する。）

	(ア)	(イ)	(ウ)	(エ)	(オ)
(1)	2	2.6	50	5.5	絶縁防具
(2)	3	2	30	5	がいし
(3)	2	1.6	50	4.5	接触防止金具
(4)	3	2.6	30	2.5	絶縁防具
(5)	2	2	75	4.5	がいし

類題の出題頻度　★★★★★

【ヒント】　第5章のポイントの第2項の(8)「架空電線路の支持物における支線の施設」を復習し、解答する。これらの条文で規制されている数値のうち、「第5章のポイント」の中で赤色の数値で表したものは過去に多く出題された規制値であるので、紙に略図を描き、その図中に規制値を記入して、効果的に学習を進めていただきたい。

【答】(2)

解釈第61条「支線の施設方法及び支柱による代用」からの出題である。

この条文で規制されている事項のうち、電験第三種の受験学習上で特に記憶しておきたい事項を、次の**図**の中の赤色の語句で示す。読者の方々は、この図のような略図を描き、その中に規制値を記入することを数回繰り返し、重要な語句や規制値を確実に記憶していただきたい。

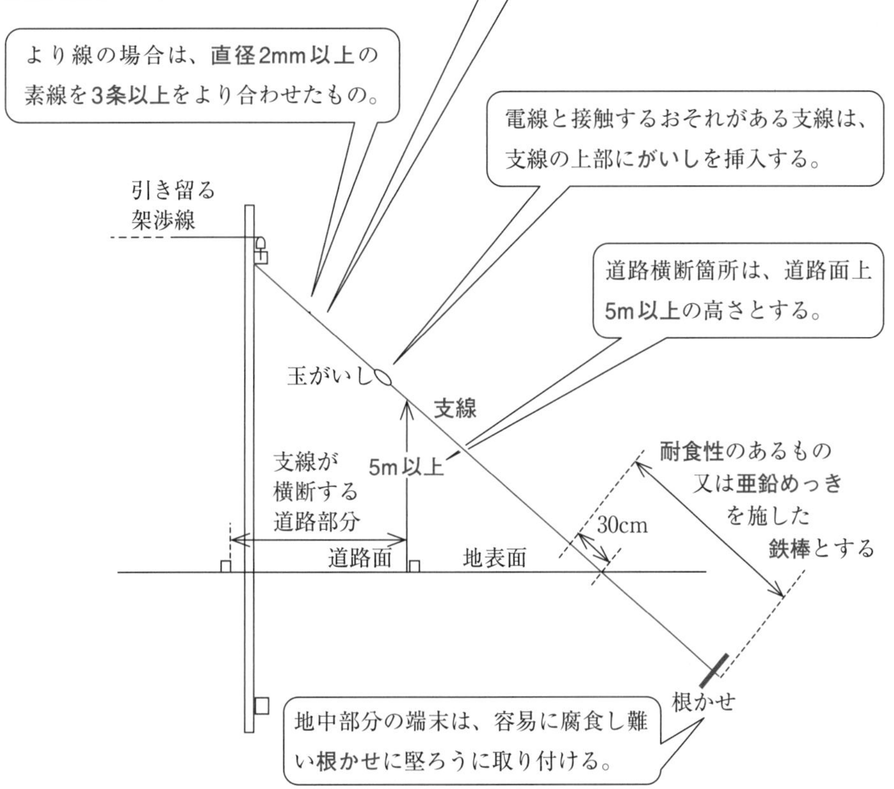

図　支持物に使用する支線の施設方法（引留柱に施設する例）

引留箇所のA種鉄柱等に施設する支線は、
3本以上をより合わせ、安全率を1.5以上にする。

4 支線強度の計算

【基礎問題】 次の**図1**に示すように、A種鉄柱により全架渉線を引き留める支持物があり、その全架渉線の想定最大張力は2.0［kN］である。この引留柱に、「電気設備技術基準の解釈」の規定に適合する支線を施設する場合、その支線に必要な引張強さの許容最小値［kN］を求めよ。ただし、全架渉線の取付点の地上高と支線の取付点の地上高は同じ高さとし、支線と引留柱との成す角度は図示のとおりとする。また、このA種鉄柱には全架渉線の想定最大張力のうちの60%の張力に耐える抗力を保有しているものとする。

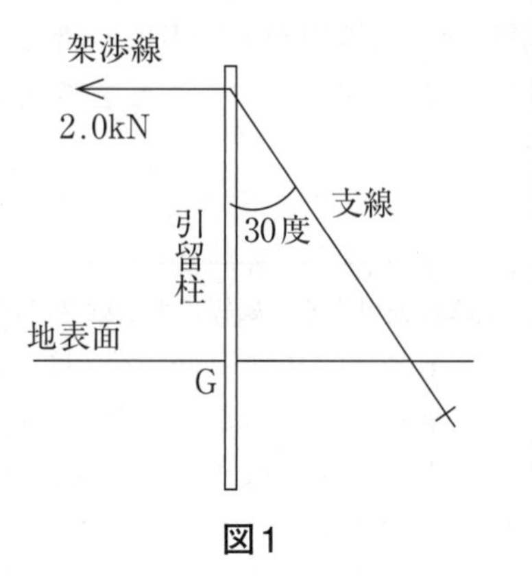

図1

【ヒント】 設問文をよく読み、解答すべき値は「支線に実際に加わる荷重」か、それとも「法で規定された支線が保有すべき引張強度」なのかを、正しく区別して解答する。

【応用問題】 次の**図3**に示すように、2回線分の全架渉線を引き留めている引留柱があり、その柱に図示の支線を施設するとき、その支線に作用する引張強さ［kN］の値を求めよ。ただし、図の引留柱は水平の地表面に対して垂直に建柱しており、架渉線の張力［kN］の値、各架渉線の取付け高さ、支線の取付け高さ、及び柱と支線との成す角度は図示のとおりとし、上記以外の定数は無視できるものする。

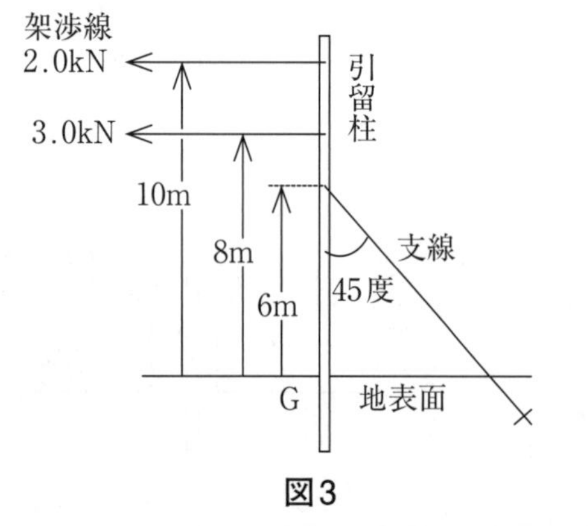

図3

【ヒント】 この設問で解答すべき値は、「法で規定した支線に保有すべき引張強度［kN］」ではなく、「支線に**実際に加わる荷重**［kN］」である。

この種の「支線強度の計算問題」を解くときの定石は、支持物が地表面と接する位置である点Gを中心として作用する、**右回りモーメント**［kN·m］の値と**左回りのモーメント**［kN·m］の値とを**等式**で結び、その等式を解く方法である。その「**左右の回転モーメントの等式**」に適用する値は、支持物に直角に作用する架渉線の張力［kN］と、その張力の作用点から点Gまでの柱に沿った長さ［m］との積である。

【基礎問題の答】　6.46［kN］

右の**図2**に示す全架渉線の張力2.0［kN］と、支線の張力とを平衡させるためには、この図の点線で示すように、架渉線の反対方向に張力2.0［kN］を作用させればよい。このとき、斜めに施設した支線に作用する張力をF［kN］、**支線の安全率**$f \geqq$**1.5**を考慮した支線自体が保有すべき引張強F_S［kN］は、次式で表される。

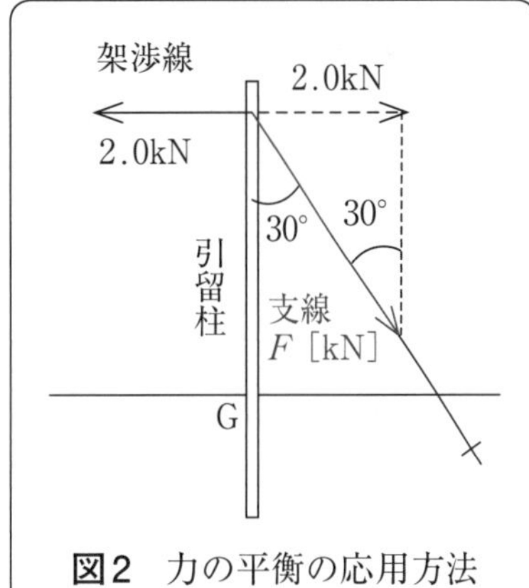

図2　力の平衡の応用方法

$$F = \frac{2.0\,[\mathrm{kN}]}{\sin 30\,[^\circ]} = \frac{2.0}{0.5} = 4.0\,[\mathrm{kN}] \quad (1)$$

$$F_S \geqq F \cdot f = 4.0 \times 1.5 = 6.0\,[\mathrm{kN}] \quad (2)$$

この設問には、「・・・「電気設備技術基準の解釈」の規定に適合する支線を施設する場合、・・・」とあるので、解釈第61条1項一号により、この設問の「A種鉄柱で全架渉線を引き留る引留柱に施設する支線の引張強さ**6.46kN以上**とすること」の規定を適用し、「支線に必要な引張強さの**許容最小値は6.46［kN］**である」と判断する。

なお、設問文の末尾にある「・・・このA種鉄柱には、全架渉線の想定最大張力値のうちの60%の張力に耐える抗力を保有している・・・」は、上記の(1)式、(2)式に関係しない。

【応用問題の答】　10.37［kN］

左記の「ヒント」に述べた定石の方法で解く。右の**図4**に示す支線に作用する張力をF［kN］、その張力F［kN］が支持物に直角に作用する成分の力（この場合は水平分力）を点線で示すF_h［kN］とする。支持物の地際の点Gを中心として、**右回り**に作用するモーメントM_R［kN·m］の値は、次式で表される。

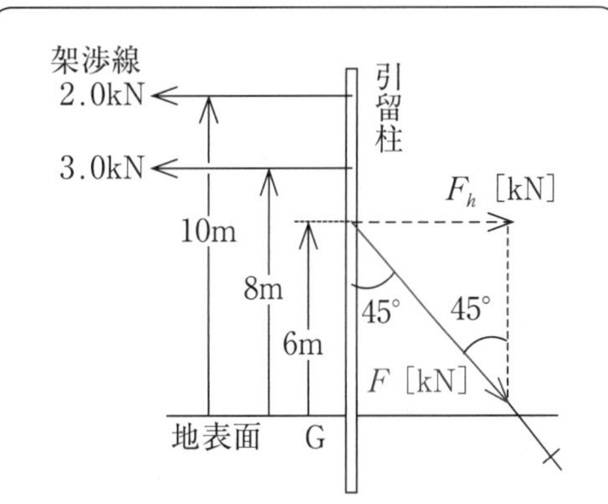

図4　右回りと左回りの回転モーメントの等式で解く方法

$$M_R = F_h\,[\mathrm{kN}] \times 6\,[\mathrm{m}] \quad (3)$$

$$= F \sin 45\,[^\circ] \times 6\,[\mathrm{kN \cdot m}] \quad (4)$$

点Gを中心に**左回り**に作用するモーメントM_L［kN·m］の値は、次式で表される。

$$M_L = 2.0\,[\mathrm{kN}] \times 10\,[\mathrm{m}] + 3.0\,[\mathrm{kN}] \times 8\,[\mathrm{m}] = 44.0\,[\mathrm{kN \cdot m}] \quad (5)$$

ここで「**左右の回転モーメントの等式**」を立てて、その式からFの値を得る。

$$F \sin 45\,[^\circ] \times 6 = 44.0\,[\mathrm{kN \cdot m}] \quad (6)$$

$$F = \frac{44.0\,[\mathrm{kN \cdot m}]}{\sin 45\,[^\circ] \times 6\,[\mathrm{m}]} = \frac{44.0 \times \sqrt{2}}{6} = \underline{10.37\,[\mathrm{kN}]} \quad (7)$$

【模擬問題】 次の**図1**は、2回線分の全架渉線を引き留(ひ)(どめ)ているA種鉄筋コンクリート柱に支線を施設した状況を示したものである。この図の支線について、次の(a)及び(b)の問に答えよ。ただし、引留柱及び支線の施設状況を表す各値は図示のとおりであるものとし、図示以外の定数は無視できるものとする。また、必要に応じて次の簡易三角関数表を使用して計算する。

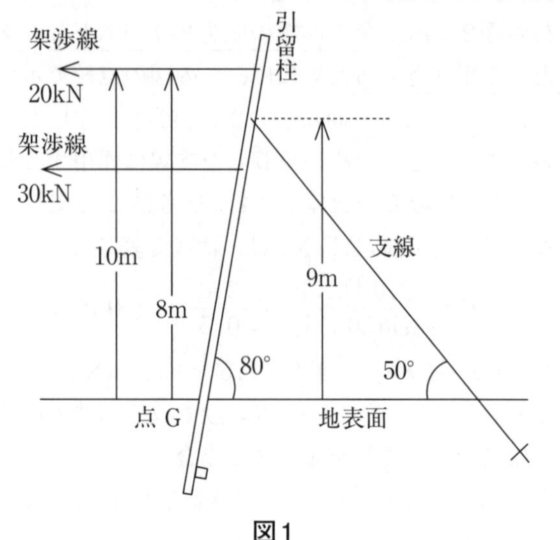

図1

(a)　図の2回線分の架渉線に、想定最大張力［kN］が同時に作用したとき、支線に作用する張力［kN］の値として、最も近いものを次の(1)〜(5)のうちから一つ選べ。

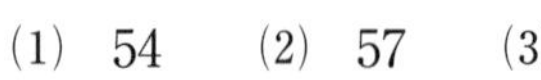

(1)　54　　(2)　57　　(3)　60
(4)　63　　(5)　66

簡易三角関数表

sin 10［°］＝0.1736	cos 10［°］＝0.985
sin 40［°］＝0.643	cos 40［°］＝0.766
sin 80［°］＝0.985	cos 80［°］＝0.1736

(b)　この図の支線として、直径5mmの金属線の素線7条をより合わせたものを使用する。その素線をより合わせる以前の素線1［mm^2］当たりに必要な引張強さ［kN/mm^2］として、「電気設備の技術基準の解釈」の規定に適合する最小許容値を、次の(1)〜(5)のうちから一つ選べ。ただし、支線の素線をより合わせることによりその引張強さが元の値の10%だけ減少するものとする。

(1)　0.69　　(2)　0.77　　(3)　0.88　　(4)　1.0　　(5)　1.2

類題の出題頻度　★★★★☆

【ヒント】　前ページで解説した定石どおり「**左右の回転モーメントの等式**」を立てて、その式から解を得る。この設問の引留柱は、地表面に対し80度の角度で建柱しているため、回転モーメント［kN·m］の値を表す際に、「**支持物に直角に作用する力**［kN］（この場合は、設問で与えられた水平分力ではない！）」と「点Gから**支持物に沿って測った**張力の作用点までの長さ［m］（この設問で与えられた地上高ではない！）」との**積**で表される。この種の「傾斜した支持物の支線強度の計算問題」を解く際に、上記の二つの点が最も誤りやすく、注意すべき点である。この設問の難易度は、電験第三種以上で電験第二種に近いレベルであるので、この問題が解ければあなたの実力は既(すで)に合格圏(けん)内にある。

【答】(a)(4)、(b)(2)

問(a)の解き方；定石(じょうせき)どおり「左右の回転モーメントの等式」を応用して解く。その等式に直接代入できる値として、設問で与えられた引留柱に対して、直角に作用する各張力、及び、引留柱に沿って測(はか)った点Gから各張力の作用点までの長さを、右の**図2**に示す。

支線に作用する引張荷重F［kN］は、次式で求まる（ちなみに、その値は解釈第61条で規定する最小値の6.46kNより大きい）。

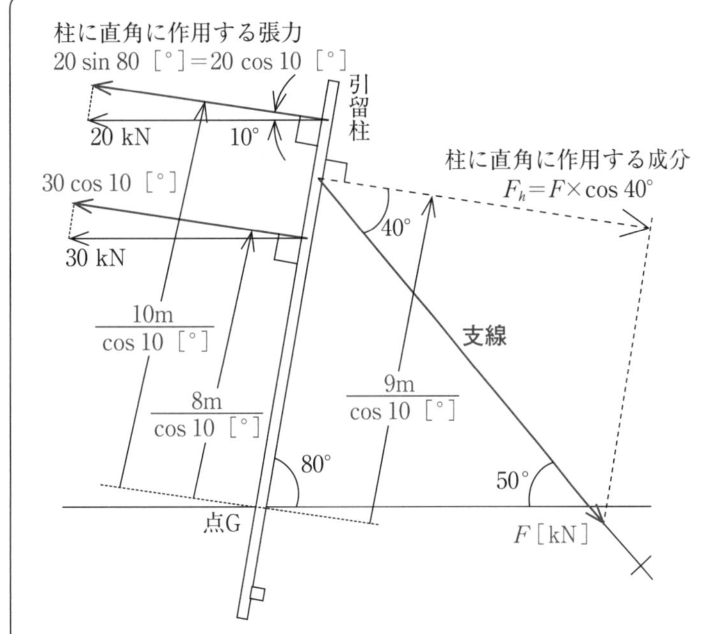

図2　設問で与えられた値を基に「左右の回転モーメントの等式」に直接代入できる値に換算した図

$$20\cos 10°\times\frac{10}{\cos 10°}+30\cos 10°\times\frac{8}{\cos 10°}=F\cos 40°\times\frac{9}{\cos 10°}\qquad(1)$$

$$F=\frac{20\times 10+30\times 8}{\cos 40°\times\dfrac{9}{\cos 10°}}=48.9\times\frac{\cos 10°}{\cos 40°}=62.9\fallingdotseq 63\ [\mathrm{kN}]\qquad(2)$$

問(b)の解き方；解釈第61条の規定により、この支線の**安全率**は**1.5以上**であるから、支線が保有すべき引張強度は62.9×1.5［kN］以上である。この支線は、題意により直径5mmの素線7条をより合わせたものであり、「より合わせにより引張強度が10%だけ減少する」ので、より合わせる以前の素線1［mm²］当たりの引張強さの最小許容値は、端数を切り上げて求める。

$$\frac{62.9\ [\mathrm{kN}]\times 1.5}{7\times 0.9\times 2.5^2\times\pi}=0.763\Rightarrow 0.77\ [\mathrm{kN/mm^2}]\qquad(3)$$

以上の計算結果は、解釈第61条で定めたより線の支線の条件である「3条以上をより合わせ、直径は2mm以上、引張強さは0.69kN/mm²以上とする」を全て満足している。

支線の強度計算は、左右の回転モーメントの値が互いに等しいことを利用して解く。

5 架空電線路の径間制限、地上高

【基礎問題1】 次の**表1**は、高圧又は特別高圧の架空電線路の径間の制限値について、「電気設備技術基準の解釈」で規定する表の一部分を抜粋したものである。この表の中の(ア)～(エ)で表す空白部分に該当する値を、下の「解答群」から選べ。

表1

支持物の種類	長径間工事以外の箇所	長径間工事箇所
木柱、A種鉄筋コンクリート柱又はA種鉄柱	(ア)	(イ)
B種鉄筋コンクリート柱又はB種鉄柱	(ウ)	(エ)

「解答群」150、250、300、500

【ヒント】 第5章のポイントの第2項の(9)「架空電線路の径間の制限」を復習し、解答する。

【基礎問題2】 300Vを超える低圧又は高圧の架空電線路に使用する電線として、ケーブルを除く次の(a)及び(b)の文章で示す電線を使用する場合であって、解釈で定める荷重が当該電線に加わる引張強さに対する安全率の値について、「電気設備技術基準の解釈」の規定に適合する最小の値を、下の「解答群」から選んで答えよ。

(a) 電線に硬銅線又は耐熱銅合金線を使用する場合。
(b) 上記の(a)に示した電線以外の電線を使用する場合。

「解答群」2、2.2、2.5、3

【ヒント】 第5章のポイントの第3項の(2)「電線の引張強さに対する安全率」を復習し、解答する。

【基礎問題1の答】　正解の値は、次の**表2**の中の赤色の数値で表す。

解釈第63条「架空電線路の径間の制限」の1項の63-1表からの出題である。この設問は、「高圧又は特別高圧」の架空電線路について問うているが、第三種電気主任技術者の保安監督が可能な使用電圧の範囲は50kV未満であるので、参考として「使用電圧が170kV未満」の架空電線路についても、表2の中に示した。

表2　高圧又は特別高圧架空電線路の径間の制限（解釈63-1表）

支持物の種類	許容される上限の径間長［m］	
	長径間工事以外の箇所	長径間工事の箇所
木柱、A種鉄筋コンクリート柱又はA種鉄柱	(ア)　150	(イ)　300
B種鉄筋コンクリート柱又はB種鉄柱	(ウ)　250	(エ)　500
使用電圧が170kV未満の鉄塔	600	制限なし

次の箇所に硬銅線又は硬銅より線を使用する場合の電線の太さの規定値も覚えておこう。

(1)　高圧架空電線路の径間が100mを超える箇所は、**直径5mm以上**。

(2)　高圧架空電線路の長径間工事箇所は、**断面積22mm^{2}以上**。

(3)　特別高圧架空電線路の長径間工事箇所は、**断面積55mm^{2}以上**。

【基礎問題2の答】　(a)　2.2、(b)　2.5

解釈第66条「低高圧架空電線の引張強さに対する安全率」からの出題である。

この設問は「電線の安全率の値」を問うものであるが、この値は「電線の弛度（ちど）（たるみ）の値」と、次に述べるように深い関係があることを、よく理解しておこう。

電線の弛度を大きく設計すれば、その電線に加わる引張荷重の値は小さくなるため、安全率の値は増加する。

しかし、弛度を大きく設計することは、電線に想定最大電流が流れたときの最大温度上昇時に電線が大きく膨張し、電線の地上高が減少し、保安上の問題を生ずる可能性がある。

また、風により電線が横揺れを生じるが、その際に接近する他物との接触事故を発生しやすくなる。

さらに、電線に付着した氷雪が脱落する際に、スリート ジャンプの現象により上側に架線してある電線と気中短絡事故を発生する可能性が大きくなる。

そのため、電線の弛度の設計値は、上記の事象を総合的に判断し、決定すべき重要な値である。

【模擬問題】 次の文章は、低圧架空電線路又は高圧架空電線路を施設する場合の高さについて述べたものである。これらの文章中の(ア)～(オ)に当てはまる高さの値を、「電気設備技術基準の解釈」を基に判断し、全て適切な値を組み合せたものを、次の(1)～(5)のうちから一つを選べ。

1. 道路を横断する場合は、路面上 [(ア)] m以上に施設する。ただし、車両の往来がまれであるもの及び歩行の用にのみ供せられる部分を除く。
2. 鉄道又は軌道を横断する場合は、レール面上 [(イ)] m以上に施設する。
3. 横断歩道橋の上に施設するときの路面上の高さは、低圧架空電線路の場合は [(ウ)] m以上、高圧架空電線路の場合は [(エ)] m以上とする。
4. 上記の1.～3.項以外の場所に、屋外照明用として絶縁電線又はケーブルを使用した対地電圧150V以下の電線路を、交通の支障のないように施設する場合は、地表上 [(オ)] m以上とする。
5. 上記の1.～3.項以外の場所に、低圧架空電線路を道路以外の場所に施設する場合は、地表上 [(オ)] m以上とする。

	(ア)	(イ)	(ウ)	(エ)	(オ)
(1)	5	5	2.5	3	4
(2)	5.5	5.5	3	4	4.5
(3)	6	5.5	3	3.5	4
(4)	5	5	2.5	3	4.5
(5)	5.5	5.5	2.5	3.5	4

類題の出題頻度 ★★★★☆

【ヒント】 第5章のポイントの第3項「低高圧架空電線路」の中の(3)「電線の高さ」を復習し、解答する。

この設問の架空電線の地上高は、「公衆に対する保安確保」の面で特に重要な事項であるため、過去に多く出題されている。

以前にも紹介したが、このような頻出問題の重要な規制値は、「紙に略図を描き、その図中に規制の値を記入する方法」により、効果的に学習を進めていただきたい。

【答】(3)

解釈第68条「低高圧架空電線の高さ」からの出題であり、この条文で定めている架空電線の地表面又は横断歩道橋の路面上の高さの許容下限値を、次の**図**に示す。

設問の1.項にある「車両の通行がまれであるもの」とは、耕うん機や荷馬車のような車両が通過する農道など、交通の激(はげ)しくない道路を指している。

設問の3.項にある「横断歩道橋の路面上の高さ」については、人がスキー板等のように長い物をかついで通る場合を考慮して決められている。また、横断歩道橋の階段部分も、横断歩道橋の一部として扱われるので同じ高さ以上で施設する。

この設問の対象の架空電線路は、「低圧又は高圧」であるが、第三種電気主任技術者が保安の監督に従事できる範囲である「35kV以下の特別高圧架空電線路」の高さ制限についても、この図中に示したので、合わせて覚えておこう。

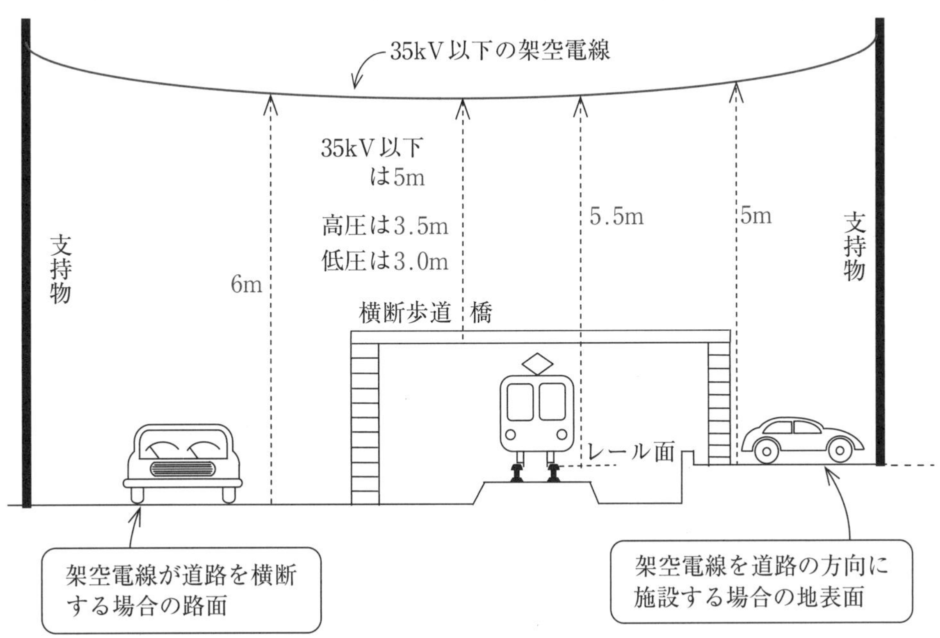

図　35kV以下の架空電線の高さの下限値

35kV以下の架空電線が**道路横断**する箇所は、その路面上から**6m以上**の高さで施設する。

第5章　電技　電線路 その1

6 保安工事、他物との離隔距離等

【基礎問題】 次の(1)及び(2)に示す箇所に、ケーブル以外の硬銅線又は硬銅より線の絶縁電線を施設する場合の電線として、「電気設備技術基準の解釈」で定めている許容最小限の太さの値を、下の「解答群」から選べ。

(1) 使用電圧が300V以下で、その亘長が100m以下の架空電線路を、木柱、A種鉄筋コンクリート柱又はA種鉄柱を適用した低圧保安工事で施設する場合。

(2) 使用電圧が6 600Vで、亘長が120mの架空電線路を、B種鉄筋コンクリート柱を適用した高圧保安工事により施設する場合。

「解答群」直径3.5mm、直径4mm、直径5mm、
断面積22mm^2、断面積38mm^2、断面積55mm^2

【ヒント】 第5章のポイントの第3項「低高圧架空電線路」の(5)「保安工事」を復習し、解答する。

【応用問題】 次の文章中の(ア)～(エ)の空白部分に当てはまる適切な語句を、下の「解答群」の中から選び、この文章を完成させよ。

低圧架空電線路に低圧絶縁電線を使用する場合又は高圧架空電線路に高圧絶縁電線を使用する場合であって、電線を建造物と接近状態で施設する場合は、次の一号及び二号により施設する。

一 高圧架空電線路は、[(ア)]保安工事により施設する。

二 架空電線と建造物の造営材との離隔距離は、次のように施設する。

イ 電線を、上部造営材の上方に施設する場合の離隔距離は、[(イ)]m以上とする。

ロ 人が建造物の外側へ手を伸ばす又は身を乗り出すことができない部分に電線を施設する場合、電線と建造物との離隔距離は[(ウ)]m以上とする。

ハ 人が建造物の外側へ手を伸ばす又は身を乗り出すことができる部分に電線を施設する場合、電線と建造物との離隔距離は[(エ)]m以上とする。

「解答群」高圧、特別高圧、0.5、0.8、1、1.2、1.5、2

【ヒント】 第5章のポイントの第3項「低高圧架空電線路」の(6)「建物等との接近」を復習し、解答する。

【基礎問題の答】 (1)は**直径4mm**、(2)は**直径5mm**

解釈第70条「低圧保安工事及び高圧保安工事及び連鎖倒壊防止」からの出題である。

低高圧架空配電線路の大半の支持物は鉄筋コンクリート柱であり、使用電圧値は6.6kV、210V、105Vであり、亘長は100m以下のものが多く、それを超える場合であっても150m以下が大半であるので、その施設規模に絞って規制値を覚えておこう。

設問の(1)の「亘長が100m以下の電線路に、木柱、A種鉄筋コンクリート柱又はA種鉄柱を使用する場合の**低圧保安工事**」の電線太さは、使用電圧により次の二つに分けられる。

① この設問の使用電圧**300V以下**の場合は、**直径4mm以上**の硬銅線を使用する。

② もしも、使用電圧が**300Vを超える**場合には、**直径5mm以上**の硬銅線を使用する。

上記②の直径5mmは約20mm^{2}であるが、設問の(1)の電線を断面積22mm^{2}以上の硬銅より線に格上げすることにより、150m以下の亘長まで施設が可能になる。なお、木柱の風圧荷重に対する安全率は、低圧、高圧ともに2.0以上である。

設問の(2)の**高圧保安工事**の施設内容が、もしも、支持物がA種鉄筋コンクリート柱であって、亘長が100m以下ならば、絶縁電線は**直径5mm以上**の硬銅線でよい。

しかし、この設問の亘長は**120m**であり、「100mを超えて150m以下」の範疇（はんちゅう）であるので、支持物にこの設問のとおりB種鉄筋コンクリート柱（又はB種鉄柱）を適用する場合には、その絶縁電線に**直径5mm以上**の硬銅線を使用して施設する。

この解答は上記のとおり**直径5mm以上**の硬銅線であるが、もしも、亘長が150mを超過する区間に高圧保安工事を施設する場合には、その支持物にB種鉄筋コンクリート柱、B種鉄柱又は鉄塔を使用し、電線には断面積38mm^{2}以上の硬銅より線を使用する。

【応用問題の答】 (ア)　**高圧**、(イ)　**2**、(ウ)　**0.8**、(エ)　**1.2**

解釈第71条「低高圧架空電線と建造物との接近」からの出題である。

この設問の正解の離隔距離を、右の図に示す。

この設問の施設方法のように、「低圧架空電線路に低圧絶縁電線を使用する場合」と「高圧架空電線路に高圧絶縁電線を使用する場合」が、最も施設例が多いので、このケースを中心に規制値を覚えておこう。

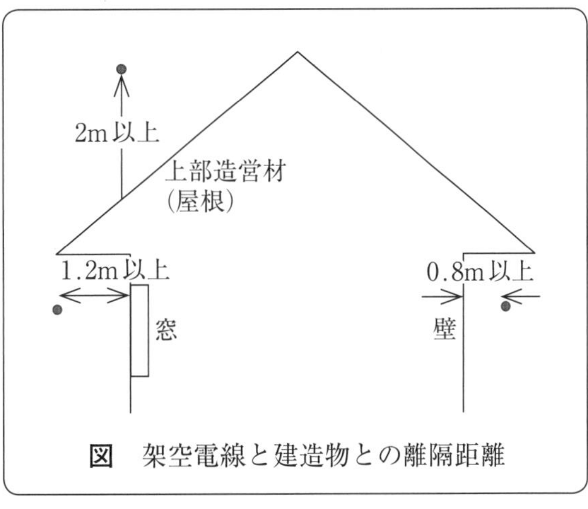

図　架空電線と建造物との離隔距離

【模擬問題】 次の文章は、「電気設備技術基準の解釈」で規定している「低高圧架空電線の併架及び共架」について述べたものである。この文章中の(ア)～(キ)の部分に当てはまる語句又は数値を正しく組み合わせたものを、次の(1)～(5)のうちから一つを選べ。

1. 低圧架空電線と高圧架空電線とを［(ア)］支持物に施設する場合は、次の各号のいずれかによること。
   一　次により施設すること。
   イ　低圧架空電線を高圧架空電線の［(イ)］に施設すること。
   ロ　低圧架空電線と高圧架空電線は、［(ウ)］腕金類に施設すること。
   ハ　低圧架空電線と高圧架空電線との離隔距離は、［(エ)］m以上であること。
   (ハ項のただし書き、及び、二号は省略する。)
2. 低圧架空引込線を［(オ)］するため低圧架空電線を高圧用の腕金類に堅ろうに施設する場合には、前の1項の規定によらないことができる。
3. 低圧架空電線路に低圧絶縁電線を使用するものと、電力保安通信線以外の架空弱電流線に通信用ケーブルを使用するものとを［(カ)］する場合で、通信線誘導障害を及ぼすおそれがない場合は、両者の離隔距離を［(キ)］m以上に施設する。

	(ア)	(イ)	(ウ)	(エ)	(オ)	(カ)	(キ)
(1)	丈夫な	上	強固な	0.75	保護	併架	0.4
(2)	丈夫な	下	新品の	0.6	強化	添架	0.5
(3)	強固な	上	丈夫な	0.3	安定化	併架	0.6
(4)	強固な	下	大きな	0.4	保護	添架	0.7
(5)	同一	下	別個の	0.5	分岐	共架	0.75

類題の出題頻度　★★☆☆☆

【ヒント】 第5章のポイントの第3項「低高圧架空電線路」の⑾「低高圧架空電線の併架」及び⑿「低高圧架空電線と架空弱電流電線との共架」を復習し、解答する。

この設問の併架、共架、添架の用語の使用区分は、同一の支持物に次の電線を施設することをいう。

併架は、「**架空電線**」と「**他の架空電線**」を施設するもの。

共架は、「**架空電線**」と「電力保安通信線以外の**架空弱電流線**」を施設するもの。

添架は、「**架空電線**」と「**電力保安通信線**の架空弱電流線」を施設するもの。

それぞれの保安維持のための施設条件も覚えよう。

【答】（5）

設問の1項及び2項は、解釈第80条「低高圧架空電線等の併架」から、また設問の3項は解釈第81条「低高圧架空電線と架空弱電流電線等との共架」からの出題である。

低高圧架空電線等の併架は次の**図1**、共架は次の**図2**のように施設するように定めている。

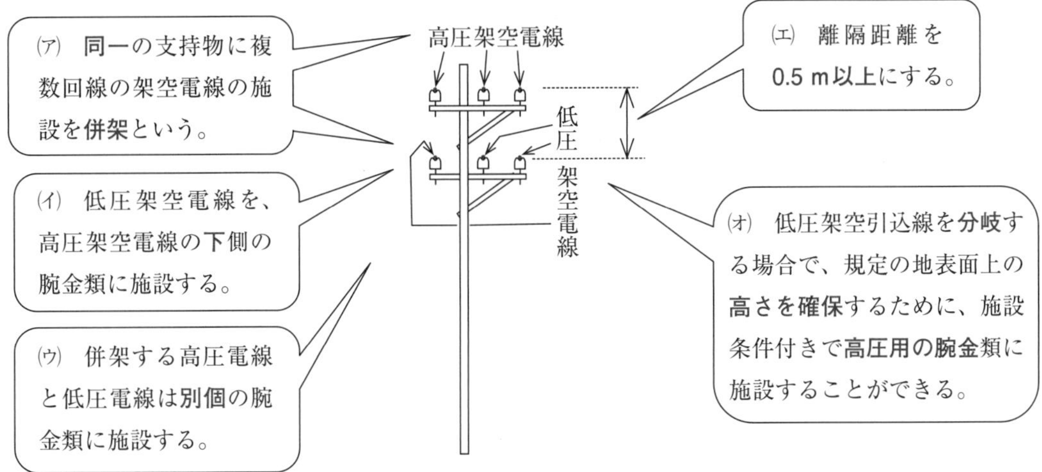

図1　複数回線の架空電線を併架する場合の施設方法

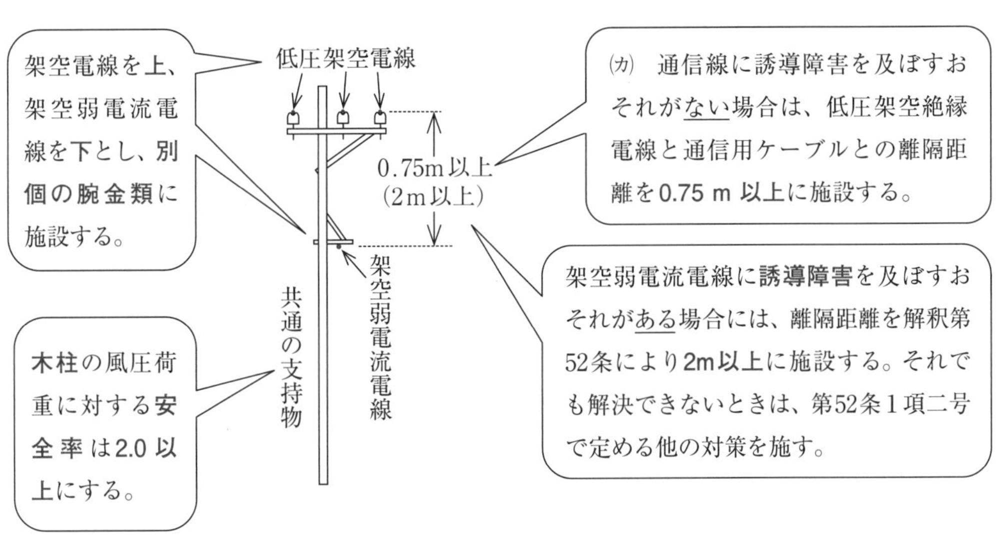

図2　低圧架空電線と架空弱電流電線を併架する場合の施設方法

高圧と低圧の架空電線との**併架**は、**個別**の腕金類に施設し、低圧電線を高圧電線の**下**に施設する。

電技　電線路1のまとめ

1．低高圧架空電線路は、次のように施設する。
　(1) 電線路から発生する磁束密度の実効値は200μT以下にする。
　(2) 電線路から発生する電波は36.5dB以下にする。
　(3) 電波障害を生ずるおそれがある架空弱電流電線との離隔距離は2m以上とする。
　(4) 支持物の足場金具の位置は、地表上1.8m以上とする。

2．各種の風圧荷重は、次のように定義している。
　(1) 甲種風圧荷重は、10分間平均で風速40m/s以上を想定したもの。
　(2) 乙種風圧荷重は、架渉線の周囲に厚さ6mm、比重0.9の氷雪が付着した状態で、甲種風圧荷重の0.5倍を基礎として計算したものである。
　(3) 着雪時風圧荷重は、架渉線の周囲に比重0.6の雪が同心円状に付着した状態で、甲種風圧荷重の0.3倍を基礎として計算したものである。

3．架空電線路の支持物に使用する支線は、次のように施設する。
　(1) A種鉄柱等を引留箇所等に支線を施設するときの安全率は1.5以上、その他は2.5以上とする。
　(2) より線の場合は、直径2mm以上の金属線を3本以上より合わせる。
　(3) 道路横断箇所は、路面上5m以上の高さとする。

4．支線の強度計算は、左回りの回転モーメントの値と、右回りの回転モーメントの値が、互いに等しいことを利用して解くことができる。

5．次の場所に施設する低高圧架空電線路の電線高さは、次のとおり。
　(1) 道路を横断する場合は、路面上6m以上。
　(2) 鉄道又は軌条を横断する場合は、レール面上5.5m以上。
　(3) 横断歩道橋の路面上、低圧電線は3m以上、高圧電線は3.5m以上。

6．低高圧架空電線を併架により施設する場合は、次による。
　(1) 低圧架空電線を、高圧架空電線の下に施設する。
　(2) 低圧架空電線と高圧架空電線は、別個の腕金類に施設する。
　(3) 低圧架空電線と高圧架空電線の離隔距離は0.5m以上に施設する。
　(4) 低圧架空引込線を分岐する場合で、規定の地上高を確保するために、低圧架空電線を高圧用の腕金類に堅ろうに施設することができる。

第6章　電技　電線路(その2)のポイント

この章は、「特別高圧架空電線路」と「地中電線路」を中心に述べます。第三種電気主任技術者の保安監督が可能な電圧は50kV未満であり、それに該当する公称電圧値は22kVと33kVです。その22kVと33kVの架空電線路の電線の大半が、硬銅より線（HDC）と鋼心アルミより線（ACSR）で施設していますから、この線種を中心に特別高圧架空電線路の最小限の太さ、安全率、地上高など、出題の傾向に合わせてポイントを述べます。

1　特別高圧架空電線路（解釈第3章、第4節）

(1)　使用できる電線と安全率（解釈第84、85条）

電線に裸の**硬銅より線**を使用する場合は、**断面積22mm²以上**のものです（これは一般的な施設場所の場合であり、市街地など特殊な場所では後述のように異なります）。

電線の引張荷重に対する**安全率**は、「**硬銅線又は耐熱銅合金線は2.2以上**、鋼心アルミより線を含み**その他の電線は2.5以上**」です。

この「硬銅線」とは、硬銅の単線及びより線の両者を指しています。

「耐熱銅合金線」は、電気銅に微量の銀を加えたもので、導電率は硬銅線よりも1%ほど低い（抵抗率は大きい）のですが、電線温度が200℃以上になっても引張強さの低下が少ない特性を利用して、既設鉄塔を流用した送電容量の増強工事によく使用されています。

「その他の電線」の中には、22kV、33kV級の架空送電線に使用例が多いACSRの他に、鋼心イ号アルミより線（IACSR）、耐熱アルミ合金線（TACSR）などが含まれています。

なお、架空電線の引張荷重に対する安全率は、高圧と特別高圧と同じ規制値です。

(2)　35kV以下の特別高圧架空電線の高さ（解釈第87条）

35kV以下の特別高圧架空電線の高さの許容下限値は、次の**表1**のように定めています。

表　35kV以下の特別高圧架空電線の高さの許容下限値（解釈87-1表）

区　分	高　さ
道路を横断する場合	路面上 6m
鉄道又は軌道を横断する場合	レール面上 5.5m
特別高圧絶縁電線又はケーブルを使用する電線が横断歩道橋の上に施設する場合	横断歩道橋の路面上 4m
その他の場合	地表上 5m

（説明）上記の表中で赤色で示した高さの許容下限値については、解釈第68条「低高圧架空電線の高さ」で規定する値と同じです。また、横断歩道橋の路面上の許容

下限値について、低圧は3m、高圧は3.5m、35kV以下の特別高圧は4mの0.5mキザミと覚えましょう。

(3)　市街地等における施設制限（解釈第88条）

35kV以下の特別高圧架空電線路を、市街地その他人家の密集する地域に施設する場合の施設方法の中から、主要なものを抜粋したものを以下に示します。

① 電線に**硬銅より線**を使用する場合は、断面積**55mm²以上**のものとする。

② 電線の**地上高**は、特別高圧**絶縁電線**を使用する場合は、8m以上とする。
その他の電線（**HDCやACSR**を含む）を使用する場合は、**10m以上**とする。

③ 支持物に**A種鉄筋コンクリート柱**又はA種鉄柱を使用する場合の**径間**は**75m以下**、**B種鉄筋コンクリート柱**又はB種鉄柱を使用する場合の径間は**150m以下**とする。

④ 支持物に鉄塔を使用する区間は、電線に上記①に該当する電線路の亘長は400m以下とし、亘長が400mを超えて600m以下の区間は断面積160mm²以上の鋼心アルミより線を使用する。

(4)　架空電線の弛度と実長の公式

架空電線路の保安面で特に重要な事項として、電線の**地上高の維持**があります。その地上高は、支持物の電線支持点の高さ、通電による電線温度の上昇、それに**電線の弛度**（たるみ）の大きさにより変化します。この電線の地上高の重要さを反映し、過去の電験第三種の問題に**電線弛度の計算**が多く出題されていますから、以下に述べる要点をよく理解してください。

次の**図1**に示す架空電線の各変数を、次のように定めます。

支持物相互間の亘長をS［m］
電線の温度上昇前の実長をL_S［m］
電線の温度上昇後の実長をL_L［m］
電線の線膨張係数をα［K^{-1}］
電線の温度上昇値をθ［K］
電線1m当たりの自重と氷雪の合成最大荷重をw［kgf/m］
支持物の電線固定点における電線の最大水平張力をT［N］とすると、径間中央における電線の弛度D［m］の値は、次の公式で求めることができます。

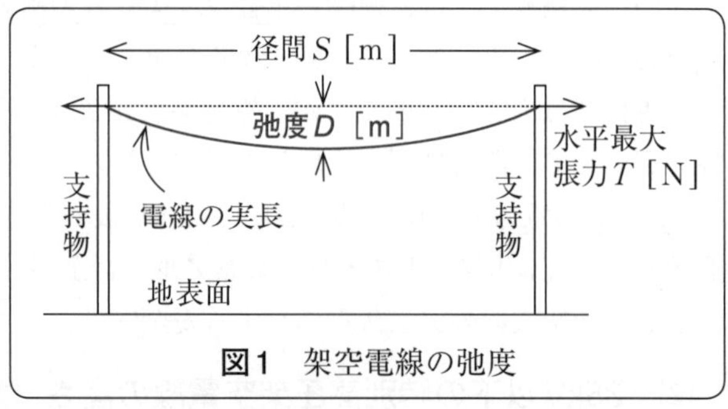

図1　架空電線の弛度

分母と分子の単位を、kg系かN（ニュートン）系のいずれかに合わせる。

$$D\,[\mathrm{m}] = \frac{w\,[\mathrm{kgf/m}]\cdot S^2\,[\mathrm{m^2}]}{8\times\left(\dfrac{T\,[\mathrm{N}]}{9.8}\right)[\mathrm{kgf}]} = \frac{(9.8\times w)\,[\mathrm{N/m}]\cdot S^2\,[\mathrm{m^2}]}{8\times T\,[\mathrm{N}]} \quad (1)$$

$$L_S\,[\mathrm{m}] = S\,[\mathrm{m}] + \frac{8\times D^2\,[\mathrm{m^2}]}{3\times S\,[\mathrm{m}]} \quad (2)$$

$$L_L\,[\mathrm{m}] = L_S\,[\mathrm{m}]\times\{1+\alpha\,[\mathrm{K^{-1}}]\cdot\theta\,[\mathrm{K}]\} \quad (3)$$

この(1)式～(3)式は、鉄塔などの支持物の電線の支持点高さの設計値、電線に必要な地上高の確認計算のほかに、併架多回線送電線の上段電線に重潮流が流れ、その電線が線膨張した際の下段電線との離隔距離の確認計算にも応用しています。

(5) 支持物等との離隔距離（解釈第89条）

電線にケーブルを使用する場合を除き、電線とその支持物、腕金類、支柱又は支線との離隔距離は、次のように施設します。

① 15kV以上、25kV未満は、0.2m以上（22kV送電線が該当）

② 25kV以上、35kV未満は、0.25m以上（33kV送電線が該当）

(6) 架空地線（解釈第90条）

架空送電線路の架空地線は、雷害予防には有効ですが、多雪地域ではスリート ジャンプの事故を予防する方がより重要であることから、（第一種特別高圧保安工事箇所を除き）架空地線の施設を一律に義務化していません。

電力線（この解説では、電力を流す電線を電力線と表記する。以下同様。）に流れる電力潮流の電流を起誘導電流として、電磁誘導作用により架空地線には常に被誘導電流が流れていますが、電力線の場合のように電圧降下、送電損失、温度上昇などは問題にならず、引張強さが大きいことが最も重要です。そのため、154kV以下の中性点抵抗接地系の架空電線路の架空地線には、**亜鉛めっき鋼より線**が多く使用されています。なお、海岸に近い地区など特に耐食性が必要な箇所の架空地線には、亜鉛-アルミめっき鋼より線が使用されています。

架空地線に関する学習上のポイントは、次のとおりです。

① 架空地線には、引張強さ8.01kN以上の裸線又は直径5mm以上の裸硬銅線を使用します。（市販されている亜鉛めっき鋼より線の規格品のより本数は、3本、7本、19本であり、その素線に最も一般的な0.69kN/mm^{2}のものを使用した場合、上記の8.01kN以上は、直径1.6mmを7本よりのもので得られます。）この引張強さの規定は、もしも架空地線に断線を生ずると、その電線路は地絡故障により自動遮断されますから、その停電予防のため、架空地線に電力線と同等の強さを求めています。

② 架空地線の引張荷重、及び引張荷重に対する安全率は、解釈第66条で規定する低高圧架空電線と同じ値で規定しており、そのうちの安全率は「硬銅線又は耐熱銅合金線は2.2以上、（**亜鉛めっき鋼より線**を含めて）その他の金属線は2.5以上」です。

③ 架空地線と電力線との離隔距離は、径間途中における**逆閃絡を防止**するため、支持点における間隔よりも、径間途中の間隔の方を大きく施設しなければなりません。つまり、電力線の弛度よりも、架空地線の弛度の方を小さく設計し、施設します。

④ 架空地線の相互を接続する場合は、**接続管**その他の器具を使用します。

(7) がいし装置等（解釈第91条）

電線を支持するがいし装置の学習上のポイントは、次のとおりです。

① 電線を引き留(どめ)る耐張がいし装置は、（電気設備技術基準の解釈で定める）電線の想定最大張力による荷重に対する安全率を2.5以上で施設する。

② 電線を懸垂(けんすい)して支持する懸垂がいし装置も、（電気設備技術基準の解釈で定める）電線の合成最大荷重に対する安全率を2.5以上で施設する。

③ がいし装置を取り付ける腕金類には、D種接地工事（100Ω以下）を施す。

このD種接地工事の目的は、がいしの絶縁劣化により漏えい電流が増加した際に、作業員の感電防止、腕木の焼損防止、地絡故障時の地絡保護継電器の確実な動作のためです。

鉄塔の脚部は、一般的に基礎部分が大きく、かつ、土中に深く施設しているため、塔脚接地抵抗値は数Ω～10数Ω以下の場合が多いです。

しかし、支持物として木柱や鉄筋コンクリート柱を使用する場合で、その地域の土壌の固有導電率が小さい場合には、特段の対策を施さない状態の接地抵抗値が100Ωを超えることがあります。その場合には、埋設地線の施設、接地抵抗低減剤の使用などにより接地抵抗値を低減させる対策を実施しています。

(8) 難着雪化対策（解釈第93条）

降雪の多い地域で、次の一号～三号に示すいずれかに該当する場合には、電線に難着雪化対策を施すことを定めています。ただし、支持物の耐雪強化対策により倒壊のおそれがない場合には、電線に難着雪化対策を施さなくてよい、としています。

一 市街地その他人家の密集する地域及びその周辺地域において、建造物と接近状態に施設する場合。

二 主要地方道以上の規模の道路、横断歩道橋、鉄道又は軌道と接近状態に施設する場合。

三 主要地方道以上の規模の道路、横断歩道橋、鉄道又は軌道の上に交差して施設する場合。

(9) 塩雪害対策（解釈第94条）

降雪が多く、かつ、塩雪害のおそれがある地域には、がいしの着雪による絶縁破壊を防止するための対策を施すことを定めています。

この規定は、塩分を含んだ湿った雪が、強風によりがいしの表面と襞(ひだ)を埋めつくしたため、がいしの絶縁性能が低下し、がいし表面でアーク閃絡(せんらく)を生じ、さらにギャロッピング現象も生じ、その結果、大規模停電を発生したことの対策として定められました。

(10) 特別高圧保安工事（解釈第95条）

特別高圧架空電線路の保安工事は、危険の度合いが高い箇所から順に第一種、第二種、第三種の特別高圧保安工事として区分し、それぞれ保安維持のための施設方法を定めています（低高圧架空電線路の保安工事には、第一種～第三種の区分はありません）。それらの規定のうち、50kV未満の電線路に関する概要を、以下に述べます。

1　**第一種**特別高圧保安工事は、次の各一号～九号に示すように施設します。

一　電線に**硬銅より線**を使用する場合は、断面積**55mm²以上**のものとする。

二　径間の途中で電線を接続する場合は、**圧縮接続**により行う。

三　支持物は、**B種鉄筋コンクリート柱**、**B種鉄柱**又は**鉄塔**とする。
　つまり、木柱、A種鉄筋コンクリート柱及びA種鉄柱は使用できません。

四　電線路の電線に硬銅線を使用した場合の径間制限値を、次の**表2**に示します。

表2　**第一種**特別高圧保安工事に**硬銅線**を使用する場合の径間制限値
（解釈95-1、95-2表から抜粋）

支持物の種類	硬銅線の断面積	径間長
B種鉄筋コンクリート柱又はB種鉄柱	150mm² 以上	制限無し
	55mm² 以上で 150mm² 未満	150m 以下
鉄　塔	150mm² 以上	制限無し
	55mm² 以上で 150mm² 未満	400m 以下

五　電線が他の工作物と接近又は交差する場合は、その電線を支持するがいし装置を、次に掲げるイ～ハ項のいずれかの方法で施設する。

イ　懸垂がいし又は長幹がいしを使用し、そのがいしの**50%衝撃閃絡電圧**の値を、近接する部分の値の**110%以上**とする。この「50%衝撃閃絡電圧の値」とは、被試験物に「規格で定めた雷インパルス電圧波形」を印加したとき、50%の確率で閃絡する電圧値です。また、「閃絡」とは、絶縁物に高電圧を印加したとき、絶縁物の絶縁性が喪失し、表面がアークで繋がる状態をいいます。

ロ　懸垂がいし、長幹がいし又はライン ポストがいしを使用し、かつ、それにアーク ホーンを取り付ける。この規定は、架空送電線路の故障の大半が、がいし部分で発生していることを踏まえ、閃絡時の強烈なアーク熱により、がいしの熱破壊防止が目的です。耐張型鉄塔のがいし部分にアークホーンを施設した例を**図2**に示します。

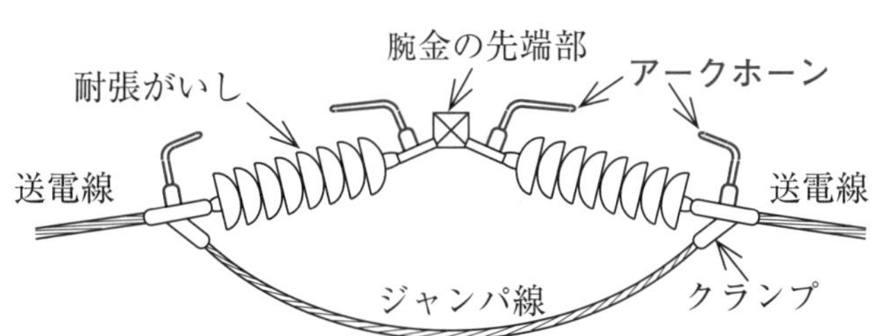

図2　耐張型鉄塔におけるアークホーンの施設

　このアークホーンは、亜鉛めっきした角（ホーン）状の金属棒であり、地絡故障時にがいし表面に発生したアークは、間隔の短いアークホーンの両先端の間に移行するため、がいしの熱破壊を防止できます。

ハ　2連以上で構成する懸垂がいし、又は、2連以上で構成する長幹がいしを使用する。

六　（支持線の施設方法は省略）

七　100kV未満の電線路には、次の①～③のいずれかを施設する。

（この3項目をセットにして覚えてください。）

① **架空地線**を施設する。

② がいしに**アークホーン**を取り付ける。

③ がいしに**アーマ ロッド**を取り付ける。

このアーマロッドとは、がいし装置の電線側の端部にてクランプにより電線を把持（はじ）している部分の電線の外周に、その電線と同じ材質の金属線を巻き付けて、実質的な電線の断面積を大きくし、故障発生時のアーク熱による電線の溶断を予防するものです。

八　電線路には、電路に**地絡**故障又は**短絡**故障を生じたとき、（使用電圧が100kV未満の場合は）**3秒以内**に自動的に電路を遮断する装置を設ける。

九　電線は、風、雪又はその組合せによる揺動（ようどう）により**短絡**するおそれがないように施設する。

上記の五号及び七号の解説で述べたように、がいし部分で閃絡したとき、そのがいし自体を熱破壊させないための対策方法を定めています。しかし、電線の着雪時に風圧を受けて大きく電線が揺れたとき、電線同士が径間途中で接触したときに生ずる**気中短絡故障**に対しては、上記の五号及び七号の「がいし部分の対策」は効果がありません。

そのため、この九号の規定により、風や雪による気中短絡故障の予防措置を定めており、この規定は第一種、第二種及び第三種の各特別高圧保安工事に共通しています。

2　**第二種**特別高圧保安工事は、次の各一号～五号に示すように施設します。

一　支持物に木柱、A種鉄筋コンクリート柱又はA種鉄柱の使用は可能であるが、**木柱**を使用する場合の風圧荷重に対する**安全率は2以上**とする。

二　電線に硬銅線を使用する場合の径間長の制限値は、次の**表3**のとおりです。

表3　第二種特別高圧保安工事に**硬銅線**を使用する場合の径間制限値

（解釈95-3表から抜粋）

支持物の種類	硬銅線の断面積	径間長
木柱、A種鉄筋コンクリート柱又はA種鉄柱	全て	100m以下
B種鉄筋コンクリート柱又はB種鉄柱	100mm^{2}以上	制限無し
	その他	200m以下
鉄　塔	100mm^{2}以上	制限無し
	その他	400m以下

三　電線が他の工作物と接近又は交差する場合のがいし装置は、ほぼ**第一種**特別高圧保安工事の内容と同じです。

なお、「2連以上のラインポストがいし」の使用も可能となっています。

四　（支持線の施設方法は省略）

五　風による気中短絡故障の予防措置を、**第一種**特別高圧保安工事と**同様**に行います。

3　**第三種**特別高圧保安工事は、次の一号及び二号により施設します。

一　電線に硬銅線を使用する場合の径間長の制限値は、次の**表4**のとおりです。

表4　第三種特別高圧保安工事に**硬銅線**を使用する場合の径間制限値
（解釈95-4表から抜粋）

支持物の種類	硬銅線の断面積	径間長
木柱、A種鉄筋コンクリート柱又はA種鉄柱	38mm^{2}以上	150m以下
	その他	100m以下
B種鉄筋コンクリート柱又はB種鉄柱	100mm^{2}以上	制限無し
	55mm^{2}以上	250m以下
	その他	200m以下
鉄　塔	100mm^{2}以上	制限無し
	55mm^{2}以上	600m以下
	その他	400m以下

二　電線は、風、雪又はその組み合わせによる揺動により短絡するおそれがないように施設すること。

⑾　35kV以下の架空電線相互の接近又は交差（解釈第101条）

特別高圧架空電線が、互に接近又は交差する場合の離隔距離については、解釈第101条の101-1表により規定しています。その表の中から、使用電圧が35kV以下のものを抜粋したものを、次の**表5**に示します。35kV以下の電線は、硬銅線(HDC)又は鋼心アルミより線(ACSR)が最も多いですから、表中の「**その他の電線**」の**2m以上**を覚えてください。

表5　35kV以下の特別高圧架空電線相互間における離隔距離の下限値
（解釈101-1表から抜粋）

	ケーブル	特別高圧絶縁電線	その他の電線
ケーブル	0.5m	0.5m	2m
特別高圧絶縁電線	0.5m	1m	
その他の電線	2m		

⑿ 35kV以下の架空電線と工作物等との接近又は交差（解釈第106条）

使用電圧が35kV以下の特別高圧架空電線が、他の工作物と接近又は交差する場合、その電線の施設方法のポイントは、次のとおりです。

1 **建造物**と接近又は交差する場合

一 建造物の上方に電線を施設する場合の離隔距離は、次のとおり。

① 電線にケーブルを使用する場合は、1.2m以上とする。

② 電線に特別高圧絶縁電線を使用する場合は、2.5m以上とする。

③ （HDC、SCSRを含め）**その他の電線**を使用する場合は、**3m以上**とする。

二 電線が、建造物と**第一次**接近状態の場合は、**第三種**特別高圧保安工事により施設する。

三 電線が、建造物と**第二次**接近状態の場合は、**第二種**特別高圧保安工事により施設する。

この規定の主旨は、**第一次**接近状態よりも**第二次**接近状態の方が近く、危険度が高いため、安全度がより高い**第二種**特別高圧保安工事を適用します。

（四号以下は省略）

2 **道路、横断歩道橋、鉄道**又は**軌道**（以下「道路等」と略記）と接近又は交差する場合

一 電線が、道路等と**第一次**接近状態の場合は、**第三種**特別高圧保安工事により施設する。

二 電線が、道路等と**第二次**接近状態の場合は、次のように施設する。

イ **第二種**特別高圧保安工事（がいし装置に係る部分を除く。）により施設する。

ロ 電線と道路等との**離隔距離**は、電線にケーブルを使用する場合は1.2m以上、特別高圧絶縁電線を使用する場合は1.5m以上、（HDC、SCSRを含め）その他の電線を使用する場合は**3m以上**とする。

（ハ項は省略）

（三号及び四号は省略）

3 特別高圧架空電線を、**索道**と接近又は交差して施設する場合の**離隔距離**は、電線にケーブルを使用する場合は0.5m以上、特別高圧絶縁電線を使用する場合は1m以上、（HDC、SCSRを含め）その他の電線の場合は**2m以上**とする。

（その他の規定は省略し、4項～5項も省略）

6 特別高圧架空電線と**植物**との離隔距離は、電線に特別高圧絶縁電線又はケーブルを使用する場合は接触させないように、高圧絶縁電線を使用する場合は0.5m以上、（HDC、SCSRを含め）その他の電線の場合は**2m以上**で施設する。

⒀ 35kV以下の架空電線と低高圧架空電線等との併架又は共架（解釈第107条）

始めに、併架（へいが）、共架（きょうが）、添架（てんが）の相違について、以下のように復習しておきましょう。

併架とは、同じ支持物に「電線」と「他の電線」を施設することです。

共架とは、同じ支持物に「電線」と「電力保安通信線以外の通信線」を施設することです。

添架とは、同じ支持物に「電線」と「電力保安通信線」を施設することです。

「35kV以下の特別高圧架空電線」と「低圧又は高圧の架空線」との**併架**に関する解釈第107条の規定のうち、学習上のポイントを、次の**図3**に示します。

35kV以下の電線には、硬銅線(HDC)と鋼心アルミより線(ACSR)が最も多く使用されていますから、この線種に的を絞り、特に図中の赤色文字で示した語句と数値を覚えてください。

また、特別高圧保安工事を適用すべき箇所の電線に、ケーブルを使用する例がありますから、その施設方法も覚えてください。

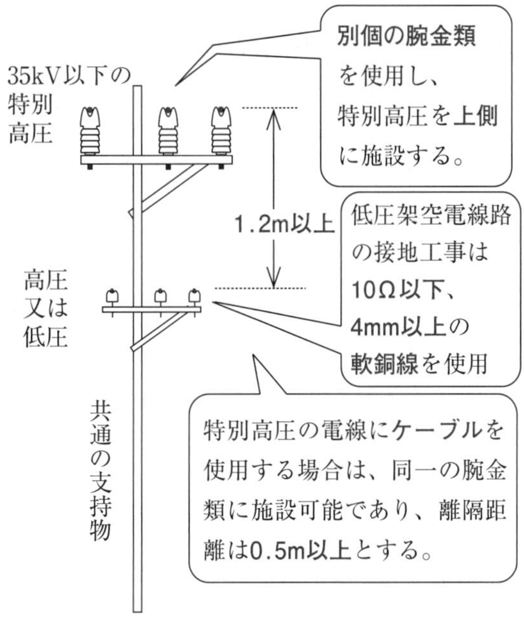

35kV以下の特別高圧

高圧又は低圧

共通の支持物

別個の腕金類を使用し、特別高圧を上側に施設する。

1.2m以上

低圧架空電線路の接地工事は10Ω以下、4mm以上の軟銅線を使用

特別高圧の電線にケーブルを使用する場合は、同一の腕金類に施設可能であり、離隔距離は0.5m以上とする。

図3 35kV以下の特別高圧架空電線と低高圧架空電線との**併架**の施設

次に、「35kV以下の特別高圧架空電線」と「電力保安通信線以外の通信線」との**共架**に関する解釈第107条の規定のうち、特に学習上のポイントを次の**図4**に示します。

この図についても、赤色で示した語句と数値を覚えてください。

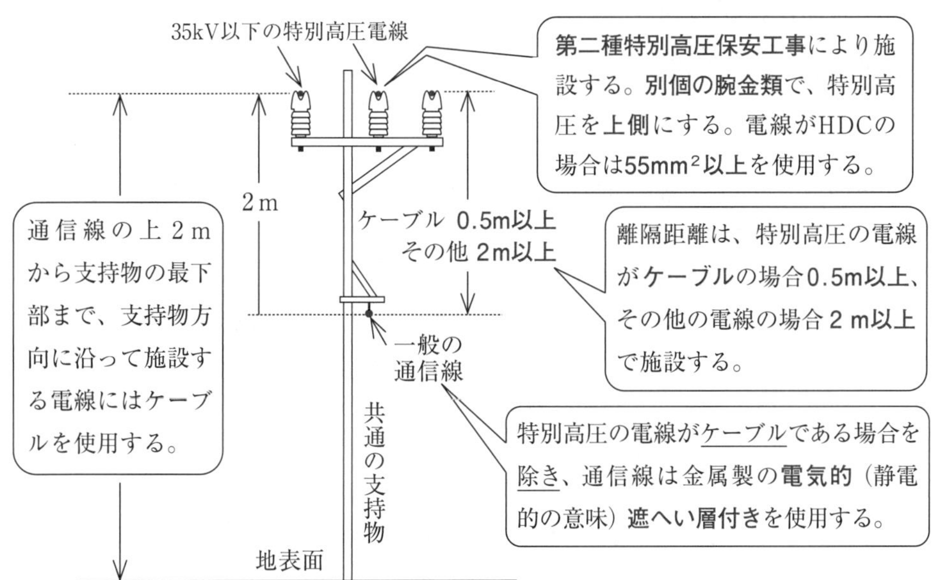

図4 35kV以下の特別高圧架空電線と電力保安通信線以外の通信線との**共架**の施設

⒁ 15kV以下の架空電線路の施設（解釈第108条）

郡部など長い亘長の配電線路で、電圧降下が問題になった電線路の一部に、既設の線間電圧6.6kVの電線路を、次の**図5**に示すように相電圧値が6.6kVで線間電圧値が11.4kVの特別高圧配電線路に昇圧し、運用されました。この電線路は、**地絡故障**を**2秒以内**に自動遮断するなどの施設条件により、6.6kV配電線路と同じ規定内容が適用されます。

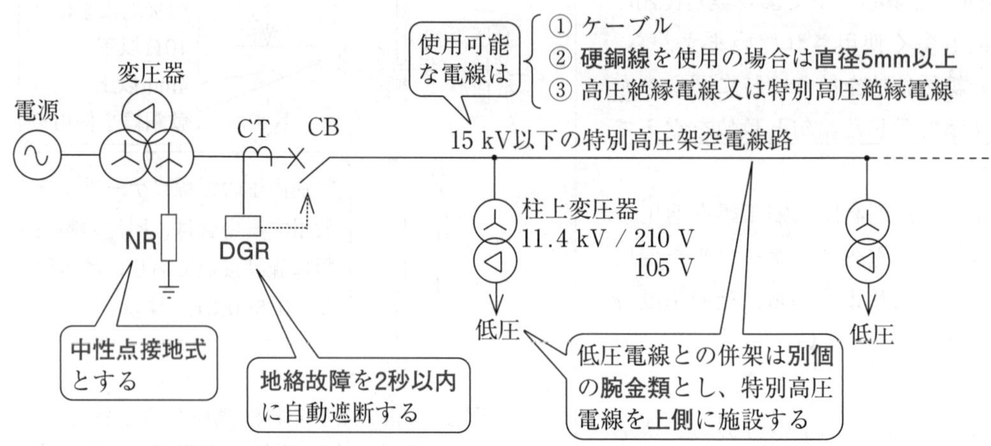

図5 15kV以下の特別高圧架空電線路の施設方法の概要

2 屋側、屋上の電線路、架空引込線（解釈第3章、第5節）

⑴ 高圧屋側電線路の施設（解釈第111条）

1 高圧屋側電線路は、**1構内等に施設する場合に限り**、認められています。

2 高圧屋側電線路は、次の一号～七号に示すように施設することを定めています。

一 **展開した場所**に施設する。

二 木造の**メタルラス張り**等の金属部分と、電線収納管の**金属部分**とは**電気的に接続しない**。

三 電線には、**ケーブル**を使用する。

四 ケーブルには、**接触防護措置**を施すこと。

五 造営材の側面又は下面に沿ってケーブルを取り付ける場合の**支持点間隔**は、**2m以下**（垂直に取り付ける場合は**6m以下**）とし、かつ、**被覆を損傷しない**ように取り付けること。

六 ケーブルの吊架用線には、**D種接地工事**（100Ω以下）を施す。

七 ケーブル収納管は、**A種接地工事**（10Ω以下）を施す。

3 高圧屋側電線路の電線と、同一の造営材に施設する「管灯回路の配線、弱電流電線、水管、ガス管」と、接近又は交差する場合の相互の離隔距離は、**0.15m以上**であること。

4 高圧屋側電線路の電線が、上記の3項の「　」の中に示したものを除く他の工作物と接近する場合の離隔距離は、**0.3m以上**であること。

5 高圧屋側電線路の電線と他の工作物との間に**耐火性**のある**堅ろうな隔壁**を設けて施設する

場合は、上記3項及び4項の規定によらず施設することができる。

(2)　高圧屋上電線路の施設（解釈第114条）

1　屋上電線路は、（前述の屋側電路と同様に）「1構内等」に限り施設が認められます。

2　高圧屋上電線路は、次の一号及び二号により施設します。

一　電線には、ケーブルを使用する。

二　次のイ項又はロ項のいずれかの方法により施設すること。

イ　電線を展開した場所に施設し、造営材との離隔距離を1.2m以上とする。

ロ　電線を、造営材に堅ろうに取り付けた堅ろうな管又はトラフに収め、かつ、トラフには取扱者以外の者が容易に開けることができない構造のふたを設ける。

3　高圧屋上電線路の電線と他の工作物との離隔距離は0.6m以上であること。

4　高圧屋上電線路の電線は、平時吹いている風により植物と接触させない。

(3)　高圧架空引込線の施設（解釈第117条）

次の一号～五号に示すように施設します。

一　硬銅線の高圧絶縁電線を使用するときは、直径5mm以上とする。

二　電線が絶縁電線である場合は、がいし引き工事により施設する。

三　電線がケーブルである場合は、第67条「低高圧架空電線路の架空ケーブルによる施設」の規定に準じて施設する。

四　電線の地表上の高さは原則的に5m以上とする。ただし、次のイ項又はロ項のいずれかの場合は、地表上3.5m以上とすることができる。

イ　「道路横断、鉄道又は軌道の横断、横断歩道橋の上方」以外の場所に施設。

ロ　ケーブル以外の電線を使用するときは、その下方に危険表示をする。

（五号は省略します。）

3　地中電線路（解釈第3章、第6節）

(1)　地中電線路の施設（解釈第120条）

解釈第120条1項の規定により、地中電線路の電線にはケーブルを使用し、かつ、以降で述べる直接埋設式、管理式、暗きょ式のうちのいずれかにより施設します。

次ページの図6に示す直接埋設式は、公式の名称ですが、しかし、大根や人参を直接地中に埋めるようにして電力ケーブルを土中に直接埋設する工法は、技術基準に違反します。

解釈第120条4項の規定に基づき、次の一号～三号の全てを満足する方法で施設しなければなりません（そのため、電験第三種の問題としては、3方式のうち直接埋設式が最多出題です）。

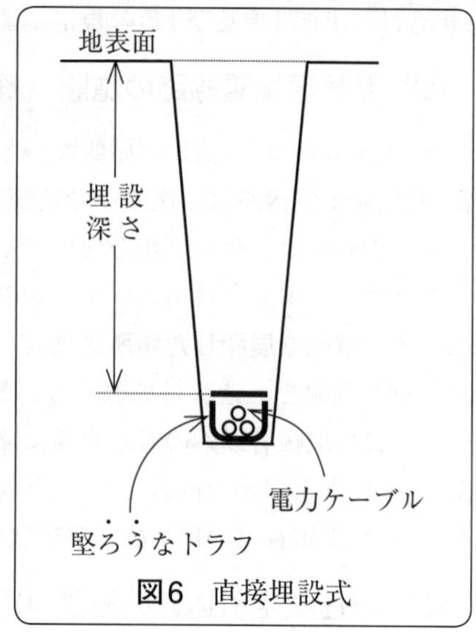

一　地中電線の**埋設深さ**は、車両等の**重量物の圧力**を受けるおそれがある場所は**1.2m以上**、その他の場所は**0.6m以上**であること。

二　地中電線を衝撃から防護するため、地中電線を堅ろうな**トラフ**その他の**防護物**に収めるか、又は地中電線の上部を堅ろうな板又はといで覆うこと。

三　高圧又は特別高圧の地中電線路には、**①物件の名称**、**②管理者名**、**③電圧**を、おおむね**2m**の間隔で表示すること。

　ただし、需要場所の埋設表示は、上記の①及び②が免除されています（詳細は省略）。

地表面
埋設深さ
堅ろうなトラフ
電力ケーブル
図6　直接埋設式

図7に示した**管路式**により地中電線を収める管路は、車両その他の重量物の**圧力**に**耐える**ものでなければなりません。

また、直接埋設式と同様に、地中電線の**施設表示**をしなければなりません。

図8に示した**暗きょ式**（トンネル式）のうち、大都市の中心部に施設されている大規模なものは、電力、ガス、水道、情報通信などの事業者が共同で地下に構築する**共同溝方式**が一般的です。また、変電所の地中電線引出用として、鉄筋コンクリート製のピット内に施設するものも、この暗きょ式に含まれます。

小規模の暗きょ式としては、ふた掛け式の**U字構造物**を道路下に施設する**キャブ式**（CAB式）があります。

この暗きょ式の「暗きょ」は、車両その他の重量物の**圧力**に**耐える**必要があります。

さらに、次のイ項又はロ項のいずれかにより、**防火措置**を施す必要があります。

イ　地中電線の**耐燃措置**として、不燃材料の被覆を有する地中電線を使用するか、又は地中電線を延焼防止テープ、延焼防止シート、延焼防止塗料などで被覆すること。

ロ　暗きょ内に**自動消火設備**を施設すること。

地表面
鉄筋コンクリート製管路
管
単芯ケーブル
三芯ケーブル
予備の管
図7　管路式

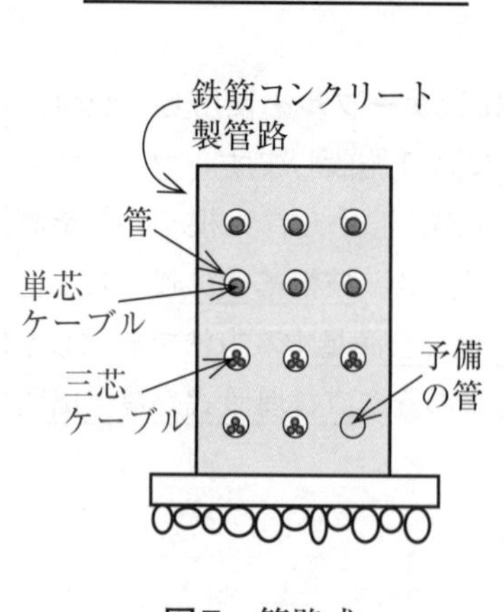

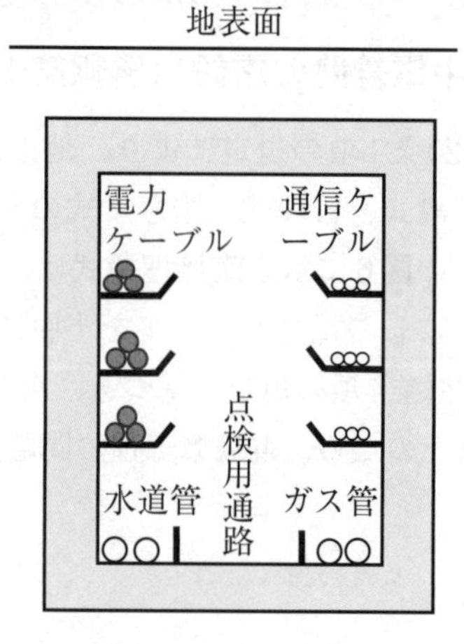

地表面
電力ケーブル
通信ケーブル
点検用通路
水道管
ガス管
図8　暗きょ式

(2) 地中箱の施設（解釈第121条）

地中箱とは、マンホールやハンドホールのことです。地中箱は、管路式の地中電線路の途中又は末端部に設けますが、次の一号～三号に示す全てを満たすように施設します。

一　地中箱は、車両その他の**重量物の圧力に耐える構造**であること。

二　**爆発性**又は**燃焼性のガス**が侵入し、爆発又は燃焼するおそれがある場所に設ける地中箱で、その大きさが**1m³以上**のものは、**通風装置**その他ガスを放散させるための適当な装置を設けること。

三　地中箱のふたは、取扱者以外の者が容易に開けることができないように施設すること。

(3) 地中電線の被覆金属体等の接地（解釈第123条）

地中電線路の次の一号～三号に掲（かか）げる金属部分に、**D種接地工事**（100Ω以下）を施します。

一　管、暗きょその他の地中電線を収める**防護装置**の金属製部分

二　金属製の**電線接続箱**（電線接続箱とは、ケーブル ジョイントのこと）

三　地中電線の**被覆**に使用する金属体

なお、地中電線を支える金具類は、接地を施す法的義務はありません。

(4) 地中電線と他の地中電線等との接近又は交差（解釈第125条）

地中電線の相互が交差、接近する場合、及び、地中電線と他の工作物が交差、接近する場合に必要な離隔距離の許容最小値は、次のとおりです。

なお、下記の離隔距離を設ける代わりに、地中電線との間に「堅ろうな耐火性の隔壁」を設けるか、又は「地中電線を堅ろうな不燃性の管に収める」ことが認められています。

① 「低圧地中電線」と「高圧地中電線」は、0.15m（地中箱内を除く）

② 「**低圧又は高圧地中電線**」と「**特別高圧地中電線**」は、**0.3m**（地中箱内を除く）

③ 「低圧又は高圧地中電線」と「地中弱電流電線」は、0.3m（地中箱内を含む）

④ 「特別高圧地中電線」と「地中弱電流電線」は、0.6m（地中箱内を含む）

⑤ 「**特別高圧地中電線**」と「**ガス管**、石油パイプ等」は、**1m**

⑥ 「特別高圧地中電線」と「水道管等」は、0.3m

1 市街地等の施設

【基礎問題】 次の文章は、33kVの架空電線路の電線に裸の硬銅線を使用して施設する場合、維持すべき電線の高さについて述べたものである。この文章中の(ア)～(ウ)の部分に当てはまる適切な数値を、「電気設備技術基準の解釈」を基にして判断し、下の「解答群」の中から選んでこの文章を完成させよ。

(1) 道路を横断する部分は、路面上 (ア) m以上に施設する。
(2) 鉄道又は軌道を横断する部分は、レール面上 (イ) m以上に施設する。
(3) 上記の(1)、(2)及び横断歩道橋以外の部分は、地表上 (ウ) m以上に施設する。

「解答群」4、4.5、5、5.5、6

【ヒント】 第6章のポイントの第1項の(2)「35kV以下の特別高圧架空電線の高さ」を復習し、解答する。これらの高さの数値は、試験日までに覚えておこう。

【応用問題】 33kVの架空電線路の電線に絶縁物を被覆しない硬銅線を使用して施設する方法について述べた文章として、「電気設備技術基準の解釈」を基にして判断し、その内容が適切でないものを次の(1)～(5)の中から一つを選べ。

(1) 市街地以外の地域に施設する電線は、断面積22mm^{2}以上のものを使用する。
(2) 市街地以外の地域に施設する電線の引張荷重に対する安全率は、2.2以上とする。
(3) 市街地に施設する電線は、断面積38mm^{2}以上のものを使用する。
(4) 市街地に施設する電線の地上高は、10m以上とする。
(5) 市街地に施設する電線路の支持物にA種鉄筋コンクリート柱を使用する場合の径間長は75m以下とする。

【ヒント】 第6章のポイントの第1項の(3)「市街地における施設制限」を復習し、解答する。この設問のように、市街地に特別高圧架空電線路を施設する場合には、「公衆に対する保安の確保」を図るため、より安全性の高い施設を求めている。

【基礎問題の答】（**正解の値は、次の表1の中の赤色の数値で示す**）

設問の「33kVの架空電線路の裸電線」は、解釈第87条「特別高圧架空電線の高さ」の1項により規定している「使用電圧が35 000V以下の特別高圧架空電線」に該当する。維持すべき電線の高さについて、解釈の87-1表で定めており、それを次の**表1**に示す。

表1　35kV以下の特別高圧架空電線の高さの許容下限値（解釈87-1表）

区　分	高　さ
道路を横断する場合	路面上(ア) 6m
鉄道又は軌道を横断する場合	レール面上(イ) 5.5m
特別高圧絶縁電線又はケーブルを使用する電線を、横断歩道橋の上方に施設する場合	横断歩道橋の路面上 4m
その他の場合	地表上(ウ) 5m

上記の表中の「高さ」の欄に**赤色**で示した(ア)、(イ)及び(ウ)の高さの許容下限値については、解釈第68条「低高圧架空電線の高さ」で規定する値と同じである。

また、**黒色**で示した横断歩道橋の路面上の許容下限値については、低圧電線は3m、高圧電線は3.5m、35kV以下の特別高圧電線は4mである。これら高さの許容下限値は、「低圧電線が3mで、その後0.5mキザミで増加する」と、覚えておこう。

【応用問題の答】（3）

解釈第88条「特別高圧架空電線路の市街地等における施設制限」からの出題である。

この条文の1項により、『特別高圧架空電線路は、1項の中の一号～三号のいずれかに該当する場合を除き、市街地や人家が密集する地域に施設しないこと。』と、施設制限の原則を示している。すなわち、特別高圧架空電線路を施設する場合には、「公衆に対する保安の確保」を図るため、より安全性の高い施設を求めている。

33kVの架空電線路の電線として、「電線に絶縁物を被覆しない硬銅線」、すなわち**裸の硬銅線**を使用する場合の電線の太さは、解釈の88-1表により**断面積55mm^{2}以上**のものを使用する旨が示されている。よって、設問の(3)の文章が適切でない。

解釈第84条「特別高圧架空電線路に使用する電線」により、『特別高圧架空電線路に使用する電線は、ケーブルである場合を除き、引張強さ8.71kN以上のより線又は**断面積が22mm^{2}以上の硬銅より線**であること。』と定めている。よって、設問の(1)の文章の「市街地以外の地域に施設する電線は、断面積22mm^{2}以上のものを使用する。」は正文である。

このように、特別高圧架空電線路を市街地等に施設する場合は、より安全性の高い施設が求められていることを理解しよう。

【模擬問題】　次の文章は、33kVの架空電線路の電線に裸の硬銅線又は裸の鋼心アルミより線を使用して、市街地に施設する方法について述べたものである。これらの文章を、「電気設備技術基準の解釈」を基に判断し、その施設方法が適切でないものを次の(1)〜(5)の中から一つを選べ。

(1)　電線には断面積55mm²の硬銅より線を使用し、かつ、電線の地表上の高さを10m以上にして施設した。
(2)　支持物には、径間が75m以下の区間にA種鉄筋コンクリート柱を適用し、径間が75mを超えて150m以下の区間にはB種鉄筋コンクリート柱を適用して施設した。
(3)　径間の長さが150mを超えて600m以下の区間は、その支持物に鉄塔を適用し、電線には断面積160mm²の鋼心アルミより線を使用して施設した。
(4)　電線を支持するがいし装置には、懸垂がいし、長幹がいし又はラインポストがいしのいずれかを1連で構成し、かつ、そのがいし装置にアーマロッドを取り付けて施設した。
(5)　がいし装置に、2連以上の懸垂がいし、2連以上の長幹がいし、2個以上のラインポストがいしのいずれかを使用して施設した。

類題の出題頻度　★★★☆☆

【ヒント】　第6章のポイントの第1項「特別高圧架空電線路」の(3)項「市街地における施設制限」を復習し、解答する。
法規の効果的な学習方法は、「略図を描き、その図中にこの本にて赤色で示したポイントとなる語句や数値を記入する」という方法である。これは、他の章についても同様である。

【答】(4)

解釈第88条「特別高圧架空電線路の市街地等における施設制限」からの出題である。

この第88条の1項の一号は、電線にケーブルを使用する場合の規定である。

また、三号は使用電圧が170kV以上、すなわち中性点直接接地系の187kV～550kVの架空電線路に適用する規定であり、この設問に該当しない。

この設問の33kVの架空電線路は、二号の「170kV未満の架空電線路」の規定を適用するが、その径間の上限値は次の**表**に示すように定めている。

したがって、設問の(2)及び(3)の径間に関する施設方法は、適切である。

表　170kV未満の架空電線路を市街地等に施設する場合の径間の上限値

支持物の種類	区分	径間の上限値
A種鉄筋コンクリート柱又はA種鉄柱	全て	75m
B種鉄筋コンクリート柱又はB種鉄柱	全て	150m
鉄　塔	電線に断面積160mm^{2}以上の鋼心アルミより線又はこれと同等以上の引張強さ及び耐アーク性能を有するより線を使用し、かつ、電線が風又は雪による揺動により短絡のおそれのないように施設する場合	600m
	電線が水平に2以上ある場合において、電線相互の間隔が4m未満のとき	250m
	上記以外の場合	400m

(説明) 上表の「鉄柱」は、鋼板組立柱(パンザー マスト)であるものを除く。

設問の(4)の文章は、がいし装置の耐アーク性能を高めることに関する施設である。その施設方法は、解釈第88条1項二号ヘ項(ロ)に規定しており、アーマロッドではなく、右の**図**に示すアークホーンを取り付けるように定めている。

雷撃などに起因して、がいし表面でアークにより閃絡を生じた際に、そのアークを間隔の狭いアークホーンの両先端の間に移行させ、強烈なアーク熱によりがいしが熱破壊することを防止しており、保安上重要な施設である。

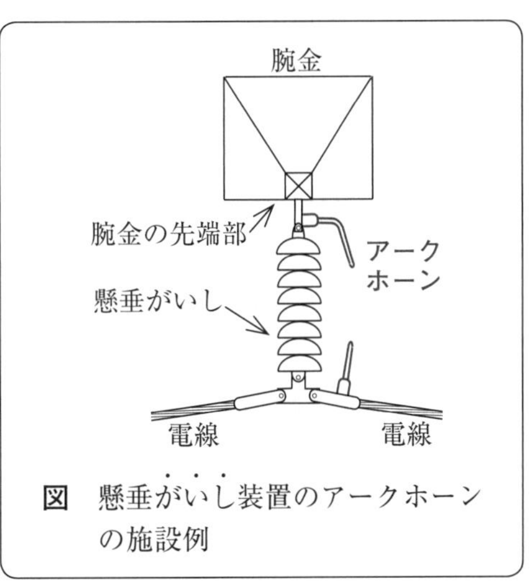

図　懸垂がいし装置のアークホーンの施設例

がいし装置にアークホーンを取り付けて、
がいし装置の**耐アーク性能**を向上する。

架空電線の弛度と実長の計算

【基礎問題】 地表面が水平である区間に、33kVの架空電線路の電線に硬銅線を使用した送電線が施設してあり、その径間のほぼ中央で道路を横断している。この架空電線の想定最大の弛度が1.0［m］であるとき、電気設備技術基準の解釈に基づき、この架空電線を支持物で固定する点の地表面からの高さ［m］として許容される最低の値を次の中から選べ。ただし、この電線路は市街地以外の区域に施設するもので、道路面の高さは地表面から上方に0.5［m］の位置にあるものとする。

(1) 6.5　(2) 7.0　(3) 7.5　(4) 10.0　(5) 11.0

【ヒント】 第6章のポイントの第1項の(2)「35kV以下の特別高圧架空電線の高さ」を復習し、解答する。この設問では、解釈で規定している「地表面からの高さ」と「電線の最大弛度」との関係のみを問うている。右側ページの解答と解説文を読む前に、メモ用紙にこの設問の送電線の概要を描いて考えてみよう。

【応用問題】 地表面が水平である市街地に、径間の長さが100［m］の33kVの架空電線路を設計する。その電線に裸の硬銅線を使用し、電線の自重と氷雪を合成した電線1m当たりの最大荷重は3［kgf/m］であり、支持物の電線固定点における電線の張力（最大水平張力）は40［kN］で架線を行う。この電線を支持物で固定する点の地表面からの高さ［m］の値を、電気設備技術基準の解釈に基づく、許容される最低の値を答えよ。ただし、この電線に最大許容電流を通電したとき、電線が線膨張することにより、上記の架線を実施するときの電線の弛度に対して0.5［m］だけ増加するものとする。

【ヒント】 第6章のポイントの第1項の(4)「架空電線の弛度と実長の公式」で解説した(1)式を復習して、解答する。その(1)式を応用する際の注意事項は、分母と分子の変数の単位をkgf系又はN系のいずれかに統一することである。9.8［N］=1［kgf］であるから、この設問の最大荷重の3［kgf/m］は、9.8×3［N/m］に換算できる。

この設問を解く手順は、最初に解釈第88条で定めている35kV以下の特別高圧架空電線路の電線に硬銅線を使用して市街地に施設する場合の地表面から高さを確定する。

次に、電線の弛度を求める公式に、題意の値を代入して、架線工事を行うときの弛度の値を求める。

さらに、電流を通電した際のジュール熱による線膨張により、弛度が0.5［m］だけ増加することを考慮して、電線の支持点の高さ［m］の許容最低値を解答する。

【基礎問題の答】　(3)

解釈第87条「特別高圧架空電線の高さ」の1項により、市街地以外の区域で35kV以下の電線が道路を横断する部分の路面上の高さは6m以上と定めている。

よって、右の**図1**に示すように、電線の支持点の高さの許容最低値は、地表面から7.5mの点である。

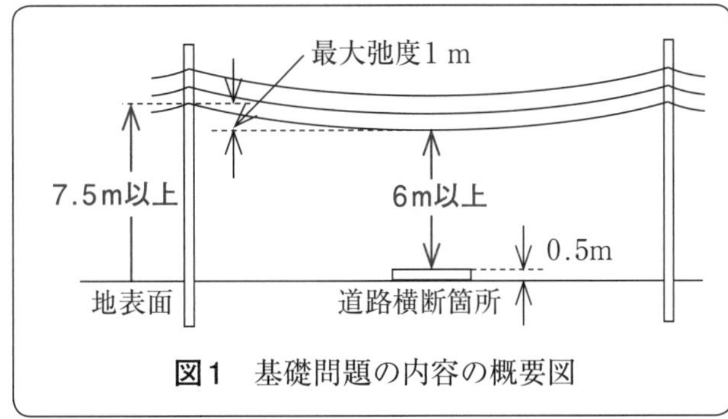

図1　基礎問題の内容の概要図

第6章　電技　電線路 その2

【応用問題の答】　電線の支持点の許容最小の高さは11.42 [m]

解釈第88条の88-2表により、市街地に施設する35kV以下の特別高圧架空電線路の電線に裸の硬銅線を使用した場合、地表面からの電線の高さは10m以上である。

電線の弛度D [m] の値は、次の再掲(1)式で求められるが、この式の分母と分子の単位を統一する必要がある。ここでは、N系（ニュートン系）に統一して求める例を(2)式に示す。

分母と分子の数値の単位を、kg系かN系のいずれかに統一して計算する。

$$D\,[\mathrm{m}] = \frac{w\,[\mathrm{kgf/m}]\cdot S^2\,[\mathrm{m}^2]}{8\times\left(\dfrac{T\,[\mathrm{N}]}{9.8}\right)[\mathrm{kgf}]} = \frac{(9.8\times w)\,[\mathrm{N/m}]\cdot S^2\,[\mathrm{m}^2]}{8\times T\,[\mathrm{N}]} \quad \text{再掲(1)}$$

$$= \frac{(9.8\times 3)\,[\mathrm{N/m}]\times 100^2\,[\mathrm{m}^2]}{8\times 40\times 1000\,[\mathrm{N}]} = 0.919\,[\mathrm{m}] \quad (2)$$

電線に電流を流したときのジュール熱により電線が線膨張し、弛度は題意により0.5 [m] 増加するが、このときも**図2**に示すように解釈第88条で定める「裸電線の高さを10m以上」に維持する必要があるため、電線の支持点の許容最低の高さH_S [m] は、次式で求まる。

$$H_S = 10 + 0.919 + 0.5 = 11.419 \Rightarrow \text{端数を切り上げて}\ 11.42\,[\mathrm{m}] \quad (3)$$

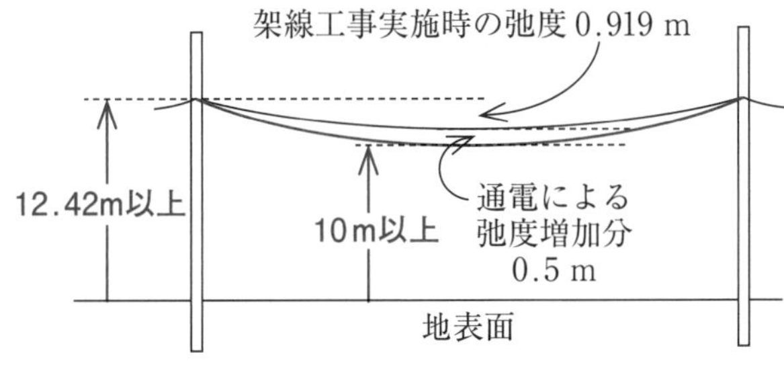

（三相3線式電線路の最下相の電線のみを表している）

図2　応用問題の概要図

【模擬問題】　地表面が水平の市街地に、径間長が150［m］の33kV架空電線路を設計する。その電線路に使用する電線の自重分及び氷雪分を合成した電線1m当たりの最大荷重は1.2［kgf/m］である。また、電線の最大水平張力は、この電線が保有する引張強さ99.5［kN］に安全率3.5を適用した張力で架線工事を行うものとする。この電線を支持物で固定する点の地表面からの高さ［m］として許容される最低の値を、電気設備技術基準の解釈に基づいて、次の(1)～(5)のうちから適切なものを選べ。ただし、この電線の架線工事を実施時の電線温度は20［℃］、電線の最高使用温度は180［℃］であり、電線の線膨張係数は1.94×10^{-5}［K^{-1}］であるものとする。また、計算途中の電線弛度及び電線実長［m］の数値は小数点以下4桁にて運算するものとする。

(1)　15.1　　(2)　15.5　　(3)　16.1　　(4)　16.7　　(5)　17.3

類題の出題頻度　★★★★☆

【ヒント】　第6章のポイントの第1項の(4)「架空電線の弛度と実長の公式」で解説した次の再掲(1)式～再掲(3)式を復習して、解答する。

電線の弛度　$D\,[\mathrm{m}] = \dfrac{w\,[\mathrm{kgf/m}] \times S^2\,[\mathrm{m}^2]}{8 \times T\,[\mathrm{kgf}]} = \dfrac{w\,[\mathrm{N/m}] \times S^2\,[\mathrm{m}^2]}{8 \times T\,[\mathrm{N}]}$　再掲(1)

電線の実長　$L_S\,[\mathrm{m}] = S\,[\mathrm{m}] + \dfrac{8 \times D^2\,[\mathrm{m}^2]}{3 \times S\,[\mathrm{m}]}$　再掲(2)

温度上昇後の電線実長　$L_L\,[\mathrm{m}] = L_S\,[\mathrm{m}] \times \{1 + \alpha\,[\mathrm{K}^{-1}] \cdot \theta\,[\mathrm{K}]\}$　再掲(3)

35kV以下の送電線用として、最も使用例の多い電線は、硬銅線（HDC）及び鋼心アルミより線（ACSR）であるが、その連続最高使用温度は**90［℃］**である。一方、この設問の電線は、断面積240mm^{2}の鋼心耐熱アルミ合金より線（TACSR）を題材にしているが、その連続最高使用温度は**180［℃］**である。よって、同じ電線断面積の場合には、硬銅線や鋼心アルミより線に比べて、鋼心耐熱アルミ合金より線は大電力送電が可能となる。その特徴を生かして、既設鉄塔を流用した送電能力の増強工事に、この電線の適用が計画されることがある。その際に、電線を最高使用温度の180［℃］で運用中の**電線の弛度が著しく増加する**ことに伴い、次の各事項の事前検討がきわめて重要となる。

(1)　解釈で規定している電線の地上高を維持できるか。

(2)　併架多回線鉄塔の上段電線の弛度増加により、下段電線との離隔距離が確保できるか。

(3)　スリートジャンプの発生時に、気中短絡事故を防止できるか。

この設問は、上記の重要な事前検討項目のうち、(1)項に関する事項を出題したものである。読者の方々は、「電線温度の上昇が、電線弛度の著しい増加を伴い、電線の地上高が減少する」ことを理解し、試験場でその技術計算が可能にしていただきたい。

【答】(2)

設問の文章中の「・・・(1)〜(5)のうちから適切なものを選べ。」とあるが、それは「最も近い値を選べ」ではないことに注意して、次の手順で解答する。

手順1；左記の「ヒント」の再掲(1)式の中の水平最大張力Tの単位として、ここでは［N］を適用して、電線温度20［℃］で架線工事を実施時の電線の弛度D_{20}［m］の値を、次式で求める。

$$D_{20}\,[\mathrm{m}] = \frac{w\,[\mathrm{N/m}]\times S^2\,[\mathrm{m}^2]}{8\times T\,[\mathrm{N}]} = \frac{(9.8\times 1.2)\times 150^2}{8\times\dfrac{99.5\times 1000}{3.5}} = 1.1634\,[\mathrm{m}] \quad (1)$$

手順2；電線温度が20［℃］で、電線弛度が(1)式で求めた値を、左記の再掲(2)式に適用し、このときの電線の実長L_{20}［m］の値を、次式で求める。

$$L_{20}\,[\mathrm{m}] = S\,[\mathrm{m}] + \frac{8\times {D_{20}}^2\,[\mathrm{m}^2]}{3\times S\,[\mathrm{m}]} = 150 + \frac{8\times 1.1634^2}{3\times 150} = 150.0241\,[\mathrm{m}] \quad (2)$$

手順3；左記の再掲(3)式を応用して、電線温度が20［℃］から180［℃］へ160［K］だけ上昇した後の電線の実長L_{180}［m］の値を、次式で求める。

$$L_{180}\,[\mathrm{m}] = L_{20}\times\{1+\alpha\,[\mathrm{K}^{-1}]\cdot\theta\,[\mathrm{K}]\}\,[\mathrm{m}] \quad (3)$$

$$= 150.0241\times\{1+1.94\times 10^{-5}\times(180-20)\} = 150.4898\,[\mathrm{m}] \quad (4)$$

手順4；上の(4)式で求めた電線実長L_{180}［m］の値を、再び左記の再掲(2)式に適用して、電線温度が180［℃］のときの電線の弛度D_{180}［m］の値を、次式で求める。

$$L_{180}\,[\mathrm{m}] = S\,[\mathrm{m}] + \frac{8\times {D_{180}}^2\,[\mathrm{m}^2]}{3\times S\,[\mathrm{m}]} \quad (5)$$

$$D_{180}\,[\mathrm{m}] = \sqrt{\frac{(L_{180}-S)\times 3\times S}{8}}\,[\mathrm{m}] \quad (6)$$

$$= \sqrt{\frac{(150.4898-150)\times 3\times 150}{8}} = 5.2489 \fallingdotseq 5.25\,[\mathrm{m}] \quad (7)$$

以上の結果、電線実長が約0.47［m］増加したことに伴い、その電線弛度は約4.09［m］も増加しており、次の手順5により「解釈で規定する電線地上高の確認」が重要となる。

手順5；上記の(7)式で求めた電線弛度D_{180}［m］の値に、解釈第88条の88-2表で規定している「市街地における**地上高の10m以上**」を加算して、支持物の電線固定点における地上高の**許容最低値は15.25［m］**と判断する。よって、解答群の中の(1)の15.1［m］では規定値を満足できず、(2)の15.5［m］が許容される最低の地上高となる。上記のような電線地上高の減少対策として、線膨張係数の小さな**インバー合金電線**が一部に適用されている。

電線の温度上昇により、電線の弛度が大幅に増大するため、電線の地上高の確認が重要となる。

3 がいし装置、架空地線等の施設

【基礎問題1】 次の文章は、「電気設備技術基準の解釈」の中の「特別高圧架空電線路の難着雪化対策」に関する条文の一部を抜粋したものである。この文章中の(ア)及び(イ)の空白部分に当てはまる適切な語句を、下の「解答群」から選び文章を完成させよ。

特別高圧架空電線路が、降雪の多い地域において次の一号～三号に示すいずれかに該当する場合は、電線の難着雪化対策を施すこと（ただし書きは省略する）。

一 市街地その他人家の密集する地域及びその周辺地域において、建造物と［ (ア) ］状態に施設する場合。

二 主要地方道以上の規模の道路、横断歩道橋、鉄道又は軌道と［ (ア) ］状態に施設する場合。

三 主要地方道以上の規模の道路、横断歩道橋、鉄道又は軌道の上に［ (イ) ］して施設する場合。

「解答群」第一次接近、第二次接近、接近、平行、交差

【ヒント】 第6章のポイントの第1項の(8)「難着雪化対策」を復習し、解答する。

【基礎問題2】 次の文章は、「電気設備技術基準の解釈」の中の「特別高圧架空電線路のがいし装置等」に関する条文の一部を抜粋したものである。この文章中の(ア)及び(イ)の空白部分に当てはまる適切な語句を、下の「解答群」から選び文章を完成させよ。

1. 特別高圧架空電線を支持するがいし装置は、電気設備技術基準の解釈で定める合成最大荷重が電線の取付点に加わるものとして計算した場合に、安全率が［ (ア) ］以上となる強度を有するように施設すること。
2. 特別高圧架空電線を支持するがいし装置を取り付ける腕金類及び木柱にラインポストがいしを直接取り付ける場合の取付金具には、［ (イ) ］接地工事を施すこと。

「解答群」2.2、2.5、A種、C種、D種

【ヒント】 第6章のポイントの第1項の(7)「がいし装置等」を復習し、解答する。

【基礎問題1の答】 (ア)　接近、(イ)　交差

解釈第93条「特別高圧架空電線路の難着雪化対策」からの出題である。

架空電線路の保安上で注視すべき事項は、**雷サージ電圧**によるがいしの閃絡、台風襲来時の**風圧荷重**と**塩害**、それにこの設問の**雪害**である。

解釈第93条で規定する難着雪化対策は、降雪の多い地域に適用され、一号の条文中の『･･･建造物と(ア)**接近状態**に施設する場合』の「接近状態の領域」は、前の第5章のポイントの図1に示した「第一次接近の領域」及び「第二次接近の領域」の両者を合わせた領域を指している。

二号の条文と三号の条文は似ているので、この両条文をセットにして、「道路等に接近状態、又は、道路等の上方に(イ)**交差**して施設する場合」と覚えよう。

なお、架空電線路の主な難着雪対策として、着雪の成長を抑制する次の方法がある。

(1)　電線に**難着雪リング**を取り付ける。
(2)　電線に**スパイラル ロッド**を取り付ける。
(3)　電線の表面に**テフロン テープ**を巻き付け、雪の付着力を低減する。
(4)　**ヒレ付きの電線**を適用する。
(5)　系統切換により当該電線に多くの電流を流し、ジュール熱で着雪を溶かす。

【基礎問題2の答】 (ア)　2.5、(イ)　D種

解釈第91条「特別高圧架空電線路のがいし装置等」からの出題であり、その学習上の要点は次のとおりである。

(1)　電線を引き留(どめ)る**耐張がいし**装置は、電気設備技術基準の解釈で定める電線の想定最大張力による荷重に対する**安全率**を(ア)**2.5以上**で施設する。
(2)　電線を懸垂(けんすい)して支持する**懸垂がいし**装置も、電気設備技術基準の解釈で定める電線の合成最大荷重に対する**安全率**を(ア)**2.5以上**で施設する。
(3)　がいし装置を取り付ける**腕金類**には、(イ)**D種接地工事**（100Ω以下）を施す。

高圧又は特別高圧の機械器具の金属製外箱には、解釈第29条の規定によりA種接地工事（10Ω以下）を施すのであるが、この設問の特別高圧の腕金類はA種接地工事ではなく**D種接地工事**（100Ω以下）を施すよう定めている。

このD種接地工事の目的は、がいしの絶縁劣化により漏えい電流が増加している状態のとき、作業員の感電防止、腕木の焼損防止、地絡故障時の地絡保護継電器の確実な動作のためである。

鉄塔の脚部は、地中の基礎部分が深く大きいため、塔脚接地抵抗値を10数Ω以下にすることができる場合が多い。しかし、木柱や鉄筋コンクリート柱の場合で、特段の対策を施さない状態の接地抵抗値が100Ωを超える場合には、**連接接地線**の施設、**埋設地線**の施設、**接地抵抗低減剤**の使用などにより、100Ωを十分に下まわる値になるまで対策を実施している。

【模擬問題】 次の文章は、「電気設備技術基準の解釈」の中の「特別高圧架空電線路に使用する架空地線」に関する条文の一部を抜粋し、その要点を述べたものである。この文章中の(ア)～(オ)の空白部分に当てはまる語句又は数値として、その全てを適切に組み合わせたものを、次の(1)～(5)のうちから一つを選べ。

一　架空地線には、引張強さ8.01kN以上の裸線又は直径 (ア) mm以上の裸硬銅線を使用し、電気設備技術基準の解釈で規定する荷重が加わった場合における引張強さに対する安全率の値は、次のように施設する。

　イ　架空地線に硬銅線又は耐熱銅合金線を使用する場合は、 (イ) 以上

　ロ　その他の金属線を使用する場合は、 (ウ) 以上

二　支持点以外の箇所における特別高圧架空電線と架空地線との間隔は、支持点における (エ) 以上であること。

三　架空地線相互を接続する場合は、 (オ) その他の器具を使用すること。

	(ア)	(イ)	(ウ)	(エ)	(オ)
(1)	5	2.2	2.5	間隔	接続管
(2)	5	2.5	2.2	気中放電距離	バインド線
(3)	4	2.2	2.5	間隔	高張力金属管
(4)	3.2	2.5	2.2	気中放電距離	耐腐食性金属
(5)	5	2.5	2.2	気中放電距離	良導体材料

類題の出題頻度 ★★★☆☆

【ヒント】 第6章のポイントの第1項の(6)「架空地線」を復習し、解答する。

架空電線路の故障の最多原因は**雷害**であるため、保安のレベルを高く維持する必要がある第一種特別高圧保安工事を適用すべき架空電線路には、架空地線を施す規定がある（ただし、使用電圧が100kV未満の場合には、アークホーン又はアーマロッドを取り付けることにより、電線の断線の危険性が減少するため、架空地線の施設義務の適用が除外されている）。

架空電線路の電線への**直撃雷**を防止するために、**架空地線**の施設は大変に有効であるため、その架空地線に関する規定事項を覚えておこう。

【答】（1）

解釈第90条「特別高圧架空電線路の架空地線」からの出題である。

架空電線路の架空地線（GW）は、次の**図**に示すように、電線（電力を輸送するための電力線）の上方に施設するもので、塔頂部に機械的にも電気的にも強固に接続する。

中性点抵抗接地系を適用している154kV以下の架空電線路の架空地線には、従来は主として安価で引張強さが大きい**亜鉛メッキ鋼より線**（GSW）が使用されてきた。しかし、最近は電磁誘導障害の軽減効果が期待できる**鋼心イ号アルミ合金より線**（IACSR）や**アルミ覆鋼より線**（AC）が、新設の架空電線路に使用され始めている。

架空地線に必要な引張強さは**8.01kN以上**、GSW、IACSR、ACを使用する場合の引張荷重に対する**安全率は2.5以上**とする。

情報化時代を反映し、架空地線の内部に光ファイバ ケーブルを通した構造の**光ファイバ複合架空地線**（OPGW）が、積極的に適用されている。

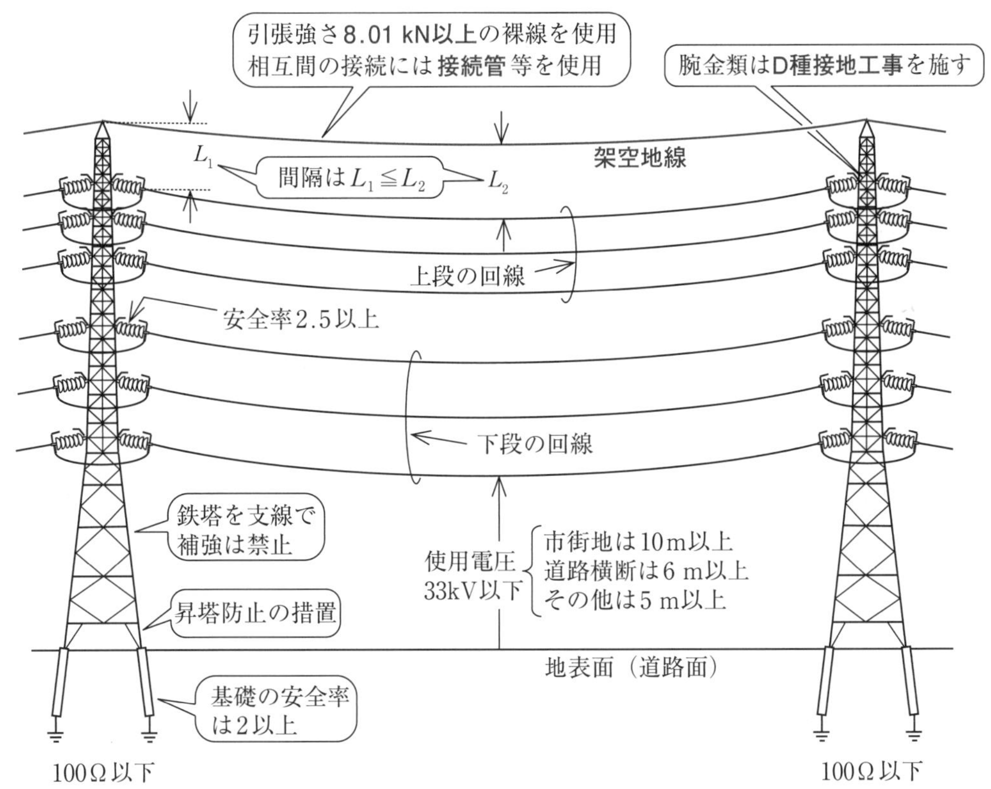

図　4回線併架の耐張鉄塔の架空地線等の施設例

電線への**直撃雷防止**のため、引張荷重が
8.01kN以上の**架空地線**を施設する。

4 特別高圧保安工事

【基礎問題1】 特別高圧保安工事について述べた次の文章のうち、適切でないものを一つ選べ。

(1) 特別高圧架空電線が、建造物、道路、横断歩道橋等と接近又は交差する場合に、特別高圧保安工事を適用して施設する。
(2) 特別高圧保安工事は、第一種、第二種、第三種の三つに区分されている。
(3) 特別高圧保安工事は、保安のレベルを最も強化すべきものから第一種、第二種、第三種の順に定めてある。
(4) 木柱、A種鉄筋コンクリート柱、A種鉄柱は、第三種特別高圧保安工事に適用が可能であるが、第一種又は第二種の特別高圧保安工事には適用できない。
(5) B種鉄筋コンクリート柱、B鉄柱及び鉄塔は、第一種、第二種、第三種の全ての特別高圧保安工事に適用できる。

【ヒント】 第6章のポイントの第1項の⑽「特別高圧保安工事」を復習し、解答する。低圧保安工事と高圧保安工事には、第一種、第二種、第三種の区分はないが、特別高圧保安工事には第一種、第二種、第三種の区分があり、それぞれ施設条件が規定してある。

【基礎問題2】 特別高圧保安工事を適用すべき場所の支持物にB種鉄筋コンクリート柱を使用して、使用電圧が33kVの架空電線路を施設するとき、その電線路の電線に硬銅より線を使用する場合の必要最小限の太さ［mm^2］を表す数値を、下の「解答群」から選べ。

a. 第一種特別高圧保安工事の適用区間で、径間長が150mを超える場所。
b. 第二種特別高圧保安工事の適用区間で、径間長が200mを超える場所。
c. 第三種特別高圧保安工事の適用区間で、径間長が200mを超え250m以下の場所。

「解答群」38、55、100、150

【ヒント】 第6章のポイントの⑽「特別高圧保安工事」の表2～表4を復習する。

【基礎問題1の答】　(4)

解釈第95条「特別高圧保安工事」からの出題である。

第一種特別高圧保安工事に適用が可能な支持物としては、1項三号の規定により『支持物はB種鉄筋コンクリート柱、B鉄柱又は鉄塔であること。』と定めてある。

したがって、保安のレベルを最も強化すべき第一種特別高圧保安工事の支持物としては、木柱、A種鉄筋コンクリート柱、A種鉄柱のいずれも適用することができない。

第二種特別高圧保安工事の施設方法として、2項一号により『支持物に木柱を使用する場合は、当該木柱の風圧荷重に対する安全率は、2以上であること。』と定めているので、安全率の条件付きではあるが、第二種特別高圧保安工事に木柱の適用は可能である。

また、2項二号の95-3表により、「第二種特別高圧保安工事に木柱、A種鉄筋コンクリート柱又はA種鉄柱を使用した場合の径間は100m以下とする」旨を定めているので、径間の制限付きではあるが、第二種特別高圧保安工事に木柱、A種鉄筋コンクリート柱、A種鉄柱の適用は可能である。

以上のことから、設問の(4)の文章が適切ではない。

【基礎問題2の答】　a. 150、b. 100、c. 55

解釈第95条「特別高圧保安工事」からの出題である。

解釈の条文で定めている「硬銅より線の断面積の値と、その径間長の制限値」の全部を暗記していなくても、次の事項を理解していれば、この種の問題の解答は可能である。

(1)　特別高圧保安工事は、電線路の保安を最も強化すべきものから第一種、第二種、第三種の順であるから、電線の所要断面積もこの順に定めている。

(2)　先に6章のポイントの中の表4で示したように、設問のc. の第三種特別高圧保安工事の適用区間に、B種鉄筋コンクリート柱を使用して、その径間長が200mを超えて250m以下の区間に使用できる硬銅線は、**断面積55［mm^2］以上**のものである。

設問のb. の第二種特別高圧保安工事の場合で、その径間長が200mを超える区間（この場合は径間制限は無し）に適用が可能な硬銅線は、解答群の中で断面積が55［mm^2］の次に大きな「**100［mm^2］以上**の硬銅より線」である、と判断することができる。

最後に残った設問のa. の第一種特別高圧保安工事の場合で、その径間長が150mを超える区間に適用できるものは、解答群の中で断面積が100［mm^2］の次に大きな**150［mm^2］以上**の硬銅より線である、と判断することができる。

【模擬問題】 次の①項～④項に表した「適用する架空電線路」について、その電線路の施設方法を述べた次の文章中の(ア)～(オ)に当てはまる語句又は数値を、全て適切に組み合わせたものを、次の(1)～(5)のうちから一つを選べ。

「適用する架空電線路」

① 電線路の使用電圧は、33kVである。

② 電線路の施設場所は、第一種特別高圧保安工事を適用すべき区間である。

③ 電線路の支持物は、B種鉄筋コンクリート柱又はB種鉄柱を使用する。

④ 電線路の電線には、裸線の硬銅より線を使用する。

a. 使用する電線の断面積は、径間長が150m以下の場所は (ア) mm^2以上のものとし、径間長が150mを超える場所は150mm^2以上のものとする。

b. 電線が他の工作物と接近又は交差する場合は、その電線を支持するがいし装置は、次のイ項～ハ項のいずれかに該当するものであること。

イ 懸垂がいし又は長幹がいしを使用するものであって、50%衝撃閃絡(せんらく)電圧の値が、当該電線の近接する他の部分を支持するがいし装置の値の (イ) %以上のもの。

ロ (ウ) を取り付けた懸垂がいし、長幹がいし又はラインポストがいしを使用するもの。

ハ (エ) の懸垂がいし又は長幹がいしを使用するもの。

c. 電線路には、架空地線を施設すること。ただし、がいしに (ウ) を取り付けるとき又は電線の把持部にアーマロッドを取り付けるときは、この限りでない。

d. 電線路には、電路に地絡を生じた場合又は短絡を生じた場合に (オ) 秒以内に自動的に電路を遮断する装置を設けること。

	(ア)	(イ)	(ウ)	(エ)	(オ)
(1)	100	105	アーマロッド	2連以上	3
(2)	55	110	アークホーン	2個直列	2
(3)	55	105	アーマロッド	2個直列	2
(4)	100	110	アーマロッド	2連以上	1
(5)	55	110	アークホーン	2連以上	3

【ヒント】 第6章のポイントの第1項の⑽「特別高圧保安工事」を復習し、解答する。

【答】(5)

解釈第95条「特別高圧保安工事」からの出題である。

設問の「適用する架空電線路」の②項に、「第一種特別高圧保安工事を適用すべき区間」と指定してあるので、第95条の1項を適用する。

さらに、設問の「適用する架空電線路」の③項に、「支持物は、B種鉄筋コンクリート柱又はB種鉄柱を使用する」と指定してある。したがって、設問のa.の「径間長が150m以下の場所」の硬銅線の断面積は、解釈95-2表には「その他」と表示してあり、断面積の明示がない。そこで、この架空電線路の使用電圧が33kVであることから、解釈95-1表で示されている使用電圧が100kV未満の欄により、「硬銅より線を使用する場合は、その断面積が**55mm²以上**のものを使用する」と、判断する。

この設問のa.は、径間長150mを境界として、硬銅線に必要な最小断面積が55mm²から一挙に150mm²へ増加し、大変に誤りやすいので、解答を選択の際に注意が必要である。

設問のb.のうちのイ項で問うている「当該電線の近接する他の部分を支持するがいし装置の50%衝撃閃絡(せんらく)電圧値に対する値」については、1項五号イ項で規定しており、架空電線路の使用電圧値が130kV以下（実在の公称電圧は77kV以下の電線路であって、この設問の33kVが該当する電線路）の場合は、**110%以上**のがいしを使用する規定である。

この規定の目的は、保安工事を適用すべき区間のがいしの絶縁耐力値を、近接する他の部分のがいしの絶縁耐力よりも相対的に高くすることにより、がいしが絶縁破壊する可能性を低くするものである。

設問のb.のうちのロ項及びハ項、それに設問のc.は、がいしの表面で閃絡(せんらく)を生じたとき、その強烈なアーク熱により、がいしが熱破壊することを予防する措置である。

設問のc.は、電路に故障を生じたとき、保護継電器の動作時間と遮断器の遮断時間との和の時間が3秒以内であることを規定したものである。

これは、法令上の許容最長時間であって、実際の運用は短絡故障（実際には2線又は3線地絡故障）が発生したときの強烈なアーク熱により、電線が溶断する以前に遮断を完了させる必要がある。その溶断防止のための許容時間は、故障電流値、電線の太さ、それにアークホーンやアーマロッドの有無により決まり、33kV架空電線路の場合は概ね0.7～1.3秒のものが多い。実際の短絡保護継電器の整定値、及び、自動故障記録装置の記録結果から、短絡故障のほぼ全てのケースで6サイクル（0.1秒）以内に遮断を完了させている。

特別高圧保安工事を適用するがいし装置は、
アーク熱による破壊防止を図っている。

5 電線の離隔距離、併架と共架

【基礎問題】 使用電圧が35kV以下の特別高圧架空電線に裸の硬銅線を使用して施設した2組の個別の電線を施設する。この2組の電線が、互いに接近又は交差する状態である場合、その電線の相互間において維持すべき許容最小限の離隔距離［m］の値を、「電気設備技術基準の解釈」を基に判断して、次の(1)〜(5)の中から一つを選べ。

(1) 0.5　(2) 1　(3) 1.5　(4) 2　(5) 3

【ヒント】 第6章のポイントの第1項の(11)「35kV以下の架空電線相互の接近又は交差」を復習し、解答する。この離隔距離の規制値は、試験日までに覚えておく。

【応用問題】 次の文章は、使用電圧が35kV以下の特別高圧架空電線に裸の硬銅線を使用したものを、建造物と接近又は交差する場合の施設方法を述べたものであるが、「電気設備技術基準の解釈」を基に判断し、適法でないものを次の(1)〜(5)の中から一つを選べ。

(1) 特別高圧架空電線と建造物の造営材との離隔距離は、2m以上とする。
(2) 特別高圧架空電線が、建造物と第一次接近状態で施設する場合は、特別高圧架空電線路に第一種特別高圧保安工事を適用して施設する。
(3) 特別高圧架空電線が、建造物と第二次接近状態で施設する場合は、特別高圧架空電線路に第二種特別高圧保安工事を適用して施設する。
(4) 特別高圧架空電線が、建造物の下方に接近して施設する場合は、相互の水平離隔距離を3m以上で施設する。
(5) 特別高圧架空電線が、人が上部に乗るおそれがない簡易な突き出し看板と接近する場合は、電線が当該看板に接触しないように施設する。

【ヒント】 第6章のポイントの第1項の(12)「35kV以下の架空電線と工作物等との接近又は交差」を復習し、解答する。この設問で問うているものは、「(1)〜(5)の文章の内容が、法令で規定する内容と一致しているか否か」なのか、それとも「(1)〜(5)の文章の施工法が、適法か違法か」であるか、よく考えて解答する。この設問は、少々イジワル問題の感はあるが、読者の方々が試験場で誤るよりは、事前学習の段階で誤り、それ以降は注意して誤答を回避できるようになる方がよいので、設問としてここに用意した。

【基礎問題の答】（4）

解釈第101条「特別高圧架空電線相互の接近又は交差」からの出題である。

その条文の中の101-1表により、幅広い使用電圧の「電線相互間に離隔距離」の規定値が示されているが、第三種電気主任技術者の保安監督が可能な電圧範囲は50kV未満であるから、この設問のように「35kV以下の特別高圧電線に的を絞って覚える」学習方法がよい。

次の**表**は、上記の101-1表の中から「35kV以下の特別高圧架空電線」について抜粋したものである。この表の電線の種別として、ケーブル、特別高圧絶縁電線、それに硬銅線（HDC）や鋼心アルミより線（ACSR）を含めた「**その他の電線**」の3種類の組み合わせ表により、電線の相互間で維持すべき許容最小限の離隔距離［m］の値を示している。

表　特別高圧架空電線の相互間で維持すべき許容最小限の離隔距離
（解釈101-1表から35kV以下の電線のみを抜粋したもの）

	ケーブル	特別高圧絶縁電線	**その他の電線**
ケーブル	0.5m	0.5m	2m
特別高圧絶縁電線	0.5m	1m	
その他の電線	2m		

【応用問題の答】（1）

解釈第106条「35kV以下の特別高圧架空電線と工作物との接近又は交差」からの出題である。この設問で問うているものは、「施設方法が、適法でないもの」である。

設問の(2)に該当する条文は、第106条1項二号にあり、次のように規定している。

『特別高圧架空電線が、建造物と**第一次**接近状態に施設される場合は、特別高圧架空電線路を**第三種**特別高圧保安工事により施設すること。』

設問の(2)の文章の施設方法は「・・・**第一種**特別高圧保安工事を適用して施設する。」となっており、上記の条文と比較して特別高圧保安工事の種別が異なっている。

しかし、設問の(2)の「第一種特別高圧保安工事」は、「第三種特別高圧保安工事」よりも保安レベルを高くした施設方法であるから、経済的な工法ではないが、違法ではなく適法である。

設問の(1)に該当する条文は、第106条1項一号の106-1表に規定しており、「建造物の造営材との離隔距離は、**3m以上**」と定めている。

したがって、設問の(1)の文章の「建造物の造営材との離隔距離は、2m以上とする。」の施設方法は、適法でない。

【模擬問題】　次の文章は、使用電圧が33kVの特別高圧架空電線を、併架又は共架による施設方法を述べたものであるが、「電気設備技術基準の解釈」を基に判断して、適切でない施設方法を次の(1)～(5)の中から一つを選べ。ただし、特別高圧架空電線の線種として特に記載がないものは、全て裸の硬銅線を使用して施設したものとする。

(1)　特別高圧架空電線を、高圧架空電線の上方にして併架し、かつ、別個の腕金に施設する方法を原則として施工したが、個別の腕金で併架することが困難な場所が一部にあったので、その場所については特別高圧架空電線にケーブルを使用し、かつ、高圧架空電線に高圧絶縁電線を使用して施設した。

(2)　特別高圧架空電線と、屋外用架橋ポリエチレン絶縁電線を使用した低圧架空電線との併架区間において、架空電線の相互間の離隔距離を原則として1.2m以上で施設したが、一部に1.2mの離隔の確保が困難な場所があったので、その場所の特別高圧架空電線にケーブルを使用し、相互間の離隔距離を0.5m以上で施設した。

(3)　特別高圧架空電線と高圧架空電線とを併架して施設する区間は、高圧架空電線に直径4mmの硬銅線を使用した絶縁電線を適用したが、一部の区間の径間長が50mを超えていたので、その場所の高圧架空電線に直径5mmの硬銅線を使用した絶縁電線を適用して施設した。

(4)　特別高圧架空電線と架空弱電流電線とを共架により施設する区間は、特別高圧架空電線路に第三種特別高圧保安工事を適用し、かつ、架空弱電流電線は金属製の電気的遮へい層を有する通信ケーブルを使用して施設した。

(5)　特別高圧架空電線と架空弱電流電線とを共架により施設する区間は、その相互の電線の離隔距離を原則として2m以上で施設したが、一部の場所で2mの離隔の確保が困難な場所があったので、その場所の特別高圧架空電線にケーブルを使用して0.5m以上の離隔距離を維持して施設した。

類題の出題頻度　★★★☆☆

【ヒント】　第6章のポイントの第1項の⒀「35kV以下の架空電線と低高圧架空電線等との併架又は共架」を復習し、解答する。

その設問中の語句や数値を覚えるよい方法としては、電気設備を設計する気持ちになってメモ用紙に略図を描き、その図中に規制値を書き入れる方法がベストであるので、この書籍の読者の方々は是非この方法で学習していただきたい。

【答】(4)

解釈第107条「35kV以下の特別高圧架空電線と低高圧架空電線等との併架又は共架」からの出題である。

設問の(4)の文章に該当する条文は、3項一号及び五号に規定しており、次の二重線を施した語句が誤っており、その語句を赤色で示した語句に修正して、正文になる。

(4)　特別高圧架空電線と架空弱電流電線とを共架により施設する区間は、特別高圧架空電線路に ~~第三種~~ **第二種** 特別高圧保安工事を適用し、かつ、架空弱電流電線は金属製の電気的遮へい層を有する通信ケーブルを使用して施設した。

設問の「35kV以下の特別高圧架空電線と架空弱電流電線との共架」の施設上のポイントを、次の**図**に示す。設問の(4)の文章は**共架**に関するものであるから、同一支持物に施設する通信線が「電力保安通信線及び電気鉄道用の通信線を除く通信線」であり、下の図では「一般の通信線」と表記してある。

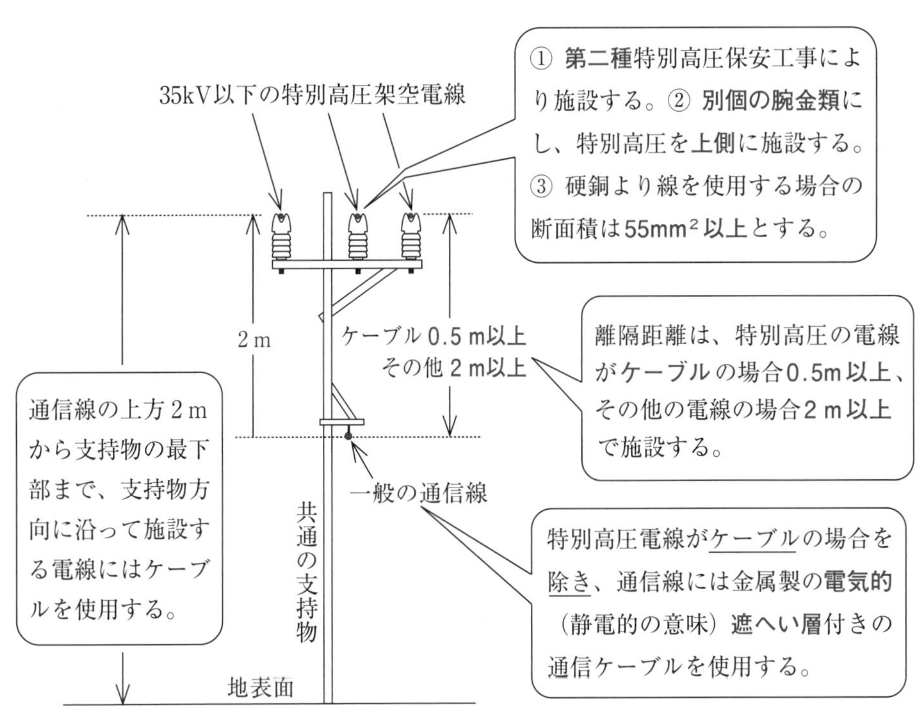

図　35kV以下の特別高圧架空電線と架空弱電流電線との**共架**の施設方法

共架により施設する35kV以下の特別高圧架空電線路には、第二種特別高圧保安工事を適用する。

6 地中電線路の施設

【基礎問題】 次の文章は、使用電圧が33kVの地中電線路を、需要場所以外の場所に直接埋設式により施設する方法を述べたものである。この文章中の(ア)～(エ)の空白部分に当てはまる適切な語句又は数値を、「電気設備技術基準の解釈」を基にして判断し、下の「解答群」の中から選び、この文章を完成させよ。

一　地中電線の埋設深さは、車両その他重量物の圧力を受けるおそれがある場所においては［(ア)］m以上、その他の場所においては［(イ)］m以上であること。

二　地中電線を衝撃から防護するため、地中電線を堅ろうな［(ウ)］その他の防護物に収める等の方法により施設すること。

三　地中電線路には、物件の名称、管理者名及び電圧を、おおむね［(エ)］mの間隔で、地中電線を埋設してある旨を表示すること。

「解答群」0.5、0.6、1、1.2、2、3、トラフ

【ヒント】 第6章のポイントの第3項の(1)「地中電線路の施設」を復習し、解答する。この設問の埋設深さ［m］の値は、試験日までに必ず覚えておく。

【応用問題】 次の文章は、需要場所以外の場所に暗きょ式により地中電線路を施設する方法を述べたものである。この文章中の(ア)～(エ)の空白部分に当てはまる適切な語句又は数値を、「電気設備技術基準の解釈」を基にして判断し、下の「解答群」の中から選んで、この文章を完成させよ。

一　ふた掛け式のU字構造物を道路下に施設するキャブ式（CAB式）は、暗きょ式に区分され、そのU字構造物は車両その他の重量物の［(ア)］に耐えるものとする。

二　次のイ項又はロ項のいずれかにより、［(イ)］措置を施す。

イ　地中電線の耐燃措置として、不燃材料の被覆を有する地中電線を使用するか、又は地中電線を［(ウ)］防止のテープ、シート、塗料等で被覆する。

ロ　暗きょ内に自動［(エ)］設備を施設する。

「解答群」消火、延焼、防火、圧力

【ヒント】 第6章のポイントの第3項の(1)「地中電線路の施設」を復習し、解答する。

【基礎問題の答】（下の解説文の中の赤色の文字で表す）

解釈第120条「地中電線路の施設」の4項からの出題である。地中電線路の施設方法には、管路式、暗きょ式（トンネル式）、直接埋設式がある。この設問の**直接埋設式**は、公式の名称であるが、しかし、大根や人参を直接地中に埋める様にして、ケーブルを土中に直接埋設する施設方法は、技術基準に違反する。正しい施設方法は、第120条の4項に規定してあり、次の一～三の全ての事項を満足させなければならない。

一　地中電線の**埋設深さ**は、車両その他重量物の圧力を受けるおそれがある場所においては(ア)**1.2m以上**、その他の場所においては(イ)**0.6m以上**であること。

二　地中電線を**衝撃から防護**するため、地中電線を**図1**に示すように堅ろうな(ウ)**トラフ**その他の防護物に収める等により施設すること。

三　地中電線路には、物件の名称、管理者名及び電圧を、おおむね(エ)**2mの間隔**で、地中電線を埋設してある旨を**表示**すること。

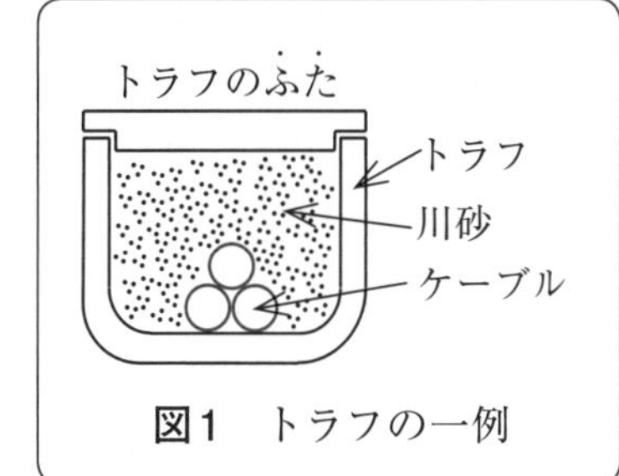

図1　トラフの一例

電験第三種の問題としては、この設問の直接埋設式が最も多く出題されてきているので、特に上記の赤色の語句と数値を覚えるとよい。

【応用問題の答】　(ア)　圧力、(イ)　防火、(ウ)　延焼、(エ)　消火

解釈第120条「地中電線路の施設」の3項の一号及び二号からの出題である。

一号の規定により、『暗きょ（トンネル）は、車両その他の重量物の(ア)**圧力**に耐えるものであること。』と定めている。そして、この設問の一項にある「ふた掛け式の**U字構造物**を道路下に施設する**キャブ式**（CAB式）」も暗きょ式に区分されるので、U字構造物は車両その他の重量物の**圧力**に耐える必要がある。

この「車両等の圧力に耐える」件は、2項で規定する管路式の**管路**にも適用され、4項で規定する直接埋設式の**埋設深さ**やトラフ等の**防護物**により圧力に耐えることが求められている。

設問の二項は、解釈第120条の3項二号で規定する「**防火措置**」に関する概要を次の**図2**に示す。設問のイ項にあるように「地中電線それ自体に耐燃措置を施す方法」と、設問のロ項にあるように「暗きょ内に自動消火設備を設ける方法」に分けられる。

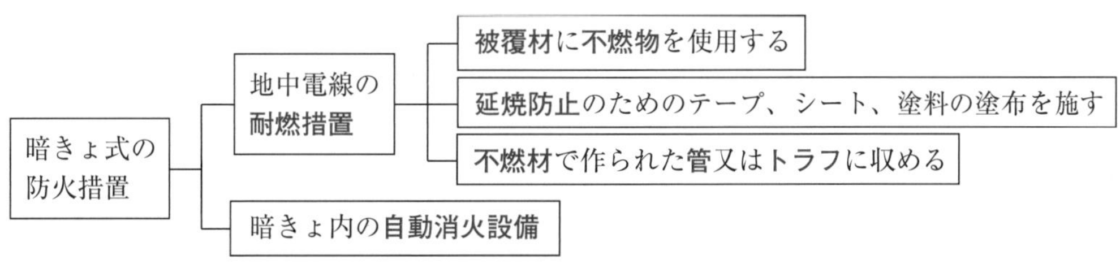

図2　暗きょ式地中電線路の防火措置の概要

【模擬問題】 地中電線路を施設する方法について述べた次の文章を、「電気設備技術基準の解釈」を基に判断し、適切でないものを次の(1)～(5)のうちから一つを選べ。

(1) 地中電線路に使用する地中箱であって、爆発性又は燃焼性のガスが侵入し、爆発又は燃焼するおそれがある場所に設ける地中箱のうち大きさが2m³以上のものには、通風装置等によりガスの放散が可能な装置を設けた。

(2) 地中電線路に使用する地中箱のふたは、開ける際に特殊な道具を必要とする装置にすることにより、取扱者以外の者が容易に開けることができないように施設した。

(3) 使用電圧が33kVの地中電線の相互間を接続する電線接続箱及び金属製の被覆部分にはD種接地工事を施したが、ケーブルを支持する金物類には接地工事を施さずに完工し、運用を開始した。

(4) 同一管路内に、使用電圧が33kVの地中電線と6.6kVの地中電線を施設し、管路内における地中線の相互間の離隔距離を0.3m以上で施工したが、地中箱内は大変に狭隘(きょうあい)であったため、相互間の離隔距離が0.3m以内となり、かつ、耐火性の隔壁も設けることなく施設した。

(5) 電力、ガス、水道、電話の各事業者が共同出資して建設した共同溝に、使用電圧が33kVの地中電線を施設する際に、その地中電線とガス管との離隔距離を1m以上としたが、一部の区間で1mの離隔が困難な場所については地中電線を堅ろうで不燃性の管に収めて施設した。

類題の出題頻度 ★★☆☆☆

【ヒント】 第6章のポイントの第3項の(2)項～(4)項を復習し、解答する。

地中電線路に関する通風装置、ふたの安全管理、地中電線と他の工作物との離隔距離などの規制事項は、（他の章の場合と同様に）略図を描き、その略図の中に規制の語句や数値を記入しながら覚える方法がベストである。読者の方々は、是非、この方法で効率的に学習を進めていただきたい。

【答】（1）

設問の(1)の文章は、地中箱（マンホール）に通風装置を設置すべき大きさに誤りがある。

この通風装置に関する事項は、解釈第121条「地中箱の設置」の二号により、『・・・(地中箱の）大きさが**1m³以上**のものには、**通風装置**その他ガスを放散させるための適当な装置を設けること。』と規定している。

なお、この地中箱には、管路式の管路部分や暗きょ式の暗きょと同様に、「車両その他の重量物の圧力に耐える構造であること。」と、強度を定めていることも覚えておこう。

設問の(2)の文章の「**地中箱のふた**」に関する事項は、解釈第121条の三号により、『地中箱のふたは、取扱者以外の者が容易に開けることができないように施設すること。』と規定している。この設問文では、一般公衆がふたを容易に開けることができないようにするための具体的な方法として、多くの実施例がある「ふたを開ける際に、**特殊な道具**を必要とする装置」にすることを述べている。したがって、設問の(2)の施設方法は適法である。

設問の(3)の文章の「地中電線の金属製部分に**D種接地工事**を施す」件は、解釈第123条「地中電線の被覆金属体等の接地」の1項の二号及び三号により、D種接地工事を施す旨を定めている。なお、2項一号により「ケーブルを支持する金物類」は接地を施さなくてよい、としている理由は、ケーブルが金属製の接地静電遮へい層で覆われており、その外側に位置する支持金物類は対地電位を保っているからである。よって、設問の(3)の施設方法は適法である。

設問の(4)の文章の「**地中電線の相互間の離隔距離**」に関する事項は、解釈第125条「地中電線と他の地中電線との接近又は交差」の1項一号ロにより、『低圧又は**高圧**の地中電線と**特別高圧**地中電線との離隔距離は、**0.3m以上**』と定めている。そして、1項のただし書きにより、『・・・ただし、地中箱内についてはこの限りでない。』と、地中箱内は適用除外であることを明記しているので、設問の(4)の施設方法は適法である。

設問の(5)の文章の「地中電線と**ガス管**との**離隔距離**」に関する事項は、解釈第125条の3項に規定している。その一号により、「地中電線と**ガス管**との離隔距離を**1m以上**とする」旨を定めている。さらに、その離隔距離を設ける方法の外に、三号により「地中電線を**堅ろうで不燃性の管**に収めて施設する」方法でもよいことを定めている。したがって、設問の(5)の施設方法は適法である。

燃焼性ガス等が侵入する可能性がある
1m³以上の地中箱には、通風装置等を施設する。

第6章　電技　電線路2のまとめ

1. 35kV以下の特別高圧架空電線路を、市街地等に施設する場合であって、電線に裸線の硬銅より線を使用する場合の主な施設条件は、次のとおりである。
   (1) 電線には、断面積55mm^{2}以上のものを使用する。
   (2) 地表上の高さは、10m以上とする。
   (3) 径間長は、支持物にA種鉄筋コンクリート柱を使用する場合は75m以下、B種鉄筋コンクリート柱を使用する場合は150m以下とする。
   (4) がいし装置には、アークホーンを取り付けるか、2連で構成する。
2. 電線の通電によりジュール熱が発生し、電線の温度が上昇し、電線の実長が長くなる。それに伴い、電線の弛度が大幅に増大するため、電線の地上高が規定値を維持することができるかの確認が、架空電線路の保安上重要となる。
3. 特別高圧架空電線路のがいし装置は、次のように施設する。
   (1) 耐張がいし装置及び懸垂がいし装置の想定最大張力に対する安全率は2.5以上で施設する。
   (2) 腕金類にはD種接地工事を施す。
4. 特別高圧保安工事を適用するがいし装置は、表面で閃絡したときのアーク熱により破壊することを防止するため、閃絡電圧を隣接のがいしより高くしたり、アークホーンやアーマロッドの取付などの措置を施している。
5. 35kV以下の特別高圧架空電線と一般通信線との共架は、次により施設する。
   (1) 特別高圧架空電線路に、第二種特別高圧保安工事を適用する。
   (2) 別個の腕金類に施設し、特別高圧電線を通信線の上側に施設する。
   (3) 特別高圧架空電線が硬銅より線の場合は、55mm^{2}以上を使用する。
6. 地中電線路の施設概要は、次のとおりである。
   (1) 直接埋設式の土冠は、車両等の重量物の圧力を受ける場所は1.2m以上、その他の場所は0.6m以上とする。
   (2) 直接埋設式及び管理式は、おおむね2m間隔で埋設表示をする。
   (3) 暗きょ式には、防火措置を施す。
   (4) 1m^{3}以上の地中箱には、通風装置等を設ける。
   (5) 地中箱のふたは、取扱者以外の者が容易に開けられないように施設する。

第7章 電技　電気使用場所、小出力発電設備のポイント

1　電気使用場所の施設（解釈第5章、第1節の前半部分）

(1)　電路の対地電圧の制限（解釈第143条）

住宅の屋内電路の**対地電圧は、150V以下が原則**です。単相3線式の屋内電路は、右の**図1**に示すように中性線をB種接地工事で接地してありますから、中性線の**対地電圧は0［V］**、電圧線（外線）の**対地電圧は100V**、電圧線相互間の**線間電圧は200V**です。

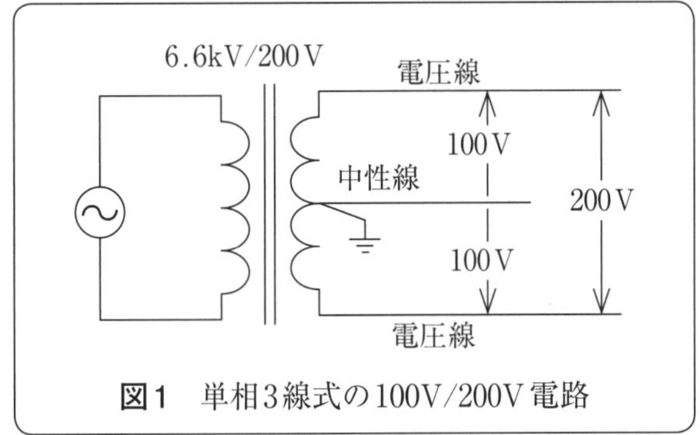

図1　単相3線式の100V/200V電路

人体は大地と同電位ですから、図1の電圧線に触れた場合、交流の実効値100Vの電圧に感電することになります。

上述の原則とは異なり、定格消費電力が**2kW以上**の電気機械器具、及び、これに電気を供給する**屋内**配線を施設する場合には、解釈第143条の1項一号で規定する全ての事項を満足させることにより、次の**図2**に示すように**対地電圧は交流300V以下**で施設が可能です。

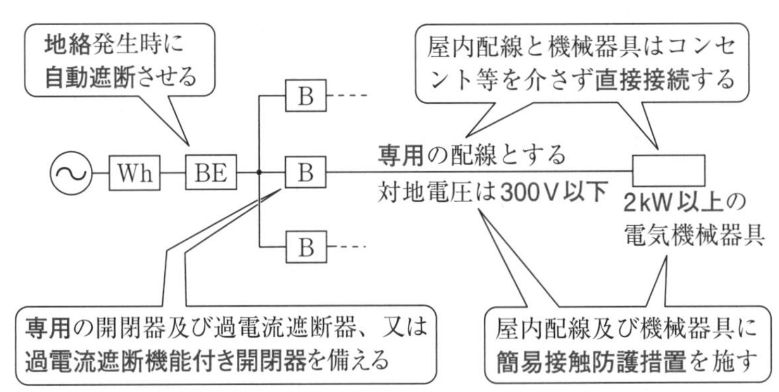

図2　対地電圧300V以下の屋内配線の施設方法

次の発電設備に接続する負荷側の屋内配線を、解釈第143条1項の規定により施設する場合には、その**直流**電路の対地電圧値を次のように施設が可能です。

(1)　**太陽電池**モジュールの合計出力が10kW以下の設備は**450V以下**、合計出力が20kW以下の設備は**300V以下**で施設が可能である（解釈第143条1項三号）。

⑵　個々の出力が10kW未満の**燃料電池発電設備**又は常用の電源として用いる**蓄電池設備**は、**450V以下で施設が可能**である（解釈第143条1項四号）。

⑵　裸電線の使用制限（解釈第144条）

電気使用場所には、原則的に**裸電線の使用を禁止**しています。しかし、次の一号～六号のいずれかに該当する電線は、解釈で定める施設方法により、裸電線の施設が認められています。

一　次に掲(かか)げる低圧電線を、**がいし引き工事**により**展開した場所**に施設する場合。

　イ　電気炉用電線

　ロ　電線の被覆絶縁物が腐食する場所の電線

　ハ　取扱者以外の者が出入りできないように措置した場所の電線

二　**バス ダクト**工事による電線

三　**ライティング ダクト**工事による電線

四　**接触電線**の工事により施設する電線

五　特別**低圧**（AC24V以下）の**照明回路**の電線

六　**電気さく**の電線（この施設方法の規定は、後の項で詳述する）

⑶　低圧配線に使用する電線の許容電流補正係数、電流減少係数（解釈第146条）

低圧配線に用いる電線には、原則として直径**1.6mm以上の軟銅線**若しくはこれと同等以上の強さ及び太さの電線、又は断面積**1mm²以上のMIケーブル**を使用します。

MIケーブルとは、導体の周囲に粉末状の**酸化マグネシウム**等の無機絶縁物を充填(じゅうてん)して銅管に収めた構造で、**耐熱性**が著しく高く、250℃の連続使用に耐えるため、火災の発生を極度に嫌う可燃性ガスや粉塵(ふんじん)の多い場所に使用されています。

低圧配線の絶縁電線の導体には、軟銅線が最も多く使用されていますが、その軟銅線又は硬銅線を金属管等の中に**入れずに使用**した場合の許容電流値は、右の**表1**に示す各導体の直径ごとの電流値に、次の⑴式で表す**許容電流補正係数**k_1の値を乗算して求められます。

$$\text{許容電流補正係数}\quad k_1 = \sqrt{\frac{T-\theta}{30}} \qquad (1)$$

⑴式のT［℃］は、各絶縁電線の絶縁物により決められた連続許容温度です。θ［℃］は、絶縁電線の周囲温度ですが、30℃以下の場合は30℃の値を適用します。

一方、絶縁電線を合成樹脂管、金属管、金属可とう電線管、金属線樋(ぴ)に収めて使用する場合には、表1の電流値に上記k_1の値を乗じた値に、さらに、**表2**に示す**電流減少係数**k_2を乗算した値が、**実際**の連続許容電流値です。

この「電流減少係数」は、正式な用語ですが、しかし、その実態は「電流通電能力の残存係数」を意味しています。例

表1　銅線の許容電流表

導体の直径	許容電流
1.6mm	27A
2.0mm	35A
2.6mm	48A
3.2mm	62A
4.0mm	81A
5.0mm	107A

表2　電流減少係数表

同一管内の電線収納数	電流減少係数 k_2
3以下	0.70
4	0.63
5又は6	0.56
7～15	0.49

えば、同一の電線管内に電線5本を施設した場合に「通電可能な電流の減少分の割合を表す係数は0.44」であるため、「通電可能な電流の残存分を表す係数、すなわち正式用語の電流減少係数k_2の値は1.0−0.44＝0.56」となります。

著者が、かつて電験第三種受験講座の通信教育の添削指導を担務していた当時の経験を紹介しますと、受講生のうち約2割ほどの方が「電流減少係数」の語句を純粋に日本語のとおりに解釈し、同一管内に電線5本を施設した場合の問題の通電可能な電流値を求める計算方法として、表2のk_2の値を基にして$(1-k_2)=(1-0.56)=0.44$の値を乗算して誤答になっていました。この本の読者の方々は、電流減少係数k_2の意味を、純粋な日本語のとおりに解釈せずに、「法令上の意味」を正しく理解され、確実に得点できるようにしてください。

(4)　低圧幹線の施設（解釈第148条）

解釈第148条「低圧幹線の施設」の二号により、低圧屋内配線の幹線の通電可能な電流値の算出方法を定めています。また五号により、幹線の電線及び負荷側の分岐線を保護するための過電流遮断器の定格電流値の算出方法を定めています。

その規定によると、幹線から供給する電動機など起動電流の大きな電気機械器具の定格電流の合計値をI_M［A］、他の電気機械器具の定格電流の合計値をI_L［A］とし、**表3**に示す算式を満足するように、幹線用電線の最小許容電流値I_W［A］、及び、過電流遮断器の定格電流の最大許容値I_{OC}［A］を定めています。

表3　幹線用電線の電流値、過電流遮断器の定格電流値の算定式

		幹線用電線の許容電流 I_W［A］の算定式	幹線用過電流遮断器の定格電流 I_{OC}［A］の算定式
$I_M \leqq I_L$ の場合	$I_M=0$ の場合	$I_W \geqq I_M+I_L$	$I_{OC} \leqq I_W$
	$I_M \neq 0$ の場合		$I_{OC} \leqq 3I_M+I_L$ とし、かつ、$I_{OC} \leqq 2.5I_W$ とする
$I_M>I_L$ の場合	$I_M \leqq 50$ の場合	$I_W \geqq 1.25I_M+I_L$	
	$I_M>50$ の場合	$I_W \geqq 1.1I_M+I_L$	

（説明）電線の許容電流値は、大きいほど安全なため、I_W［A］は**最小許容値**を表す。過電流遮断器の定格電流値は、小さいほど確実な保護が可能なため、I_{OC}［A］の値は**最大許容値**を表す。

I_M［A］とI_L［A］の力率値が既知の場合は、1項三号の規定により**ベクトル和**で求める。

(5)　電動機の過負荷保護装置の施設（解釈第153条）

電動機の起動電流値は、定格電流値の4～6倍が流れますが、正常に加速すれば10秒程度以内に通常の負荷電流の値に減少するため、過電流による過熱焼損の危険性はありません。しかし、起動時の回転機が重負荷の場合や、三相電源回路の1線が断線した**欠相状態**のときには、起動不可能な状態で、大電流が流れ続けますから、その結果電動機は焼損します。

解釈第153条により、**屋内**に施設する**電動機**には、その**電動機が焼損するおそれがある過電流が流れた場合**に、原則的に**自動的**に**焼損**を**阻止**するための**過負荷保護装置**を施設するか、又は、焼損するおそれがあることを**警報**する装置を設けるように定めています。

この過負荷保護装置として、大形の三相電動機には、欠相、逆相、過電流の3現象に対して保護機能を有する**3エレメント**（3E）**リレー**があります（これを“sinリレー”と誤って呼称している人が多いので注意する）。一方、小形電動機には、サーマル型又はバイメタル型の過電流検出要素と、電磁開閉器を組合せた過電流遮断器の適用例が多く見られます。

原則的には、上述の過負荷保護装置又は警報装置が必要ですが、次の一号～四号のいずれかに該当する場合には、上記の過負荷保護装置を施設しなくてもよい、と定めています。

一　電動機の運転中は、**常時**、取扱者が電動機を**監視**できる位置に電動機を施設する場合。
二　電動機の構造上又は負荷の性質上、焼損する過電流を生じるおそれがない場合。
三　**単相**電動機であって、電源側の過電流遮断器の定格電流が**15A以下**（配線用遮断器の場合は**20A**以下）である場合。⇒家庭電化製品の内部で使用される小形電動機が該当。
四　電動機の出力が**0.2kW以下**の場合。

(6)　蓄電池の保護装置（解釈第154条）

非常用予備電源に使用する蓄電池を**除き**、電気使用場所に施設する蓄電池は、**発変電所等**に施設する蓄電池と**同様**に、蓄電池が次の一号～四号に掲（かか）げる事項のいずれかに該当する場合に、**自動的**に蓄電池を電路から**遮断**する装置を施設するように定めています。

一　蓄電池に**過電圧**を生じた場合。⇒過充電による蓄電池の焼損防止
二　蓄電池に**過電流**を生じた場合。⇒外部電路の短絡時の過電流による蓄電池の焼損防止
三　蓄電池の**制御装置**に**異常**が生じた場合。⇒蓄電池の安全な状態の確保
四　ナトリウム硫黄（いおう）電池など、内部温度が高温のものは、断熱容器の内部温度が著しく上昇した場合。⇒蓄電池の火災予防、及び断熱容器の高温破裂の防止

2　配線等の施設（解釈第5章、第2節）

(1)　低圧屋内配線の施設場所による工事の種類（解釈第156条）

解釈第156条の規定により、屋内配線として施設することが認められている工事種別を、次のページの**表4**に示します。効率的に学習するために、最も施設例が多い合成樹脂管工事、金属管工事、金属可とう（可撓）電線管工事、ケーブル工事に的を絞って覚えてください。

この表4では、使用電圧の区分、及び施設場所のそれぞれについて、「施設が認められているもの」を◯又は○印で表し、具体的な施設方法については後の項で詳述します。

表4　低圧屋内配線の施設可能な工事種別

使用電圧→	使用電圧が300V以下の配線						使用電圧が300V超過の配線					
施設場所→	展開した場所		点検可能隠ぺい場所		点検不可隠ぺい場所		展開した場所		点検可能隠ぺい場所		点検不可隠ぺい場所	
配線工事名↓	乾燥	他	乾燥	他	乾燥	他	乾燥	他	乾燥	他	乾燥	他
合成樹脂管	○	○	○	○	○	○	○	○	○	○	○	○
金属管	○	○	○	○	○	○	○	○	○	○	○	○
金属可とう電線管	○	○	○	○	○	○	○	○	○	○	○	○
ケーブル	○	○	○	○	○	○	○	○	○	○	○	○
がいし引き	○	○	○	○			○	○	○	○		
金属ダクト	○		○				○		○			
バス・ダクト	○	○	○				○		○			
金属線ぴ	○		○									
フロア・ダクト					○							
セルラ・ダクト					○							
ライティング・ダクト	○		○									
平形保護層			○									

【上表の記号の説明】

○印と○印は、解釈で規定する施設方法により、その施設が認められているものを表す。

「金属可とう電線管工事」の「可撓」とは「曲げることが可能」であることを表す。

「金属線ぴ工事」の「線樋」とは、「電線を樋の形の保護物で覆う」様を表す。

「展開した場所」とは、屋内配線の施設状況が見える場所を表す。

「点検可能・隠ぺい場所」の「隠蔽」とは、配線が隠れて見えない様を表す。

「点検可能・隠ぺい場所」とは、配線は隠れているが、配線の点検は可能な場所を表す。

「点検不可・隠ぺい場所」は、配線が隠れた場所にあり、かつ、点検も不可能な場所を表す。

「乾燥」は配線の施設場所が乾燥している所で、「他」は乾燥した場所以外の場所である。

【上表の覚え方の例】

(1)　表の全部を暗記することに自信がない人は、表の**赤字**部分に焦点を絞って覚えよう。その部分は、過去の問題として出題回数が比較的多い工事種別です。

(2)　「配線工事名」の欄の**上から四つ**の工事は、**全て施設が可能**と覚えよう。

(3)　**がいし引き工事は「点検できない場所には不可」**と覚えよう。

(4)　「金属線ぴ工事以下の五つの工事種別」は、「300Vを超える配線は全て不可」と覚え、「点検が不可の隠蔽場所で、乾燥した場所に施設可能な工事は、フロアダクト工事とセルラ ダクト工事のみ」と覚えよう。

(2) 合成樹脂管工事、金属管工事、金属可とう電線管工事に共通事項（解釈第158～160条）

表題の各管工事に共通の規定事項のうち、学習上のポイントは次のとおりです。

① 電線には、屋外用ビニル絶縁電線（OW線）を除く**絶縁電線**を使用する。
⇒他の低圧用絶縁電線と比べ、OW線の絶縁厚は50～75%と薄いためです。600Vビニル絶縁電線（IV線）と同等の絶縁厚の引込用ビニル絶縁電線（DV線）は使用可能です。

② 短小な管に収める場合を除き、電線には**より線又は直径3.2mm以下の単線**を使用する。
⇒電線に**柔軟性**を持たせるためです。管長が、概ね1m以下は適用除外です。

③ **管の内部**では、電線に**接続点**を設けない。
⇒電線の接続は、**ボックス又は**これに類するものの中で行います。

④ 電線を収める管及びボックスその他附属品は、**電気用品安全法**の適用を受けるものを使用し、管の端口及び内面は電線の被覆を損傷しない滑（なめ）らかなものとする。

⑤ 管の金属部分、金属製のボックスは、配線の使用電圧が**300V以下のものはD種接地工事**を施し、**300Vを超える低圧はC種接地工事**を施す（適用除外や緩和規定がある）。

(3) 合成樹脂管工事（解釈第158条）

一般住宅の低圧屋内配線に、ケーブル工事と共に多く適用されています。
この合成樹脂管工事に使用する電線管は、解釈にて次の三つに区分されています。

ⅰ　CD管⇒直接**コンクリート**に埋め込んで施設するポリエチレン製の管。

ⅱ　PF管⇒合成樹脂製の可撓（かとう）電線管で、この管の構成はポリエチレン製の管の上に軟質の塩化ビニルを被覆した二重管や、難燃材を加えた管があります。

ⅲ　その他の合成樹脂管⇒硬質ビニル製の管が多く、耐燃焼性と耐圧縮性がよい管です。

合成樹脂管は、耐腐食性と電気的絶縁性に優れていますが、金属管と比べて大きな機械的衝撃に耐えるための強度は劣っているため、使用する周囲の状況に応じた管の選択が必要です。

この合成樹脂管工事の規定のうち、学習上のポイントは次のとおりです。

① 上記ⅲの「その他の合成樹脂管」の厚さは、原則として**2mm以上**のものを使用する。

② 管相互及び管とボックスとは、管の**差し込み深さ**を管の外形の**1.2倍以上**（接着剤を使用する場合は**0.8倍以上**）とし、かつ、差し込み接続により**堅（けい）ろう**に接続する。

③ 管の**支持点間**の距離は、**1.5m以下**とし、かつ、その支持点は、管端、管とボックスとの接続点及び管相互の接続点のそれぞれの近くの箇所に設ける。

④ 上記ⅰ、ⅱ、ⅲの異種管の相互を接続する場合には、直接それらの管を接続せずに、専用のカップリングを使用して接続する。

(4)　金属管工事（解釈第159条）

鉄筋コンクリート製の建築物の屋内配線工事に最も多く適用されている工事種別であり、解釈で規定されている事項のうち、学習上のポイントは次のとおりです。

①　金属管の厚さは、次のものを使用する。

イ　コンクリートに直接埋め込むものは、1.2mm以上

ロ　上記のイ項以外のもので、継手のない管で、その長さが4m以下のものを、乾燥した展開した場所に施設する場合は0.5mm以上

ハ　上記のイ項及びロ項以外の場合は、1mm以上

②　金属管及びボックスその他付属品は、次のように施設する。

一　管相互及び管とボックスとは、ねじ接続その他これと同等以上の効力のある方法により、堅ろう（けい）、かつ、電気的に完全に接続すること。

二　管の端口には、電線の被覆を損傷しないようにブッシングを使用すること。

三　湿気の多い場所又は水気のある場所に施設する場合は、防湿装置を施すこと。

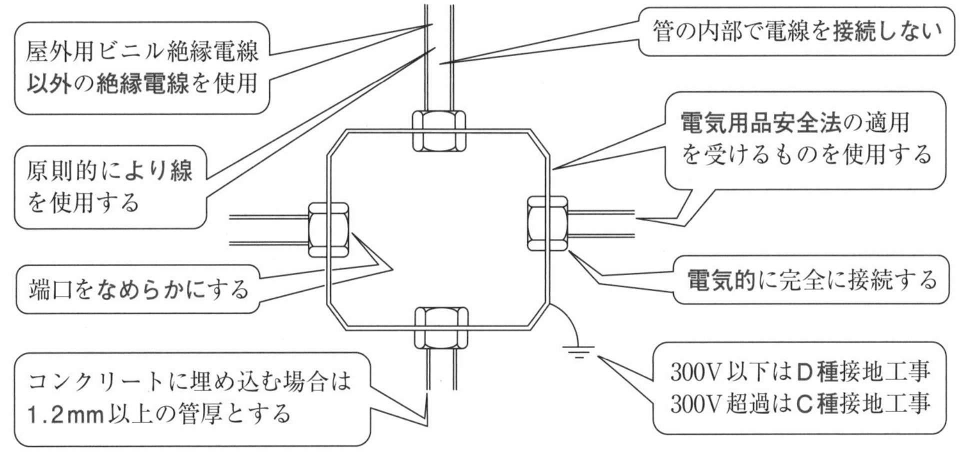

図3　低圧屋内配線を金属管工事で施設する場合の概要

なお、たとえ丈夫（じょうぶ）な金属製のガス管又は水道管であっても、電気用品安全法の適用を受けていない金属管を電線管に流用して施設することは、技術基準に違反します。

(5)　金属可とう電線管工事（解釈第160条）

金属可とう（可撓（かとう））電線管は、工場等の電動機への配線部分で、可撓（かとう）性を必要とする部分や、建物のエキスパンション部分の配線に適用されています。

電気主任技術者の試験は、第一種が最も難関であり、第三種が最も易(やさ)しい試験ですが、キャブタイヤ ケーブルや金属可撓電線管の種別は、電気主任技術者の試験種別の難易度とは反対であり、一種の電線管よりも二種の電線管の方が機械的強度は上位です。しかし、二種の管といえども、金属管と比べて金属可撓(かとう)電線管は強度が弱いため、工事に使用する『管及びボックス類は、重量物の圧力又は著しい機械的衝撃を受けるおそれがないように施設すること。』と規定しています。この金属可撓電線管工事の学習上のポイントは次のとおりです。

① **一種**金属可撓電線管は、次のイ項～ハ項に適合する場合に使用が可能です。

イ 展開した場所又は点検できる隠蔽(いんぺい)場所であって、乾燥した場所であること。

ロ 屋内配線の使用電圧が300Vを超える場合は、**電動機**に接続する部分で、電線管に可撓性を必要とする部分であること。

ハ 電線管の厚さは、**0.8mm以上**であること。

② 長さが4mを超える**一種**金属可撓電線管には、その内部に**直径1.6mm以上の裸軟銅線**を全長に亘(わた)って挿入又は添加して、その裸軟銅線と**電線管の両端**において**電気的に完全に接続**すること。

⇒この目的は、金属管に比べて金属可撓電線管の電気抵抗値が大きく、かつ、屈曲により電気抵抗値が著しく増加する可能性があるため、接地工事を施す目的である電線の絶縁不良発生時の対地電位上昇をより小さくし、安全性を高めるためです。

③ **二種**金属可撓電線管を、湿気の多い場所又は水気のある場所に施設するときは、**防湿装置**を施すこと（これは、金属管工事と同様の規定内容です）。

⇒一種の電線管は、上記の①に述べたように乾燥した場所に限定して使用可能ですが、二種の電線管は機械的強度が大きく、耐水性能が優れているため、コンクリートに埋め込む場合にも使用が可能ですが、その場合に防湿装置が必要です。

④ 使用電圧が300V以下の場合には、原則的として電線管に**D種接地工事**を施すが、電線管の長さが**4m以下**の場合には、D種接地工事を省略することができる。

⑤ 使用電圧が300Vを超える場合には、原則的として電線管に**C種接地工事**を施すが、電線管に**接触防護措置**を施す場合には**D種接地工事**とすることができる。

⇒この接触防護措置を施す場合に、上記の④のようにD種接地工事も省略することはできません。

⑹ ケーブル工事（解釈第164条）

屋内配線において、ケーブル工事は金属管工事とともに、あらゆる場所に適用が可能です。

使用する電線を大別すると「キャブタイヤケーブル」と「ケーブル」に区分されますが、施設場所に応じて適切に電線の種別を選択する必要があります。

キャブタイヤケーブルの種別には、一種から四種までありますが、一種の絶縁性能はコードと同格であるため、コードと同じ用途のみに使用が可能であり、屋内配線工事には使用が不可です。また、可燃性ガスが存在する場所の移動電線には、一種及び二種のキャブタイヤケーブルは使用が不可ですが、三種又は四種は（解釈で規定する施設方法により）使用が可能です。

ケーブル工事の規定のうち、学習上のポイントは次のとおりです。

1. ケーブル工事による**低圧屋内**配線は、（下記の2項及び3項を除き）次のように施設する。

　一　使用電圧が300V以下の電線に二種キャブタイケーブル以上を使用が可能であるが、使用電圧が300Vを超える電線には三種又は四種のキャブタイケーブルを使用する。

　二　重量物の**圧力**又は著しい**機械的衝撃**を受けるおそれがある箇所に施設する電線には、適切な**防護装置**を設ける。

　　⇒ 金属管にケーブルを収める工法が、最も一般的。

　三　電線を造営材の下面又は側面に沿って取り付ける場合の電線の支持点間の距離は、ケーブルは**2m以下**（接触防護措置を施した場所で垂直に取り付ける場合は**6m以下**）、キャブタイヤケーブルは**1m以下**とし、その被覆を損傷しないように取り付ける。

2. 直接**コンクリート**に埋め込んで施設する場合

　一　電線は、**MIケーブル**、**コンクリート直埋ケーブル**又は**鎧装（がいそう）ケーブル**であること。

　　⇒ 鎧装ケーブルは、衝撃力から防護するため**鎧（よろい）**のように**装（よそお）**った構造のケーブル。

　二　コンクリート内では、（原則的に）電線の**接続点を設けない**（例外規定あり）。

　三　ボックスは、**電気用品安全法**の適用を受けるものを使用する。

　四　ボックスは、**水**が内部に浸入し難いように適切な構造の**ブッシング**等を使用する。

　五　（省略）

3. 最近、**超高層ビル内**の**垂直部分の配線**として適用例が多い**パイプシャフト内**に垂直に吊（つ）り下げる低圧屋内配線は、次の一号～四号に示すように定めています。

　一　電線は、ビニル外装ケーブル又はクロロプレン外装ケーブルとし、導体が銅のものの公称断面積は**22mm²以上**とする。

　　垂直吊（ちょう）架（か）用線付きケーブルの**吊架線**は、ケーブル本体分の**重量の4倍**の引張荷重に耐えるように、ケーブルに取り付けて吊（つ）り下げる。

　二　電線及びその支持部分の（荷重に対する強度の）**安全率**は、**4以上**とする。

　三　電線及びその支持部分は、充電部が**露出**しないように施設する。

　　（四号以降の記述は省略）

(7) 高圧配線の施設（解釈第168条）

高圧屋内配線の規定のうち、学習上のポイントは次のとおりです。

① 高圧屋内配線は、**がいし引き工事**又は**ケーブル工事**により施設する。

② がいし引き工事は、**接触防護措置**を施し、かつ、電線に軟銅線を使用する場合は**直径2.6mm以上**の高圧絶縁電線、特別高圧絶縁電線又は引下げ用高圧絶縁電線を使用する。

③ ケーブル工事は、管、金属製の接続箱その他ケーブルを収める防護装置の**金属部分**には、原則として**A種接地工事**（10Ω以下）を施すが、接触防護措置（簡易接触防護措置ではない）を施す場合は**D種接地工事**（100Ω以下）とすることができる。

④ 高圧屋内配線が、他の高圧屋内配線、低圧屋内配線、管灯回路の配線、弱電流電線、水管、ガス管等と接近又は交差する場合の**離隔距離**は、がいし引き工事により施設する低圧屋内電線が裸電線の場合は30cm以上、その他の場合は**15cm以上**とする。

(8)　電球線の施設（解釈第170条）

電球線は、次の一号～五号に示すように施設します。

一　使用電圧は、300V以下であること。

二　電線の断面積は、0.75mm^{2}以上であること。

三　**屋内**の電球線用の電線には、防湿コード、ゴムコード、ゴムキャブタイヤコード、キャブタイヤケーブル等解釈の170-1表に記載されている電線を使用すること。

⇒防湿コード及び一種キャブタイヤケーブルは、屋内配線には使用可能であるが、屋外又は屋側配線には雨露（うろ）にさらされないように施設する場合に限り使用が可能です。

さらに、600Vゴム絶縁電線及び600Vビニル絶縁電線は、原則的に使用不可ですが、次の四号に規定する簡易接触防護措置を施す場合に使用可能です。

四　**簡易接触防護措置**を施す場合は、軟銅より線の600Vゴム絶縁電線を使用することができる。また、口出し部の電線の間隔が10mm以上の電球受口に附属する電線にあっては軟銅より線の600Vビニル絶縁電線を使用することができる。

五　電球線と屋内配線との**接続点**において、電球又は器具の**重量**を配線に支持させない。

3　特殊場所の施設（解釈第5章、第3節）

(1)　粉じんの多い場所の施設（解釈第175条）

この条項は、1項の一号にて**爆燃性**粉塵（ふんじん）が存在する場所に、二号にて**可燃性**粉塵が存在する場所に、低圧又は高圧の電気設備を施設する場合の方法を定めています。なお、特別高圧の電気設備は、2項の規定により、粉塵が爆燃性のもの及び可燃性のもの共に、その施設が禁止されており、以下に述べるものは低圧又は高圧の電気設備の施設に関する規制事項です。

一　マグネシウムやアルミニウム等の**爆燃性**粉塵、又は、**火薬類**の粉末が存在し、電気設備が点火源となり爆発するおそれがある場所に施設する低圧又は高圧の電気設備の規定事項のうち、学習上のポイントは次のとおりです。

①　屋内配線、屋側配線等は、**金属管工事**又は**ケーブル工事**により施設する。

②　金属管工事は、**薄鋼電線管**又はこれと同等以上の強度のものを使用し、ボックス等には**パッキン**を用い、電線管とボックスの接続は**5山以上**ねじ合わせて接続し、粉塵が内部に侵入しないように施設する。

③　金属管工事のうち、**電動機**に接続部分で、**可撓（かとう）性を必要**とする部分の配線には、**粉塵防爆型フレキシブル フィッチング**を使用する。

④　ケーブル工事は、キャブタイヤケーブル以外のケーブルを、管その他の**防護装置**に収めて施設するか、又は、解釈で規定する防護性能を満足する**鎧装（がいそう）ケーブル**又は**MIケーブル**（導体の周囲に無機質の絶縁物を銅管内に収めたもの）を使用し、かつ、電線を電気機械器具に引き込むときは**パッキン**又は**充塡（じゅうてん）剤**を用いて引込口から粉塵（ふんじん）が内部に侵入しないようにし、引込口で電線を損傷するおそれがないように施設する。

⑤　**移動電線**には、三種又は四種のキャブタイヤケーブルを使用し、接続点がないように施設し、かつ、損傷を受けるおそれがないように施設する。

⑥　電気機械器具は、電気機械器具防爆構造規格に規定する粉塵防爆特殊防塵構造とする。

⇒次の二号で定める**可燃性**粉塵が存在する所には、粉塵防爆普通防塵構造でよい。

二　小麦粉や澱粉（でんぷん）等の**可燃性**粉塵は、前の一号で規定する爆燃性粉塵に比べて危険性がやや小さいです。この**可燃性**粉塵が存在し、電気設備が点火源となり爆発するおそれがある場所に施設する低圧又は高圧の電気設備の規定のうち、学習上のポイントは次のとおりです。

①　危険のおそれがないように施設する。

②　屋内配線等は、**合成樹脂管工事**、金属管工事又はケーブル工事により施設する。

⇒合成樹脂管工事は、爆燃性粉塵が存在する場所には使用不可でしたが、上記のように**可燃性**粉塵が存在する場所には施設条件を満足させることにより使用が可能です。

③　合成樹脂管工事には、「厚さ2mm未満の管、及び、CD管」**以外の管**を使用し、ボックス等にはパッキンを用いるなどにより隙間（すきま）から粉塵が内部へ侵入し難いように施設する。

④　金属管工事は、上記一号の規定の爆燃性粉塵がある場所と同様に、**薄鋼電線管**又は同等以上の強度の管を使用、**5山以上**をねじ合わせて接続、粉塵の内部侵入防止、電動機用配線の可撓部分には**粉塵防爆型**フレキシブルフィッチングを使用、の各事項は同じである。

⑤　ケーブル工事は、一号で規定する「**爆燃性**粉塵又は**火薬類**の粉末が存在する場所」と同様に施設する。

⑥　**移動電線**には、一種キャブタイヤケーブル**以外**のキャブタイヤケーブルを使用し、接続点がないように施設し、かつ、損傷を受けるおそれがないように施設する。

⇒**二種**キャブタイヤケーブルは、一号で規定する爆燃性粉塵が存在する場所には使用不可ですが、この二号で規定する可燃性粉塵が存在する場所には使用が可能です。

⑦　電気機械器具は、電気機械器具防爆構造規格に規定する粉塵防爆普通防塵構造とする。

⇒前述の一号で定める**爆燃性**粉塵が存在する場所には、安全性がより高い構造の粉塵防爆特殊防塵構造のものが必要でしたが、この二号で定める**可燃性**粉塵が存在する場所には塵防爆普通防塵構造のものを使用が可能です。勿論、それよりも防塵性能が上位である粉塵防爆特殊防塵構造のものも使用は可能です。

(2)　可燃性ガス等の存在する場所の施設（解釈第176条）

可燃性ガス又は引火性物質の蒸気が漏（も）れ又は滞留（たいりゅう）し、電気設備が点火源となり爆発するおそれがある場所に施設する低圧又は高圧の電気設備に関する規定のうち、学習上のポイントは次のとおりです。

一　次の方法により施設し、かつ、危険のおそれがないように施設する。

① 屋内配線等は、**金属管工事**又は**ケーブル工事**のいずれかにより施設する。

② 金属管工事は、第175条で規定する「爆燃性粉塵がある場所の施設」と同様に、**薄鋼電線管**又は同等以上の強度の管を使用し、**5山以上**をねじ合わせて堅(けい)ろうに接続することは同様です。ただし、電動機用配線で可撓(かとう)性を要する部分には、**耐圧防爆型**フレキシブルフィッチング又は**安全増防爆型**フレキシブルフィッチングを使用します。

③ ケーブル工事は、キャブタイヤケーブル**以外のケーブル**を、管その他の**防護装置**に収めて施設するか、又は、解釈で規定する防護性能を満す**鎧装(がいそう)ケーブル**又は**MIケーブル**を使用し、かつ、電線を電気機械器具に引き込むときは、引込口で電線を損傷しないように施設します。

④ **移動電線**は、三種又は四種キャブタイヤケーブルを使用し、**接続点がない**ように施設します。さらに、引込口から可燃性ガス等が内部に侵入し難いようにし、かつ、引込口で電線を損傷しないように施設します。

⑤ 電気機械器具は、電気機械器具防爆構造規格に適合するものとします。

可燃性ガス等が存在する場所に施設が可能な**特別高圧**の電気設備は、使用電圧が**35kV以下**のものを、上記の一号の「低圧又高圧の電気設備」の場合に準じて施設できます。

(3) 火薬庫の電気設備の施設（解釈第178条）

1.『火薬庫内には、次の一号～五号により**照明器具**及びこれに電気を供給するための電気設備を除き、電気設備を施設してはならない。』と規定しています。

一　電路の対地電圧は、**150V以下**とする。

二　配線は、**金属管工事**又は**ケーブル工事**による。

イ　金属管工事は、**薄鋼電線管**又はこれと同等以上の強度を有する金属管を使用する。

ロ　ケーブル工事は、キャブタイヤケーブル**以外のケーブル**を、管その他の**防護装置**に収めて施設するか、又は、解釈で規定する防護性能を満す**鎧装(がいそう)ケーブル**又は**MIケーブル**を使用して施設する。

三　電気機械器具は、**全閉型**のものとする。

四　ケーブルを電気機械器具に引き込むときは、引込口でケーブルが損傷するおそれがないように施設する。

（五号は省略する）

2.　火薬庫内に電気を供給する電源側の電路は、次のように施設します。

一　火薬庫以外の場所において、**専用**の開閉器及び**過電流遮断器**を**各極**に、取扱者以外の者が容易に操作できないように施設する。ただし、過電流遮断器が開閉機能を有するものである場合は、過電流遮断器のみとすることができる。

二　電路に**地絡**を生じたときに、**自動的**に電路を**遮断**し、又は**警報**する装置を設ける。

三　上記一号の「開閉器又は過電流遮断器」から火薬庫に至(いた)る配線には**ケーブル**を使用し、かつ、これを**地中**に施設すること。

(4)　トンネル等の電気設備の施設（解釈第179条）

人が常時通行するトンネル内の配線に関する学習上のポイントは、次のとおりです。

一　使用電圧は、低圧（600V以下）であること。

二　電線は、**路面上2.5m以上**の高さで、がいし引き工事、合成樹脂管工事、金属管工事、金属可とう電線管工事、ケーブル工事のいずれかにより、**防湿装置**を施すこと。

⇒トンネル内は、湿気や水気が多いため、防湿装置が必要です。

三　電路には、トンネルの**引込口**に近い箇所に**専用の開閉器**を施設すること。

⇒トンネル内の電路の保守点検を行う際の利便性、及び、電路に故障が生じたときの復旧作業の安全性の確保のために専用の開閉器が必要です。

4　特殊機器等の施設（解釈第5章、第4節）

(1)　アーク溶接装置の施設（解釈第190条）

アーク溶接装置には、溶接電極が固定型で被溶接物を移動させるタイプと、溶接電極が可搬型で被溶接物を固定させるタイプがあります。そのうち、溶接電極が可搬型のものは、建築現場や造船所等で一般的に使用されていますが、固定型と比べて危険度が高いため、解釈により保安上の施設方法を厳しく規定しており、その学習上のポイントは、次のとおりです。

一　溶接変圧器は、**絶縁変圧器**であること。

⇒単巻変圧器を使用すると、電源側のB種接地工事箇所と被溶接材の接地箇所の間で大地を介して短絡電流が流れることがあるため。

二　溶接変圧器の**一次側**電路の対地電圧は、**300V以下**であること。

三　溶接変圧器の**一次側**電路には、溶接変圧器に近い箇所で容易に開閉操作が可能な箇所に**開閉器**を施設すること。

四　溶接変圧器の二次側電路は、次のイ項～ニ項に示すように施設すること。

イ　溶接変圧器から溶接電極に至(いた)る部分の電路は、（電気用品の技術基準又は解釈の規定に適合する）**溶接用ケーブル**を使用するか、又は「一種キャブタイヤケーブル、ビニルキャブタイヤケーブル及び耐熱性ポリオレフィンキャブタイヤケーブル」**以外**のキャブタイヤケーブルを使用する。

ロ　溶接変圧器から被溶接材に至(いた)る部分の電路は、キャブタイヤケーブルを使用する他、電気的に完全、かつ、堅ろうに接続された**鉄骨**を使用することができる。

⇒この部分の電路は、大地と同電位であるため、上記の鉄骨の利用を可能としており、最も絶縁性能が弱い一種キャブタイヤケーブルの使用も可能としている。

ハ　電路は、溶接の際に流れる電流を安全に通じることができるものであること。

ニ　重量物の**圧力**又は著しい**機械的衝撃**を受けるおそれがある箇所に施設する電線には、適切な**防護装置**を設けること。

五　**被溶接材**又はこれと電気的に接続される持具、定盤等の**金属体**には、**D種接地工事**を施すこと。

⇒このD種接地工事を省略できるケースに関する規定はありません。

(2)　電気さくの施設（解釈第192条）

電技第74条「電気さくの施設の禁止」により、『**電気さくは、施設してはならない。**』と原則禁止を定めています。その規定文の後の“ただし書き”により、『田畑、牧場、その他これに類する場所において野獣の侵入又は家畜の脱出を防止するために施設する場合であって、（電気さくの電線に）絶縁性がないことを考慮し、（人の）感電又は火災の恐れがないように施設するときは、この限りでない。』と定めています。電気さくの施設目的を、上記のように限定して認めていますから、工事現場等で電線の盗難予防の目的で電気さくを施設する行為は、この電技第74条に違反しますし、感電死傷事故を起こす可能性がある危険な施設です。

上記の電技の規定を受けて、解釈第192条「電気さくの施設」により、『次の一号～六号の全てに適合するものを除き、電気さくを施設してはならない。』と定めています。

一　（電気さくの目的が）田畑、牧場、その他これに類する場所において、野獣の侵入又は家畜の脱出を防止するために施設するものであること。

⇒施設目的の限定化

二　電気さくを施設した場所には、人が見やすい適切な間隔で、**危険**である旨の**表示**をする。

三　電気さくは、次のイ項又はロ項のいずれかに適合する**電気さく用電源装置**から、電気の供給を受けるものであること。

⇒現在、最も多用されている電源装置の出力波形の例を**図4**に示します。この出力波形に人が触れたとき、出力電流を大幅に減少させる垂下特性により、人が死傷することはない安全な電源装置です。

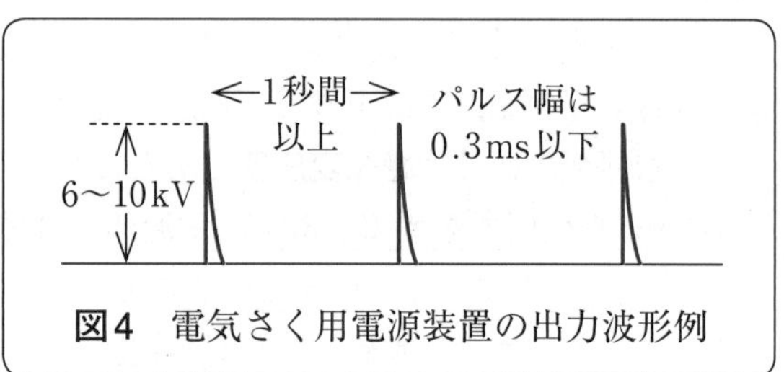

図4　電気さく用電源装置の出力波形例

イ　**電気用品安全法**の適用を受ける電気さく用電源装置を使用する。

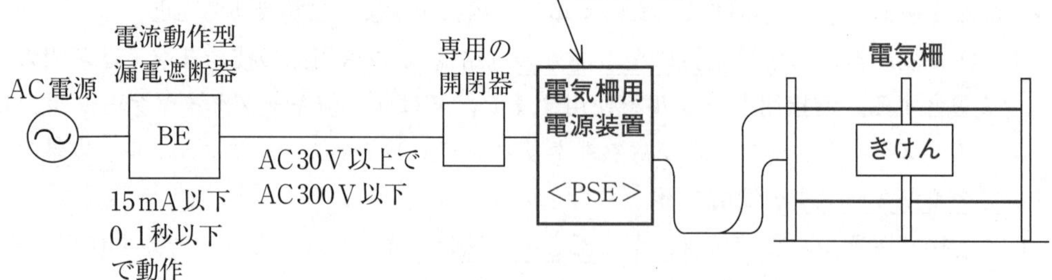

図5　解釈第192条三号イ項で規定する電気さく用電線路の構成例

ロ　感電により人に危険を及ぼすおそれのないように**出力電流が制限**される電気さく用電源装置であって、次の(イ)項又は(ロ)項のいずれかから電気の供給を受けるもの

(イ)　電気用品安全法の適用を受ける直流電源装置から電気さく用電源を供給するもの。

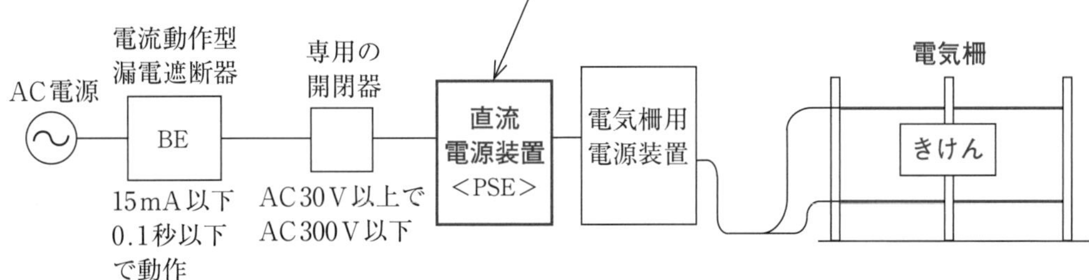

図6　三号ロ項(イ)で規定する電気さく用電線路の構成例

(ロ)　蓄電池、太陽電池等から直流の電源を電気さく用として供給するもの。

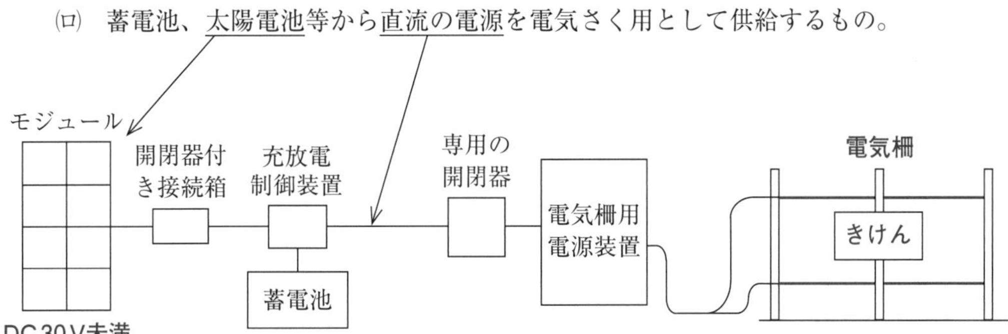

図7　三号ロ項(ロ)で規定する電気さく用電線路の構成例

> 交流100Vの電源を、直接電気さくの電線へ接続する方法は、電技第74条、解釈第192条に違反する施設です。前ページの図4に示すパルス状の波形を出力する電気さく用電源装置等を使用し、人が触れたとき垂下特性により死傷しない安全な電源装置でなければなりません。

四　電気さく用電源装置（直流電源装置を介して電気の供給を受けるものにあっては、その直流電源装置）が、使用電圧**30V以上の電源**から電気の供給を受けるものである場合において、人が容易に立ち入る場所に電気さくを施設するときは、当該電気さくに電気を供給する電路には、次のイ項及びロ項に適合する**漏電遮断器**を施設する。

イ　**電流動作型**の漏電遮断器とする。

⇒対地電圧平衡型の漏電遮断器は使用不可です。

ロ　定格感度電流値が**15mA以下**で、かつ、動作時間が**0.1秒以下**のものとする。

五　電気さくに電気を供給する電路には、容易に開閉できる箇所に**専用の開閉器**を施設する。

六　電気さく用電源装置のうち、**衝撃電流**（図4に示したパルス状の波形）を繰り返し発生するものは、その装置及びこれに接続する電路において発生する**電波又は高周波電流**が、**無線設備**の機能に継続的かつ重大な障害を与えるおそれがある場所には施設しない。

(3) 電気自動車等から電気を供給する施設（解釈第199条の2）

この条項の1項は電気自動車等から電力変換装置を経て一般用電気工作物へ電気を供給する場合の規定であり、2項は一般用電気工作物から電気自動車等の蓄電池へ充電する場合の規定です。この規定に関する学習上のポイントは、次のとおりです。

1. 電気自動車等（プラグイン ハイブリッド自動車、燃料電池自動車を含む）から供給設備（直流電力を交流電力に変換する装置）を介して、一般用電気工作物に電気を供給する場合は、次の一号から十号に示すように施設することを、定めています。

一　電気自動車等の（電気的）出力は、**10kW未満**であるとともに、（一般用電気工作物の）低圧幹線の許容電流以下であること。

二　電路に**地絡**を生じたときに**自動的**に電路を**遮断**する装置を施設すること。（適用除外の規定は省略する。）

三　電路に**過電流**を生じたときに**自動的**に電路を**遮断**する装置を施設すること。

四　屋側配線又は屋外配線は、解釈第143条「電路の対地電圧の制限」に準じて施設すること。⇒第143条にて、原則的に**対地電圧**を**150V以下**とする旨が定めてある。

五　電気自動車等と供給設備とを接続する電路の対地電圧は、**150V以下**であること。（適用除外の規定は省略する。）

六　電気自動車等と供給設備とを接続する**電線**は、断面積**0.75mm²以上**のもので、対地電圧が150V以下の場合は一種キャブタイヤケーブル**以外**の**キャブタイヤケーブル**又はこれと同等以上のものとする。

七　供給用電線と電気自動車等との接続には、**専用の接続器**であって、充電部が露出しないもので、屋側又は屋外に施設する場合は水の飛まつに対して保護されているものとする。

八　電線の接続は、**ねじ止め**等により堅(けい)ろうに、かつ、**電気的**に**完全**に**接続**するとともに、接続点に**張力**が加わらないように施設すること。

九　電気自動車等の蓄電池には、過電流、異常電圧低下、燃料ガス濃度の著しい上昇、燃料電池の著しい温度上昇発生時に、**自動的**に電路から蓄電池を**遮断**する装置を施設すること。

十　電気自動車等の燃料電池は、解釈第200条の1項で定める「小出力発電設備の燃料電池発電設備」の規定により施設する。

2. 一般用電気工作物である需要場所において、電気自動車等を**充電**する場合の電路は、次の一号及び二号に示すように施設すること。

一　充電設備と電気自動車等とを接続する電路は、次のイ項～ハ項に示すように施設する。

イ　電路の**対地電圧**は、（原則として）**150V以下**であること（適用除外の規定は省略）。

ロ　充電部が露出しないように施設すること。

ハ　電路に**地絡**を生じたときには**自動的**に電路を**遮断**する装置を施設すること。

二　屋側配線又は屋外配線は解釈第143条「電路の対地電圧の制限」に準じて施設すること。

5　小出力発電設備（解釈第5章、第5節、解釈第200条）

電技第14条「過電流からの電線及び電気機械器具の保護対策」により、『電路の必要な箇所には、**過電流**による**過熱焼損**から電線及び電気機械器具を保護し、かつ、**火災の発生を防止**できるよう、**過電流遮断器**を施設しなければならない。』と、規定しています。

これを受けて、解釈第200条「小出力発電設備の施設」の1項にて、**出力10kW未満**の燃料電池発電設備に必要な事項を定めています。また、同条の2項にて、小出力発電設備に該当する**出力50kW未満**の太陽電池発電設備に必要な事項を定めています。その2項で規定しているうちの学習上のポイントを、次の**図8**に示します。

この図に示したように、太陽電池1個分を**セル**といい、その出力電圧値は約0.5［V］と低いため、そのセルを数十個～百数十個を直列に接続にして**1ストリング**分を形成しています。その1ストリング分の出力電流は小さいため、数個分を並列接続したものを**モジュール**といいます。その1モジュール分の最大出力を、約150～300［W］にして1枚のパネルで構成したものが多く市販されています。図8では、スペース制約のため1モジュール分のみ表示しましたが、実際の発電所では複数枚のモジュールを、直・並列に接続して**アレイ**を構成しています。例えば、最大出力50［kW］に近い規模のアレイは、約200枚のモジュールで構成しています。

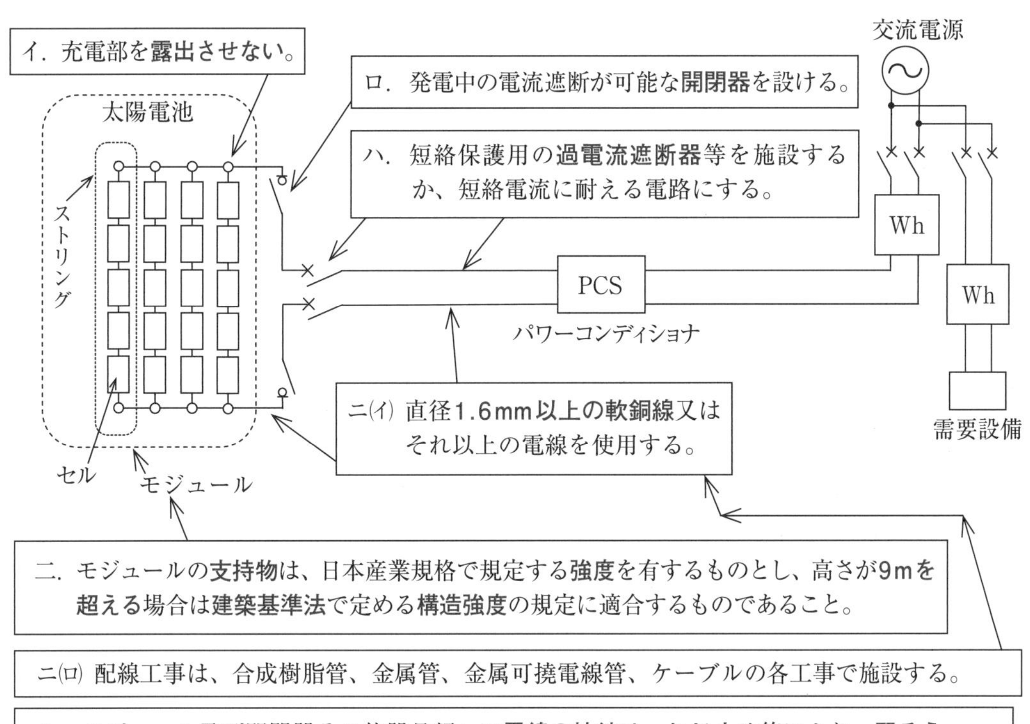

図8　小出力の太陽電池発電設備の施設方法（全量買取制度を適用の例）

1 対地電圧の制限、電流減少係数等

【基礎問題1】 電気使用場所の屋内電路に、対地電圧が150Vを超えて300V以下の配線を施設する場合について述べた次の文章中の(ア)～(オ)の部分に当てはまる適切な数値又は語句を、下の「解答群」の中から一つずつ選んで文章を完成させよ。

(1) 定格消費電力が［ (ア) ］以上の電気機械器具に供給する配線であって、当該電気機械器具［ (イ) ］に供給する配線とする。
(2) 屋内配線及び電気機械器具には、［ (ウ) ］を施す。
(3) 電路には、［ (エ) ］の開閉器及び過電流遮断器を施設する。
(4) 電路に［ (オ) ］を生じたときに自動的に電路を遮断する装置を施設する。

「解答群」地絡、専用、簡易接触防護措置、のみ、2kW、1kW

【ヒント】 第7章のポイントの第1項の(1)「電路の対地電圧の制限」を復習し、解答する。屋内配線に対地電圧200Vを適用するための施設条件を覚えておこう。

【基礎問題2】 次の文章は、「電気設備技術基準の解釈」により規定された施設方法により、電気使用場所の電路に裸電線の使用が認められるものを示している。この文章中の(ア)～(エ)の空白部分に当てはまる適切な語句を、下の「解答群」の中から一つずつ選んで文章を完成させよ。

(1) 電気炉用電線又は電線の被覆絶縁物が腐食する場所に、［ (ア) ］工事により展開した場所に低圧電線を施設する場合。
(2) ［ (イ) ］工事又はライティングダクト工事による屋内電線を施設する場合。
(3) 特別低電圧［ (ウ) ］回路を、施設する場合。
(4) 電気［ (エ) ］の電線を施設する場合。

「解答群」さく、照明、バスダクト、がいし引き

【ヒント】 第7章のポイントの第1項の(2)「裸電線の使用制限」を復習し、解答する。電気使用場所には、裸電線の使用を原則的に禁止しているが、その原則の例外を認める施設について、保安の確保の観点から、施設条件を理解し覚えておこう。

【基礎問題1の答】 (ア)　2kW、(イ)　のみ、(ウ)　簡易接触防護措置、(エ)　専用、(オ)　地絡

解釈第143条「電路の対地電圧の制限」からの出題である。住宅の屋内電路の対地電圧は、原則としては150V以下と規定しているが、この設問のように定格消費電力が2kW以上の電気機械器具に電気を供給する場合には、次の**図**の単線結線図の中に示す施設条件を満足させることにより、対地電圧を150Vを超えて300V以下の施設が認められている。

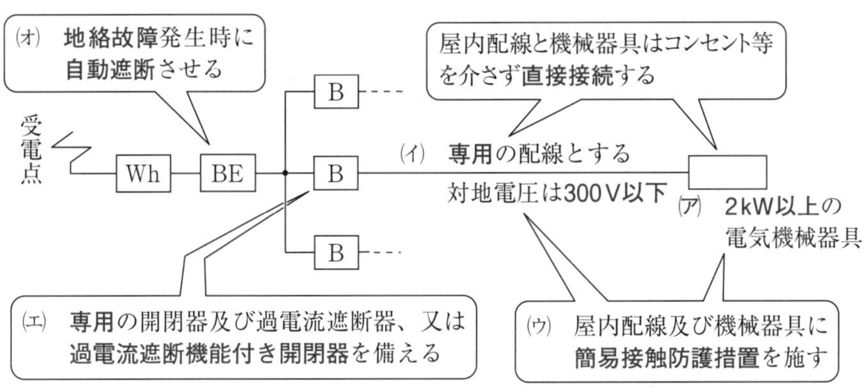

図　対地電圧300V以下の屋内配線の施設条件

【基礎問題2の答】 (ア)　がいし引き、(イ)　バスダクト、(ウ)　照明、(エ)　さく

解釈第144条「裸電線の使用制限」からの出題である。

電気使用場所の電路の電線としては、感電の防止、漏電火災の防止のため、**原則的に裸電線の使用を禁止**している。

しかし、この設問の(1)にあるようながいし引き工事による施設、さらに(2)にあるようなバスダクト工事やライティングダクト工事、そして（この設問には出題されていないが）遊戯用小形電車等に使用する低圧接触電線は、本来裸電線を使用する施設であるため、解釈で規定する施設条件を満足させて、裸電線の使用が認められている。

設問の(3)の「特別低電圧」の照明用回路の詳細な施設方法は、解釈第183条で規定しており、その概要は、**専用電源装置**として日本産業規格の規定に適合する安全絶縁変圧器、又は、独立型安全超低電圧電子トランスを使用し、その変圧器（トランス）から白熱電灯に供給する使用電圧は**24V以下**で、かつ、最大使用電流が**25A以下**のものである。

なお、設問の(4)の「電気さくの施設」については、後の第5項「特殊機器の施設」にて「模擬問題」を掲載し、更にその詳細事項を解説文で述べているので、それを学習していただきたい。

【模擬問題】 周囲温度が25℃の場所に、配線A及び配線Bの双方を同一金属管に収める低圧配線の施設を設計する。そのうちの配線Aは、単相2線式電路により、定格電流が30Aで、起動電流値が定格電流値の5倍の電動機負荷に供給する。一方の配線Bは、単相3線式電路により、「1組の定格電流が20Aの単相負荷」の2組分に供給し、その2組の負荷は平衡しているため中性線には負荷電流が流れず、起動電流が大きな負荷ではない。また、上記の金属管には、配線A及び配線Bのみを収め、その他の電線は収めない。そして、配線A及び配線B共に電線の絶縁物は、最高許容温度T［℃］の値が60℃のビニル混合物を使用している。周囲温度をθ［℃］とすると、上記の配線A及び配線Bの電線の許容電流補正係数k_1の値は、「電気設備技術基準の解釈」に基づき次の(1)式で表される。

$$許容電流補正係数\quad k_1=\sqrt{\frac{T-\theta}{30}} \qquad (1)$$

表1　電流減少係数

同一管内の電線数	k_2
3以下	0.70
4	0.63
5又は6	0.56
7～15	0.49

また、複数本の絶縁電線を同一金属管に収めて使用する場合の許容電流減少係数k_2は、右の**表1**に示す値を適用するものとし、次の(a)及び(b)の問に答えよ。

(a) 周囲温度が25℃で使用する場合の許容電流補正係数k_1の値、及び、同一金属管に上記の配線A及び配線Bの双方を収めて使用する場合の電流減少係数k_2の値を基にして電線の許容電流値の算定に適用する乗数値の双方について、正しく組み合わせたものを、次の**表2**の解答群の中から一つを選び、(1)～(5)の記号で答えよ。

(b) 銅導体の絶縁電線の直径とその連続許容電流値が次の**表3**で表されるとき、配線A及び配線Bの連続許容電流値I_A［A］、I_B［A］を求め、それらの電流値を基にして、配線A及び配線Bの銅導体に必要な最小の直径をD_A［mm］、D_B［mm］で表し、その双方の直径の値を正しく表したものを、次の**表4**の解答群の中から一つを選び、(1)～(5)の記号で答えよ。

表2　問(a)の解答群

	k_1	許容電流算定に適用の乗数
(1)	1	0.70
(2)	1	0.63
(3)	1.08	0.37
(4)	1.08	0.56
(5)	1.08	0.44

表3　銅線の許容電流表

導体の直径	許容電流
1.6mm	27A
2.0mm	35A
2.6mm	48A
3.2mm	62A
4.0mm	81A
5.0mm	107A

表4　問(b)の解答群

	D_A［mm］	D_B［mm］
(1)	2.0	1.6
(2)	2.6	2.0
(3)	3.2	2.6
(4)	4.0	3.2
(5)	5.0	4.0

類題の出題頻度　★★☆☆☆

【ヒント】 第7章のポイントの第1項の(3)「許容電流補正係数、電流減少係数」を復習し、解答する。

【答】(a) (2)、(b) (2)

解釈第146条「低圧配線に使用する電線」の2項からの出題である。

問(a)の解き方；設問の表3で与えられた（連続）許容電流値は、絶縁電線を電線管に収めずに放熱が有利な状態で使用し、その周囲温度θ =30℃で、絶縁電線の絶縁物の最高許容温度T=60℃のものの場合の電流値である。実際の使用状態における連続許容電流値は、解釈の146-1表（その抜粋が設問の表3）の電流値に、設問の(1)式で与えられた許容電流補正係数k_1の値を乗算して得られる。ここで、解釈の規定により、周囲温度θ［℃］が30℃以下の場合には、θに30℃の値を代入するように定めてあるので、この設問の「周囲温度が25℃」の場合も(1)式のθに30℃の値を代入して、k_1の値は次の(2)式で求められる。

$$許容電流補正係数\ k_1=\sqrt{\frac{T-\theta}{30}}=\sqrt{\frac{60-30}{30}}=\sqrt{\frac{30}{30}}=1 \qquad (2)$$

電線管に複数本の電線を収める場合の連続許容電流値は、表3の電流値に、(2)式で求まった許容電流補正係数k_1を乗算し、さらに電流減少係数k_2を乗算して求められる。

設問の配線Aは単相2線式であり、配線Bは単相3線式であるから、単純に電線本数を合計すると5本になるが、そのうちの単相3線式の中性線には、題意により電流が流れないため、「電流減少係数k_2を算定する上での電線本数は、実際に電流が流れてジュール熱を発生する電線本数」であり、この設問の場合は4本である。ジュール熱を発生する電線が4本の場合の電流減少係数k_2の値は、与えられた表1から0.63であると判断し、解答する。

問(b)の解き方；配線Aに流れる電動機の電流値として、設問では「定格電流が30A」と「起動電流が定格電流値の5倍」の二つの電流値が示されている。

つまり、この設問では、(解釈第148条で規定する低圧幹線ではなく、個々の負荷線の電線)の連続許容電流値を定める際に、定格電流値と起動電流値のうちいずれの値を適用すればよいか、その判断能力を試している。

通常運転時の電動機の起動電流は、数秒間の後に定格電流値以内に収まるために、配線Aの連続許容電流値I_A［A］を算定する際には、電動機の定格電流値を適用して、次式で表される。

$$許容電流\ I_A\,[\mathrm{A}]\times k_1\times k_2=I_A\times 1\times 0.63\geqq 30\,[\mathrm{A}] \qquad (3)$$

$$I_A\geqq\frac{30}{1\times 0.63}=47.6\,[\mathrm{A}]\Rightarrow 表3の直径2.6\mathrm{mm}の銅線が該当 \qquad (4)$$

同様に、配線Bの連続許容電流I_B［A］の値は、次式で表される。

$$許容電流\ I_B\,[\mathrm{A}]\times k_1\times k_2=I_B\times 1\times 0.63\geqq 20\,[\mathrm{A}] \qquad (5)$$

$$I_B\geqq\frac{20}{1\times 0.63}=31.7\,[\mathrm{A}]\Rightarrow 表3の直径2.0\mathrm{mm}の銅線が該当 \qquad (6)$$

絶縁電線の許容電流値は、解釈146-1表の電流値に
許容電流補正係数k_1と電流減少係数k_2を乗算して求める。

第7章　電技　電気使用場所、小出力発電設備

2 蓄電池、電動機、低圧幹線の保護

【基礎問題】 電気使用場所に施設する蓄電池の保護装置について述べた次の文章を、「電気設備技術基準の解釈」を基にして判断し、適切でないものを一つ選べ。

(1) 発変電所等に施設する蓄電池と同様の保護装置を施設する必要がある。
(2) 蓄電池に過電圧を生じた場合に、当該蓄電池を電路から自動遮断させる。
(3) 蓄電池に過電流を生じた場合に、当該蓄電池を電路から自動遮断させる。
(4) 制御装置に異常を生じた場合に、当該蓄電池を電路から自動遮断させる。
(5) 鉛蓄電池の内部温度が著しく上昇した場合に、当該蓄電池を電路から自動遮断させる。

【ヒント】 第7章のポイントの第1項の(6)「蓄電池の保護装置」を復習し、内部温度が著しく上昇する可能性がある蓄電池の種類を考えて解答する。

【応用問題】「電気設備技術基準の解釈」により、屋内に施設する電動機には、電動機が焼損するおそれがある過電流を生じた場合に、自動的にこれを阻止するか、又はこれを警報する保護装置を設けるべきことを規定しているが、上記の保護装置を設置しなくてもよい場合として誤っているものを、次の(1)~(5)の中から一つを選べ。

(1) 電動機の運転中は、常時、取扱者が監視できる位置に電動機を設置する場合
(2) 電動機の構造上又は負荷の性質上、その電動機の巻線に当該電動機を焼損する過電流を生ずるおそれがない場合
(3) 電動機が単相のものであって、その電源側の電路に、定格電流が15A以下の過電流遮断器を施設する場合
(4) 電動機が単相のものであって、その電源側の電路に、定格電流が20A以下の配線用遮断器を施設する場合
(5) 電動機の出力が2kW以下の場合

【ヒント】 第7章のポイントの第1項の(5)「電動機の過負荷保護」を復習し、解答する。

【基礎問題の答】　(5)

解釈第154条、及び第44条「蓄電池の保護装置」からの出題である。

設問の(5)の文章は、鉛蓄電池について述べているが、正しくは「通常運転状態の内部温度が300～350℃であるナトリウム硫黄電池のように、内部が高温の蓄電池」について、その内部に異常現象が発生したとき、火災発生や容器破裂等の危険防止の目的により、当該蓄電池を電路から自動的に遮断する装置の設置を定めている。

鉛蓄電池には、内部温度の異常上昇時の自動遮断装置についての設置義務はない。

なお、電気使用場所の蓄電池に具備すべき保護機能は、解釈第154条により『蓄電池には、解釈第44条（発変電所等に施設する蓄電池）の各号に規定する場合に、自動的に（蓄電池を）電路から遮断する装置を施設すること。』と規定している。したがって、設問の(1)の文章のように、電気使用場所の蓄電池には、発変電所等の蓄電池と同様の保護機能を持った保護装置の設置が必要である。

【応用問題の答】　(5)

解釈第153条「電動機の過負荷保護装置の設置」からの出題である。

設問の(5)の電動機出力の値の「2kW以下」が誤りであり、正しくは「**0.2kW以下**」である。

この設問の電動機は、「屋内に施設するもの」であるから、「電動機が小形であるため、過負荷保護装置を設置しなくてよいもの」としては、単相交流100Vの電源に接続して使用するものが多い、と予想される。

もしも、電動機出力値が設問の(5)のとおり2kWであるならば、その力率を85%と仮定すると、定格出力で運転時の電流値は23.5Aとなる。この電流値は、設問の(3)の過電流遮断器の定格電流の15A以下、及び、設問の(4)の配線用遮断器の定格電流の20A以下と整合しないので、「(5)の出力値2kWは、大き過ぎる」と、容易に予想ができる。

なお、上述のように、電動機出力値が0.2kW以下の場合には、電源側の電路に施設する15A以下の過電流遮断器による兼用が、法的に認められているが、しかし、その過電流遮断器の保護の主目的は、負荷側電路の短絡故障であることが多い。

その場合には、過電流遮断器の定格電流値（すなわち、遮断すべき電流を検出する閾値（しきいち））よりも、小形電動機の想定過負荷電流値の方が小さいことがあり、兼用では過負荷保護が不可能な状態である。

つまり、「法で定めてある事項は、必要最小限の保安事項である」ため、「法的に、電路の短絡保護と小形電動機の過負荷保護の兼用が認められているから」といって、「電動機専用の過負荷保護装置の要否の検討は、行う必要がない」と考えることは、電気主任技術者の実務処理の方法として、適切ではないのである。

過負荷運転の可能性がある小形電動機については、その電動機専用の過負荷保護装置の要否について、個別に検討する必要があり、その能力を確かめるために資格試験がある。

【模擬問題】　次の図1に示すように、三相3線式の低圧幹線を保護する過電流遮断器を経由した1ルート分の低圧幹線により、三相電動機の負荷M1、M2、M3、及び照明用の三相平衡負荷L1、L2、L3に電気を供給する3組の施設がある。そのうちの三相電動機M1、M2、M3の1台分の定格負荷時の線電流値は全て20Aであり、その力率は全て遅れ86.6%（力率角30度）である。また、照明用の三相負荷L1、L2、L3の1台分の定格電流の線電流値は全て10Aであり、その力率は全て100%であるとき、「電気設備技術基準の解釈」の規定に基づいて、次の(a)及び(b)の問に答えよ。

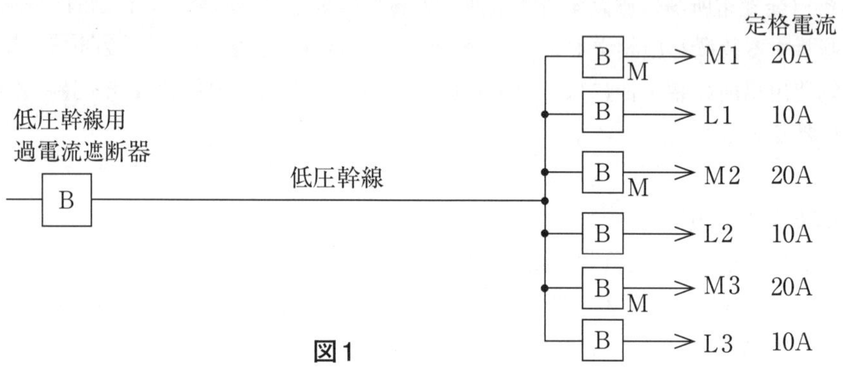

図1

(a)　三相3線式の低圧幹線の電流［A］として、電気設備技術基準の解釈で規定されている許容される最小限度の値を、次の(1)～(5)のうちから一つを選べ。

(1)　93　　(2)　94　　(3)　96　　(4)　99　　(5)　105

(b)　低圧幹線を保護するための過電流遮断器の定格電流［A］として、電気設備技術基準の解釈で規定される許容される最大限度の値を、次の(1)～(5)のうちから一つを選べ。

(1)　50　　(2)　75　　(3)　100　　(4)　200　　(5)　250

類題の出題頻度　★★★☆☆

【ヒント】　第7章のポイントの第1項の(4)「低圧幹線の施設」を復習し、解答する。

この設問の低圧幹線の電流［A］の値を解答する際の注意事項は、許容される最小限度の値を求めるべきことである。

すなわち、この設問にスカラー和で答えることは誤りであり、許容される最小限度の値は**ベクトル和**により求めなければならない。その理由は、スカラー和よりもベクトル和の方がより小さな値だからである。なお、力率値が明らかな場合にベクトル和で算出することについては、解釈第148条1項三号の規定により認められているが、その理論的根拠は「**交流電流の和は、ベクトル和**により求めるべきもの」であるからである。

【答】(a)(2)、(b)(4)

解釈第148条「低圧幹線の施設」の1項からの出題である。

問(a)の解き方；電動機など起動電流の大きな電気機械器具の定格電流の合計値をI_M［A］、それ以外の定格電流の合計値をI_L［A］として表し、第148条1項二号の規定により、次の**表**の式を満足するように、低圧幹線の許容最小限度の電流値I_W［A］を算定する。

表　幹線用電線の電流値、過電流遮断器の定格電流値の算定式

<table>
<tr><th colspan="2"></th><th>幹線用電線の許容電流 I_W［A］の算定式</th><th>幹線用過電流遮断器の定格電流 I_{OC}［A］の算定式</th></tr>
<tr><td rowspan="2">$I_M \leqq I_L$ の場合</td><td>$I_M=0$ の場合</td><td rowspan="2">$I_W \geqq I_M+I_L$</td><td>$I_{OC} \leqq I_W$</td></tr>
<tr><td>$I_M \neq 0$ の場合</td><td rowspan="3">$I_{OC} \leqq 3I_M+I_L$
とし、かつ、
$I_{OC} \leqq 2.5I_W$
とする</td></tr>
<tr><td rowspan="2">$I_M>I_L$ の場合</td><td>$I_M \leqq 50$ の場合</td><td>$I_W \geqq 1.25I_M+I_L$</td></tr>
<tr><td>$I_M>50$ の場合</td><td>$I_W \geqq 1.1I_M+I_L$</td></tr>
</table>

設問の三相電動機3台分の定格電流の合計値I_Mは60［A］、それ以外の負荷の定格電流の合計値I_Lは30［A］であり、上表中に赤色で示した欄が該当する。その許容最小限度の電流I_W［A］は、**図2**に示すようにI_Mの1.1倍とI_Lとの**ベクトル和**により、次式で求まる。

$$I_W \geqq \sqrt{30^2+66^2+2\times30\times66\times\cos 30^\circ}\ [\text{A}] \quad (1)$$

$$= 93.2\ [\text{A}] \Rightarrow 94\ [\text{A}]\ (\textbf{端数切上の処理}) \quad (2)$$

注意：四捨五入により93［A］とすることは、93.2［A］以上の条件を満足しないため、誤答である。

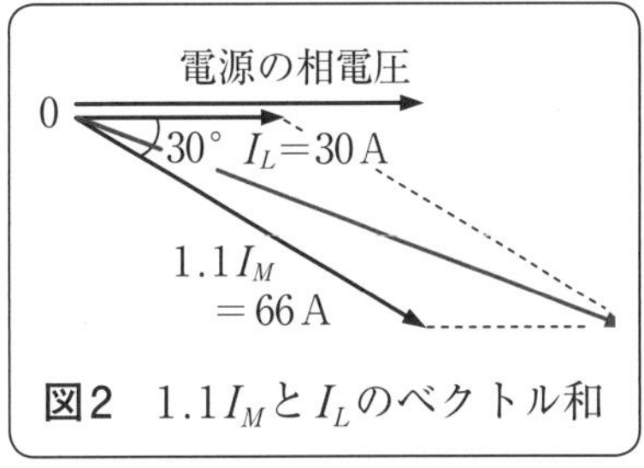

図2　$1.1I_M$とI_Lのベクトル和

問(b)の解き方；過電流遮断器の定格電流値として許容される**最大値**I_{OC}［A］は、上表に示した二つの式を共に満足する値を選定し、解答する。

始めに、I_Mの3倍とI_Lとの**ベクトル和**の計算方法は、図2の$1.1I_M$のベクトルを$3I_M$に変えて求めることができ、次の(3)式に示すように端数切捨ての処理で求める。

$$I_{OC} \leqq \sqrt{30^2+180^2+2\times30\times180\times\cos 30^\circ} = 206.5\ [\text{A}] \Rightarrow 206\ [\text{A}]\ (\textbf{端数切捨て処理}) \quad (3)$$

今一つの条件は、低圧幹線の許容電流値I_W［A］の**2.5倍以下**であるから、次式で求まる。

$$I_{OC} \leqq 2.5\times93.2 = 233\ [\text{A}] \quad (4)$$

上記の(3)式と(4)式を共に満足する解答欄の値は200［A］以下であり、これが許容最大値である。

電動機の合計が50A以下は1.25倍、50A超過は1.1倍して、幹線の定格電流値を算出する。

3 各種の低圧屋内配線工事

【基礎問題】 次の文章は、低圧屋内配線の各施設場所ごとの施設可能な工事の種別、又は施設が不可能な工事の種別について述べたものであるが、「電気設備技術基準の解釈」を基にして判断し、適切でないものを一つ選べ。

(1) がいし引き工事は、点検できない隠ぺい場所には施設することができない。
(2) 合成樹脂管工事、金属管工事、金属可とう電線管工事及びケーブル工事は、全ての場所に施設することが可能である。
(3) 金属線ぴ工事は、300V以下の配線を乾燥した場所に施設し、かつ、展開した場所又は点検できる隠ぺい場所に施設することが可能である。
(4) バスダクト工事は、展開した場所であれば、水気のある場所の420V配線の施設が可能である。
(5) フロアダクト工事は、乾燥した場所で、かつ、300V以下の配線であれば、床下などの点検できない隠ぺい場所に施設が可能である。

【ヒント】 第7章のポイントの第2項の(1)「低圧屋内配線の施設場所による工事の種類」を復習し、解答する。各工事の特徴を覚えておこう。

【応用問題】 次の文章は、低圧屋内配線を合成樹脂管工事で施設する方法を述べたものであるが、「電気設備技術基準の解釈」を基にして判断し、施設方法が適切でないものを次の(1)～(5)の中から一つを選べ。

(1) 電線には、屋外用ビニル絶縁電線（OW線）を除く絶縁電線を使用した。
(2) 短小な管に収める場合を除き、電線にはより線又は直径3.2mm以下の単線を使用した。
(3) 管の内部では、電線の接続点を設けないように施設した。
(4) 電線を収める管及びボックスその他附属品は、電気用品安全法の適用を受けるものを使用し、管の端口及び内面は電線の被覆を損傷しない滑（なめ）らかなものとした。
(5) 管の金属部分、金属製のボックスは、配線の使用電圧が600V以下のものにはD種接地工事を施し、600Vを超えるものにはC種接地工事を施した。

【ヒント】 第7章のポイントの第2項の(2)「合成樹脂管工事、金属管工事、金属可とう電線管工事に共通事項」、及び(3)「合成樹脂管工事」を復習し、解答する。

【基礎問題の答】（4）

解釈第156条「低圧屋内配線の施設場所による工事の種類」からの出題である。

設問の(4)の文章の「バスダクト工事」は、次の場所に工事が可能、又は不可能である。

① 点検できない隠蔽（いんぺい）場所には、他の条件に無関係に、施設は不可能である。

② 隠蔽場所であっても、点検が可能な場所ならば、乾燥した場所に施設が可能である。

③ 展開した場所であって、乾燥した場所ならば、600V以下（すなわち420V）の施設が可能である。

④ 展開した場所であっても、湿気のある場所又は水気のある場所ならば、300V以下の施設は可能であるが、420Vの配線のように300Vを超える施設は不可である。

なお、設問の(2)の文章のように、「合成樹脂管工事、金属管工事、金属可撓（かとう）電線管工事及びケーブル工事は、全ての場所の600V以下の配線の施設が可能」と覚えておこう。

【応用問題の答】（5）

解釈第158条「合成樹脂管工事」からの出題である。

設問の(5)の文章は、次の二重線を施した電圧の数値に誤りがあり、その右側に赤色で示した数値に修正して、正文になる。

(5) 管の金属部分、金属製のボックスは、配線の使用電圧が~~600~~ 300V以下のものにはD種接地工事を施し、~~600~~ 300Vを超えるものにはC種接地工事を施した。

使用電圧が300V**以下**の配線の合成樹脂管工事の**金属部分**には、**D種接地工事**を施すことが原則であるが、次の①又は②のいずれかに該当する場合には、接地工事の省略が可能である。

① **乾燥**した場所に施設する場合。

② 屋内配線の使用電圧が**直流300V以下**又は**交流対地電圧150V以下**の場合において、**簡易接触防護措置**を施す場合であって、その簡易接触防護措置が金属製の場合には、防護措置を施す対象の低圧屋内配線の設備と電気的に接続するおそれがないように施設する場合。

一方、使用電圧が300V**を超える**配線の合成樹脂管工事の**金属部分**には、**C種接地工事**を施すことが原則であるが、接触防護措置を施す場合は、D種接地工事によることができる。

ただし、接触防護措置が上記②の300V以下に適用される**簡易**接触防護措置ではなく、かつ、接触防護措置が金属製の場合には当該防護措置を施す対象の低圧屋内配線の設備と電気的に接続するおそれがないように施設する場合に接地工事の緩和措置を適用することができる。

なお、接触防護措置は解釈第1条三十六号にて定義されており、その概要は『人が通る場所から手を伸ばしても触れることのない範囲に施設するもの』である。一方、簡易接触防護措置は同条三十七号にて定義されており、その概要は『人が通る場所から容易に触れることのない範囲に施設する』ものである（詳細は解釈第1条を参照）。

【模擬問題】 次の文章は、低圧屋内配線を金属管工事で施設する方法について述べたものである。これらの文章を、「電気設備技術基準の解釈」を基に判断し、その施設方法が適切でないものを、次の(1)〜(5)の中から一つを選べ。

(1) 電線には、屋外用ビニル絶縁電線以外の絶縁電線で、金属管の内部では電線の接続点を設けない方法で施設し、かつ、管長が1m以上の部分の電線には軟銅より線又は直径3.2mm以下の軟銅の単線を使用した。

(2) 金属管及びボックスは、電気用品安全法の適用を受けるものを使用し、単相3線式100V電路、及び三相4線式420V電路ともに、その金属部分にD種接地工事を施したので、420V電路の部分には簡易接触防護措置も合わせて施設した。

(3) 金属管の厚さは、コンクリートに直接埋め込んだ部分には1.2mmの管を使用し、コンクリートに埋め込む部分以外の部分であって、継手のない長さ4m以下の管を乾燥した展開した場所には0.5mmの管を使用して施設した。

(4) 金属管の相互の接続、及び、管とボックス部分との接続は、ねじ接続により堅ろうに、かつ、電気的に完全に接続するとともに、管の端口には電線の被覆を損傷しない構造のブッシングを使用して施設した。

(5) マグネシウムなどの爆燃性粉じんが空気中に浮遊している場所であって、電気設備が点火源となり爆発するおそれがある場所の配線工事用の附属品には、「電気用品の技術上の基準を定める省令」に適合する粉じん防爆型フレキシブルフィッチングを使用して施設した。

類題の出題頻度　★★★☆☆

【ヒント】 第7章のポイントの第2項「配線等の施設」(4)「金属管工事」を復習し、解答する。特に、この設問の金属管工事は、コンクリートの中に埋め込む場合や、爆燃性の粉塵(ふんじん)がある場所など、解釈で定めた施設条件を満足させることにより、ケーブル工事と共に全ての場所に施設が可能であるから、その要点を整理し、覚えておこう。

【答】(2)

解釈第159条「金属管工事」からの出題であり、設問の要点箇所を以下に解説する。

（引込用ビニル絶縁電線も使用可能）

(1) 電線には、屋外用ビニル絶縁電線以外の絶縁電線で、金属管の内部では電線の接続点を設けない方法で施設し、かつ、管長が1m以上の部分の電線には軟銅より線又は直径3.2mm以下の軟銅の単線を使用した。

（電線に**柔軟性**を求めているため“**以下**”である）（短小な管は“**柔軟性**”の要求は適用除外）

(2) 金属管及びボックスは、電気用品安全法の適用を受けるものを使用し、単相3線式100V電路、及び三相4線式420V電路ともに、その金属部分にD種接地工事を施したので、420V電路の部分には簡易接触防護措置も合わせて施設した。

（原則的に**C種接地工事**を施す）（簡易接触防護措置では不十分であり、**接触防護措置**を施設する）（2項二号イ項の規定）

(3) 金属管の厚さは、コンクリートに直接埋め込んだ部分には1.2mmの管を使用し、コンクリートに埋め込む部分以外の部分であって、継手のない長さ4m以下の管を乾燥した展開した場所には0.5mmの管を使用して施設した。

（2項二号ロ項の規定）（3項一号の規定）

(4) 金属管の相互の接続、及び、管とボックス部分との接続は、**ねじ接続**により**堅**(けい)**ろう**に、**かつ、電気的に完全に接続する**とともに、管の端口には電線の被覆を損傷しない構造のブッシングを使用して施設した。

（3項一号の規定）（解釈第175条1項一号の規定）

(5) マグネシウムなどの爆燃性粉じんが空気中に浮遊している場所であって、電気設備が点火源となり爆発するおそれがある場所の配線工事用の附属品には、「電気用品の技術上の基準を定める省令」に適合する**粉じん防爆型フレキシブルフィッチング**を使用して施設した。

（解釈第159条4項一号の規定）

300Vを超える電路の金属部分を、**D種接地工事**で施設する場合は、**接触防護措置**が必要。

4 特殊場所の施設

【基礎問題】 次の**表1**は、小麦粉等の可燃性粉じんが空中に浮遊した状態で存在している場所であって、電気設備が点火源となり爆発するおそれがある場所に屋内配線を施設することを、「電気設備技術基準の解釈」により認めている工事の種別を、この表の中の○印にて全て正しく組み合わせたものを、次の(1)～(5)の記号で選べ。

表1

工事種別	解答記号				
	(1)	(2)	(3)	(4)	(5)
合成樹脂管工事		○			
金属管工事	○	○	○	○	○
金属可とう電線管工事			○	○	
金属線ぴ工事					○
ケーブル工事	○	○		○	○

【ヒント】 第7章のポイントの第3項の(1)の二「可燃性粉じんがある場所の施設」を復習し、「爆燃性粉じん」と「可燃性粉じん」とを正しく読み分けて解答する。

【応用問題】 次の文章は、火薬庫の中に施設することが可能な電気設備について述べたものであるが、「電気設備技術基準の解釈」を基にして判断し、適切でないものを次の(1)～(5)のうちから一つを選べ。

(1) 照明器具及びこれに電気を供給する電気設備のみの施設が可能であって、それ以外の電気設備を施設することは禁止している。

(2) 対地電圧が150V以下の電路の施設のみが許されている。

(3) 屋内配線は、金属管工事又はケーブル工事に限り施設が許されている。

(4) 金属管工事は、薄鋼電線管又はこれと同等以上の強度を有する金属管を使用する。

(5) ケーブル工事の電線は、キャブタイヤケーブル以外のケーブルを使用し、そのケーブルを管その他の防護装置に収めて施設するが、そのケーブルにビニル外装ケーブルを使用する場合には、管等に収めずに直接施設することができる。

【ヒント】 第7章のポイントの第3項の(3)「火薬庫の電気設備の施設」を復習し、解答する。金属管工事とケーブル工事による施設方法の要点を覚えておこう。

【基礎問題の答】（2）

解釈第175条「粉じんの多い場所の施設」からの出題である。その1項二号により、この設問の「小麦粉等の**可燃性粉塵**(ふんじん)が、空気中に浮遊する場所」に施設可能な工事種別と具体的な施設方法を規定している。その規定により、次の**表2**の中の○印で示すように、合成樹脂管工事、金属管工事、ケーブル工事の3種類が施設可能である。

また、1項一号により「マグネシウム等の**爆燃性粉塵**が空気中に浮遊する場所」など、特殊な場所の屋内配線として施設可能な工事種別についても、この表2の中に示した。

表2　特殊な場所の屋内配線の施設が可能な工事種別

工事の種別 ＼ 屋内配線の施設場所	がいし引き工事	合成樹脂管工事	金属管工事	金属可撓(かとう)電線管工事	金属線樋(せんぴ)工事	金属ダクト工事	バスダクト工事	ケーブル工事
①　爆燃性粉塵(ふんじん)がある場所			○					○
②　可燃性粉塵がある場所		○	○					○
③　①及び②以外の粉塵の多い場所	○	○	○	○		○	○	○
④　可燃性ガス又は引火性物質がある場所			○					○
⑤　消防法の第2類、第4類及び第5類に分類される危険物を製造又は貯蔵する場所		○	○					○
⑥　（次の応用問題の）火薬庫の中			○					○

【応用問題の答】（5）

解釈第178条「火薬庫の電気設備の施設」からの出題である。

設問の(1)の文章にあるように、**火薬庫内**には、**照明器具**及びこれ用の**配線設備**のみの施設が許されており、その他の電気設備は施設することを禁止している。

(5)の文章中で、ケーブル工事に使用可能な電線は、「キャブタイヤケーブル**以外**のケーブル」であり、その「ケーブルを管その他の防護装置に収めて施設する」という記述までは正しい。しかし、その後の「管等に収めずに直接施設する」ことが許される電線の種別として、ビニル外装ケーブルは不適切である。

すなわち、ケーブルを「管等に収めて防護する方法」に匹敵するほど丈夫(じょうぶ)にするため「鎧(よろい)を装(よそお)った様な防護構造で製造された**鎧装(がいそう)ケーブル**、又はMIケーブル」を使用する必要がある。

「鎧装ケーブル」の表記方法は、今日では一般的に平仮名(ひらがな)で「がい装ケーブル」と表すが、これでは“読むことは可能”であっても“語句の意味”は全く理解できない。「金属線樋(せんぴ)工事」も同様である。よって、解説文では意味が分かるように漢字で表記してルビを付けた。

【模擬問題】　次の文章は、マグネシウム等の爆燃性粉じんが空気中に浮遊した状態又は集積した状態で存在し、電気設備が点火源となってその粉じんに着火したときに爆発するおそれがある場所に、低圧の電気設備の施設方法について述べたものである。これらの施設方法を、「電気設備技術基準の解釈」を基にして判断し、適切でないものを次の(1)〜(5)のうちから一つを選べ。

(1)　屋内配線は、一部をケーブル工事で施設し、その他の部分は全て金属管工事により施設した。

(2)　金属管工事に使用した電線管には、厚さ1mmの薄鋼電線管を適用し、ボックスその他の附属品は容易に摩耗又は腐食を生じないパッキンを用いることにより、粉じんが電線管又はボックス等の内部に侵入しないように施設した。

(3)　金属管工事の電線管の相互間の接続、及び、電線管とボックスとの接続は、5山以上をねじ合せる方法により、堅ろう、かつ、内部に粉じんが侵入しないように施設した。

(4)　金属管工事による配線のうち、電動機に接続する部分であって、可とう性を必要とする部分には、粉じん防爆型フレキシブルフィッチングを使用して施設した。

(5)　使用する電気機械器具は、電気機械器具防爆構造規格の規定に適合する粉じん防爆普通防じん構造のものを適用して施設した。

類題の出題頻度　★★★☆☆

【ヒント】　第7章のポイントの第3項「特殊場所の施設」の(1)「粉じんの多い場所の施設」を復習し、解答する。

この設問は、「法令の条文に、書き表されている文章」を問うているのではなく、「施設した方法（つまり施工方法）が、法令の規定を満たしているか否(いな)か」を問うている。

解釈第175条では、対象である“粉塵(ふんじん)”を、「**爆燃性粉塵**」、「**可燃性粉塵**」、「**その他の粉塵**」の3区分にして規制している。したがって、この設問で問うている“粉塵”が、上記の区分のうちのいずれであるかを、正しく読み分けることが大切である。

この設問では「**爆燃性粉塵**」が存在する場所に電気設備を施設する方法について問うている。

【答】(5)

解釈第175条「粉じんの多い場所の施設」の1項一号からの出題である。

この1項は、一号の「**爆燃性**粉塵(ふんじん)がある場所の施設」、二号の「**可燃性**粉塵がある場所の施設」、三号の「**その他**の粉塵がある場所の施設」に区分し、それぞれ規定している。

この設問の文頭に、「マグネシウム等の**爆燃性**粉塵が、空気中に浮遊した・・・」とあるので、一号で規制する「**爆燃性**粉塵がある場所の施設に関する問題である」と、判断できる。

そして、設問の(5)の文章中の「使用する電気機械器具は、・・・粉じん防爆普通防塵構造のものを適用して施設した。」とあるが、このアンダーラインを施した語句に誤りがある。

次の**表**に示すように、「**爆燃性**粉塵がある場所の施設」としては、電気機械器具防爆構造規格で規定する粉塵防爆**特殊**防塵構造のものを適用すべき旨を、一号ニ項により規定している。

ちなみに、二号により「**可燃性**粉塵がある場所の施設」には、同規格で規定する粉塵防爆普通防塵構造のものを適用できる旨を規定している。

表　粉塵(ふんじん)の多い場所の低圧電気設備の施設概要

	爆燃性粉塵がある場所	可燃性粉塵がある場所	その他の粉塵がある場所
粉塵の種類（一例）	マグネシウム、アルミニウム	小麦粉、澱粉(でんぷん)	綿、麻、絹等の燃えやすい繊維質の粉塵
施設が可能である**配線工事**の種別	金属管工事、ケーブル工事	合成樹脂管工事、金属管工事、ケーブル工事	がいし引き、合成樹脂管、金属管、金属可撓(かとう)電線管、金属ダクト、バスダクト、ケーブルの各工事
移動電線に使用可能なキャブタイヤケーブル	三種、四種のキャブタイヤケーブル	一種キャブタイヤケーブルを**除く**キャブタイヤケーブル	
使用可能な**電気機械器具の種別**	粉塵防爆特殊防塵構造のもの	粉塵防爆普通防塵構造**以上**のもの	粉塵に**着火**するおそれが**ない**もの

この設問の施設場所は「**爆燃性**粉塵がある場所」であったが、もしも「**可燃性**粉塵がある場所」である場合に、粉塵防爆**特殊**防塵構造のものを適用することは、「適切でない施設方法」には該当しないことに注意して解答しよう。

つまり、法で定めた必要最小限度の安全性よりも、更(さら)に高い安全性を有する防塵構造のものを適用して施設することは、当然のことながら、問題はないのである。

すなわち、「**可燃性**粉塵がある場所」イコール「粉塵防爆普通防塵構造のもの」と、単純に固定的に考えて、解答欄から答を選択しないように注意しよう。

爆燃性粉塵がある場所には、粉塵防爆**特殊**防塵構造のものを使用して施設する。

5 特殊機器の施設

【基礎問題】 次に掲(かか)げる特殊機器へ電気を供給する電路の電源側に絶縁変圧器を施設することを、「電気設備技術基準の解釈」により義務付けていないものを一つ選べ。

(1) 呼鈴用の小勢力回路
(2) 出退表示灯の回路
(3) 特別低電圧の照明回路
(4) 交通信号灯の回路
(5) ネオン放電灯の回路

【ヒント】 電技第181～185条を読み、解答する。絶縁変圧器の施設義務だけでなく、絶縁変圧器の二次側電圧、最大短絡電流の制限値も覚えておこう。

【応用問題】 可搬型のアーク溶接機の施設方法について述べた次の文章のうち、「電気設備技術基準の解釈」を基に判断し、適切でないものを一つを選べ。

(1) 溶接変圧器には、絶縁変圧器を使用し、その一次側電路の対地電圧は200Vとし、溶接変圧器に近い箇所で容易に開閉が可能な箇所に、開閉器を施設した。
(2) 溶接変圧器の二次側電路のうち、溶接変圧器から溶接電極に至る部分の電路には一種キャブタイヤケーブルを使用し、溶接変圧器から被溶接材に至る部分の電路には電気的に完全、かつ、堅ろうに接続した鉄骨を使用したため電線は施設しなかった。
(3) 溶接変圧器の二次側端子から溶接電極に至る部分の電路に、溶接用ケーブルを使用した。
(4) 溶接変圧器の二次側電路は、溶接時の電流を安全に通電可能な施設とし、重量物の圧力又は著しい機械的衝撃を受ける可能性がある箇所の電線には適切な防護措置を設けた。
(5) 被溶接材又はこれと電気的に接続される持具、定盤等の金属体には、C種接地工事を施した。

【ヒント】 第7章のポイントの第4項の(1)「アーク溶接機の施設」を復習し、解答する。この設問で問うている内容は、「法令に記述されている内容」ではなく、「施設方法（つまり施工方法）が適法か否か」であることに注意する。

【基礎問題の答】（4）

設問の(1)の呼鈴用小勢力回路の施設は解釈第181条に、(2)の出退表示灯回路の施設は解釈第182条に、(3)の特別低電圧照明回路の施設は解釈第183条に、(5)のネオン放電灯回路の施設は解釈第185条に、それぞれ絶縁変圧器を施設すべき旨を規定している。

設問の(4)の**交通信号灯**の回路については、解釈第184条にその施設方法を規定しているが、絶縁変圧器を施設すべき旨の記述はない。しかし、**交通信号灯**の回路に講ずべき保安措置の規定があり、そのうち学習上のポイントは次のとおりである（赤色の語句、数値を覚える）。

① 使用電圧は、**150V以下**とする。
② 電線に**軟銅線**を使用する場合は、**直径1.6mm以上**のものとする。
③ 電線に600Vビニル絶縁電線又は600Vゴム絶縁電線を使用する場合は、**吊架用の金属線**に吊架して施設する。
④ 吊架用の金属線には、引張強さ3.70kN以上の金属線又は直径4mm以上の鉄線を、**2条以上撚り合わせ**たものを使用する。
⇒3条以上を撚り合わせる支線とは異なる。
⑤ 吊架用の金属線には、支持点又はこれに近接する箇所に**がいし**を挿入する。
⑥ 交通信号灯の制御装置の電源側には、専用の「開閉器及び**過電流遮断器**」又は「開閉機能を有する**過電流遮断器**」を施設する。
⑦ 交通信号灯の制御装置の金属製外箱には、**D種接地工事**を施す。

【応用問題の答】（2）

解釈第190条「アーク溶接装置の施設」からの出題である。

同条1項五号により、『被溶接材又はこれと電気的に接続される持具、定盤等の金属体には、**D種接地工事**（100Ω以下）を施すこと。』と規定している。そして、この設問の(5)の文章には、「定盤等の金属体には、C種接地工事（10Ω以下）を施した。」とある。

この設問で問うている内容が、もしも「法令で規制している内容」であるならば、(5)の文章は適切でないが、問うている内容は「**施設の方法**として、適切でないもの」である。そして、接地抵抗の規制値が100Ω以下であるのに対し、それよりも十分に安全な10Ω以下で施工したことは、当然、施設方法は適法である。つまり、適切でないものに該当しない。

同条1項四号イ項の(ハ)の規定にて、溶接変圧器から溶接電極に至る部分の電路の電線に、キャブタイヤケーブルを使用する場合には、『**一種**キャブタイヤケーブル・・・**以外**のキャブタイヤケーブルを使用する。』旨を定めている。ここで、電気主任技術者の試験の難易度とは反対に、キャブタイヤケーブルの外部からの圧力や衝撃に対する機械的な強度は、一種よりも二種の方が大きい。法令の「一種キャブタイヤケーブル**以外**」とは、「二種、三種、四種のうちのいずれかのキャブタイヤケーブル」を意味しているため、設問の(2)の文章の「・・・電路には**一種**キャブタイヤケーブル**を使用し**、・・・」の部分の施設方法が適切ではない。

【模擬問題】 電気さくの施設の方法について述べた次の文章を、「電気設備技術基準の解釈」を基に判断し、適切でないものを(1)～(5)の中から一つを選べ。

(1) 原則として、電気さくの施設を禁止しているが、施設する場所と目的が「田畑、牧場、その他これに類する場所において、野獣の侵入又は家畜の脱出を防止するため」である場合に限定して、電気さくの施設が認められており、かつ、人が見やすい適切な間隔で、当該電気さくが危険である旨の表示をしなければならない。

(2) 電気さく用電源装置は、電気用品安全法の適用を受けたものを使用し、かつ、感電により人に危険を及ぼすおそれのないようにするため、その電源装置から出力する電流は人が感電したときに制限されたものを使用して施設する。

(3) 人が容易に立ち入る場所に電気さくを施設する場合であって、当該電気さくに電気を供給する電路の電源側に、電気用品安全法の適用を受ける電流動作型の漏電遮断器であって、その定格感度電流が15mA以下であり、かつ、動作時間が0.1秒以下のものを施設する場合には、交流対地電圧100Vの電源を電気さくの電線に直接接続して施設することができる。

(4) 電気さくに電気を供給する電路には、容易に開閉操作が可能な箇所に、当該電気さく専用の開閉器を施設する。

(5) 電気さく用電源装置のうち、衝撃電流を繰り返し発生するものは、その装置及びこれに接続する電路において発生する電波又は高周波電流が、無線設備の機能に継続的、かつ、重大な障害を与えるおそれがある場所には、電気さくを施設できない。

類題の出題頻度　★★★☆☆

【ヒント】 第7章のポイントの第4項「特殊機器等の施設」の(2)「電気さくの施設」を復習し、解答する。

法で規定する電気さく用の電源装置を使用していなかったこと、及び、電源側に漏電遮断器の施設がなかったことが原因で、平成21年と平成27年に感電死亡事故を発生している。その感電死亡事故の発生により、今後、「電気さくの施設方法」を問う問題の出題が相当に高い確率で予想される。そのため読者の方々は、上記の第7章のポイント、及び、この5項の「模擬問題」に解答の後に解説文で学習され、その中に読者の誤解や理解不足の事項があったならば、正しい内容を理解され、今後予想される問題に是非備えていただきたい。

法改正により、現在では電気工事士でない人が電気さくの一部の施工が可能であるが、しかし、人が感電死傷する電気さくの施設は、当然許されない。読者の方々が、将来電気主任技術者に就任された後、法令違反の電気設備により感電死傷事件を惹起せぬように、必要な電気的知識を蓄え、電気設備の保安監督を誠実かつ適切に実行しなければならない。

【答】(3)

解釈第192条「電気さくの施設」からの出題である。

電気さく（柵）用の電源装置が、30V以上の電源から受電する場合は、設問の(3)の文章の前半にある「・・・電路の電源側に、電気用品安全法の適用を受ける電流動作型の漏電遮断器であって、その定格感度電流が15mA以下であり、かつ、動作時間が0.1秒以下のものを施設する・・・」の文章には、不適切な事項はない。

しかし、上記の文章の後にある「・・・(漏電遮断器を施設する場合は、) 電気さくの電線に、交流対地電圧100Vの電源を直接接続して施設することができる。」の部分が、法令に違反している。すなわち、解釈第192条の三号の規定により、電気さくに使用する電源装置は、次のイ項又はロ項のいずれかに適合する装置であることを定めている。

イ　(次の**図**に示すように) 電気用品安全法の適用を受ける電気さく用電源装置であること。
　⇒電気さくの電線に野獣等が接触したときに、その電源が保有している**垂下特性**により、出力電圧が急激に低下し、その結果出力電流が大幅に制限されることにより、さくの電線に触れた野獣は驚いて逃避はするが、死亡することはない安全な電源装置である。

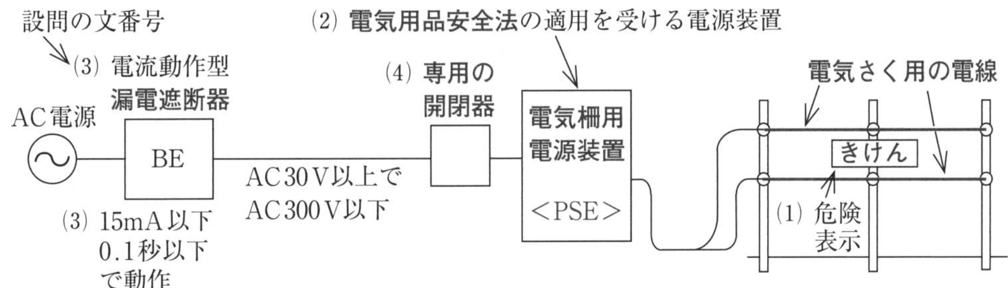

図　解釈第192条三号イ項により規定する電気さくの施設の構成例

ロ　感電により**人に危険を及ぼすおそれがない**ように**出力電流が制限**される電気さく用電源であって、次の(イ)又は(ロ)のいずれの直流電源から電気の供給を受けるものであること。

(イ)　電気用品安全法の適用を受ける直流電源

(ロ)　蓄電池、太陽電池その他これらに類する直流電源

設問の(3)の「電気さくの電線に、交流対地電圧100Vの電源を直接接続して施設する」ことは、解釈の規定事項に違反し、**感電死亡事故**を生ずる危険性がある施設方法である。

電気さく用の**電源装置**は、電気用品安全法の適用を受けるもので、人に危険を及ぼさない**安全**なものとする。

6 電気自動車関連設備、小出力発電設備

【基礎問題】 需要場所において、一般用電気工作物に該当する電気自動車用の充電設備から電気自動車に至る間の電路の施設について述べた次の文章の(ア)～(ウ)の空白部分に当てはまる語句又は数値を、「電気設備技術基準の解釈」を基にして判断し、次の「解答群」の中から一つずつ選び、この文章を完成させよ。

(1) 電路の対地電圧は、原則として［ (ア) ］V以下とする。

(2) 充電部が［ (イ) ］しないように施設する。

(3) 電路に［ (ウ) ］を生じたときには、自動的に電路を遮断する装置を施設する。

「解答群」150、300、露出、腐食、地絡、短絡

【ヒント】 第7章のポイントの第4項の(3)「電気自動車等から電気を供給する施設」の2項を復習し、解答する。

【応用問題】 需要場所において、一般用電気工作物に該当する電気自動車等から供給設備（電力変換器、保護装置又は開閉器等を収めた筐体をいう）に至る間の電路の施設方法について述べた次の文章のうち、「電気設備技術基準の解釈（以下この設問では「解釈」と略記する）」を基にして判断し、適切でないものを二つ選べ。

(1) 電気自動車等の電気出力は、10kW未満であるとともに、一般用電気工作物の低圧幹線の許容電流以下とする。

(2) 電路の対地電圧は、原則として150V以下とし、解釈により規定する施設条件を全て満足させることにより、直流600V以下の電路の施設が可能である。

(3) 600V以下の電路の電線には、二種キャブタイヤケーブルと同等以上の性能を有するものを使用し、使用環境を想定した性能を有するものとする。

(4) 供給用電線と電気自動車等との接続は、専用の接続器を用いて、充電部が露出しないもので接続し、屋側又は屋外に施設する場合は水の飛まつに対して保護されているものとする。

(5) 供給設備の筐体等、接続器その他の器具に電線を接続する場合は、簡易接触防護措置を施した端子に、電線をねじ止め等により、堅（けい）ろうに、かつ、電気的に完全に接続するとともに、接続点に張力が加わらないように施設する。

【ヒント】 第7章のポイントの第4項の(3)「電気自動車等から電気を供給する施設」の**第1項**を復習し、解答する。

【基礎問題の答】（解答は、下記の⑴〜⑶の文章中の赤色の文字で示す）

解釈「第199条の2」の2項に規定する「一般用電気工作物に該当する需要場所から、プラグインハイブリッド自動車や燃料電池自動車（電気自動車等）へ**充電**する場合の電路」からの出題である。この2項により、**充電用電路の施設**を、次のように規定している。

⑴　電路の対地電圧は、原則として㋐**150V**以下とする。

⇒「原則として」とあるのは、施設条件付きで直流450V以下の範囲で許されるためである。

⑵　充電部が㋑**露出**しないように施設する。

⑶　電路に㋒**地絡**を生じたときには、自動的に電路を遮断する装置を施設する。

なお、この設問の対象範囲は、「充電設備から電気自動車に至る間の電路」であったが、低圧屋内配線の交流電源から充電設備に至る間の電路には、解釈第33条が適用され、**過電流遮断器**が必要である。つまり、充電設備の電源側には**過電流遮断器**を、充電設備の電気自動車側には（漏電遮断器等の）**地絡自動遮断装置**を、それぞれ施設する必要がある。

【応用問題の答】（2）及び（3）

解釈「第199条の2」の1項にて規定する「電気自動車等から一般用電気工作物に該当する需要場所へ**電気を供給**する場合の電路の施設」に関する問題である。

設問の⑵及び⑶の文章中の「原則として150V以下」は正しいが、その後の文章の「直流600V以下」が誤っており、正しくは「**直流450V以下**」である。

電路の対地電圧として、150Vを超えて直流450V以下を適用できる施設は、解釈第199条の2の1項五号のただし書きにより、次に掲げるイ項〜ヘ項の全部を満足させた施設である。この中の赤色の語句を覚えておこう。

イ　対地電圧は、**直流450V以下**であること。

ロ　供給設備が、低圧配線と**直接接続**して施設すること。

ハ　直流電路は、**非接地式**で構成すること。

ニ　電力変換装置の交流側に**絶縁変圧器**を施設すること。

⇒ハ項及びニ項は、電路の絶縁不良発生時に地絡電流を流さず、感電を生じないため。

ホ　電路に**地絡**を生じたときに**自動的**に電路を**遮断**する装置を施設すること。

⇒非接地式の直流電路には、**電圧平衡型の漏電遮断器**を適用する必要がある。

ヘ　**電路が切断**したときに、電気の**供給**を**自動的**に**遮断**する装置を施設すること。ただし、電路が切断し、充電部が露出するおそれがない場合は、この限りでない。

⇒この機能を備えた電線の例として、ケーブルにパイロット線を沿わせ、その線に常時監視用の微弱な電流を流しておき、その電流が閾値（しきいち）以下に減少したとき不足電流継電器により電路の切断を検出し、遮断器を自動遮断して供給停止する装置がある。

【模擬問題】　次の文章は、小出力発電設備に該当する太陽電池発電設備について、その施設方法を述べたものである。これらの施設方法を、「電気設備技術基準の解釈」を基に判断し、適切でないものを次の(1)〜(5)の中から一つを選べ。

(1)　太陽電池モジュール、電線及び開閉器その他の器具は、充電部が露出しないように施設するとともに、太陽電池モジュールに接続する負荷側の電路には、その接続点に近接して、開閉器その他これに類する器具を施設する。

(2)　太陽電池モジュールを並列に接続する電路には、その電路に短絡を生じた場合に電路を保護する過電流遮断器その他の器具を施設する。その場合、当該電路が短絡電流に耐えるものである場合には、電路を短絡電流から保護する器具の施設を省略することができる。

(3)　電路の工事には、合成樹脂管工事、金属管工事、金属可とう電線管工事又はケーブル工事により、それぞれ解釈で規定する方法で施設し、その電線の導体が軟銅線であるものを使用する場合には、その直径が1.6mm以上のものを使用する。

(4)　太陽電池モジュール及び開閉器その他の器具に電線を接続する場合には、ハンダ付けその他の方法により、堅ろうに、かつ、機械的に完全に接続すると共に、接続点に雨水が浸入しないように施設する。

(5)　太陽電池モジュールの支持物は、その支持物の高さにかかわらず日本産業規格の「太陽電池アレイ用支持物設計標準」により規定する強度を有するものとし、かつ、支持物の高さが4mを超える場合には、更に建築基準法の工作物に適用される構造強度に係る各規定に適合するように施設する。

類題の出題頻度　★★☆☆☆

【ヒント】　第7章のポイントの第5項「小出力発電設備」を復習し、解答する。

小出力発電設備に該当する太陽電池発電設備は、最大出力が**50kW未満**のものであり、一般的に低圧の配電線に連繫(れんけい)して運転するものである。その設備規模は、太陽電池モジュール（パネル）の枚数で約200枚以下である。一般家屋の屋根上に施設されているもののほぼ全数が、この小出力発電設備に該当する。

小出力発電設備は、一般公衆の生活環境にきわめて近接して施設されることが多く、電気使用場所の他の電気工作物と施設方法が類似である。そのため、解釈により電線の太さ、電線と器具との接続法など、電気使用場所と同様の施設方法が規定されている。

【答】（4）

解釈第200条「小出力発電設備」の２項「小出力発電設備である太陽電池発電設備」に関する出題である。

設問の(2)の文章中の次の二重線を施した部分に誤りがあり、それを赤色の語句に修正して、正文になる。

(4)　太陽電池モジュール及び開閉器その他の器具に電線を接続する場合には、~~ハンダ付け~~ **ねじ止め** その他の方法により、堅ろうに、かつ、~~機械的~~ **電気的** に完全に接続すると共に、接続点に ~~雨水が浸入しない~~ **張力が加わらない** ように施設する。

小出力発電設備に区分される太陽電池発電設備の施設方法の例を下の**図**に示す。

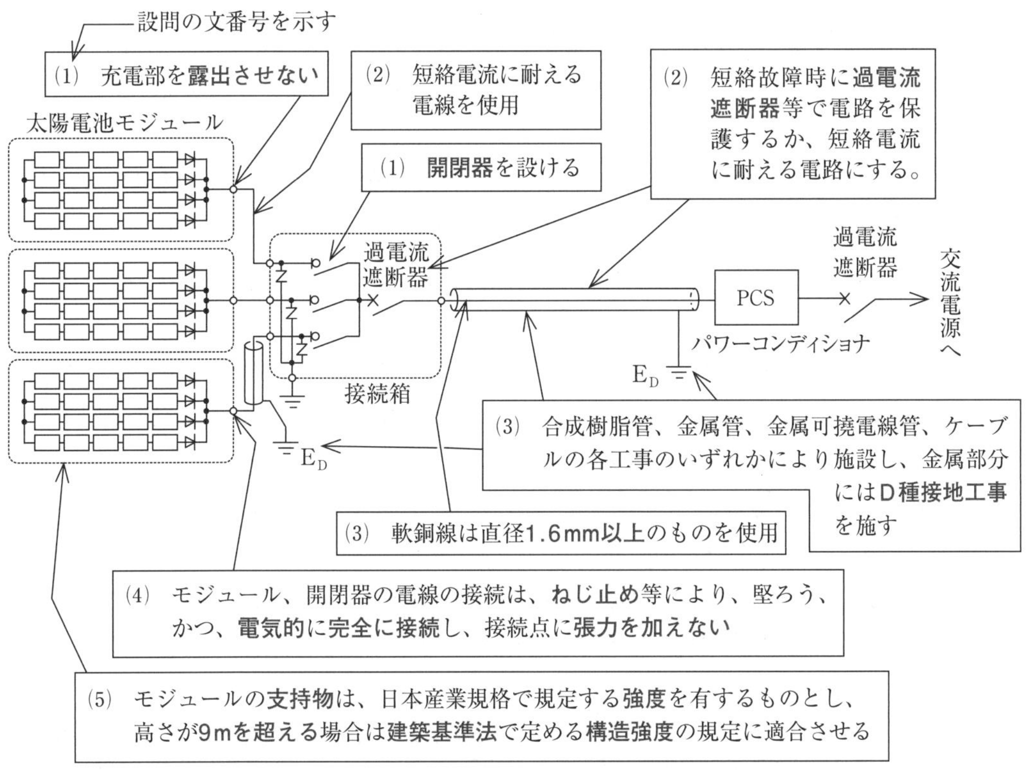

図　小出力発電設備に区分される太陽電池発電設備の施設方法の例

太陽電池設備の接続は、ねじ止め等により、
完全に接続し、接続点に張力を加えない。

第7章　電技　電気使用場所、小出力発電設備

電技　電気使用場所、小出力発電設備のまとめ

1．屋内配線の対地電圧値は、原則として交流150V以下とし、太陽電池モジュール等の屋内直流電路は非接地式の450V以下とする。
低圧配線の絶縁電線の許容電流値は、解釈146-1表の値に、許容電流補正係数k_1と電流減少係数k_2を乗算して求める。

2．ナトリウム硫黄電池には、内部異常時の自動遮断装置が必要。
屋内に施設する出力0.2kW超過の電動機には、過負荷保護装置が必要。
低圧幹線の許容電流値は、電動機の合計が50A以下は1.25倍し、50A超過は1.1倍して、電動機以外の合計電流とのベクトル和で算定する。

3．電線管の金属部分及び金属製のボックス等には、配線の使用電圧が300V以下の場合はＤ種接地工事、300Vを超える低圧の場合はＣ種接地工事を施す。

4．爆燃性粉塵（ふんじん）がある場所に施設する電気機械器具は、電気機械器具防爆構造規格に規定する粉塵防爆特殊防塵構造を使用する。
可燃性粉塵（ふんじん）がある場所は、粉塵防爆普通防塵構造のものを使用可能である。

5．電気さく用の電源装置は、電気用品安全法の適用を受けるものを使用し、電気さくの電線に人が触れた場合に、電源装置の垂下特性により、出力電流を抑制する安全な施設とする。交流100V電源を、直接電気さくの電線に接続する施設方法は違法行為であり、きわめて危険である。

6．太陽電池発電設備の電線や器具類の接続は、次のように行う。
(1) 充電部を露出させず、モジュールの負荷側に開閉器等を施設する。
(2) モジュールを並列接続する電路には、短絡時の電路を保護するため過電流遮断器等を施設するか、又は短絡電流に耐える電路とする。
(3) 電路は合成樹脂管、金属管、金属可撓（かとう）電線管、ケーブルの各工事のいずれかにより施設し、軟銅線を使用するときは直径1.6mm以上のものとする。
(4) 器具への接続は、ねじ止め等により、堅ろう、かつ、電気的に完全に接続すると共に、接続点に張力を加えないように施設する。

第8章　電技　分散型電源の系統連系設備のポイント

太陽電池発電設備を始め、最近は多くの分散型電源が系統に連系して運転していますから、今後この章は高い確率で出題が予想されます。分散型電源に関する受験学習として、「用語の定義」と「5 000 kW未満の発電設備を高圧系統に連系する施設」に的を絞って学習されることを推奨します。その理由は、分散型電源のうち、前章で学んだ「小出力発電設備」は、原則として低圧系統に連系して運転しています。また、第三種電気主任技術者の発電設備の保安監督範囲は5 000 kW未満ですが、5 000 kW以上は特別高圧系統に連系されているからです。

この章は、前半の1項から6項までが低圧、高圧、特別高圧に連系する設備の共通事項を、後半はそれぞれの系統に連系するための条件を述べています。

筆者は、この本以外では発電機を「系統に連(つら)ねて繋(つな)げる」ことを「系統連繋(れんけい)」の語句を使用して従来から表してきましたが、この章では、法規の出題文に実際に用いられている「系統連系」の語を使用して表しました。

1　用語の定義（解釈第8章、第220条）

分散型電源の「用語の定義」は、過去の電験第三種の問題に多く出題されています。それらの用語は、解釈第220条により、次のように定義しています。

(1)　発電設備等

常用の発電設備又は電力貯蔵装置をいい、常用電源が停止したときに使用する**非常用**の予備電源装置は、分散型電源の系統連系設備に係る「発電設備等」に該当しません。

(2)　分散型電源

「電気事業法第38条第4項第四号に掲げる事業を営む者（法改正以前の一般電気事業者及び卸電気事業者に相当する発電事業者）」**以外**の者が設置する発電設備等であって、一般送配電事業者が運用する**電力系統に連系**する発電設備をいいます。ですから、一般送配電事業者が運用する電力系統に連系せずに、電気的に独立した状態で、自己の需要設備のみに電気を供給する自立運転専用の発電設備は、この分散型電源には該当しません。

(3)　逆潮流

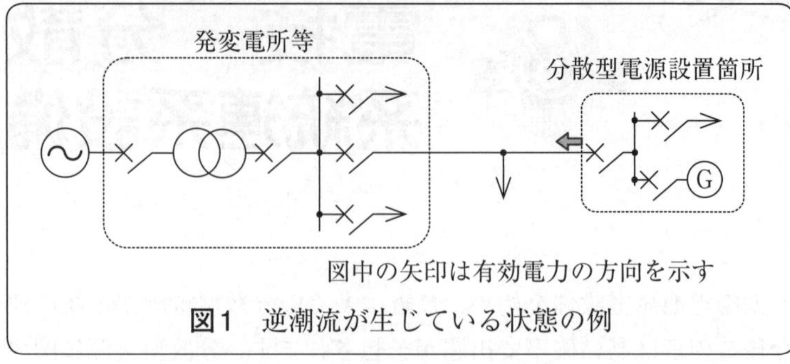

図1　逆潮流が生じている状態の例

図1に示すように、分散型電源の発電電力が、その構内の需要電力よりも大きいため、分散型電源を設置する構内から、一般送配電事業者が運用する電力系統側へ有効電力が流れる状態をいいます。

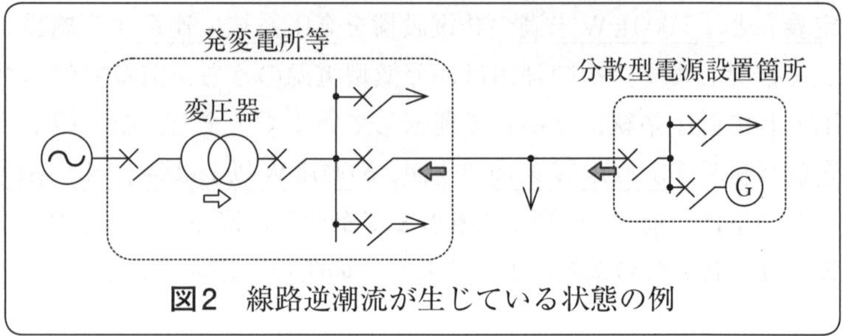

図2　線路逆潮流が生じている状態の例

「**線路逆潮流**」は、解釈の定義にありませんが、**図2**に示す例のように、一般送配電事業者が運用する発変電所の線路引出口の点で、有効電力が線路側から発変電所の母線側へ流れ込む状態をいい、「**バンク逆潮流**」は**図3**の中の赤色矢印で示す例のように、変電所の変圧器又は配電用変圧器の点で、有効電力が変圧器の二次側（負荷側）から一次側（系統電源側）へ流れ込む運用状態をいいます。

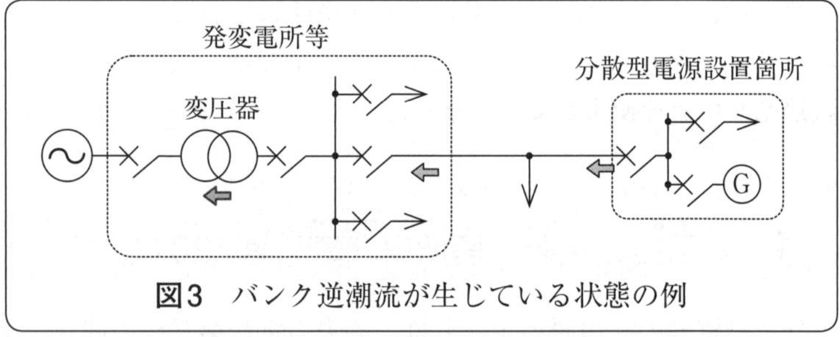

図3　バンク逆潮流が生じている状態の例

(4)　単独運転

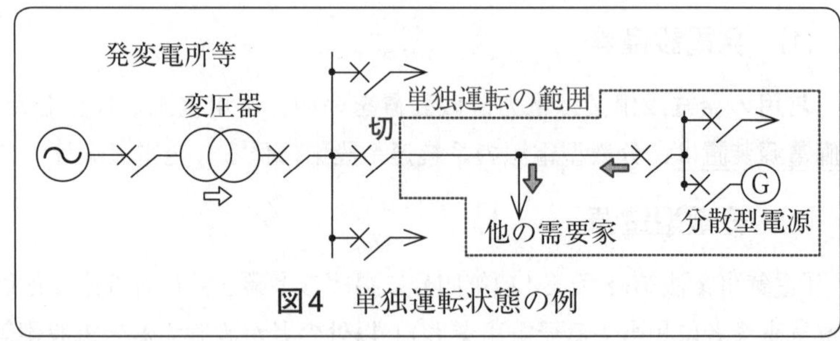

図4　単独運転状態の例

図4に示すように、一般送配電事業者が運用する電力系統に分散型電源が連系して運転しているとき、一般送配電事業者が運用する電力系統に事故等の発生により、発変電所の線路引出口の遮断器が引き外された状態において、当該分散型電源が発電を継続し、分散型電源が連系していた線路に接続している線路負荷（他の需要家）に有効電力を供給している状態をいいます。

この運転状態のとき、分散型電源から他の需要家へ適正周波数、適正電圧で供給することは困難です。また、図4の送電線路に故障を生じたとき、電線が溶断しない高速度で全電源を電線路から切り離す必要がありますが、分散型電源側の保護装置には（後述の転送遮断装置を施設する場合を除き）高速度選択遮断の機能を備えていません。

以上のことにより、図4に示した単独運転を継続することは、送電線路の保安上、及び、適正な周波数及び電圧の供給上から考えて、好ましい状態ではありません。そのため、電力系統の事故等により分散型電源が単独運転状態になった場合には、後述の「転送遮断装置」や「単独運転検出装置」により、自動的に分散型電源を電線路から切り離すよう定めています。

(5)　逆充電

前項で述べた「単独運転」は、一般送配電事業者が運用する発変電所の線路引出口の遮断器が引き外された状態で、分散型電源から当該線路にT分岐していた他の需要家に**有効電力**を**供給している状態**でした。一方、これから述べる「**逆充電**」とは、次の**図5**に示す例のように、分散型電源から当該線路の需要家に有効電力は供給して**いない**状態で、当該分散型電源**のみが**線路（又は系統）を**無負荷で充電**している状態をいいます。このとき、分散型電源から当該線路へ小さな**進相無効電力**を供給しており、その進み90度位相の電流分を**線路充電電流**といい、その電流を図中に白抜き矢印で表しています。逆充電状態の継続は、発変電所から実施する線路復旧操作が不可能となり、復旧時間の大幅な遅延の原因になるため、後述の単独運転検出装置や転送遮断装置により、分散型電源と電線路を切り離す必要があります。

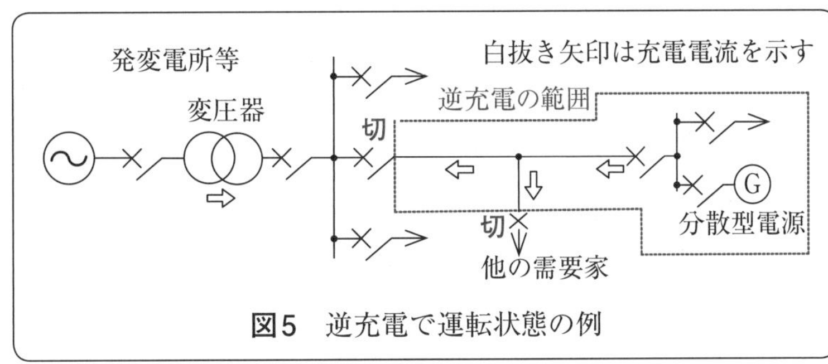

図5　逆充電で運転状態の例

(6)　自立運転

(4)項の「単独運転」よりも(5)項の「逆充電」の方が、分散型電源から有効電力を供給する範囲が狭いのですが、その「逆充電」よりも更に加圧範囲が狭く、**図6**に示す例のように分散型電源の設置者の**構内負荷**のみに**有効電力及び無効電力を供給**している状態が**自立運転**です。

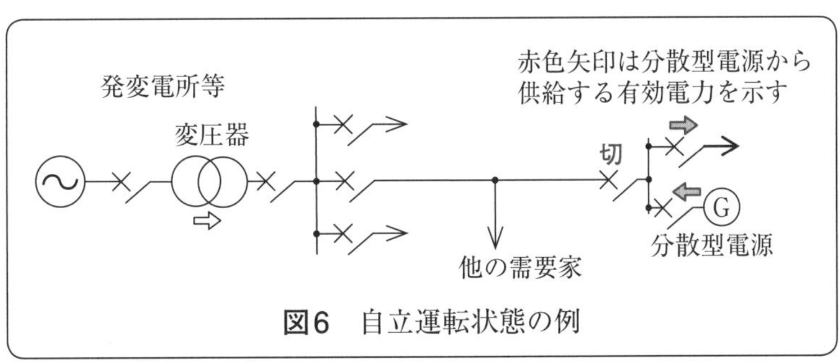

図6　自立運転状態の例

この自立運転は、電源側が長時間の故障停止時に、特に長時間停止が困難な設備へ分散型電源から電力供給することが目的です。この自立運転を行う場合、構内系統の規模の大小を問わず、適正な**周波数維持**のため、**有効電力**の需給均衡用の制御装置が必要です。更に、構内系統の適正な**電圧維持**のために、**無効電力**の需給均衡用の制御装置も必要です。この適正電圧維持の例として、太陽電池発電設備の中のパワー コンディショナ（PCS）は、系統連系中は電圧型の電流制御方式で運転し、自立運転に移行後は電圧型の電圧制御方式への自動切換の機能が必要です。

また、自立運転状態から系統連系状態に戻す際に、系統側電圧と分散型電源側電圧の位相と大きさを合わせるため、**自動同期並列装置**の施設も必要です。このように自立運転を可能とするためには、自動周波数調整装置、自動電圧調整装置、PCSの制御モード自動切換え機能及び自動同期並列装置を施設する必要があること、更に、架空送電線路故障の約90%以上が再閉路により1分以内に復旧している実情により、自立運転用設備の施設例は多くありません。

なお、自立運転用装置を施設しない場合は、後述の単独運転防止装置により分散型電源を自動停止させ、その後に系統側から送電される電源電圧を受電して、構内負荷を復旧します。

(7)　線路無電圧確認装置

一般送配電事業者が運用する送電線路に故障が発生したとき、電線がアーク熱で溶断しない高速度で、線路保護継電装置が故障発生を検出し、発変電所の線路引出口の遮断器を高速度に引き外します。その直後の分散型電源は、一時的には上記(4)項で述べた「単独運転」又は(5)項で述べた「逆充電」の状態になりますから、当該送電線路は分散型電源から加圧している状態です。この運転状態のとき、発変電所の線路引出口の遮断器を境にして、母線側電圧と線路側電圧は、その双方の位相も大きさも一致している保証はありません。もしも、その双方の電圧の位相又は大きさが不一致の状態で、線路用遮断器の投入操作を実施したならば、逆位相投入により甚大(じんだい)な**系統擾乱**(じょうらん)を生じてしまう危険があります。

その危険状態の発生を予防するため、後述の「転送遮断装置」又は「単独運転検出装置」を施設し、その信号により「分散型電源の停止操作」を行うか、又は(6)項で述べた「自立運転の状態」に移行させることにより、当該送電線路を両電源から切り離し、**無電圧**の状態にする必要があります。発変電所では、当該送線路側が無電圧であることを**線路無電圧確認装置**にて自動的に検出し、その結果を自動復旧装置による復旧操作の実施条件の一つにしています。

その線路無電圧確認装置は、右の**図7**に示すように、線路用遮断器の線路側に施設した**計器用変圧器**（VT）と**不足電圧継電器**（UVR）又は電圧検出継電器で構成しています。

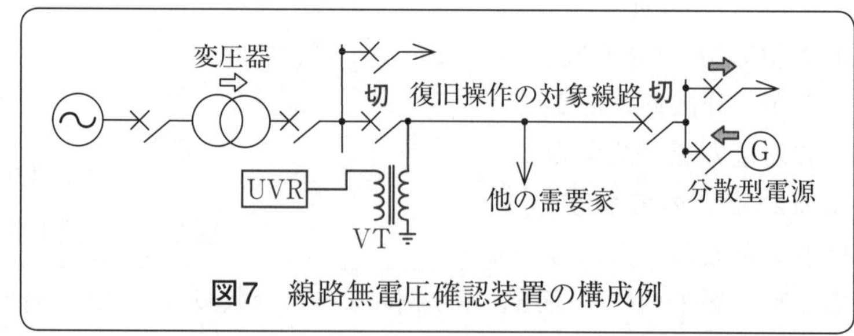

図7　線路無電圧確認装置の構成例

(8)　転送遮断装置

分散型電源が連系する線路に故障を生じたとき、アーク熱による架空送電線の溶断防止のために、高速度に故障点を電源から切り離す必要があります。

次の(1)又は(2)項に該当する線路の場合には、上記の高速度遮断の保護機能は、一般送配電事業者が運用する発変電所側のみならず、分散型電源側にも必要となります。

(1)　系統の短絡容量が大きいため、短絡故障時の故障電流値が大きな線路

(2)　次ページの**図8**に示すように、分散型電源が並行2回線送電線に連系する線路

上記(1)又は(2)に該当する場合で、分散型電源が連系する送電線に故障を生じたときには、一般送配電事業者が運用する送電端側及び受電端側の双方に施設してある高速度動作型の送電線保護継電装置により高速度遮断を実施します。それと同時に、一般送配電事業者の送・受両変電所から、当該分散型電源の線路側遮断器に向けて、引き外し(遮断)指令を伝送する装置を施設しますが、その装置が**転送遮断装置**です。

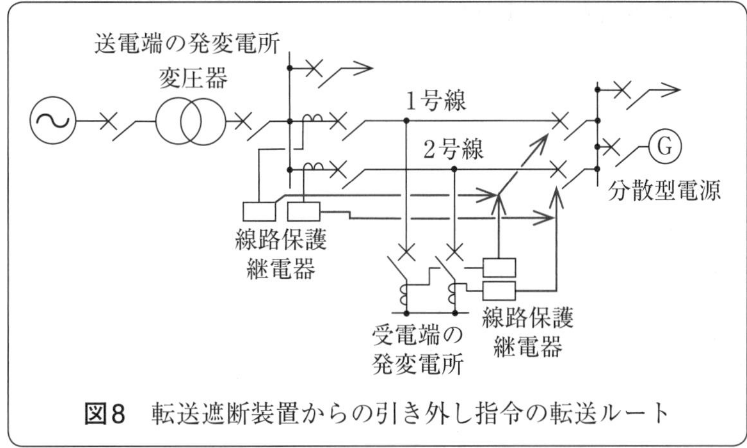

図8 転送遮断装置からの引き外し指令の転送ルート

(9) 単独運転検出用継電器

この語句は解釈で定義されてはいませんが、次の(10)項及び(11)項を理解するために必要なため、以下に解説します。

前述の「単独運転」の状態で、分散型電源から他の需要家へ適正周波数及び適正電圧を供給することが困難であり、好ましい状態ではありません。そのため、全ての分散型電源に対し、**不足電圧継電器**(UVR、これを「低電圧継電器」と表記することは誤り)、**過電圧継電器**(OVR)、**周波数低下継電器**(UFR)、**周波数上昇継電器**(OFR)の4種類の全ての継電器、及び、それら各継電器用の故障継続確認用タイマを施設しています。「系統連系の状態」から「単独運転の状態」へ移行したとき、上記の4種類のうちのいずれか1組の「保護継電器及びそのタイマ」が動作します。その継電器の動作により、分散型電源を「発電設備の停止」の操作、又は、「自立運転のための有効電力及び無効電力の自動制御」を行います。

(10) 受動的単独運転検出装置

分散型電源が、先に図4で示した単独運転に移行したとき、発電設備と需要設備の間における有効電力の需給均衡が保たれ、かつ、無効電力の需給均衡も保たれる場合には、その単独系統内の周波数及び電圧は大きな変化を生じません。その運転状態のとき、上記(9)項で述べた単独運転検出用の4種類の継電器の全てが、単独運転へ移行を検出できません。しかし、当該送電線路の復旧操作の実施のために、線路を無電圧にする必要があり、分散型電源の停止又は自立運転状態へ移行させる必要があります。

そのために、上記(9)項で述べた単独運転検出用の継電器とは別に、「系統連系の状態」から「単独運転の状態」に移行したことを自動検出する方法として、この(10)項で述べる受動的方式と、次の(11)項で述べる能動的方式について定義しています。

受動的単独運転検出装置は、単独運転へ移行時に現れる「**電圧位相の急な変化**」又は「**周波数の変化**」を捉える検出方法であり、この原理の概要を次の**図9**に示します。

図9(a)は、系統の各点における単独運転の移行前と移行後の有効電力［kW］と無効電力［kvar］の一例を表しています。この図の無効電力の正負の符号は、電気理論の基本ルールに基づき、正値が進相、負値が遅相です。この例では、分散型電源の事前出力は電圧抑制のため進み力率の2 500［kW］+j300［kvar］で運転中です。そして、単独運転へ移行後は1 700［kW］−j70［kvar］の遅れ力率運転に変化した例です。

図9(b)は、単独運転に移行直後の単独系統内の有効電力が、800［kW］分の発電電力余剰の状態ですから、単独系統内の周波数は上昇の変化を生じます。もしも、反対に発電電力が不足状態ならば、単独系統内の周波数は降下の変化をします。

図9(c)は、太陽電池発電設備のパワーコンディショナ（PCS）のように、系統連系中は電圧型の**電流制御方式**で運転する例です。この図の黒色の正弦波形に示すように、単独運転に移行時点で電流波形は急変しません。そして、系統連系中は$Q/P=+300/2\,500$の逆正接により電圧に対し電流が6.8度の進み位相で運転中です。一方、単独運転へ移行後は$Q/P=-70/1\,700$の逆正接により、電圧に対し電流が2.4度の遅れ位相に**急変**します。その結果、単独運転へ移行時点で電圧位相が9.2度だけ進み側へ急変します。

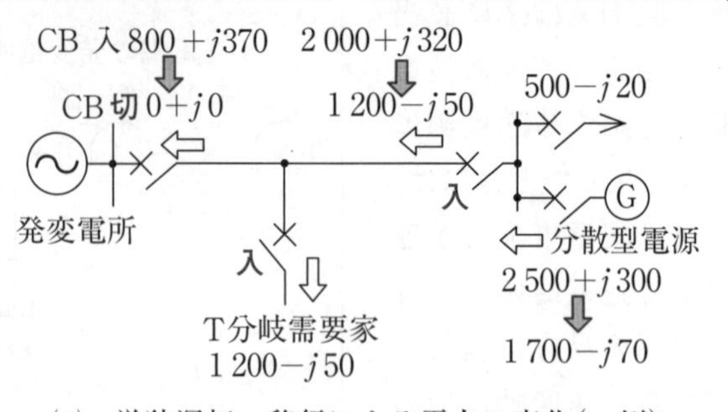

(a)　単独運転へ移行による電力の変化(一例)

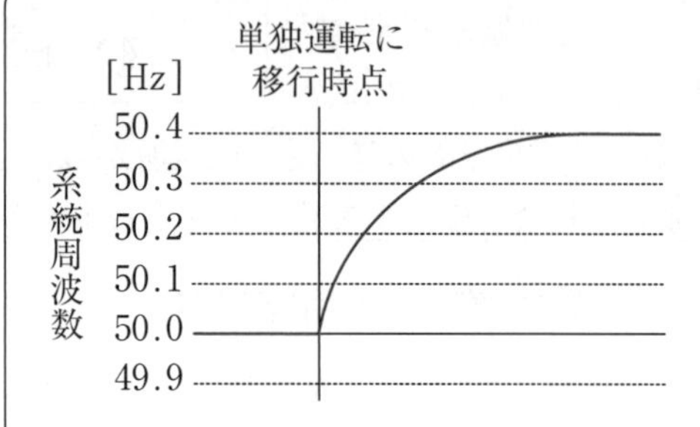

(b)　単独運転による周波数変化

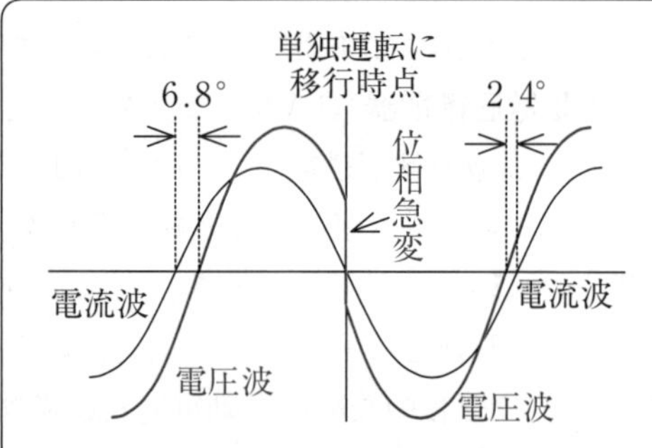

(c)　単独運転による電圧位相の変化

図9　受動的単独運転検出装置

以上に述べた検出原理の他に、第3高調波成分が増加する現象を利用して、単独運転への移行を検出する方式があります。この原理は、単独運転へ移行直後のPCSは電圧型の電流制御方式で運転していますから、正弦波形の励磁電流を供給し、変圧器鉄心のヒステリシス特性に従って、単独系統内の電圧波形に含まれる第3高調波成分が増加する現象を検出するものです。

以上の**受動的**単独運転検出装置は、検出速度が速い利点がありますが、検出感度を高くし過ぎると、電力系統の需要電力の急変時間帯に誤検出をしやすくなりますから、高感度化には限度があります。その欠点を補うため、多くの場合に次の(11)項で述べる**能動的**単独運転検出装置と併用して運用しています。

⑾　能動的単独運転検出装置

二つの検出方式のうち、能動的に検出するものを**能動的単独運転検出装置**といいます。

この装置の検出原理は、次のとおりです。平常運転時も、また単独運転に移行後も、終始一貫して、分散型電源の有効電力［kW］の出力又は無効電力［kvar］の出力を、周期的に変動させて自動運転をするように、制御機能を持たせてあります。

そのうち、**有効電力**の発電出力を変動させる方式は、単独運転へ移行後に、有効電力の出力変動に相当する**周波数変動**を検出することにより、単独運転への移行を判定します。

一方、**無効電力**の発電出力を変動させる方式は、単独運転へ移行後に、無効電力の出力変動に相当する**電圧変動**を検出し、単独運転への移行を判定します。

この**能動的**な単独運転検出装置は、原理的に不感帯領域がない利点がありますが、一般的に検出までにやや時間を要し、速応性に難があること、及び、単独系統内に能動的方式で運転する他の分散型電源が連系している場合には、確実な動作が期待できない短所があります。

そのため、前の⑽項で述べた受動的方式とこの能動的方式とを併用し、その異なる2方式のうちのいずれか一方、又は、双方が単独運転を検出したとき、所定の措置を実施するように運用されています。

2　直流流出防止変圧器の施設（電技第16条、解釈第221条）

電技第16条「電気設備の電気的、磁気的障害の防止」により、『電気設備は、他の電気設備その他の物件の機能に電気的又は磁気的な障害を与えないように施設しなければならない。』と定めています。

この規定を受けて、解釈第221条「直流流出防止変圧器の施設」により、次のように規定しています。

『逆変換装置を用いて分散型電源を電力系統に連系する場合は、逆変換装置から直流が電力系統へ流出することを防止するために、受電点と逆変換装置との間に**変圧器**を施設すること（その変圧器は、**図10**(a)に示す**絶縁変圧器**とし、図10(b)に示す単巻変圧器は**不可**である）。ただし、次の一号又は二号のいずれかに適合する場合は、この限りでない。

一　逆変換装置の交流出力側で直流を検出し、かつ、直流検出時に**交流出力を停止**する機能を有すること。

二　次のイ項又はロ項のいずれかに該当すること。

イ　逆変換装置の直流側電路が**非接地式**であること。

ロ　逆変換装置に高周波変圧器を用いていること。

2　前項の規定により設置する絶縁変圧器は、直流流出防止専用であることを要しない。』

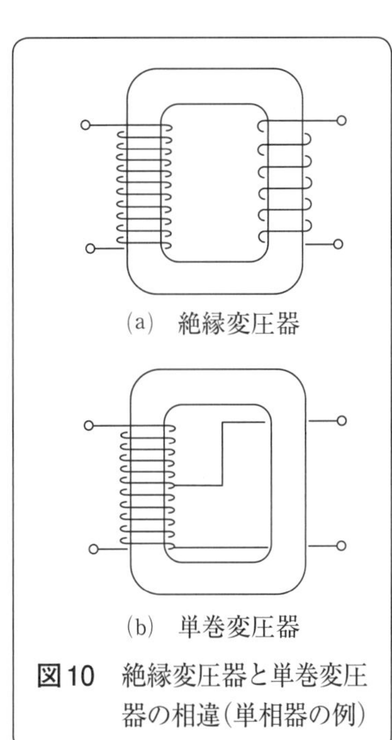

図10　絶縁変圧器と単巻変圧器の相違(単相器の例)

この規定は、分散型電源の逆変換装置（インバータ）の内部故障等が原因で、逆変換装置から電力系統へ直流電流の成分が流出した場合に、電力系統内の分散型電源から電気的に近い位置の変圧器を直流励磁することになります。その直流励磁を受けた変圧器の鉄心中の磁束は、右の**図11**の赤色の磁束波形のように、正側又は負側に偏ることにより、**磁気飽和**を生じます。変圧器の二次巻線に誘導する電圧波形は、磁束波形を時間で微分して求められますから、図の黒色で示す電圧波形のように歪を生じます。この不具合現象の発生を防止することが、絶縁変圧器を施設する目的です。

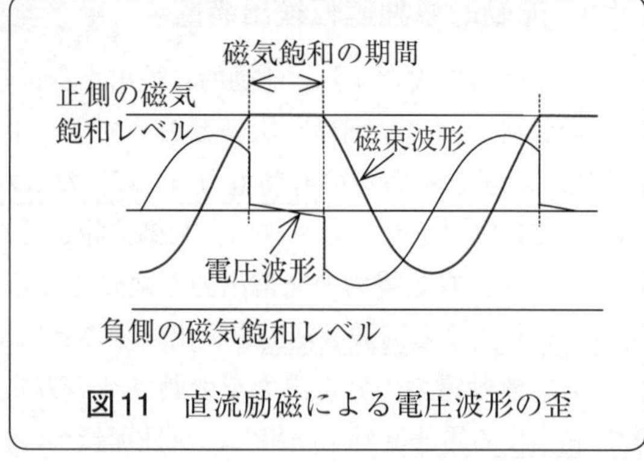

図11　直流励磁による電圧波形の歪

3　限流リアクトル等の施設（解釈第222条）

解釈第222条「限流リアクトル等の施設」により、次のように規定しています。

『分散型電源の連系により、一般送配電事業者が運用する電力系統の**短絡容量**が、当該分散型電源設置者以外の者が施設する**遮断器の遮断容量**又は**電線の瞬時許容電流**等を上回るおそれがあるときは、分散型電源設置者において、限流リアクトルその他の**短絡電流を制限する装置**を施設すること。ただし、低圧の電力系統に逆変換装置を用いて分散型電源を連系する場合は、この限りでない。』

この規定は、分散型電源の連系点から電気的に近い位置に、他の需要家が接続する場合、その需要家の引込口の遮断器の負荷側にて短絡故障を生じたとき、その引込口の遮断器が遮断すべき短絡電流は、**図12**に示す例のように、系統側から流入する電流分と分散型電源から供給する電流分との和となります。

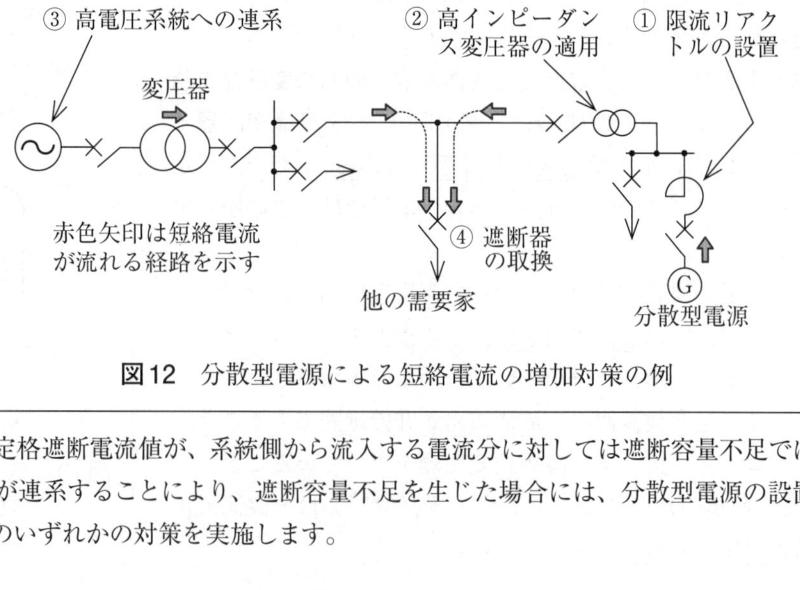

③ 高電圧系統への連系
② 高インピーダンス変圧器の適用
① 限流リアクトルの設置
変圧器
④ 遮断器の取換
他の需要家
分散型電源
G
赤色矢印は短絡電流が流れる経路を示す

図12　分散型電源による短絡電流の増加対策の例

その需要家の引込口の遮断器の定格遮断電流値が、系統側から流入する電流分に対しては遮断容量不足ではないが、分散型電源が連系することにより、遮断容量不足を生じた場合には、分散型電源の設置者の負担により、次のいずれかの対策を実施します。

① 分散型電源を、**限流リアクトル**を介して系統に連系する。
② 分散型電源の系統連系用**変圧器**に、**高インピーダンス特性**を有するものを適用する。
③ 連系する系統を、より**高電圧の系統**に変更する。
④ 遮断容量不足を生じる他の需要家の**遮断器**を、より大きな定格遮断電流値のものに**取り換える**（一例として、定格遮断電流25［kA］を31.5［kA］又は40［kA］に取り換える）。

なお､以上の説明は「他の需要家の引込口遮断器の遮断容量不足」を例にして述べましたが、事前の技術検討項目は、分散型電源の連系点から電気的に近い位置に接続されている「細い電線の**短絡電流**に対する**溶断の有無**」も含まれています。それら、事前検討項目の問題点を、一般送配電事業者の系統運用担当部署と協議し、総合的に考えて最も効果的で、かつ、経済的な対策方法を、分散型電源設置者の工事費負担により実施しています。

第8章　電技　分散型電源の系統連系設備

4　自動負荷制限の施設（解釈第223条）

解釈第223条「自動負荷制限の実施」により、次のように規定しています。

『高圧又は特別高圧の電力系統に分散型電源を連系する場合（スポットネットワーク受電方式で連系する場合を含む。）において、分散型電源の**脱落**時等に連系している**電線路等が過負荷**になるおそれがあるときは、分散型電源の設置者において、**自動的に自身の構内負荷を制限**する対策を行うこと。』

これは、**図13**に示す例のように、分散型電源が突然に解列すると、図(b)のように電線は過負荷状態になります。

架空電線路の電線は、その熱時定数が小さいため、過負荷時の電線温度の上昇速度が速く、過負荷解消の措置は一般的に10分間程度以内に実施する必要があります。

そのため、給電制御所と分散型電源設置者との間で、電力保安通信用電話設備を使用して、発電設備が停止した旨の説明や、線路過負荷を解消させるための操作打合せを始めるのでは、所定の時間内に必要な措置を完了させることができません。その実情を踏まえ、「・・・自動的に自身の構内負荷を制限する対策を行うこと。」と、規定してあります。

赤色矢印の数値はkW単位の電力潮流を示す。

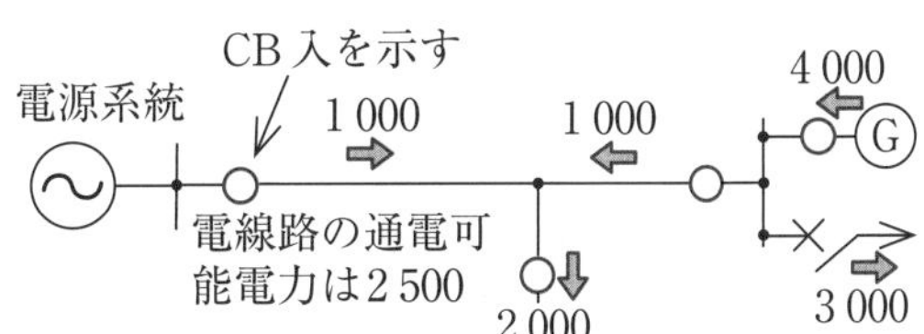

(a) 分散型電源が連系中の電力潮流状況

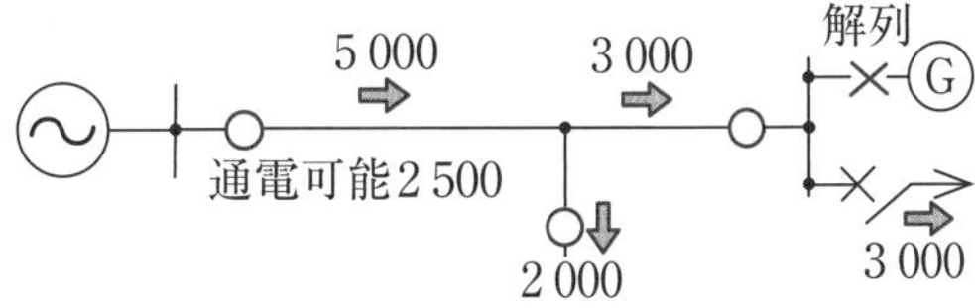

(b) 分散型電源が解列直後の電力潮流状況

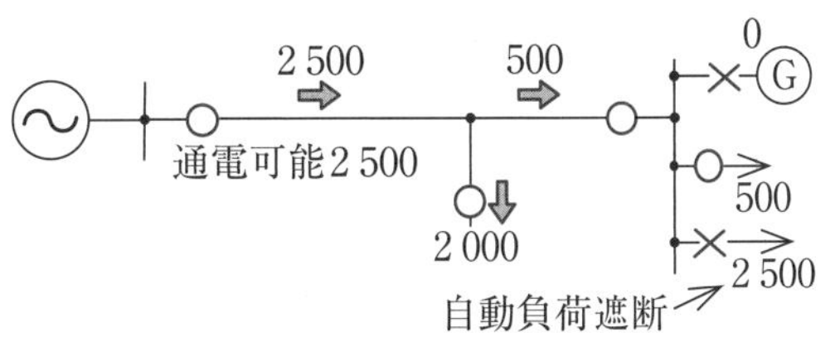

(c) 自動負荷遮断を実施直後の電力潮流状況

図13　分散型電源の解列による電線路過負荷とその対策の例

5　再閉路時の事故防止（解釈第224条）

解釈第224条「再閉路時の事故防止」により、次のように規定されています。

『高圧又は特別高圧の電力系統に分散型電源を連系する場合（スポットネットワーク受電方式で連系する場合を除く。）は、再閉路時の事故防止のために、分散型電源を連系する変電所の引出口に**線路無電圧確認装置**を施設すること。（ただし書きによる適用除外は省略する。）』

この条文中の「再閉路」とは、電力ケーブル以外で構成する架空送電線路又は配電線路が故障停止したとき、予め整定した無電圧時間（6.6kV配電線路は60秒間＋α、66kV又は77kV系は数秒間又は60秒間、154kV系は約0.5秒間）が経過した後に、線路復旧機能を有する装置により自動的に線路用遮断器を投入して、当該線路を加圧復旧することをいいます。

その線路を加圧復旧する時点で、分散型電源の運転状態が、先に図4で示した**単独運転**の状態、又は、図5で示した**逆充電**の状態であると、**非同期投入**を行う危険性があり、もしも双方の電源電圧の位相差が大きい場合には**大きな系統擾乱**を生じる問題があります。

上記の系統擾乱は、この条文の「再閉路時の事故」の一例であり、その対策として、分散型電源が連系する発変電所の引出口に、**線路無電圧確認装置**を施設することを定めています。

この条文の「ただし書きの詳細」は省略しますが、その概要は次のとおりです。

分散型電源が、平常の連系状態から、単独運転又は逆充電の状態に変化したとき、それを検出する装置が「相互に予備となる**2系列化**で構成」した施設の場合には、非同期投入の問題発生を回避できるため、線路無電圧確認装置の施設を省略することができる旨を定めています。

6　一般送配電事業者との間の電話設備の施設（解釈第225条）

解釈第225条「一般送配電事業者との間の電話設備の施設」により、次のように定めています。

『高圧又は特別高圧の電力系統に分散型電源を連系する場合（スポットネットワーク受電方式で連系する場合を含む。）は、分散型電源設置者の技術員駐在箇所等と電力系統を運用する一般送配電事業者の営業所等との間に、次の各号のいずれかの電話設備を施設すること。

一　電力保安通信用電話設備

二　電気通信事業者の専用回線電話

三　（次のイ項～ハ項に適合する場合は、）一般加入電話又は携帯電話等

（イ項及びロ項は省略する。）

ハ　災害時等において通信機能の障害により当該一般送配電事業者との連絡が取れない場合には、当該一般送配電事業者との連絡が取れるまでの間、分散型電源設置者において発電設備等の**解列**又は**運転を停止**すること。』

この規定の目的は、電力系統側又は分散型電源設置者の構内側の故障発生により、連系用遮断器が引き外されたとき、一般送配電事業者の営業所等（実際の部署名は給電制御所）と分散型電源設置者との間で、迅速かつ的確な情報連絡を行う必要があるため、電話設備の施設を定めています。将来、この本の読者の方々が、電気主任技術者として就任された後に、自

己の管轄内の保安教育として、上記三号ハ項に規定された事項を職場の関係者に周知し、その保安教育の実施内容を文書に記録し、5年間保存してください。

7　低圧連系時の施設要件（解釈第226条）

解釈第226条「低圧連系時の施設要件」により、次のように規定しています。

『1.　単相3線式の低圧の電力系統に分散型電源を連系する場合において、負荷の不平衡により**中性線に最大電流**が生じるおそれがあるときは、分散型電源を施設した構内の電路であって、負荷及び分散型電源の並列点よりも系統側に、**3極**に過電流引き外し素子を有する遮断器を施設すること。

2.　低圧の電力系統に逆変換装置を用いずに分散型電源を連系する場合は、逆潮流を生じさせないこと。』

この規定の第1項は、**図14**に示す例のように、中性線に最大電流が生じるおそれがある低圧電路は、電圧線（外線）のみの過電流引き外し素子では過電流を検出できないことがあるため、**3極**に過電流引き外し素子が必要です。

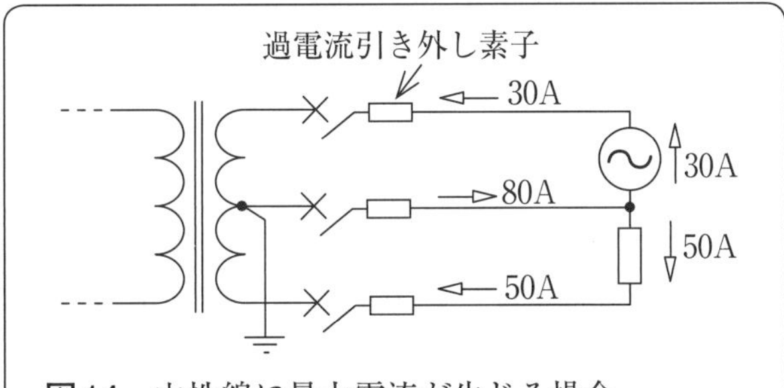

図14　中性線に最大電流が生じる場合
（分散型電源を100Vの線間に連系する例）

8　高圧連系時の施設要件（解釈第228条）

解釈第228条「高圧連系時の施設要件」により、次のように定めています。

『高圧の電力系統に分散型電源を連系する場合は、分散型電源を連系する配電用変電所の配電用変圧器において、**逆向きの潮流**を生じさせないこと。ただし、当該配電用変電所に**保護装置を施設**する等の方法により分散型電源と電力系統との協調を採（と）ることができる場合は、この限りでない。』

先に図3で示した配電用変圧器（バンク）に逆潮流が生じている状態で、その配電用変電所の一次側に故障が発生して一次側の電源と切り離された際に、そのバンク内の電力の需給が平衡した状態である場合に、当該バンクが接続する分離系統側の周波数変化及び電圧変化は生じません。そのため、前の(9)項で述べた単独運転検出用の全ての継電器が動作できず、また、(10)項及び(11)項で述べた能動的及び受動的の単独運転検出装置も確実な動作が期待できません。

上記の配電用変圧器を含めた分離系統の運転状態が継続した場合には、次の問題を生ずるおそれがあります。

(1)　故障点付近に作業員等がいる場合に、人身の安全確保が困難となる。

(2)　他の需要家の機器の安全確保が困難となる。

(3)　一次側の再閉路による配電用変電所の復旧が不可能又は遅延する。

上記の問題の対策として、「バンク逆潮流は生じさせない。」と定めています。

しかし、分散型電源と電力系統側との間で保護協調を保つための装置を施設する場合には、迅速な系統復旧が期待できるため、バンク逆潮流を認めています。そのための工事費用は、分散型電源設置者によるバンク逆潮流の大きさに応じて負担します。

9　高圧連系時の系統連系用保護装置（解釈第229条）

解釈第229条「高圧連系時の系統連系用保護装置」により、次のように規定しています。

『高圧の電力系統に分散型電源を連系する場合は、次の一号～四号により、異常時に分散型電源を自動的に解列するための装置を施設すること。

一　次のイ項～ハ項に掲げる全ての異常を保護リレー等により検出し、分散型電源を**自動的に解列**すること。

イ　分散型電源の異常又は故障

ロ　連系している電力系統の短絡事故又は地絡事故

ハ　分散型電源の単独運転

二　一般送配電事業者が運用する電力系統において再閉路が行われる場合は、当該**再閉路時**に、分散型電源が当該電力系統から**解列**されていること。

三　保護リレー等は、解釈の229-1表に定める各リレーによること（詳細は省略）。

四　分散型電源の解列は、次によること。

イ　次のいずれかで解列すること。

(イ)　受電用遮断器

(ロ)　分散型電源の出力端に施設する遮断器又はこれと同等の機能を有する装置

(ハ)　分散型電源の連絡用遮断器

(ニ)　母線連絡用遮断器

ロ　複数の相に保護リレーを設置する場合は、いずれかの相で異常を検出した場合に解列すること。』

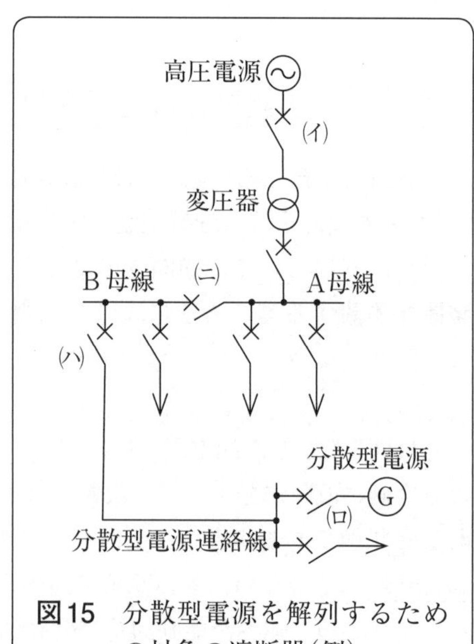

図15　分散型電源を解列するための対象の遮断器(例)

上記の四号イ項で規定する分散型電源の解列箇所を、**図15**に示します。なお、図中の遮断器の図記号の近傍に付記した(イ)～(ニ)の記号は、上記の四号イ項の(イ)～(ニ)に対応しています。

10　特別高圧連系時の施設要件（解釈第230条）

解釈第230条「特別高圧連系時の施設要件」により、次のように規定しています。

『特別高圧の電力系統に分散型電源を連系する場合（スポットネットワーク受電で連系する場合を除く。）は、次の一号～四号によること。

一　一般送配電事業者が運用する電線路等の事故時等に、他の電線路等が**過負荷**になるおそれがあるときは、系統の変電所の電線路引出口等に**過負荷検出装置**を施設し、電線路等が過負荷になったときは、同装置からの情報に基づき、分散型電源の設置者において、分散型電源の**出力**を適切に**抑制**すること。⇒下記の解説記事を参照してください。

二　系統安定化又は潮流制御等の理由により運転制御が必要な場合には、必要な運転制御装置を分散型電源に施設すること。⇒50万kW以上等の大容量発電機に適用されます。

三　単独運転時に置いて電線路の地絡事故により異常電圧が発生するおそれ等があるときは、分散型電源の設置者において、変圧器の中性点に解釈第19条の規定に準じて接地工事を施すこと。⇒単独運転系統が中性点非接地系になることを避ける措置です。

四　前の三号の規定により中性点接地工事を施すことにより、一般送配電事業者が運用する電力系統内において電磁誘導障害防止対策や地中ケーブルの防護対策の強化等が必要となった場合には、適切な対策を施すこと。』⇒一般の送電線路の電磁誘導対策と同じ方法です。

上記の一号に該当する「他の電線路が過負荷」となる一例を、次の**図16**に示します。図中の遮断器記号は、判読を容易にするため、「CB入の状態を○印」、「CB切の状態を×印」により表しています。図示のように、常時の運用形態は平行2回線ですが、片回線に故障が発生し、その後の自動再閉路による線路復旧に失敗した場合には、平行2回線構成のうちの健全回線が過負荷状態になることがあります。その過負荷を生じる電線路は、分散型電源が直接連系する電線路ではなく、物理的に離れた電気所にて線路過負荷を検出するため、「その他の電線路」です。その「その他の電線路」の過負荷を解消するためには、上記の一号に記載してある過負荷検出装置だけでなく、発電出力の**抑制信号用の伝送装置**も必要です。

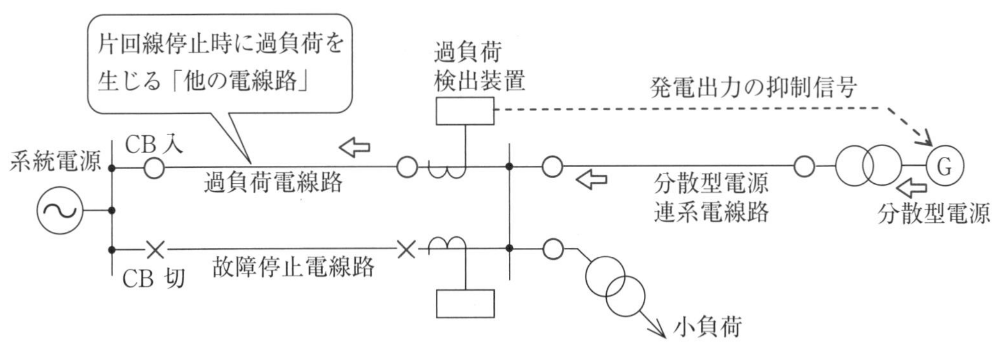

図16　解釈第230条一号に該当する「他の電線路が過負荷」となる例

1 用語の定義（その1）

【基礎問題】 次の文章は、「電気設備技術基準の解釈」で定義する発電設備等及び分散型電源について述べたものであるが、適切でないものを一つ選べ。

(1) 常用電源の停電時にのみ使用する非常用予備電源は、発電設備等に該当しない。

(2) 常用の設備であっても、電力貯蔵装置は発電設備等に該当しない。

(3) 平成28年4月の電気事業法改正以前の一般電気事業者が設置する発電設備は、分散型電源に該当しない。

(4) 平成28年4月の電気事業法改正以前の卸（おろし）電気事業者が設置する発電設備は、分散型電源に該当しない。

(5) 一般送配電事業者が運用する電力系統に連系せず、自己が所有する山林の敷地内に分散して施設する太陽電池発電設備は、分散型電源に該当しない。

【ヒント】 第8章のポイントの第1項の(1)「発電設備等」及び(2)「分散型電源」を復習し、解答する。

【応用問題】 次の図に示す分散型電源の運転状態について、「電気設備技術基準の解釈」で定義している用語として、該当するものを下の「解答群」から一つを選べ。

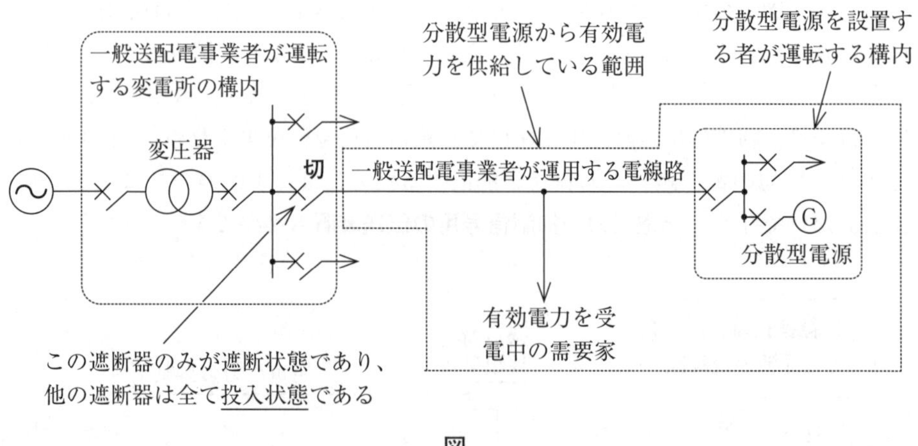

図

「解答群」逆充電、自立運転、逆送電、単独系統、独立運転、単独運転、孤立運転

【ヒント】 第8章のポイントの第1項の(4)「単独運転」、(5)「逆充電」及び(6)「自立運転」を復習し、解答する。解答群の用語は、互いによく似ているため、学習せずに一般常識のみで選択しようとすると迷ってしまうので、正しい定義の用語を覚えよう。

【基礎問題の答】（2）

解釈第220条「分散型電源の系統連系設備に係る用語の定義」の一号、二号からの出題である。

例えば、UPS電源装置のように、「常用電源の停電時にのみ使用する非常用予備電源装置」は、設問の(1)に述べているように、解釈で定義する発電設備等に該当しない。

設問の(2)の文章の「**電力貯蔵装置**」の施設については、常用の設備としての電力貯蔵装置について問うているので、解釈で定義する発電設備等に該当する。

(2)の「電力貯蔵装置」の一例として、変電所構内にナトリウム硫黄（NaS）型の蓄電池と電力変換装置を組み合わせた負荷平準化設備の実用化研究が進められている。この蓄電池設備は、次のように定義され、その設置者が発電事業者、分散型電源設置者の区別はない。電気自動車を系統連系して住宅へ電力供給する装置も、発電設備等に該当する。

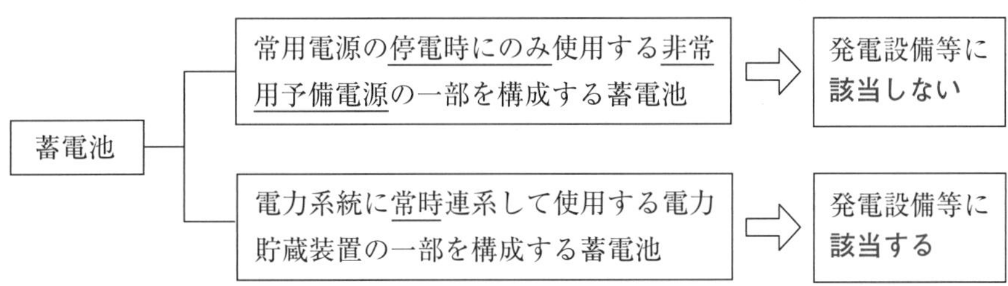

【応用問題の答】　単独運転

解釈第220条「分散型電源の系統連系設備に係る用語の定義」の五号からの出題である。

設問の図の分散型電源が連系する電力系統（この場合は電線路と需要家それに分散型電源の1組ずつの施設）が、系統電源と切り離された状態で、当該分散型電源が有効電力の発電を継続し、線路負荷（この場合は連系の電線路にT分岐していた1需要家）に**有効電力**を供給している状態であるので、解釈第220条の五号で定義する**単独運転**の状態である。

もしも、設問の図が、分散型電源から連系する電線路側へ**有効電力**を供給**せず**に、当該分散型電源のみが、電線路を充電するための**進相無効電力のみ**を供給している運転状態ならば、解釈第220条で定義する**逆充電**の状態である。しかし、設問の図の分散型電源は、T分岐の需要家へ**有効電力**を供給して**いる**ので、第220条の六号で定義する逆充電の状態ではない。

もしも、設問の図が、分散型電源の設置者の引込口の遮断器が引き外された状態、すなわち系統から**解列状態**で、かつ、当該分散型電源の設置者の構内需要設備**のみ**へ電力を供給している運転状態ならば、解釈第220条で定義する**自立運転**の状態である。しかし、設問の図は、引込口の遮断器が投入状態のため、電力系統と連系中であり、T分岐の他の需要家へ有効電力を供給中であるため、第220条の七号で定義する自立運転の状態では**ない**。

【模擬問題】「電気設備技術基準の解釈」で定義されている「逆潮流」、「単独運転」、「逆充電」及び「自立運転」について述べた次の文章中の(ア)～(エ)に当てはまる語句として、全て適切に組み合わせたものを、下の(1)～(5)のうちから一つを選べ。

(ア) とは、分散型電源設置者の構内から、一般送配電事業者が運用する電力系統へ向かう有効電力の流れをいう。

(イ) とは、分散型電源を連系している電力系統が、電線路又は変圧器の事故等により系統電源と切り離された状態において、当該分散型電源が有効電力の発電を継続し、線路負荷に有効電力を供給している運転状態をいう。

(ウ) とは、分散型電源を連系している電力系統が、電力系統側の電線路又は変圧器の事故等により系統電源から切り離された状態において、当該分散型電源のみが、連系していた電力系統を加圧し、かつ、当該電力系統へ有効電力を供給していない運転状態をいう。

(エ) とは、分散型電源が、連系している電力系統から解列された状態において、当該分散型電源設置者の構内負荷にのみ電力を供給している運転状態をいう。

	(ア)	(イ)	(ウ)	(エ)
(1)	逆有効電力	有効電力運転	逆加圧	自立運転
(2)	逆供給	線路供給運転	逆充電	構内供給運転
(3)	逆送電	単独運転	逆送電	独立運転
(4)	逆潮流	単独運転	逆充電	自立運転
(5)	逆潮流	孤立運転	逆加圧	孤立運転

類題の出題頻度　★★★☆☆

【ヒント】　第8章のポイントの第1項の(3)逆潮流、(4)「単独運転」、(5)「逆充電」及び(6)「自立運転」の定義について復習し、解答する。特に(4)～(5)の三つの定義用語はよく似ているので、一般常識で解答しようとせずに、上記の「第8章のポイント」にて学習し、定義用語を正しく覚え、確実に得点しよう。

【答】(4)

解釈第220条「分散型電源の系統連系設備に係る用語の定義」からの出題である。同条四号で定義されている「逆潮流」の運転状態を次の**図1**に、五号で定義されている「単独運転」の状態を**図2**に、六号で定義されている「逆充電」の運転状態を**図3**に、七号で定義されている「自立運転」の状態を**図4**に、それぞれ要点を示す。

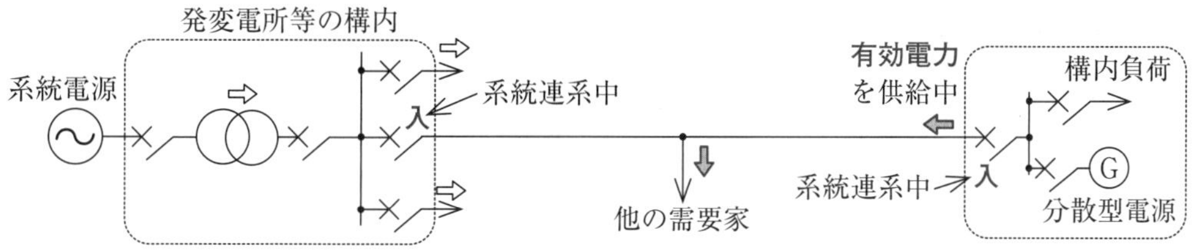

図1　逆潮流が生じている運転状態の例

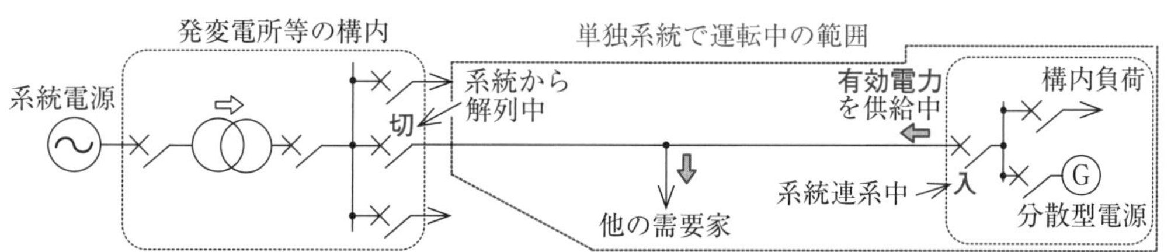

図2　**単独運転**の状態の例

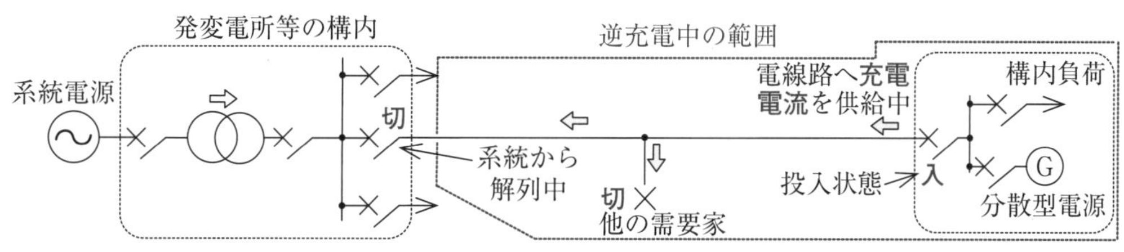

図3　**逆充電**で運転状態の例

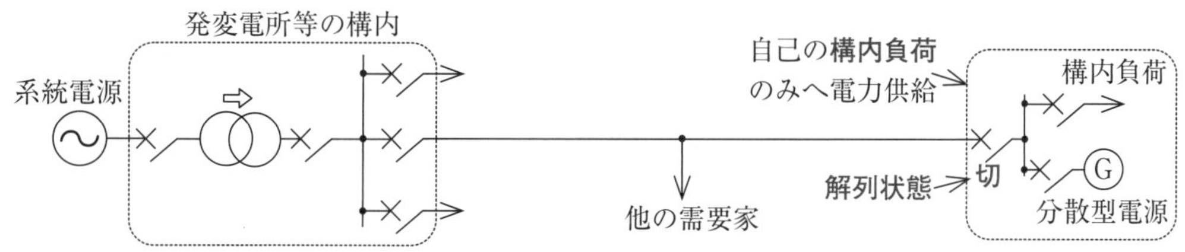

図4　**自立運転**の状態の例

単独運転は分散型電源から**有効電力**を供給しているが、**逆充電**は有効電力を供給していない。

2 用語の定義（その2）

【基礎問題】「電気設備技術基準の解釈」により「線路無電圧確認装置」の用語が定義されているが、その定義内容、及び、その装置の構成概要について述べた次の文章中の(ア)～(ウ)に当てはまる適切な語句を、下の解答群から選べ。

線路無電圧確認装置とは、電線路の電圧の［(ア)］を確認するための装置をいう。

高圧又は特別高圧に施設する線路無電圧確認装置は、電線路の電圧を［(イ)］等を使用して、その二次電圧を［(ウ)］継電器又は電圧継電器の動作状況により、電線路の電圧の［(ア)］を確認している。

「解答群」不足電圧、低電圧、小電圧、計器用変圧器、変流器、有無、波形

【ヒント】 第8章のポイントの第1項の(7)「線路無電圧確認装置」を復習し解答する。

【応用問題】 次の**図2**は、「遮断器の引き外し信号を、図中の赤色で示した通信回線で伝送し、別の構内に設置された遮断器を引き外すための装置」の構成概要を示している。上記の「　」内の装置を表す用語として、「電気設備技術基準の解釈」により<u>定義している語句</u>を、下の「解答群」の中から選べ。なお、図2の例は、発変電所の送電端と受電端とを結ぶ平行2回線送電線用の線路保護継電器が動作時に、分散型電源の系統連系用の遮断器に向けて引き外し（遮断）信号を伝送する装置を示している。

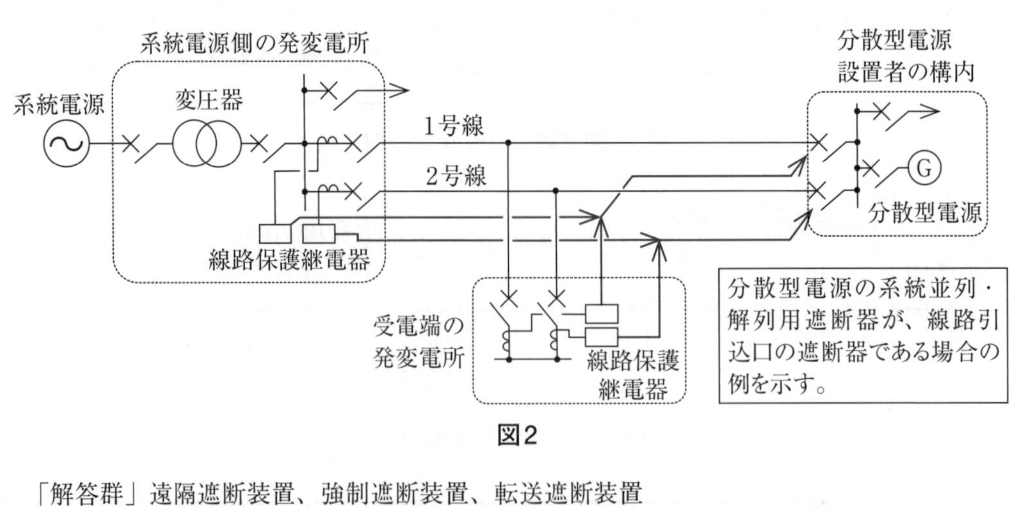

図2

「解答群」遠隔遮断装置、強制遮断装置、転送遮断装置

【ヒント】 第8章のポイントの第1項の(8)「転送遮断装置」を復習し、解答する。

【基礎問題の答】　(ア)　有無、(イ)　計器用変圧器、(ウ)　不足電圧

解釈第220条「分散型電源の系統連系設備に係る用語の定義」の八号からの出題である。

線路無電圧確認装置とは、電線路の電圧の**有無**を確認するため、その電圧の大きさに応じて動作又は復帰する**不足電圧継電器**（UVR）、又は、電圧継電器で検出する装置である。

次の**図1**に示すように、分散型電源が連系する電線路が、故障等により停止した場合、予め整定した線路無電圧時間が経過した後に、発変電所の線路引出口の遮断器を投入して、停止線路を復旧する。そのとき、分散型電源が単独運転中又は逆充電中の状態で、もしも上記の線路復旧操作を実施したときの両電圧の周波数や位相が不一致状態であると、非常に大きな**系統擾乱**（じょうらん）を引き起こすおそれがある。それを回避するため、線路自動復旧装置内に設けた不足電圧継電器により「電線路が無電圧である」ことを検出し、復旧操作開始条件の一つにしている。

対象の電線路が、高圧又は特別高圧である場合には、上記の継電器を直接主回路へ接続することはできないため、**図1**に示す**計器用変圧器**（VT）等を使用して、主回路の電圧を交流実効値110Vの二次電圧に相似形に正確に縮小し、上記の継電器へ電圧情報として供給している。

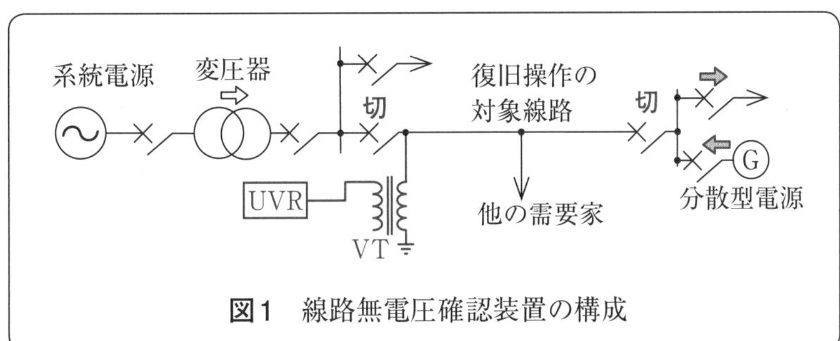

図1　線路無電圧確認装置の構成

【応用問題の答】　転送遮断装置

解釈第220条「分散型電源の系統連系設備に係る用語の定義」の九号からの出題である。

その九号により、「**転送遮断装置**」とは、『遮断器の遮断信号を通信回線で伝送し、別の構内に設置された遮断器を動作させる装置』と定義している。

したがって、遮断器の引き外し（遮断）信号の送信先が、分散型電源の連系用遮断器の場合に限らず、一般送配電事業者の発変電所の遮断器の場合も、「転送遮断装置」の用語を適用する。

この転送遮断装置を使用して、設問の図2の分散型電源の系統連系用の遮断器へ引き外し信号を伝送する理由は、系統電源側（通常運用時の有効電力の送電側とは一致しない場合がある）の発変電所から、故障停止した電線路の復旧操作を行うために、その電線路を無電圧状態にする必要があるためである。

なお、一般送配電事業者が運用する66kV以上の平行2回線送電線路の保護継電方式には、電流差動原理を応用したPCM式搬送保護継電方式を適用したものが年々多くなっている。この保護装置を適用した電線路の故障発生時には、送・受両端共に、高速度選択遮断が可能である。そのため、そのPCM式搬送保護継電装置とは別に、設問の図2の系統電源側発変電所から受電端側発変電所へ向けて信号を送出するための転送遮断装置は、必要ではない。

【模擬問題】 次の文章は、「電気設備技術基準の解釈」で定義されている「受動的方式の単独運転検出装置」、及び「能動的方式の単独運転検出装置」の方式概要、及び、装置の特徴について述べたものである。この文章中の(ア)～(オ)に当てはまる語句として、全て適切に組み合わせたものを、下の(1)～(5)のうちから一つを選べ。

「受動的方式の単独運転検出装置」とは、単独運転移行時に生じる［(ア)］又は周波数等の変化により、単独運転状態であることを検出する装置をいう。この検出方式の特徴は、一般的に速応性が［(イ)］が、不感帯領域が必要なこと、及び、系統連系中の［(ウ)］が急変する時間帯に不要動作を生じやすいことである。

「能動的方式の単独運転検出装置」とは、分散型電源の有効電力出力又は無効電力出力等に［(エ)］変動を与えておき、単独運転移行時に当該変動に起因して生じる周波数等の変化により、単独運転状態を検出する装置をいう。この検出方式の特徴は、原理的に不感帯領域がないことが優れているが、一般的に検出に長時間を要すること、及び、他の［(オ)］検出方式を適用する分散型電源が、同一の単独運転系統内に連系している場合には有効に動作しないことがあることである。

	(ア)	(イ)	(ウ)	(エ)	(オ)
(1)	電流位相	悪い	運転電圧	単独運転の直前に	低感度の
(2)	電圧位相	よい	需要電力	平時から	能動的
(3)	電流の大きさ	悪い	需要電力	単独運転の直後に	簡易な
(4)	電圧の大きさ	よい	目標電圧	単独運転終了直前に	低感度の
(5)	電圧位相	悪い	運転電圧	平時から	簡易な

類題の出題頻度　★★★☆☆

【ヒント】 第8章のポイントの第1項の⑽「受動的単独運転検出装置」、及び、⑾「能動的単独運転検出装置」を復習し、解答する。

前ページの「基礎問題の解説」及び「応用問題の解説」で述べたように、単独運転又は逆充電の状態が長い時間継続することは、電線路を系統電源側に接続して復旧するまでの時間が長くなり、好ましくない。その復旧対象の電線路を無電圧状態にするために、電線路と分散型電源とを切り離す必要がある。そのため、分散型電源設置者側に、過電圧継電器(OVR)、不足電圧継電器(UVR)、周波数上昇継電器(OFR)、周波数低下継電器(UFR)の全てを備えておく。しかし、単独系統内の有効電力の需給が均衡状態であり、かつ、無効電力の需給が均衡状態であると、上記の四つの継電器の全部が応動できない。そこで、この設問にある単独運転検出装置としての「受動的方式」及び「能動的方式」を施設しておくのである。

【答】(2)

解釈第220条「分散型電源の系統連系設備に係る用語の定義」の十号及び十一号からの出題である。

直流で電力系統を構成したならば、蓄電池が貯水池と同様に受給不均衡分を調整する働きがあるため、電力の需給不均衡により直ちに大きな電圧の昇降変化は発生しない。

交流の電力系統においては、その規模の大小を問わず（単独運転の系統が小さい場合も）**有効電力**に関する需給状況が、需要＞供給の状態ならば系統周波数は低下の変化を生じ、その反対に需要＜供給の状態ならば系統周波数は上昇の変化を生じる。

また、**遅相無効電力**に関する需給状況が、需要＞供給の状態ならば系統電圧は低下の変化をし、その反対に需要＜供給の状態ならば系統電圧は上昇の変化をする。同じ現象を**進相無効電力**で表現すると、需要＜供給の状態で系統電圧は低下の変化をし、反対に需要＞供給の状態で系統電圧は上昇の変化をする（このように、無効電力の需給不均衡と電圧の昇降変化との関係を表現する際に、無効電力の遅相又は進相の種別を省略することは不適切である）。

第8章のポイントで述べたように、単独運転への移行を検出する方法には、次の方式がある。

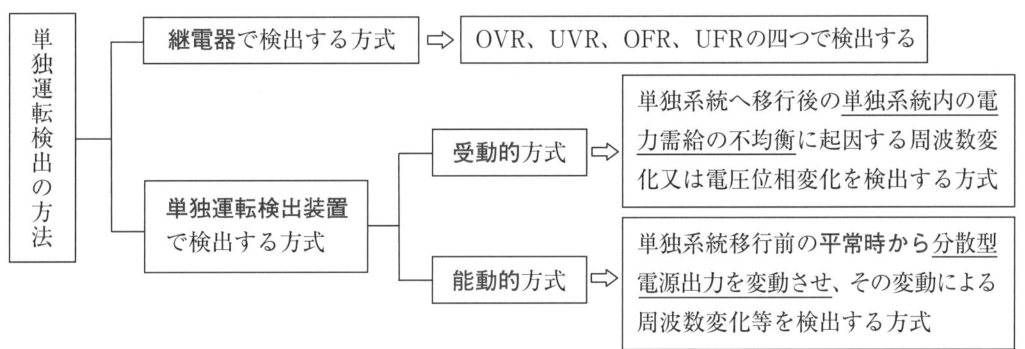

「**受動的な検出方式**」とは、単独運転の状態に移行した後、その単独運転系統内における電力需給の不均衡に起因する電圧位相の急変又は周波数等の変化を検出し、単独系統への移行を判定する方式である。そのとき、分散型電源側から何らかの調整や制御を能動的に行うことはしない方式である。

「**能動的な検出方式**」とは、分散型電源側から積極的に有効電力又は無効電力を変動させ、その出力変動に起因して生じる周波数又は電圧の変化を検出し、単独系統への移行を判定する方式である。この検出方式は、系統連系状態から単独系統へ移行する時点の予測が不可能なため、単独系統へ移行する以前の平常運転時から、分散型電源で発電する有効電力又は無効電力の出力値を変動させておく必要がある。

交流系統内で、有効電力の受給不均衡は周波数変化を生じ、無効電力の受給不均衡は電圧変化を生じる。

第8章　電技　分散型電源の系統連系設備

3 系統連系に必要な施設

【基礎問題1】 分散型電源を系統に連系する場合の「限流リアクトル等の施設」について述べた次の文章を、「電気設備技術基準の解釈」に基づいて判断し、適切でないものを一つ選べ。

(1) 分散型電源を系統に連系することにより、当該系統の短絡容量が増加する場合に、短絡電流を制限する装置の必要性の有無を検討する。
(2) 分散型電源設置者以外の者が設置していた遮断器の遮断容量が不足する場合には、分散型電源の設置者において、短絡電流を制限する装置を施設する。
(3) 分散型電源設置者以外の者が運用する電線路の電線の瞬時許容電流が不足する場合には、分散型電源の設置者において、短絡電流を制限する装置を施設する。
(4) 短絡電流を制限する方法として、限流リアクトルを分散型電源に並列に接続する方法、又は、連系用変圧器に高インピーダンス型を適用する等の方法がある。
(5) 低圧の電力系統に、逆変換装置を用いて分散型電源を連系する場合には、「限流リアクトル等の施設」に関する規定の適用を受けない。

【ヒント】 第8章のポイントの第3項「限流リアクトル等の施設」を復習し解答する。

【基礎問題2】 逆変換装置を用いて分散型電源を電力系統に連系する場合に、逆変換装置から直流電流成分が電力系統側へ流出することを防止する施設について述べた次の文章を、「電気設備技術基準の解釈」に基づいて判断し、適切でないものを一つ選べ。

(1) 原則として、分散型電源の受電点と逆変換装置との間に変圧器を施設する。
(2) 対策用として施設する変圧器には、単巻変圧器を適用する。
(3) 逆変換装置の交流出力側で、直流電流分を検出し、かつ、その値が予め整定した大きさ以上のときに、交流出力を停止する場合は、対策用変圧器の施設を要さない。
(4) 逆変換装置の直流側電路が非接地式で構成するときは、対策用変圧器の施設を要さない。
(5) 逆変換装置に高周波変圧器を用いている場合には、対策用変圧器の施設を要さない。

【ヒント】 第8章のポイントの第2項「直流流出防止変圧器の施設」を復習し解答する。

【基礎問題1の答】（4）

解釈第222条「限流リアクトル等の施設」からの出題である。

設問の(4)の短絡電流を制限する施設方法として、限流リアクトルを「分散型電源に並列に接続する」の部分が誤りである。この正しい接続方法は、**図1**に示す対策方法のうちの①に示すように、「分散型電源に直列に接続する」である。この①の対策方法の外に、図1の中の②～④の方法も覚えておこう。

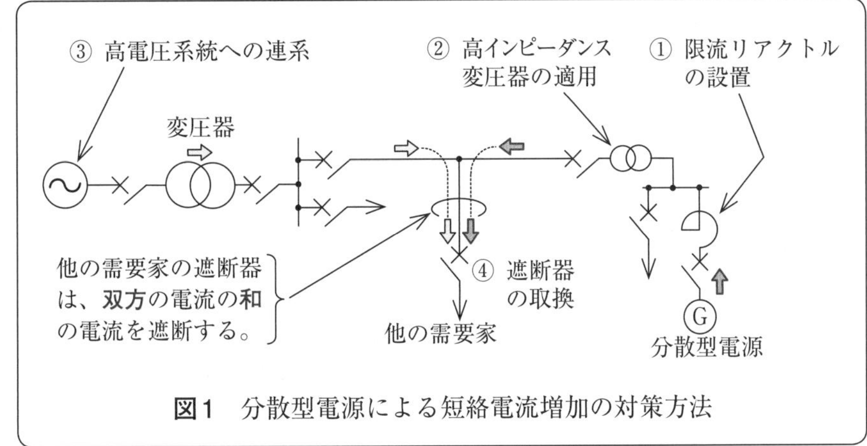

図1　分散型電源による短絡電流増加の対策方法

【基礎問題2の答】（2）

解釈第221条「直流流出防止変圧器の施設」からの出題である。

直流分の流出を防止するための変圧器は、右の**図2**(a)に示す**絶縁変圧器**を適用する必要があり、設問の(2)の文章にある単巻変圧器、すなわち右の**図2**(b)に示す変圧器は、直流電流分の流出を阻止できないため、**不適切**である。

この規定の目的は、分散型電源の逆変換装置（インバータ）の内部故障等が原因で、その逆変換装置から電力系統側へ直流分が流出した場合に、分散型電源から電気的に近い所に接続されている変圧器鉄心を直流励磁し、次に述べる不具合現象を生じる。

直流励磁を受けた変圧器鉄心の磁束は、正側又は負側に偏（かたよ）る**偏磁現象**を生じ、正側又は負側にて**磁気飽和**を生じる。その磁気飽和により、変圧器巻線に電磁誘導される交流電圧は、正弦波とは異なった歪（ひずみ）を含んだ波形となる。

分散型電源の逆変換装置の交流出力側に、図2(a)に示した**絶縁変圧器**を接続することにより、交流電流分のみを通過させ、直流電流分の流出を阻止し、上述の変圧器鉄心の直流励磁を防止し、波形歪の発生を防いでいる。

一次巻線　二次巻線

(a)　絶縁変圧器

一次巻線　二次巻線

(b)　単巻変圧器

図2　絶縁変圧器と単巻変圧器の相違（単相器の例）

【模擬問題】 次の文章は、分散型電源を電力系統に連系する場合、「電気設備技術基準の解釈」で規定している「自動負荷制限の実施」及び「再閉路時の事故防止」について述べたものである。この文章中の(ア)〜(エ)の空白に当てはまる語句として、全て適切に組み合わせたものを、下の(1)〜(5)のうちから一つを選べ。

1. 高圧又は特別高圧の電力系統に、分散型電源を連系する場合（スポットネットワーク受電方式で連系する場合を含む。）において、分散型電源の (ア) 時等に、連系している電線路等が (イ) になるおそれがあるときは、分散型電源設置者において、自動的に (ウ) の負荷を制限する対策を行うこと。
2. 高圧又は特別高圧の電力系統に、分散型電源を連系する場合（スポットネットワーク受電方式で連系する場合を除く。）は、再閉路時の事故防止のために、分散型電源を連系する変電所の引出口に (エ) 確認装置を施設すること。（これ以降の「ただし書き」の部分は省略する。）

	(ア)	(イ)	(ウ)	(エ)
(1)	系統並列	過電圧	他の需要家の構内	再遮断の実施
(2)	出力増加	過電圧	一般送配電事業者の変電所	線路無電流
(3)	脱落	電圧低下	他の需要家の大容量	線路絶縁の健全
(4)	出力不安定	電圧不安定	一般送配電事業者の大容量	線路がいし健全
(5)	脱落	過負荷	自身の構内	線路無電圧

類題の出題頻度 ★★★☆☆

【ヒント】 第8章のポイントの第4項「自動負荷制限の実施」及び第5項「再閉路時の事故防止」を復習し、解答する。

設問の1項は、「電線路等に電流の過大となる原因を発生させた者が、必要な対策措置を講じる。」という観点により、解答の語句を考えるとよい。

設問の2項は、次のことを考えて解答する。故障停止した電線路を加圧復旧する際の分散型電源が「自立運転の状態」ならば問題ない。しかし、「**単独運転**の状態」又は「**逆充電**の状態」であったならば、**非同期状態**で遮断器の投入操作を行う恐れがあり、双方の系統電圧の位相差が大きい場合には、深刻な**系統擾乱**（じょうらん）を生ずる。解釈でいう「再閉路時の事故」は、上記の系統擾乱による他の電気設備の運用に支障を生じることも含んでいるが、その問題の発生を防止するめには、どのような装置が必要かを考える。

【答】(5)

設問の前半の第1項は解釈第223条「自動負荷制限の実施」から、後半の第2項は解釈第224条「再閉路時の事故防止」から、それぞれ出題している。

設問の第1項の「自動負荷制限の実施」については、先に「第8章のポイント」の図13で詳細に解説したが、復習のため要点を次のように整理する。

『分散型電源が電源系統から脱落した結果、連系の**電線路**（又は系統変圧器）に**過負荷**を生じたときには、分散型電源の設置者において、**自動的に、自身の構内負荷を制限**する対策を行うこと。』という趣旨を定めている。

分散型電源の連系電線路の電線が、電力ケーブル以外の架空電線の場合は、その熱時定数が小さいため、過負荷時の電線温度の上昇速度が大変に速く、負荷制限の措置は10分間程度以内に実施する必要がある。そのため、この条文では「・・・**自動的**に自身の構内負荷を制限する対策を行うこと。」と定めている。

この「自動的に」は、「人間が過負荷解消のために負荷制限が必要であると判断した後に、手動操作を行う」という方法ではなく、「緊急負荷遮断装置などにより自動的に実行する」ことを意味している。また、「自身の構内負荷を制限する・・・」は、「過負荷を発生させた原因者の負荷の一部を遮断する」ことを意味している。

設問の第2項の「再閉路時の事故防止」についても、先の「第8章のポイント」で詳細に解説したが、復習のため要点を次のように整理する。

条文中の「再閉路」とは、電力ケーブル**以外の電線**で構成する架空電線路が故障停止した後に、予め整定した無電圧時間（66kV、77kV系は数秒間又は60秒間、154kV系は0.5秒間）が経過した後に、線路保護継電装置内に設けてある再閉路機能、又は、線路自動復旧装置により、当該線路用の遮断器の投入操作を実施し、電線路を復旧することをいう。

その線路用遮断器の投入操作を実行する際に、左記の「ヒント」で述べた**非同期投入**を行った場合には、非常に**大きな系統擾乱**（じょうらん）を引き起こし、付近の電気設備に運用上の問題を発生する。

それを防止するため、系統電源側の発変電所に**線路無電圧確認装置**を施設し、線路が無電圧のときのみ復旧操作を可能としている。

なお、分散型電源が解列後も、**自立運転**により、自己の構内負荷のうち急な停止が困難な設備へ電力供給しながら、上記の線路復旧を待つ方法がある。その場合、分散型電源側に施設した**自動同期装置**により、線路復旧後に分散型電源の発生電圧を同期並列が可能な状態に調整し、連系用遮断器を投入して再連系する。しかし、上記の自立運転に必要な諸装置が高価なこと、及び、構内負荷の変動により周波数及び電圧の安定が困難なため、適用例は少ない。

分散型電源の解列により電線路等に**過負荷**を生じる場合には、分散型電源**自身の負荷を制限**する。

4 低圧、高圧、特別高圧に連系時の施設要件

【基礎問題】 次の文章は、「電気設備技術基準の解釈」で規定している分散型電源を低圧系統に連系する場合の施設要件について述べたものである。この文章中の(ア)～(エ)に該当する適切な語句を、下の「解答群」から選び、この文章を完成させよ。

1. 単相3線式の低圧の電力系統に分散型電源を連系する場合において、負荷の不平衡により［(ア)］に最大電流が生じるおそれがあるときは、分散型電源を施設した構内の電路であって、負荷及び分散型電源の並列点よりも系統側に、［(イ)］に過電流引き外し素子を有する遮断器を施設すること。
2. 低圧の電力系統に［(ウ)］を用いずに分散型電源を連系する場合は、［(エ)］を生じさせないこと。

「解答群」過大潮流、逆潮流、順変換装置、逆変換装置、2極、3極、電源線、中性線

【ヒント】 第8章のポイントの第7項「低圧連系時の施設要件」を復習し解答する。

【応用問題】 次の文章は、「電気設備技術基準の解釈」(以下この設問では「解釈」と略記する。)で規定している分散型電源を特別高圧系統に連系する場合の施設要件について述べたものである。この文章中の(ア)～(ウ)に該当する適切な語句を、下の「解答群」から選び、この文章を完成させよ。

一 一般送配電事業者が運用する電線路等の事故時等に、他の電線路等が［(ア)］になるおそれがあるときは、系統の変電所の電線路引出口等に［(ア)］検出装置を施設し、電線路等が［(ア)］になったときは、同装置からの情報に基づき、分散型電源の設置者において、分散型電源の出力を適正に抑制すること。

(二号の規定は省略する。)

三 単独運転時において、電線路の地絡事故により異常電圧が発生するおそれ等があるときは、分散型電源の設置者において、変圧器の［(イ)］に解釈の他の条文の規定に準じて［(ウ)］工事を施すこと。

(四号の規定は省略する。)

「解答群」過電圧、過負荷、電圧低下、近傍、中性点、避雷器の設置、接地

【ヒント】 第8章のポイント第10項「特別高圧連系時の施設要件」を復習し解答する。

【基礎問題の答】　(ア)　中性線、(イ)　3極、(ウ)　逆変換装置、(エ)　逆潮流

解釈第226条「低圧連系時の施設要件」らの出題である。

図1に示すように、単相3線式の低圧系統に、分散型電源を連系せず、負荷設備のみを接続する場合には、その中性線に最大電流が生じることはないので、過電流引き外し素子は電圧線（外線）の2極でも問題はない。

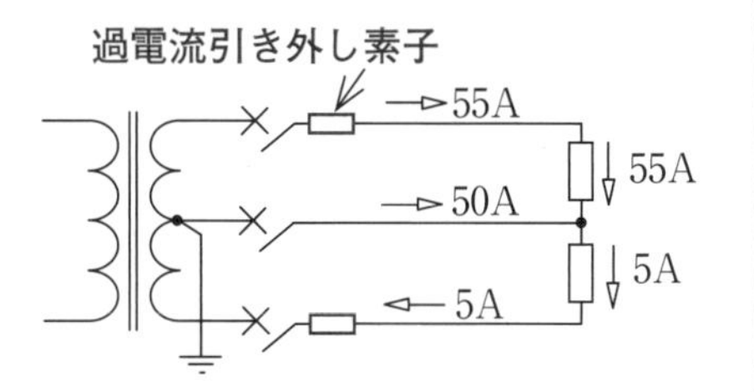

図1　分散型電源が連系せず、負荷設備のみを接続する場合の線電流の一例

分散型電源の連系により単相3線式の中性線に最大電流が流れる例は、先に「第8章のポイントの図14」で、100Vの線間に連系する場合を示した。その外に、**図2**に示す200Vの線間に連系の場合も、負荷の不平衡により中性線に最大電流が流れ、過電流引き外し素子は**3極に必要**である。なお、中性線に電圧線以上の過電流を生じない場合には、過電流引き外し素子を2極で施設することができる。

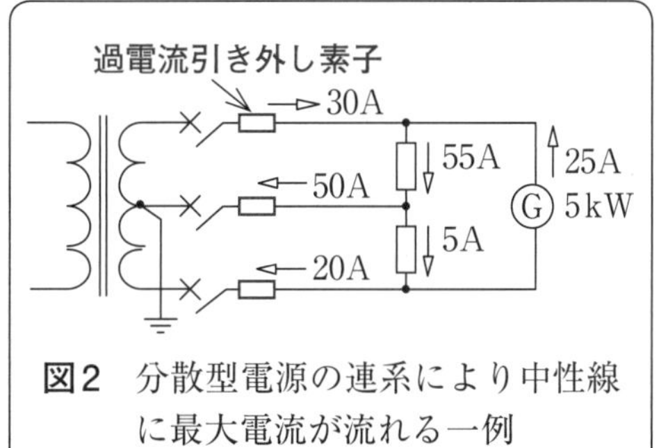

図2　分散型電源の連系により中性線に最大電流が流れる一例

【応用問題の答】　(ア)　過負荷、(イ)　中性点、(ウ)　接地

解釈第230条「特別高圧連系時の施設要件」からの出題である。

前の第3項の「模擬問題」にて、「分散型電源が電源系統から脱落した結果、連系していた**電線路**（又は系統変圧器）**に過負荷**を生じたときに、分散型電源の設置者において、自動的に、自身の構内負荷を制限し、過負荷の解消のための措置を行う。」という趣旨の規定を解説したが、この過負荷発生の原因は、分散型電源が電源系統から脱落したことであった。

一方、この「応用問題」の過負荷発生の原因は、一般送配電事業者が運用する特別高圧の電線路等の事故時等である。

一般送配電事業者が運用する特別高圧の架空送電線路は、限られた送電線容量を有効活用するため、そのほぼ全設備が**平行2回線構成**で運用してある。そのうちの1回線のがいし装置に故障が生じた場合、高速度選択遮断を実施しているため、がいしが熱破壊することはなく、再閉路により加圧復旧時までにイオン化した高温気体は拡散し、がいしの絶縁性能は回復し、ほぼ90%以上のケースで再閉路が成功している。しかし、稀（まれ）なケースとして、再閉路の準備時間未完中の遮断、再閉路実施条件の不成立、再閉路失敗等により、元の平行2回線運用の状態に復旧できず、1回線運用の状態になることがある。その場合に、元の2回線分の電力潮流が健全の1回線に流れるため、過負荷状態になることがある。そのとき、この設問のように「一般送配電事業者の発変電所に施設した**過負荷検出装置**からの情報（制御信号）に基づき、分散型電源の設置者において、分散型電源の**出力を適正に抑制**する。」という対策措置が必要となる。

【模擬問題】　次の文章は、逆変換装置を用いて分散型電源を高圧系統に連系する場合の「施設要件」及び「系統連系用の保護装置」について述べたものである。これらの文章内容を、「電気設備技術基準の解釈」に基づいて判断し、分散型電源の施設方法又は運用方法として適切でないものを一つ選べ。その選択の際に、発電設備を安全に運転することから考えて問題はないが、停電が困難な電気設備へ可能な限り電力を供給することから考えて、合理的ではない運転方法は、この設問の「適切でないもの」に含めることとする。

(1)　高圧の電力系統に分散型電源を連系する場合は、分散型電源を連系する配電用変電所の配電用変圧器の設置点において、逆向きの潮流を生じさせないこと。ただし、当該配電用変電所に保護装置を施設する等の方法により、分散型電源と電力系統との間に協調を採(と)ることができる場合には、この限りでない。

(2)　分散型電源の設置者が施設した保護リレー等により、次のイ項～ハ項に掲(かか)げる異常を検出したときは、電力系統から分散型電源を自動的に解列すること。

イ　分散型電源に異常又は故障が発生したとき。

ロ　分散型電源が連系する電力系統に、短絡事故又は地絡事故が発生したとき。

ハ　分散型電源が、単独運転の状態になったとき。

(3)　一般送配電事業者が運用する電力系統において、再閉路が行われる場合は、当該再閉路を実施の時点において、分散型電源が発電停止の状態であること。

(4)　分散型電源設置者の構内負荷電力に比べて発電電力の方が大きいため、「逆潮流あり」の状態で運用することがある施設を、電力系統に連系する場合は、「転送遮断装置又は単独運転検出装置（能動的方式を１方式以上含むもの）」の施設は必要であるが、「逆電力リレー」の施設は必要ではない。

(5)　分散型電源設置者の構内負荷電力に比べて発電電力の方が常に小さいため、常に「逆潮流無し」の状態で運用する施設を、電力系統に連系する場合は、「逆電力リレー」の施設は必要であるが、「転送遮断装置又は単独運転検出装置」の施設は必要ではない。

類題の出題頻度　★★★☆☆

【ヒント】　この設問文を一読後の印象は、「難問である」と感じるのであるが、しかし落ち着いて熟読玩味すれば、難問ではないことに気付く問題である。

この問題を解くキーポイントは、設問文の後半にある「停電が困難な電気設備へ可能な限り電力を供給することから考えて、合理的ではない運転方法は、この設問の「適切でないもの」に含めることとする。」という部分であり、正解を見つけるカギが暗示されている。

上記の「　」内の運転状態は、解釈で定義する単独運転、逆充電、自立運転のうちのいずれか、また「再閉路時に許容している運転状態」はどれか、を考えて解答するとよい。

【答】(3)

設問文の(1)は、解釈第228条「高圧連系時の施設要件」からの出題であり、原則的にバンク逆潮流は禁止しているが、分散型電源側と電力系統側の間で保護協調を保つための保護装置を設ける場合はこの限りでない、旨を定めているので、この(1)の文章は適切である。

設問の(2)〜(5)は、解釈第229条「高圧連系時の系統連系用保護装置」からの出題であり、そのうち(3)は同条二号により、『一般送配電事業者が運用する電力系統において、再閉路が行われる場合は、当該再閉路点に、**分散型電源**が当該電力系統から**解列**されていること。』と定めてある。これは、再閉路時の非同期投入による系統擾乱の発生を防止するため、線路側を無電圧状態にすべきことを定めたものである。

すなわち、**図1**に示す**単独運転**の状態、及び、**図2**に示す**逆充電**の状態は、線路側が無電圧の状態ではないため、非同期投入の危険があり、この運転状態を容認していない。

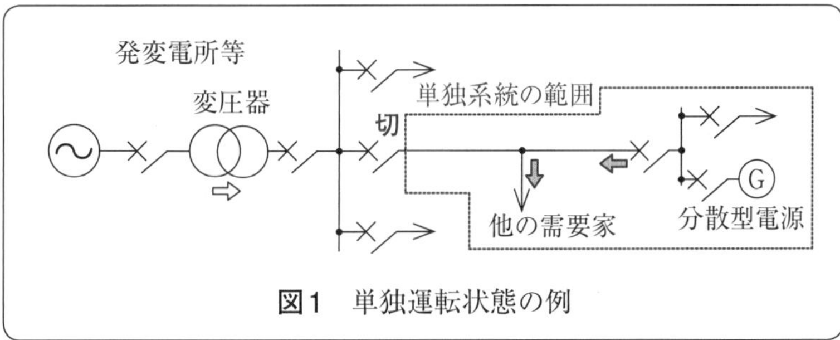

図1　単独運転状態の例

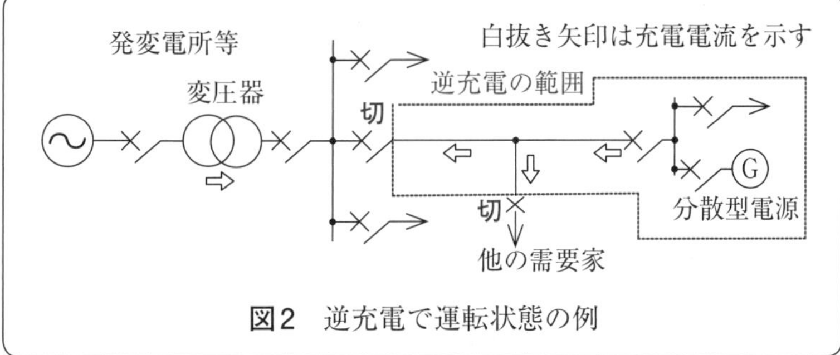

図2　逆充電で運転状態の例

しかし、**図3**に示す**自立運転**の状態は、分散型電源が発電停止の状態ではなく、運転状態であるが、二号の規定どおり「当該電力系統から**解列**した状態」である。よって、再閉路時の非同期投入の危険はなく、線路復旧は可能である。

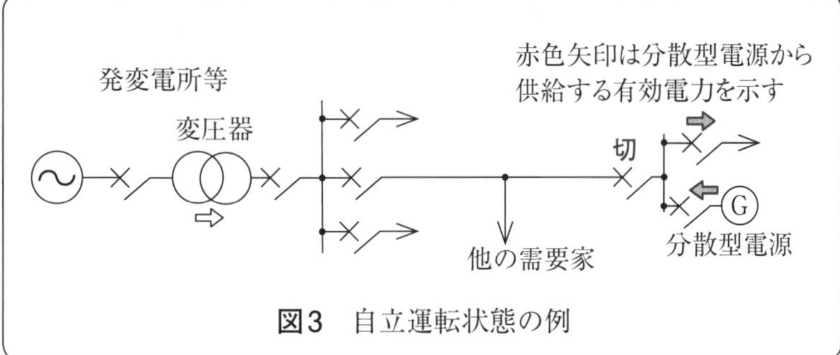

図3　自立運転状態の例

設問の(4)と(5)は、一読すると難問のように感じるが、よく読めば道理に合った内容であり、適切であることが分かる。

再閉路時には、単独運転及び逆充電の運転状態は禁止されているが、自立運転の状態は許容されている。

第8章　電技　分散型電源の系統連系設備のまとめ

1．分散型電源の系統連系に関する「単独運転」と「逆充電」の用語は、次のように定義されている。
単独運転とは、系統電源と解列状態で、分散型電源が有効電力の発電を継続し、線路負荷へ有効電力を供給している状態をいう。
逆充電とは、電線路が系統電源から解列した状態で、当該分散型電源のみが電線路を加圧し、かつ、有効電力を供給していない運転状態をいう。

2．単独運転検出装置のうち、「受動的検出方式」は、単独運転へ移行後の電力需給の不均衡に起因する電圧位相の急変等を検出する方式である。
一方「能動的検出方式」は、単独運転へ移行前の平常時から、分散型電源出力の有効電力又は無効電力を変動させておき、その出力変動に相応した周波数又は電圧の変化を検出する方式である。

3．分散型電源の連系により、他の者の遮断器に遮断容量不足が生じるときは、分散型電源設置者において、限流リアクトル等の短絡電流制限装置を施設する。
分散型電源の脱落時に電線路等が過負荷を生じるときは、分散型電源設置者において、自動的に自身の構内負荷を制限する対策を行う。
再閉路時の事故防止のために、分散型電源を連系する変電所の引出口に、線路無電圧確認装置を施設する。

4．故障線路を復旧するため、系統電源側の発変電所から、再閉路を実施するときには、分散型電源が単独運転又は逆充電の運転状態で、連系していた線路を充電することは禁止しているが、線路を充電しない自立運転状態は許容されている。

第9章 電気施設管理のポイント

1　需要不均衡による周波数と電圧の変化

(1)　電力需要の変化

電力系統全体の有効電力の需要は、右の**図1**に示すように時々刻々と変化しています。1日間の電力需要の変化状況を表したものを**日負荷曲線**といい、後述の需給調整業務に重要な特性です。この図は「夏季の平日」の一例ですが、同じ夏季であっても休祭日の様相は大きく異なり、また同じ平日であっても季節により需要電力の大きさが異なります。

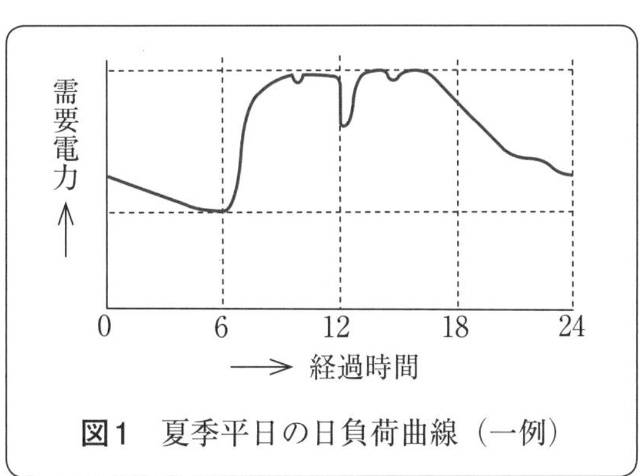

図1　夏季平日の日負荷曲線（一例）

(2)　有効電力の需給不均衡による周波数変化

図1に示した有効電力需要の変化に伴い、需給に不均衡が生じたとき、電力系統の周波数が変化する現象を述べます。仮に、電力系統を直流で構成した場合には、蓄電池に受給不均衡の緩衝作用があるため、電圧等に大きな変化は生じません。しかし、交流電力は直接的な貯蔵が不可能なため、**有効電力の受給不均衡**に起因して同期発電機の回転速度が変化し、その結果として**系統周波数も変化**します。右の**図2**は、有効電力の供給量（発電機出力［MW］）に対し、需要量（消費電力［MW］）の方が大きい場合に系統周波数が低下する現象を、模式的に表したものですが、この場合には同期発電機の回転速度が低下し、系統周波数は降下します。この図2とは反対に、有効電力の供給量が過剰の場合には、同期発電機の回転速度が上昇し、系統周波数は上昇します。

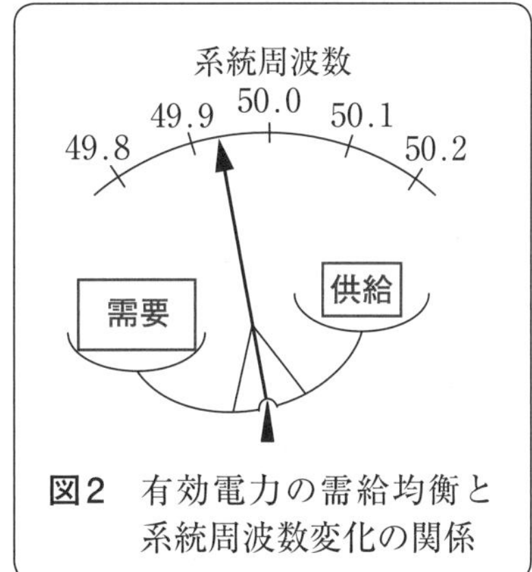

図2　有効電力の需給均衡と系統周波数変化の関係

系統周波数は、一定値で運用することが望ましいため、有効電力の需給均衡を保つために、後述のように発電機の調速機により有効電力の出力を自動調整しています。

(3)　無効電力の需給不均衡による電圧変化

次に、**無効電力**の需給に不均衡が生じた場合、電力系統に現れる**電圧変化**について述べます。次ページの**図3**は、需要設備で消費する**遅相**無効電力の消費量（遅れ力率の無効電力の需要の大きさ）に比べて、その構内に施設した電力用コンデンサ（SC）等の調相設備による「**進相**無効電力の**消費量**」、すなわち「**遅相**無効電力の**供給量**」の方が小さい場合の例を示します。この場合は、電源線路を通じて系統電源側から需要設備側に、有効電力に対して90度の遅れ位相の**遅相**無効電力が流れます。

実際の送電端電圧と受電端電圧の関係は、後述のように電圧ベクトル図を描き、その図に基づいて三角関数を使用して算出すべきものですが、この図3は遅相無効電力の需要量が大きい場合に受電端電圧が低下する現象を、模式的に表したものです。

ここで、図3の**遅相**無効電力を主体に表した図は、右の**図4**に示すように**進相**無効電力を主体に表わすことができ、電圧変化が図3とは**逆現象**が現れます。そのように逆現象となる理由は、模式図の図3の**遅相**無効電力の需要と供給の大きさは**重力**で表し、図4の**進相**無効電力の需要と供給の大きさは**浮力**で表すからです。

以上のように、無効電力の需給不均衡と受電端電圧の昇降変化を述べる際に、ただ単に「無効電力が大きい」という表現はきわめて不適切であり、必ず、進相か遅相かの種別、及び、相対比較して大きい方は需要側かそれとも供給側かについて、明確に表現すべきです。

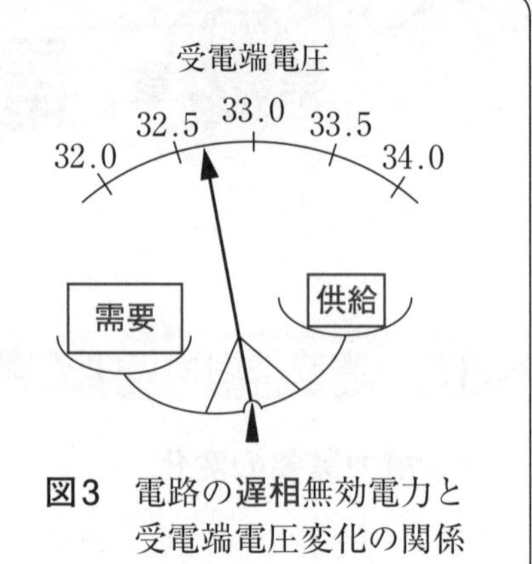

図3　電路の**遅相**無効電力と受電端電圧変化の関係

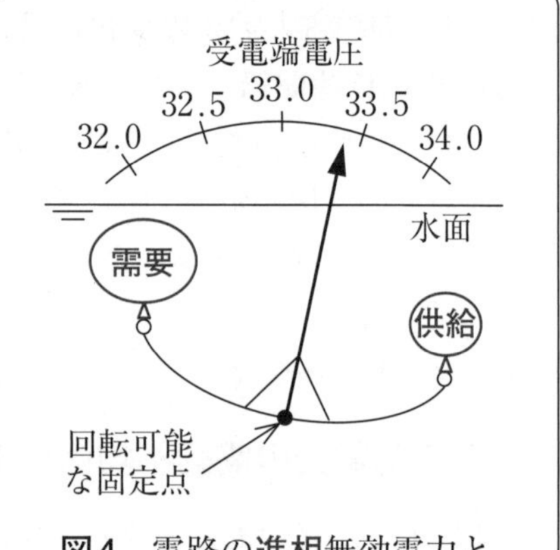

図4　電路の**進相**無効電力と受電端電圧変化の関係

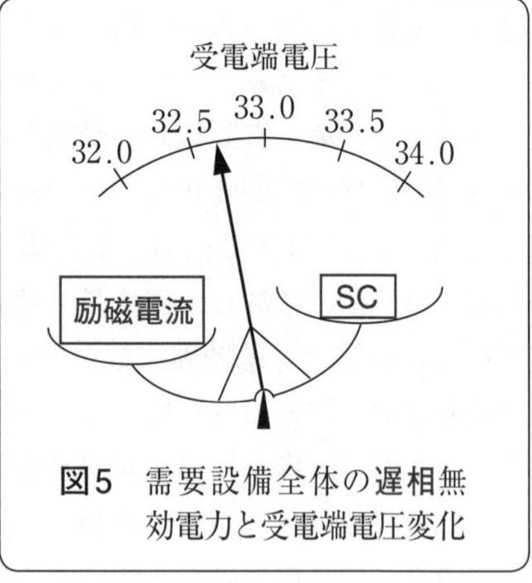

図5　需要設備全体の**遅相**無効電力と受電端電圧変化

次の**図5**は、ある需要家の構内設備全体の遅相無効電力の需給状況と、受電端電圧の昇降変化の関係を、模式図で表したものです。**電力用コンデンサ**（SC）には、電源電圧に対して**90度進み**位相の負荷電流が流れますから、**進相**無効電力を**消費**します。それを等価的に表せば、**遅相**無効電力を**供給**することですから、図3の右側の錘（おもり）に相当します。

一方、需要設備の中の電動機等の巻線機器に流れる**励磁電流分**は、電源電圧に対して**90度遅れ**位相の負荷電流が流れますから、**遅相**無効電力を**消費**する負荷であり、それを等価変換的に表せば**進相**無効電力の**供給源**であり、図3の左側の錘に相当します。

図5の模式図の指針が、目盛中央の適正電圧値を指（さ）すときは、左右の錘が平衡状態であり、それを電気工学的に「需要家構内の無効電力の需給が均衡状態である」といえます。

以上の要点は、「適正電圧を維持するために、無効電力の需給均衡が必要」なことです。

(4)　需給不均衡による系統周波数・電圧変化のまとめ

以上に述べた電力系統内の有効電力、又は、無効電力の需要量と供給量に不均衡が発生したとき、その系統に現れる電気現象について、次の**表**に整理して表します。

表　電力の需給不均衡により現れる電気現象

需給不均衡を生じた電力の種別	系統に現れる電気現象	変化が現れる場所
有効電力に関する需給不均衡が生じた場合	**系統周波数**は、 需要＞供給の場合に低下し、 需要＜供給の場合に上昇する。	同じ周波数変化が**系統連系**する**全域**に亘って現れる。
遅相無効電力に関する需給不均衡が生じた場合	**受電端電圧**は、 需要＞供給の場合は低下し、 需要＜供給の場合は上昇する。	需給不均衡を生じた**受電端**付近のみに**局所的**に現れる。

(5)　有効電力－周波数調整と無効電力－電圧調整の相違

上の表に示した**有効電力**の需給不均衡による**系統周波数**の変化は、連系系統の**全域**に亘って現れます。例えば、60Hz系全体の需要電力［GW］に対し、発電電力［GW］の方が小さい場合には、中部地方の富士川右岸から九州地方の薩摩半島の南端までの60Hz系の全域に亘り、同期発電機は同期化力により同一周波数で回転運動を行うため、運転周波数の低下値も同一値で現れます。その低下した系統周波数を、元の60.0Hzに戻すための需給均衡のための調整は、発電機の有効電力出力を増加させますが、（系統間を繋ぐ連系線に潮流制約の値を超過しない限り）その出力増加の調整は60Hz系のどこで行っても、系統周波数を元の値に戻すことができます。

一方、無効電力の需給不均衡と受電端電圧変化は、受電端付近のみに**局所的**に現れます。

例えば、右の**図6**に示す例のように、変電所Aから変電所Bへ供給する送電線に大きな遅相無効電力が流れた場合、受電端である変電所B付近のみに大きな電圧低下が現れます。しかし、同じ系統内の他の送電線路の受電端である変電所C付近には電圧変化は現れません。

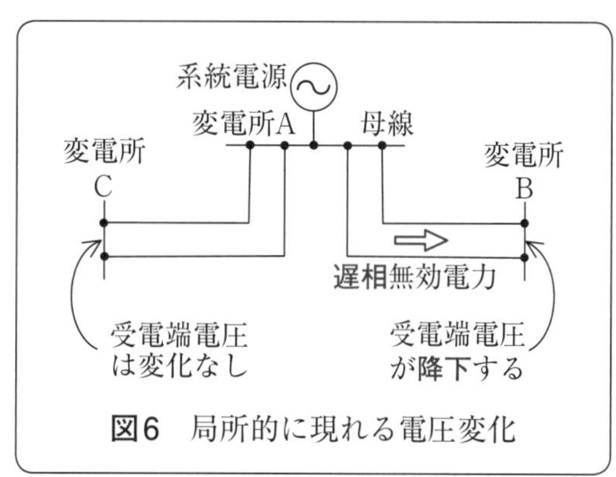

図6　局所的に現れる電圧変化

この図6の場合の適切な電圧調整方法は、変電所B付近の電力用コンデンサ（SC）を接続し、無効電力の需給量を増加させることです。その結果、変電所AとBの間の送電線路の遅相無効電力が小さくなります。その電圧調整とは異なる方法として、もしも、変電所BのSCの代用として変電所CのSCを接続したならば、変電所Bの電圧過降は改善されないままであるばかりでなく、それまで適正電圧を維持していた変電所C付近に新たな電圧過昇の問題を生じてしまいます。以上に述べた例のように、系統全域の電圧を適正値に維持するためには、各送電線で供給する小ブロックごとに無効電力の需給を均衡させる必要があるのです。

⑹　役に立たない無効電力が、なぜ、電験問題に出題されるのか？

筆者が、電験第三種受験対策の通信教育の添削指導を経験した間に、受講生の方々から表題のご質問を数回受けましたので、その回答の要旨を以下に紹介します。

私達が、食事から摂取（せっしゅ）する蛋（たん）白質、脂肪、炭水化物は、手足を運動させる際のエネルギー源になります。しかし、ビタミンやミネラル類は、直接的にはエネルギー源になりませんから、その観点のみからいえば“無効”な栄養素です。しかし、私達の体を健康な状態に維持するためには、ビタミンやミネラル類は必要不可欠であり、重要な栄養素です。

このことを、電気工学に置き換えていい表せば、電動機を回転させたり、電気メッキ装置で電気化学変化を発生させたり、照明装置から光束を放射させる際に直接的な**エネルギー源**になるものは**有効電力**です。その際の無効電力は、直接的にはエネルギー源として作用しませんから、その観点のみからいい表せば“無効”な電気的要素です。しかし、これまでに述べたように、系統内の各箇所で適正電圧の維持のためには、無効電力の需給均衡が必要不可欠です。

この「無効電力」という名称は、電気工学の正式用語ですが、その用語の実態は「**適正電圧維持の電力**」であり、「**ビタミン・ミネラルの電力**」である、と理解してください。

栄養士の資格試験に「ビタミン・ミネラルに関する事項」が出題されていることと同じ理由により、電験の問題に「無効電力に関する事項」がこれまでに頻繁に出題されています。

2　河川流量と貯水池運用

⑴　需要変化に対する供給設備の運用

図7に、1日間の電力需要に対する供給設備の運用例を示します。この図の基底部分を**ベース供給力**といい、建設費は高価ですが、運転経費が安価な原子力、石炭火力、流れ込み式水力の各発電設備が該当しています。気象変化に伴う出力変化が大きな太陽電池発電設備が、今後も増加すると、石炭火力発電設備の一部を改修して出力調整することが検討されています。

図の**中間供給力**は、1日間の電力需要変化に応じて発電機の始動・停止や出力調整を計画的に行うガスタービンやコンバインドサイクル発電設備が主として該当しています。

図の**ピーク供給力**は、中間供給力よりも更に始動・停止が容易で、出力調整も容易な、貯水池式及びダム式の水力発電設備が該当します。その中でも特に、揚水式発電設備は、電力受給の調整に大変重要な役割を担（にな）っています。

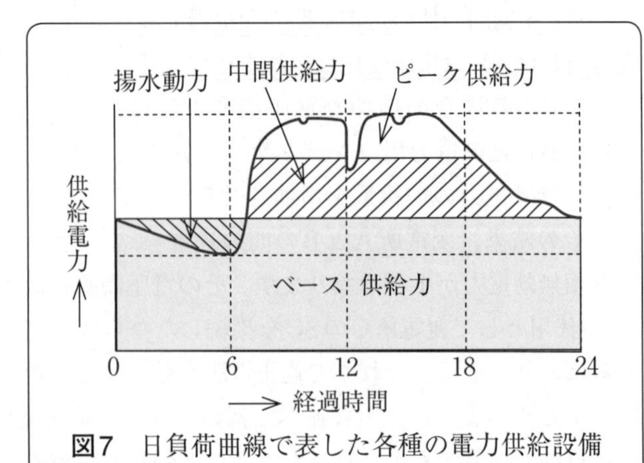

図7　日負荷曲線で表した各種の電力供給設備

(2) 年間の河川流量変化

重力の加速度を8.9 [m/s²]、水力発電設備の発電使用水量をQ [m³/s]、有効落差をH [m]、総合効率をη [pu] とし、発電機の有効電力出力P_G [kW] は、次式で表されます。

$$P_G = 9.8QH\eta \ [\mathrm{kW}] \tag{1}$$

(1)式の有効落差H [m] は、流れ込み式発電所の場合は一定値であり、ダム式発電所は豊水期と渇水期とで大きく変化しますが、1週間程度の期間ではほぼ一定値です。(1)式の総合効率の中の水車効率は、定格出力の30%程度以下の部分負荷領域では大きく低下しますが、キャビテーションによる水車の摩耗を予防するため、通常は部分負荷領域を避ける運用が多く、実際の運転領域の水車効率はほぼ一定値です。

以上のことから、水力発電設備の出力 [kW] の値は、水車の流入量Q [m³/s] にほぼ比例し、そのQの値は河川流量に大きく影響されます。そのため、右の**図8**の流況曲線は、水力発電の運転計画の策定上、大変に重要な特性です。

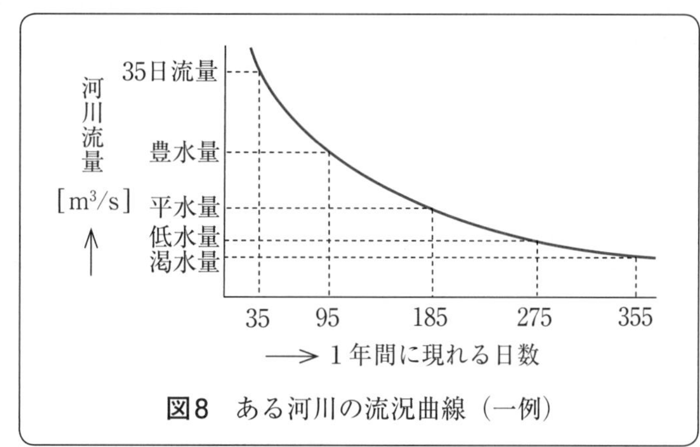

図8　ある河川の流況曲線（一例）

(3) 河川流量と貯水池の貯水量

次の**図9**に、1日間の貯水池の貯水量変化の一例を示します。1年間の河川流量は、図8のように変化しますが、1日間では図9の中の「水平の太い点線」のようにQ_1 [m³/s] の一定値です。図の「黒色の実線」は、日負荷曲線に基づく水車の使用水量 [m³/s] の変化を表し、8時から12時までと13時から17時までは最大のQ_3 [m³/s]、12時から13時までの昼休みは、需要減少に合わせてQ_2 [m³/s] に減少させています。図の17時から翌朝8時までの15時間の貯水量W [m³] は、次式で表されます。

$$W = 3600 \times 15 \times Q_1 \ [\mathrm{m^3}] \tag{2}$$

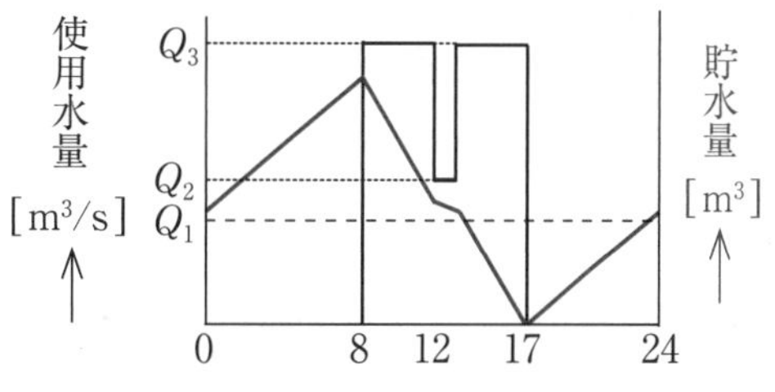

図9　貯水池の貯水量変化（一例）

このW [m³] の値を、有効貯水容量以内に収めるように、「太い黒色曲線」で示した発電計画を策定しています。その際に、上記(1)式を基にして、次の**電水比**が求まります。

$$\text{各発電所の電水比} = \frac{P_G \ [\mathrm{kW}]}{Q \ [\mathrm{m^3/s}]} = 9.8H\eta \tag{3}$$

この電水比の値に、(2)式のW [m³] を乗算して、**発電可能電力量** [kW・s] が得られます。

(4) 一般的な貯水池の貯水量変化と逆調整池の貯水量変化

先に図9で示した「貯水池を有する水力発電所の運用方法」は、系統の有効電力需要に合わせて、次の**図10**の中の「黒色の太線」で示すように、昼間帯に運転し、夕方から翌朝までは発電停止して貯水します（実際の運用は、この図よりも複雑な増減調整を行っていますが、ここでは電験第三種に出題されている運転パターンに合わせて、単純化して表しています）。

河川から貯水池への流入量Q [$\mathrm{m^3/s}$] は、年間で見れば先の図8のように変化し、台風襲来時には大きく増水しますが、それ以外の大多数の1日間の河川流量は、ほぼ一定値です。そのため、図11の「黒色の太線」で示した有効電力の出力調整に伴い、貯水池の貯水量 [$\mathrm{m^3}$] は「赤色の太線」のように変化します。例えば、図10の17時から翌朝8時までの間は、深夜のため水車は停止中であり、発電使用水量は0 [$\mathrm{m^3}$] ですが、上流河川からの流入水により、貯水量は図の「赤色の太線」のように増加します。

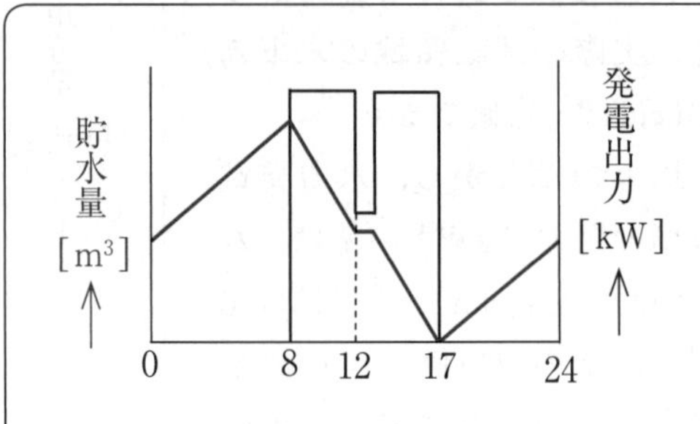

図10 貯水池式水力発電所の貯水池の貯水量変化（一例）

一般的な大河川には、上流から下流までの間に複数の水力発電所を建設してあります。そのうち、最下流に位置する発電所からの発電放流水は、飲料水、工業用水、農業用水等に利用されていることが多く、それらの利水者との協定により、終日一定流量で発電放流し給水する運用方法が一般的です。その結果、**最下流の貯水池の貯水量変化は、図11**の赤色曲線で示すように、図10の赤色曲線とは**逆の増減変化**が現れるため、図11の貯水池を**逆調整池**といいます。例えば、図11の17時から翌朝8時までの間は、上流の水車は深夜停止中のため、図11の貯水池への流入分はありませんが、下流の利水者へ深夜も水車を運転し給水しますから、貯水量は図の赤色曲線のように減少します。

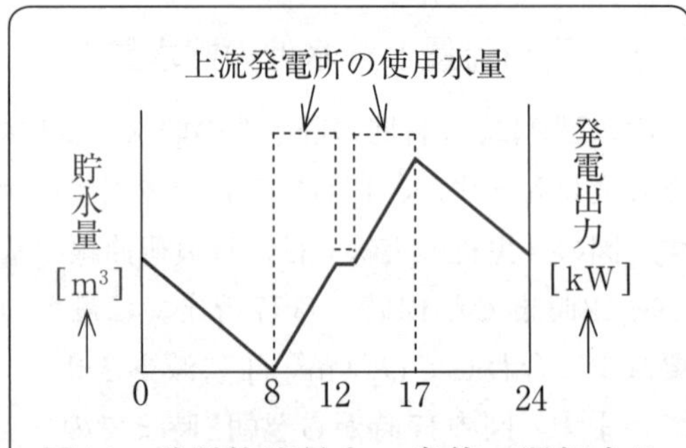

図11 発電放流量を一定値で運転する逆調整池式の貯水量変化

3 適正周波数の維持と発電機の有効電力出力の調整

(1) 系統周波数の適正値維持の規定

電力系統内の有効電力の需給に不均衡が生じた場合、先に図2で示したように系統周波数が変化します。有効電力の供給が過剰の場合、系統周波数は上昇し、交流電動機の回転速度は上昇しますから、回転機器類の過負荷予防の観点から好ましくはありません。一方、有効電力の供給不足による系統周波数の低下は、上昇の場合より深刻な問題を生じます。すなわち、長軸機である火力・原子力のタービンと同期発電機の回転速度が低下に伴い、共振周波数に接近するため、著しい振動の増加を招き、軸系の保護装置が応動して自動保安停止させます。その結果、益々有効電力の供給量が減少し、需給の不均衡が益々増大し、雪崩的に横軸型の大容量同期発電機が次々と解列し、遂には**系統崩壊**による**大停電事故**を招く恐れがあります。そのような事態は、大きな社会的二次災害の発生が懸念されるため、上述の系統周波数の異常低下を事前に予防するための系統安定化装置が備えられています。

また、電気事業法第26条「電圧及び周波数」により、次の主旨のことが定められています。

① 一般送配電事業者は、電圧及び周波数の適正値**維持**に努める。

② 経済産業大臣は、電圧又は周波数が適正値に維持されないため、電気の使用者の利益を阻害しているときは、一般送配電事業者に対して電圧又は周波数の値を**維持**するため電気工作物の修理、改造、運用方法の改善等を命ずることができる。

以上の条文から、系統周波数の適正値維持が大変に重要であることが分かります。

(2)　系統周波数の調整方法

前項で述べた「系統周波数の維持」は、「有効電力の需要と供給を均衡させる」ことにより実現できます。その方法として、次の二つに大別できます。

(1) **平常運用時**には、需要電力の変化に合せて、供給力である**発電機出力**を**調整**する。

(2) **周波数の異常低下時**には、**需要設備**（負荷設備）へ供給する送電線遮断器を**強制遮断**し、需要量を緊急に減少させ、系統周波数を回復する。その後、各発電設備を順次に再並列し、有効電力の出力増加に合せ、送電用遮断器を投入し、電力供給を再開する。

上記の(1)の平常運用時の需給調整の具体的な方法は、先に図7に示した**日負荷曲線**に沿って、発電機の起動・停止、及び有効電力の出力調整を行っています。供給設備のうち、20万［kW］級以上の中・大容量機は、系統周波数の変化量に即応して、**調速機運転**（ガバナ フリー運転）を適用することにより、次の①、②のように、発電機出力を自動調整しています。

① 水力発電所では、調速機の出力信号により、水車入口の**ガイド ベーン開度**を自動調整することにより、先に(1)式で示した水車の使用流入量Q［m^3/s］を調整し、同期発電機の出力P_G［kW］を調整しています。

② 火力発電所でも、調速機の出力信号により、高圧タービン入口の**蒸気加減弁**、及び、中圧タービン入口の**インターセプト弁**の開度を自動調整することにより、蒸気タービンへ流入する蒸気量を調整し、同期発電機の出力P_G［kW］を調整しています。

4　適正電圧維持と無効電力の調整

(1)　遅れ力率運転により、需要設備では電圧が降下し、発電設備では電圧が上昇する理由

この表題の「電圧・無効電力に関する事象」は、通信教育の受講生の方々から大変に多く寄せられた質問ですから、読者の方々にその回答の要旨を以下に解説します。

河川の2地点間に高低差があるとき、美空ひばりが大ヒットさせた歌詞の“**川の流れの様に**”高所から低所に向かって水が流れます。同様に、電力系統の2地点間の電圧に高低差があるとき、高電圧地点から低電圧地点に向かって、“**川の流れの様に**、**遅相**無効電力が流れ”ます。この重要現象を、筆者は個人的に「美空ひばりの定理」と名付け、某電力会社の技術講習会で解説してきましたが、その「美空ひばりの定理」を応用して「系統電圧の高低差と無効電力の流れ方」の重要現象を、これから楽しい雰囲気で図解します。

左の**図12(a)**は、需要設備の総合力率が**遅れ**のとき、高電圧側である系統電源から、低電圧側である需要設備に向かって、“**川の流れの様に**、**遅相**無効電力が流れる”現象を生じます。河川に高低差がある2地点の地名が、吉幾三が歌った“岩木山”であろうと、また青江三奈が歌った“伊勢佐木町”であろうと、その地名に無関係に（ここが重要！）高所から低所に向かって水が流れます。それと同様に、**図12(b)**の右端が、需要設備か発電設備の設備名とは無関係に（ここも重要！）“**川の流れの様に**、**高電圧**側から**低電圧**側へ**遅相**無効電力が流れる”現象があります。ここで、「力率の進み・遅れの表示方法は、有効電力と同方向の無効電力の種別で表す」という電気工学の基本を**図12(b)**に適用して、**遅れ力率**と判断できます。

深夜・早朝帯の**有効電力**需要は大きく減少し、それに伴い**遅相**無効電力の需要も**減少**（**進相**無

系統電源
高電圧側
有効電力
遅相無効電力
需要設備
低電圧側

(a)　需要設備の総合力率が遅れのため需要設備に電圧低下が現れる例

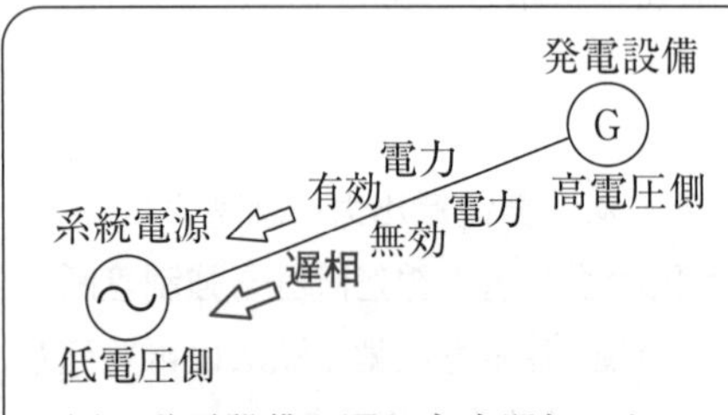

(b)　発電設備が遅れ力率運転のため発電設備に電圧上昇が現れる例

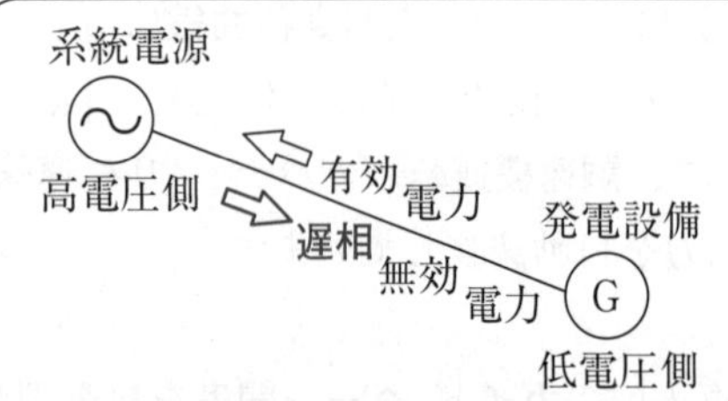

(c)　発電設備側を低電圧に調整するため発電設備に向けて遅相無効電力を流す

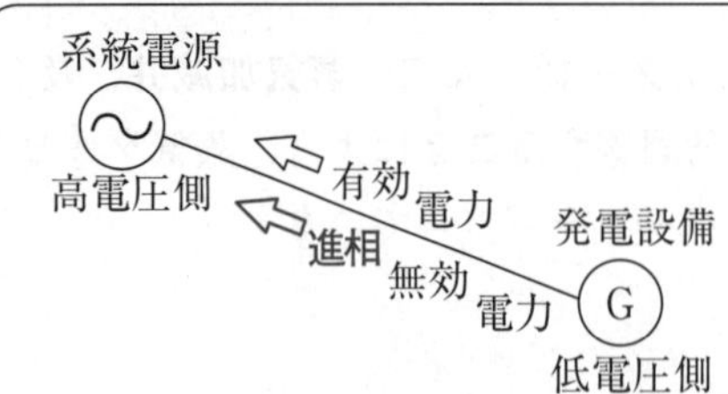

(d)　発電設備側を低電圧に調整するため発電設備に向けて遅相無効電力を流す

図12　電圧の高低差と無効電力の流れ

効電力の需要は**増加**）の変化があり、そのため受電端に**電圧上昇**が現れます。

また、最近各所で建設されている低圧連系の太陽電池発電設備の連系点付近では、**電圧過昇**の問題が発生しています。その対策として、**図12(c)**に「美空ひばりの定理」を適用して、系統電源側に対し発電設備側が川下側（つまり、低電圧側）になるように**遅相**無効電力を流せばよいのです。その具体的な方法は、「発電設備側で**遅相**無効電力を**消費**する力率で運転する」のですが、そのことを等価変換して表すと、「**進相**無効電力を**発生**する力率で運転する」となります。

しかし、図12(c)の中で示した「有効電力が流れる方向」と「遅相無効電力が流れる方向」は互いに逆方向ですから、上述の「力率の種別を表す電気工学の基本」に合っていません。

そこで、図12(c)の「相対的な電圧の高低状態」をそのまま**図12(d)**に転記して、さらに、無効電力の**種別**と、流れる**方向**の**双方**を、共に**逆**に**変換**して描きます。この「双方を共に逆変換する」ことにより、無効電力を有効電力と同方向に**等価変換**できます。その等価変換の際に、「双方を同時に逆変換しなければならない理由」は、先に図3と図4の模式図で解説したように、進相無効電力と遅相無効電力とでは、電圧の昇降変化が逆に作用するためです。

上述のように等価変換後の図12(d)に、「力率の種別を表す電気工学の基本」を適用して、「有効電力と同方向に流れる無効電力の種別は**進相**である」ことから、「**発電設備の電圧過昇の対策方法は、進み力率で運転すればよい**」ことが分かります。

以上が、表題に表した「遅れ力率運転により、需要設備では電圧が降下し、発電設備では電圧が上昇する理由」について、「美空ひばりの定理」を応用して解説しました。

(2)　系統電圧の調整方法

電力系統の電圧調整方法の概要は、次のとおりです。

①　概ね10万kVA以上の大容量同期発電機の**自動電圧調整装置**による**界磁調整**

⇒10万kVA未満の小・中容量の同期発電機にて、短絡容量の大きな系統電圧を昇降調整すると、その同期発電機の運転力率が極端な進み又は遅れに変化してしまうため、小・中容量機では自動**力率**調整の運転モードで運用することが一般的です。

②　系統の拠点となる大容量変電所の**負荷時タップ切換変圧器**によるタップ調整

⇒自動電圧調整継電器の出力信号により、運転中の変圧器の一次側巻線の巻数を変更することにより、変圧比を変更し、二次側（負荷側）母線の電圧を調整します。

③　変電所の二次側母線に施設した**調相設備**の接続・切離し操作

⇒調相設備を設置する変電所は、一次変電所、二次変電所、配電用変電所です。

この調相設備とは、電力用コンデンサ、分路リアクトル、静止型無効電力調整装置を総称した無効電力の需給調整用の装置のことです。

電力用コンデンサ（SC）は、**進相**無効電力を**消費**（**遅相**無効電力を**供給**）して、受電端電圧を**上昇**させる作用があり、主に**平日の昼間帯**に専用の開閉器操作で使用します。

分路リアクトル（ShR）は、上記SCの逆の作用をし、**遅相**無効電力を**消費**（**進相**無効電力を**供給**）して、受電端の電圧を**降下**させ、主に**平日の深夜・早朝帯**、及び、**休祭日の終日**に専用の開閉器を操作して使用します。

静止型無効電力調整装置（SVC）は、専用変圧器の二次側にShR要素とSC要素により構成し、ShR要素へ通電を開始する電流位相をサイリスタ等で制御することにより、消費する無効電力を進相から遅相まで連続的かつ即応的に調整します。この装置は、電圧の急変分を調整できますが、大変に高価なため、施設箇所を限定して適用しています。

5　需要設備の電力用コンデンサの利点

これから(1)〜(5)項で述べる内容は、電験第三種の「電力用コンデンサ（SC）の運用により得られる諸々の利点に関する計算問題」として、過去に多く出題されています。さらに、電気主任技術者の実務としても重要な事項ですから、読者の方々は是非とも、この要点を十分に理解され、確実に得点し、将来の実務にも応用してください。

(1)　電気の基本料金の節減効果

電験の問題には、金銭的利益の算出問題は出題されていませんが、「SCの問題が出題されている理由」及び「電気技術者の実務」として重要であるため、以下に要点を解説します。

電力用コンデンサを接続して総合力率を改善することにより、電気料金の基本料金と従量料金の双方に金銭的利益を生じます。この(1)項で基本料金の節減効果を、(5)項で従量料金の節減効果をそれぞれ解説します。

需要設備の中には、一般的に多くの三相誘導電動機が使用されており、その運転力率は大きな遅れであるため、多量の遅相無効電力を消費しています。最近は、一部の電動機に運転力率を1で制御可能なものや、LED照明装置などそれ自体の力率が1のものが適用されています。

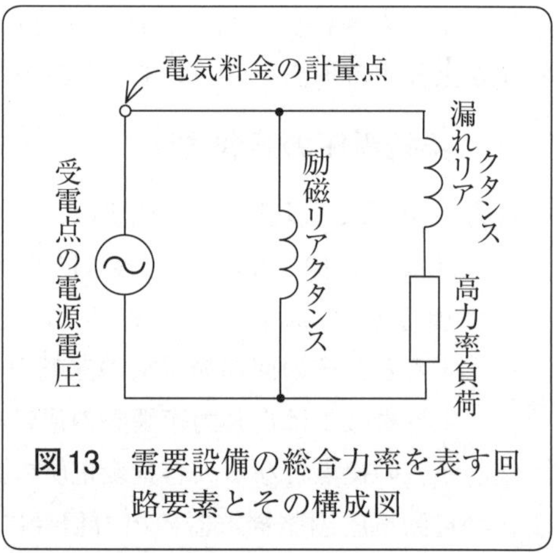

図13　需要設備の総合力率を表す回路要素とその構成図

しかし、右の**図13**に示すように、電気料金の計量点から上記の高力率の需要設備までの間に、変圧器の励磁リアクタンス及び漏れリアクタンスが存在するため、需要設備自体の力率が1であっても、計量点から評価すれば、**図14**に示すように、遅相無効電力を消費する需要設備なのです。

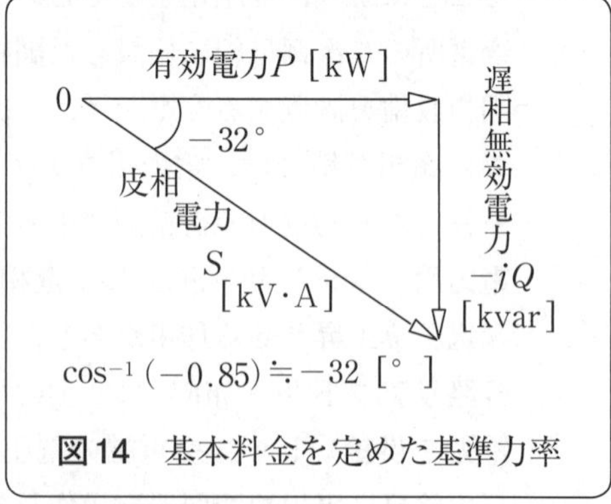

図14　基本料金を定めた基準力率

電気料金のうちの固定料金は、遅れ力率85%の場合で表示しており、力率割引割増制度により、計量点における平日の昼間帯の総合力率を1%進み側へ改善するごとに、固定料金を1%節減できます。つまり、平日の昼間帯に電力用コンデンサを使用することにより、基本料金を最大15%節減が可能です。

(2) 電源線路の電圧降下の軽減効果

送電線路の電圧降下値とは、「送電端の線間電圧の絶対値から、受電端の線間電圧の絶対値を差し引いた値」です。つまり、「線間電圧の絶対値同士の差」で表しますが、その相互の電圧関係は、右の**図15**に示す相電圧のベクトル図を基にして、「相電圧の絶対値同士の差の$\sqrt{3}$倍」により算出します。

以上は、電験第二種以上の試験問題の解答計算や、実務計算の手法を述べましたが、その解答計算法として、**電験第三種に限り**、「図15(a)の虚数成分を無視した簡略計算法でよい。」とされています。

その簡略計算法を図15(a)に適用すると、**相電圧**の電圧降下値は、図の線分abとbcの和で表されます。ここで、電気工学の基本ルールである「進み角は正値で表し、遅れ角は負値で表す」ことを適用して、図15(a)の**遅れ**の力率角は$-\theta$［度］で表します。

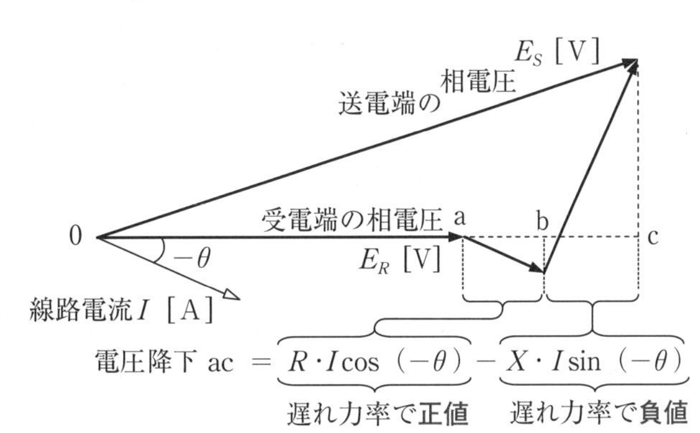

(a) 遅れ力率角が$-\theta$のときの**相電圧**ベクトル図

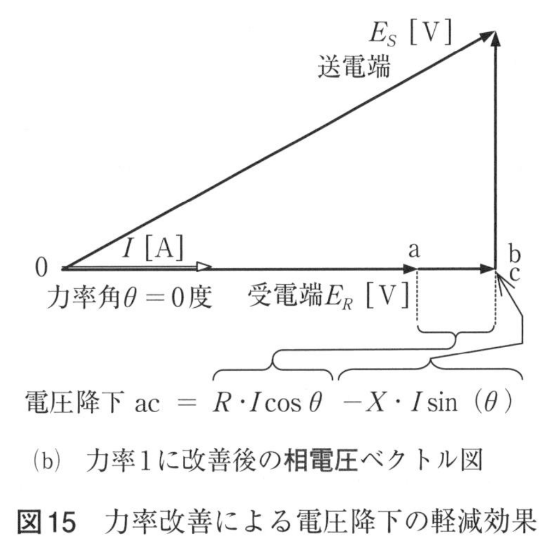

(b) 力率1に改善後の**相電圧**ベクトル図

図15 力率改善による電圧降下の軽減効果

この線間の電圧降下V_d［V］の**簡略計算式**を、次の(4)式、(5)式で示します。

遅れの力率角は負値で表す

第2項のリアクタンス降下分には負符号が必要である

$$V_d=\sqrt{3}\{RI\cos(-\theta)\;-XI\sin(-\theta)\}\text{ [V]} \qquad (4)$$

$$=\sqrt{3}I\{R\cos(-\theta)-X\sin(-\theta)\}\text{ [V]} \qquad (5)$$

遅れの力率角$-\theta$の値は、0［度］～-90［度］の範囲ですから、(4)式、(5)式の抵抗降下分の第1項の中の$\cos(-\theta)$は「常に正値となり、電圧が降下する」ことを意味します。一方、(4)式、(5)式のリアクタンス降下分を表す第2項の$\sin(-\theta)$は、**遅れの力率角**の場合は**負値**ですから、もしも第2項の先頭を正符号にしてしまうと、「電圧の降下値が負値となり、それは電圧上昇を意味する」ことになってしまい、図15(a)の線分bcで電圧降下を表すことと矛盾します。

そのため、遅れの力率角の場合の(4)式、(5)式の第2項も「電圧が降下する」ことを正しく数式で表すためには、**第2項の先頭に負符号が必要**なのです。誠に残念なことですが、市販の参考書の一部に、(4)式、(5)式の第2項の先頭を正符号で表した誤記が散見されます。この本の読者の方々は、第2項に負符号が必要であることを正しく理解され、確実に得点してください。

さて、本論に戻って、図15(b)に「受電端における線路潮流の**力率が1**の場合」を示します。この図のように、「受電端の相電圧ベクトル」と「線路電流ベクトル」とを、同じ位相（同じ方向）に描きます。その結果、図15(a)の中の線分bcに相当するリアクタンス降下分はゼロ［V］となり、第1項の抵抗降下分のみとなります。つまり、需要設備の総合力率が遅れのとき、電力用コンデンサの接続により総合力率を改善して、送電線の電圧降下を軽減できます。

図15(b)の総合力率は1でしたが、それよりも更に電力用コンデンサを追加し、進み力率の99.5%程度に調整すると、第2項の電圧降下値が負値になり、電圧の上昇を意味します。つまり、第2項のリアクタンス上昇分により、第1項の抵抗降下分を相殺(そうさい)することができ、電圧降下値をゼロ［V］に調整することが可能です。

しかし、「過ぎたるは及ばざるがごとし」の諺(ことわざ)のとおり、電力用コンデンサを過大に接続すると、進みの力率角（$+\theta$）も過大な角度になり、(4)式、(5)式の第1項の抵抗降下分に対し、第2項のリアクタンス上昇分が不適切に大きくなり、**フェランチ現象**を生じます。その結果、**受電端**が**電圧過昇**となり、変圧器鉄心の**過励磁**による**異常温度上昇**が問題になります。

以上は、R［Ω］、X［Ω］の値に送電線の定数値を適用して送電線の電圧降下を解説しました。そのR［Ω］、X［Ω］の値に、変圧器の巻線抵抗値と漏れリアクタンス値を適用して、その計算結果が正値ならば変圧器内部の電圧降下値を、負値ならば電圧上昇値を、それぞれ表します。

繰り返しますが、(4)式及び(5)式の簡略計算式は、電験第二種以上の解答計算法には許されておらず、また抵抗値に比べリアクタンス値が桁違いに大きな実系統の技術計算にも全く適用できません。(4)式及び(5)式は、電験第三種の重要公式ですが、合格後の実務計算に簡略計算式を適用して「計算値と実測値が、なぜ一致しないのか?」の質問状が筆者に多く届いています。読者の皆さんは、「簡略計算式は、**電験第三種**の解答計算**のみに適用が可能**」であることを忘れないように!

(3) 電源線路の電力損失の軽減効果

三相3線式の送電線路の1相分の抵抗値をR［Ω］、1相分の線路電流値をI［A］とし、この送電線路の全体（つまり三相3線分）の有効電力の送電損失p_{loss}［W］の値は次式で表されます（本書は、有効電力の需要や電力潮流の値を大文字のPで、電力損失を小文字のpで表します）。

$$p_{loss} = 3I^2R \text{ [W]} \tag{6}$$

同様に、送電線路の1相分の作用リアクタンス値を$+jX$［Ω］として、この送電線路の全体の**遅相**電力の送電損失q_{loss}［var］の値は、負の虚数で表し、次式で求められます。

$$q_{loss} = -j3I^2X \text{ [var]} \tag{7}$$

(6)式に示した有効電力の送電損失p_{loss}［W］は、電流I［A］の2乗に比例しますから、比例定数をk_nで表して、(6)式を次の(8)式のように展開し、総合力率の2乗に反比例します。

$$p_{loss} = k_1 I^2 = k_2 S^2 = k_2 \left(\frac{P}{\cos\theta}\right)^2 = \frac{k_3}{\cos^2\theta} \text{ [W]} \tag{8}$$

(4)　受電用主変圧器の過負荷の解消効果

右の**図16**は、実軸を有効電力、虚軸を無効電力で表した電力ベクトル図です。受電用主変圧器の定格容量値S_T［kV･A］を、図中の**赤色の円弧**で描きます。また、S_1［kV･A］は、変圧器の皮相電力のうち、電力用コンデンサを設置する以前の値を示します。そのS_1の長さが、赤色のS_Tよりも長いため、変圧器は**過負荷の状態**です。

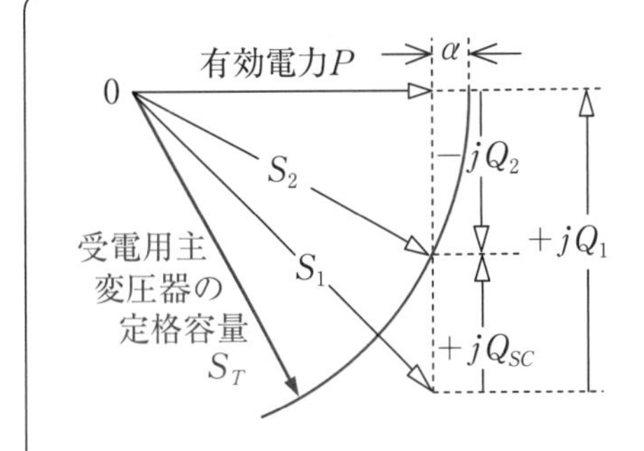

図16　電力用コンデンサによる変圧器の過負荷解消のベクトル図

その過負荷解消のために、必要最小限度の電力用コンデンサ容量をQ_{SC}［kvar］で表します。このときのS_2［kV･A］は、変圧器の定格容量値のS_T［kV･A］と同じ大きさです。さらに、電力用コンデンサの容量をQ_1［kvar］に増加することにより、負荷の**総合力率を1**に改善し、電気の基本料金を最大限に節減できます。

図の各無効電力の大きさは、ピタゴラスの定理を応用して、次式で求まります。

$$|Q_1| = \sqrt{S_1{}^2 - P^2} \text{ [kvar]} \tag{9}$$

$$|Q_2| = \sqrt{S_2{}^2 - P^2} \text{ [kvar]} \tag{10}$$

$$|Q_{SC}| = Q_1 - Q_2 \text{ [kvar]} \tag{11}$$

(9)式～(11)式の左辺は絶対値で表示しましたが、(9)式と(11)式の電力用コンデンサ容量は図16に示したように正の虚数で表し、(10)式の負荷の遅相無効電力は負の虚数で表します。

図16に示した電力用コンデンサの接続による利点を、次に列挙します。

① 総合力率を1に改善することにより、変圧器通過の皮相電力が有効電力P［kW］のみに大幅に減少し、変圧器定格容量に対して図のα分の運用上の余裕が生じる。

② 上の(8)式に示したように、変圧器の負荷損（銅損）は通過する皮相電力の2乗に比例するため、その負荷損を大幅に減少させ、電気の従量料金を節減できる。
（この変圧器の負荷損の節減効果の計算方法は、次項にて詳細に解説する。）

③ 変圧器の負荷損の減少に伴い、巻線の温度上昇値を抑制でき、巻線や絶縁油の熱劣化を抑制でき、その結果受電設備中で最も高価な変圧器の寿命を延命させることができる。

上記のように、「電力用コンデンサ接続による利点」は、「一石三鳥」のように得られるため、電験第三種の問題に頻繁に出題されています。

第9章　電気施設管理

(5) 受電用主変圧器の運転損失軽減と効率向上

変圧器の運転損失は、通過する皮相電力に無関係の**固定損**（鉄損）と、皮相電力の2乗に比例する**負荷損**（銅損）に大別でき、この項では負荷損の計算方法について解説します。

変圧器の定格容量を大文字でS_T [kV·A]、定格負荷時の負荷損を小文字でp_C [W] とし、変圧器を通過する皮相電力値がS_L [kV·A] のときの負荷損p_L [W] の値は、次式で表されます。

$$p_L = p_C \times \left(\frac{S_L}{S_T}\right)^2 \text{[W]} \qquad (12)$$

ここで、変圧器負荷の有効電力をP [kW]、力率値を$\cos(\pm\theta)$ で表して、(12)式の変圧器を通過する皮相電力S_L [kV·A] の2乗の値は、次式で表されます。

$$(S_L)^2 = \left(\frac{P}{\cos(\pm\theta)}\right)^2 \text{[kV·A]} \qquad (13)$$

この(13)式の右辺を、(12)式の$(S_L)^2$ に代入し、負荷損p_L [W] は次式で表されます。

$$\therefore p_L = p_C \times \left(\frac{\frac{P}{\cos(\pm\theta)}}{S_T}\right)^2 = \boxed{\frac{p_C \cdot P^2}{S_T{}^2}} \times \underbrace{\frac{1}{\cos^2\theta}}_{\text{常に正値}} \text{[W]} \qquad (14)$$

（SC接続に無関係の値）

(14)式から、変圧器の**負荷損**は**力率の2乗に反比例**して発生します。また、効率η [%] を求める際に、運転損失値 [W] が必要ですが、電力用コンデンサの接続により軽減できる損失分は、負荷損（銅損）のみで、鉄損分は固定値であることに注意して計算しましょう。

6 電力供給設備の容量算定法

法規の科目の中の「電気施設管理」の項目として、この項の出題頻度が大変高く、ドル箱的な存在ですから、是非とも十分に理解され、確実に得点してください。

需要率、不等率、負荷率の基本式

表題の用語は、次のように定義されており、これらを確実に記憶することが重要です。

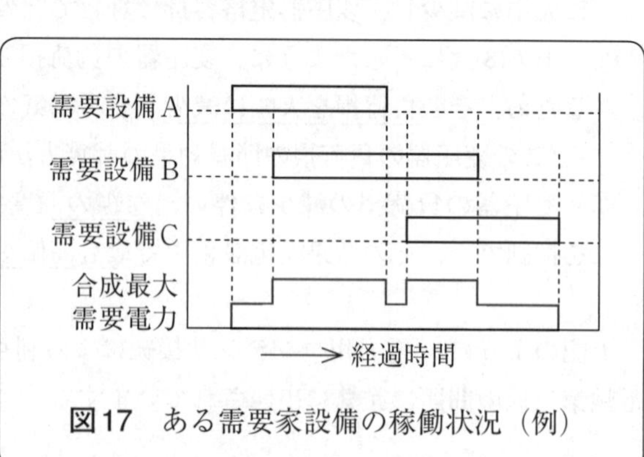

図17 ある需要家設備の稼働状況（例）

需要率は、**図17**の例に示すように、ある需要家構内に複数の需要設備が施設してあり、各需要設備により電力消費の時間帯が重なる度合いを、次式により百分率で表した係数です。

$$需要率 = \frac{合成の最大需要電力\,[\mathrm{kW}]}{各需要設備の最大需要電力\,[\mathrm{kW}]の総和} \times 100\,[\%] \leqq 100\,[\%] \quad (15)$$

例えば、需要率が大きな需要家は、各需要設備の稼働時間帯の重なり度合いが大きいため、その需要家の受電設備には、より大容量のものが必要になります。

次に**不等率**は、**図18**に示すように、共通の送電線路で複数の需要家へ電力を供給する場合、それら各需要家で発生する最大電力を消費する時間帯が重ならない度合いを、次式により小数点表示値で表した係数です。

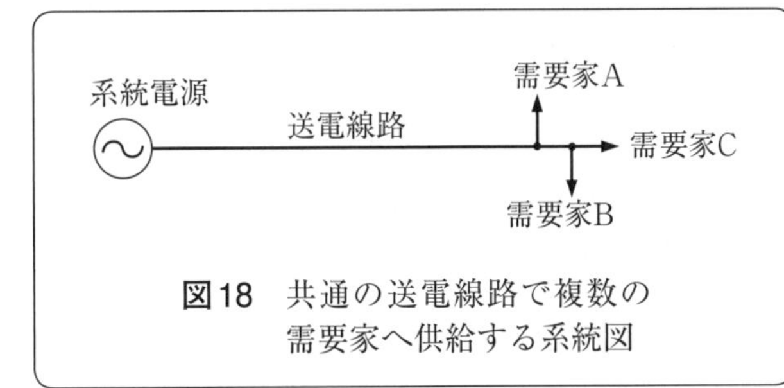

図18　共通の送電線路で複数の需要家へ供給する系統図

$$不等率 = \frac{各需要設備の最大需要電力\,[\mathrm{kW}]の総和}{各需要設備の合成最大需要電力\,[\mathrm{kW}]} \geqq 1.0 \quad (16)$$

図18に示した共通の送電線路に必要な送電能力値は、(16)の分母の値以上とする必要がありますから、もしも(16)式の分子の値が一定値である場合には、不等率が大きな需要家群へ供給する送電線路はより小容量の送電能力で済みます。ここで、先に(15)式で示した需要率の値、及び、次の(17)式で示す負荷率の値は、共に百分率表示で100［%］以下の値ですが、(16)式で示した不等率の値は小数点表示で1.0以上の値であることに注意してください。

次の**負荷率**は、**図19**の例に示すように、ある一定の期間（図19の例では1日間）における需要電力の平均値を最大値で除算した値を、次式のように百分率で表した係数です。

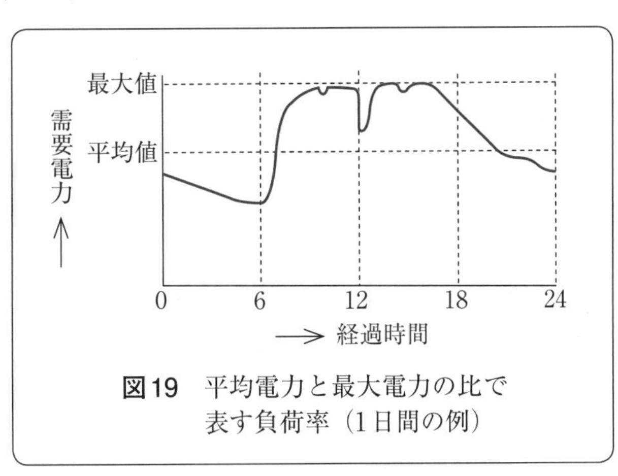

図19　平均電力と最大電力の比で表す負荷率（1日間の例）

$$負荷率 = \frac{ある期間中の平均需要電力\,[\mathrm{kW}]}{ある期間中の最大需要電力\,[\mathrm{kW}]} \times 100\,[\%] \leqq 100\,[\%] \quad (17)$$

例えば、電力供給に必要な設備容量及び必要建設費は、主として(17)式の分母の大きさにより決まります。一方、その設備を使用して得られる電気料金のうちの従量料金は、主として(17)式の分子の大きさにより決まります。そのため、(17)式の負荷率の値が大きくなるように系統の構成方法や運用方法を改善することにより、必要建設費に対する電気料金収入をより大きくすることを意味し、経営上好ましいことになります。

1 水力発電所の貯水池運用

【基礎問題】 水力発電所の逆調整池について述べた次の(1)～(5)の文章のうち、適切でないものを一つ選べ。

(1) 逆調整池は、比較的大きな河川の最下流に位置する所に施設される。
(2) 下流の利水者へ、ほぼ一定の水量を供給する運用方法が多い。
(3) 逆調整池を有する発電所の発電機出力は、ほぼ一定値で運用することが多い。
(4) 1日間を通じて、貯水池の貯水量に変化がなく、ほぼ一定値である。
(5) 十分な貯水容量を有しない流れ込み式発電所では、逆調整は行えない。

【ヒント】 第9章のポイントの第2項の(4)「一般的な貯水池の貯水量変化と逆調整池の貯水量変化」を復習し、「貯水池の何が逆に現れるのか」を理解し、解答する。

【応用問題】 上流から毎秒6 [m^3] の河川水が流入する貯水池を有する水力発電所があり、毎日、9時から17時まで連続して一定流量で水車を運転する。この貯水池の運用方法は、その有効調整量の全てを活用して、水車発電機の停止時間帯に上流から流入する河川水の全量を貯水し、9時の時点で最高水位に到達し、17時の時点で最低水位まで発電運転用として使用する。この発電所の発電機出力 [kW] の値として、次の(1)～(5)のうちから最も近いものを一つ選べ。ただし、この発電所の有効落差は100 [m]、損失落差は10 [m]、水車効率は88 [%] の一定値、総合効率は85 [%] の一定値とし、貯水池の水は無効放流することなく、全て発電放流に使用し、上記以外の定数は全て無視できるものとする。

(1) 5 000　(2) 10 000　(3) 13 200　(4) 13 500　(5) 15 000

【ヒント】 第9章のポイントの第2項の(3)「河川流量と貯水池の貯水量」を復習し、解答する。

水力発電所の発電機出力P_G [kW] の値は、$9.8QH\eta$ [kW] の公式で求められ、この問題では水車流入量のQ [m^3/s] を要領よく、効率的に求めることが要点である。そのQの値は、上流河川からの自然流入分の6 [m^3/s] と、貯水池が有する調整容量の全てを活用し、昼間帯の出力を盛上げる運用のために貯水池からの補給分 [m^3/s] とに分けて考えると解きやすい。そのうち、貯水池からの補給分は、貯水池の有効貯水量 [m^3] が与えられている場合は、その値を発電放流時間の8×3 600 [s] で除算して求められるが、この設問では有効調整量 [m^3] の値が与えられていないので、その点を工夫して解答しよう。

【基礎問題の答】（4）

右の**図1**は、貯水池を有する水力発電所の1日間の発電機出力を黒色の太線で表し、水車の使用水量の状況も黒色の太線とほぼ同じ変化で表される。上流の河川からこの貯水池へ流入する水量［m^3/s］がほぼ一定値の場合、貯水池の貯水量の変化は図1の赤色の太線のように現れる。

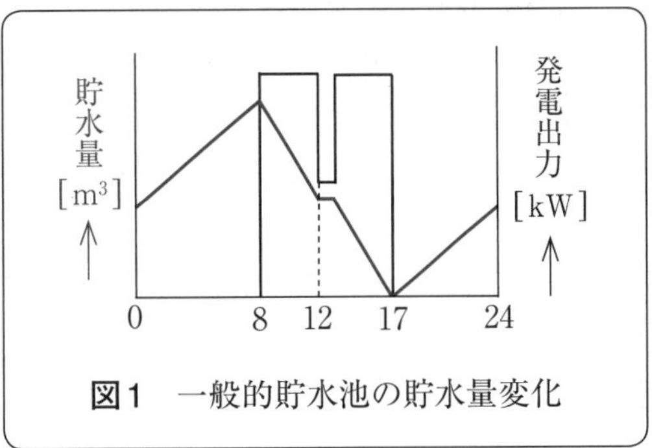

図1　一般的貯水池の貯水量変化

逆調整池は、河川の最下流に施設する貯水池であり、下流の利水者へほぼ一定流量［m^3/s］を給水するため、**図2**の黒色の実線のように、水車の使用水量はほぼ一定流量［m^3/s］である。その結果、逆調整池の貯水量の変化は、図2の赤色の太線のように現れ、図1の赤色の太線に対して逆の変化となる。

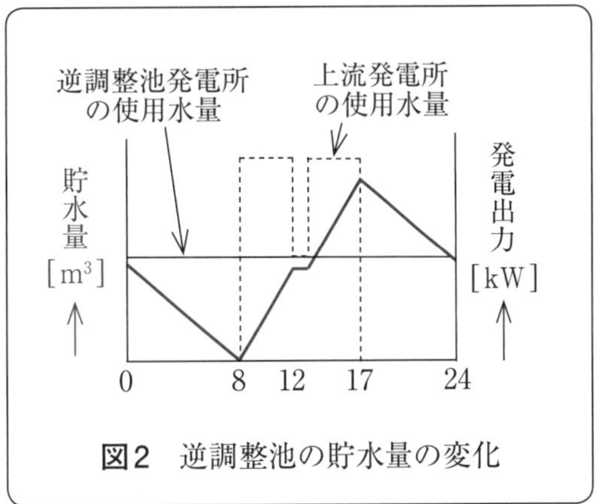

図2　逆調整池の貯水量の変化

【応用問題の答】（5）

題意により、毎日17時から翌朝9時までの16時間で貯水し、その全量を9時から17時までの8時間で発電放流するので、貯水時間に対して発電放流時間は半分であるから、貯水時の流入量6［m^3/s］の2倍の12［m^3/s］分を「貯水池からの補給分」として、上流からの自然流入分の6［m^3/s］に加えて、合計18［m^3/s］を発電に使用できる。ここで、通信教育の添削指導の経験から、水車への流入量のうちの「上流河川からの自然流入分」を忘れて計算し、誤答になった人が大変に多かったので、読者の皆さんはこの点に注意を！さて本論に戻り、次の(1)式の中の水車の合計使用水量Qは18［m^3/s］であり、水車効率をη_T、発電機効率をη_Gとして、発電機出力P_G［kW］の値は次式で求められる。

$$P_G = 9.8QH\eta_T\ \eta_G\ [\mathrm{kW}] \quad (1)$$

$$= 9.8 \times 18 \times 100 \times 0.85 \fallingdotseq 15\,000\ [\mathrm{kW}] \quad (2)$$

この種の問題の誤答例として、有効落差の100［m］から損失落差の10［m］を差し引いてしまうと、解答群の中の(4)の13 500［kW］になってしまう。

また、上記の「通信教育で見られた誤答例」で紹介したように、「貯水池からの補給分の12［m^3/s］のみ」を(1)式のQに代入すると、解答群の中の(2)の10 000［kW］になってしまう。

さらに、設問で与えられた「総合効率の85%」の値は、「水車効率η_Tの88%」と「発電機効率η_Gの96.6%」との積の値であるが、設問で与えられた「水車効率η_Tの88%」も「総合効率の85%」と共に乗算してしまうと、解答群の中の(3)の13 200［kW］になってしまう。

設問で与えられた「専門用語の意味」をよく考えて、慎重に解答しよう。

【模擬問題】 上流から毎秒10［m^3］の一定流量で流入する貯水池を有する水力発電所があり、毎日、9時から12時までと、13時から17時までの昼間帯に、連続して一定出力で発電運転を行う。この貯水池の運用方針は、上記の発電運転時間帯以外の時間帯は、水車発電機を停止し、貯水池から無効放流することなく、河川からの流入量の全てを有効に貯水し、9時の時点で最高水位まで貯水し、17時の時点で調整可能な最低水位まで発電用水として補給する。この発電所及び貯水池について、次の(a)及び(b)の問に答えよ。

(a) この水力発電所の静落差は200［m］、損失落差は30［m］、水車効率は88［%］、総合効率は85［%］であり、上記の貯水池運用方針に基づいて水車発電機を運転した場合、発電機出力［MW］の値として、次の(1)～(5)のうちから最も近いものを一つ選べ。ただし、上記以外の定数は全て無視できるものとする。

(1) 14　(2) 34　(3) 43　(4) 49　(5) 57

(b) 上記の「貯水池の運用方針」に基づいて水車発電機を運転した場合、17時の時点におけるこの貯水池の有効貯水量を0［m^3］として、13時の時点における有効貯水量［m^3］の値を、次の(1)～(5)のうちから最も近いものを一つ選べ。

(1) 0.4×10^5　(2) 2.5×10^5　(3) 3.5×10^5　(4) 3.2×10^6　(5) 3.5×10^6

類題の出題頻度 ★★★★☆

【ヒント】 第9章のポイントの第2項の(3)「河川流量と貯水池の貯水量」を復習し、解答する。

問(a)は、水車への流入量Q［m^3/s］の値を、要領よく求めることがポイントである。

問(b)の「有効貯水量」は、貯水池に貯水した水量のうち、発電運転に使用可能な貯水分をいう。すなわち、貯水池の取水口よりも下側に貯水されている水は、取水口から水車へ供給することはできないが、渇水期等に下流利水者へ補給することは可能である。その貯水分は、取水口よりも下側に施設してある放水管から放流し、下流利水者へ補給するので、発電運転に使用不可能であり、この設問の「有効貯水量」には含まれない。

【答】(a) (4)、(b) (3)

問(a)の解き方；前ページの「応用問題」と同様に、この種の問題は「水車への流入水量 Q [m^3/s]」の値を要領よく求めることがポイントである。

題意により、河川の自然流量 Q_1 の値は、1日を通じて10 [m^3/s] の一定値である。

右の図に示すように、貯水した水を原資として、1日当たり7時間だけ Q_2 [m^3/s] を補給する。その結果、水車の流入量を Q_1+Q_2 [m^3/s] に増加し、昼間盛上の運用を行っている。その Q_1+Q_2 [m^3/s] は次式で求まる。

$$24 \times Q_1 = 7 \times (Q_1 + Q_2)\ [\mathrm{h \cdot m/s}] \quad (1)$$

$$(Q_1 + Q_2) = \frac{24}{7} \times Q_1\ [\mathrm{m/s}] \quad (2)$$

$$= \frac{24}{7} \times 10 = 34.3\ [\mathrm{m/s}] \quad (3)$$

図　水車へ補給する分の水と、貯水池の貯水量の変化の状況

発電機出力値 P_G [MW] は次式で求まる。

$$P_G = 9.8 \times (Q_1 + Q_2) \times H \times \eta\ [\mathrm{kW}] \quad (4)$$

$$= 9.8 \times 34.3 \times (200 - 30) \times 0.85 = 48\,600\ [\mathrm{kW}] \fallingdotseq 49\ [\mathrm{MW}] \quad (5)$$

問(b)の解き方；題意により、「17時の時点におけるこの貯水池の有効貯水量を0 [m^3]」とするので、設問で算出するよう指定された「13時の時点における有効貯水量 W_{13} [m^3]」の値は、「流量 Q_2 [m^3/s] にて13時から17時までの4時間に亘り、貯水池から水車へ補給した水量 [m^3]」に相当し、1 [時間] は3 600 [秒間] であるから、次式で求められる。

$$W_{13}\ [\mathrm{m^3}] = Q_2\ [\mathrm{m^3/s}] \times 4\ [\mathrm{h}] \times 3\,600\ [\mathrm{s/h}] \quad (6)$$

$$= (34.3 - 10)[\mathrm{m^3/s}] \times 4\ [\mathrm{h}] \times 3\,600\ [\mathrm{s/h}] \fallingdotseq 3.5 \times 10^5\ [\mathrm{m^3}] \quad (7)$$

「**別解**」

次のように、17時の時点からの「積み上げ方式」によっても、解を求めることができる。

17時から翌朝9時までの貯水量は、　$10 \times 16 \times 3\,600 \fallingdotseq 5.76 \times 10^5$ [m^3]　(8)

9時から12時までの補給量は、　$24.3 \times 3 \times 3\,600 \fallingdotseq 2.62 \times 10^5$ [m^3]　(9)

12時から13時までの貯水量は、　$10 \times 1 \times 3\,600 \fallingdotseq 0.36 \times 10^5$ [m^3]　(10)

13時時点の貯水残量は、　$(5.76 - 2.62 + 0.36) \times 10^5 = 3.5 \times 10^5$ [m^3]　(11)

なお、(8)式の計算結果から、この貯水池の有効貯水容量は 5.76×10^5 [m^3] である。

深夜帯よりも中間帯の方が発電単価が高いため、
貯水池を利用して昼間帯により多く発電している。

2 電力需給と周波数・電圧の変化と調整

【基礎問題】 電力系統内の電力の需要と供給の不均衡に起因して現れる周波数、電圧の変化に関する記述として、適切でないものを一つ選べ。

(1) 有効電力の需要量に対し、供給量が少ない場合には、系統周波数が低下する。
(2) 系統周波数を適正値に維持するために、発電機の調速機の機能を使用している。
(3) 無効電力の需給不均衡に起因して現れる電圧変化は、無効電力の進相と遅相とでは電圧の上昇又は降下の現象が逆に現れる。
(4) 発電機を進み力率で運転するとその電圧は降下し、需要設備の総合力率を進みに調整するとその電圧は上昇する。
(5) 有効電力の需給不均衡に起因して周波数変化を生じ、無効電力の需給不均衡に起因して電圧変化を生じ、いずれの現象も連系する系統の全域に亘(わた)って現れる。

【ヒント】 第9章のポイントの第1項、第3項、第4項を復習し、その中の特に第1項の(4)「需給不均衡による系統周波数及び電圧の変化のまとめ」の中の表で解説した事項をよく理解し、解答する。

【応用問題】 低圧電路に連系する太陽電池発電設備の連系点付近において、最近多く発生している電圧過昇とその対策方法の記述として、適切でないものを一つ選べ。

(1) 発電設備が連系する高圧変圧器の二次側（低圧側）の出力端子の付近において、その100V電路の供給電圧値を101±6V以内に収める必要がある。
(2) 発電設備の連系点から系統電源までのインピーダンス値が大きいほど、大きな電圧上昇となって現れる。
(3) 発電設備の有効電力の出力［W］が大きいほど、電圧が上昇しやすい。
(4) 発電設備を大きな遅れ力率で運転することにより、電圧過昇の対策になる。
(5) 発電設備が連系する柱上変圧器の高圧巻線の使用タップ電圧値が、6 600Vの場合に比べて6 450Vの場合の方が、低圧電路の電圧が上昇しやすい。

【ヒント】 第9章のポイントの第4項の(1)「遅れ力率運転による電圧変化は、需要設備では降下し、発電設備では上昇する理由」を復習し、非公式名称の「美空ひばりの定理」を応用して考えて、解答しよう。

【基礎問題の答】　(5)

左記の設問文の(3)と(4)は、「流し読み」をすると互いに矛盾しているように感じるであろうが、落ち着いてよく考えれば、両者とも正文である。すなわち、設問の(3)の文章内容を図示したものが、第9章のポイントの図3及び図4で、(4)の文章内容を図示したものが図12である。

設問の(5)の文章は、次の二重線を施した部分に誤りがある。その部分を、二重線を施した部分の後段に示した文章に置き換えることにより、正文になる。

(5)　有効電力の需給不均衡に起因して周波数変化を生じ、無効電力の需給不均衡に起因して電圧変化を生じ、~~いずれの現象も連系する系統の全域に亘って現れる。~~そのうちの周波数変化は連系系統の全域に現れ、一方の電圧変化は無効電力の需給不均衡を生じた送電線の**受電端付近**に**局所的**に現れる。

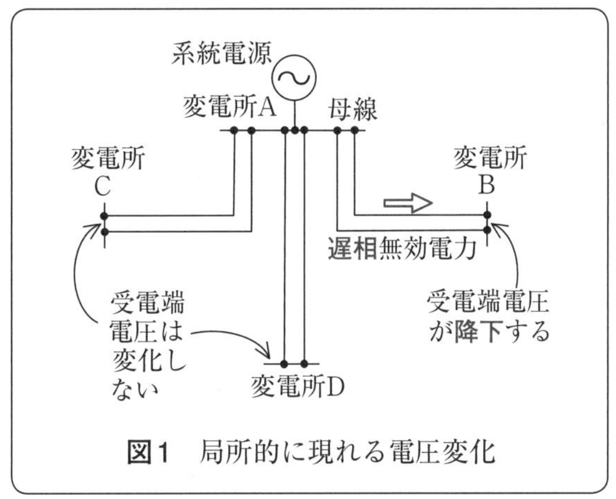

図1　局所的に現れる電圧変化

図1に示す系統図の変電所Aと変電所Bを繋(つな)ぐ送電線路の受電端付近で、無効電力の需給不均衡が生じ、その送電線路に大きな遅相無効電力が流れた場合、受電端である変電所B付近の局所的に電圧低下が現れる。一方、変電所C及び変電所Dの付近の無効電力の需給が均衡状態の地域は、その送電線路には大きな無効電力が流れておらず、受電端付近は適正な電圧値を維持することができる。

【応用問題の答】　(4)

美空ひばりが大ヒットさせた歌詞の“川の流れのように”系統内の高電圧地点から低電圧地点に向って**遅相無効電力**が流れる。

右の**図2**(a)に示すように、発電設備を**遅れ力率**で運転すると、遅相無効電力を系統電源側へ供給するため、発電設備が**川上側**になり、系統電源側に対して**高電圧側**となり、電圧過昇の原因となる。

発電設備を低電圧側（川下側）に調整する方法は、美空ひばりの定理を適用して「系統電源側から発電設備側に向かって、遅相無効電力が流れる」ようにする。上記の「　」内の無効電力の種別と方向を共に逆にして表すと、**図2**(b)に示すように「進相無効電力が、発電設備側から系統電源側へ流れる」ように調整すればよい。よって、**発電設備の電圧過昇対策は進み力率**で解消する。

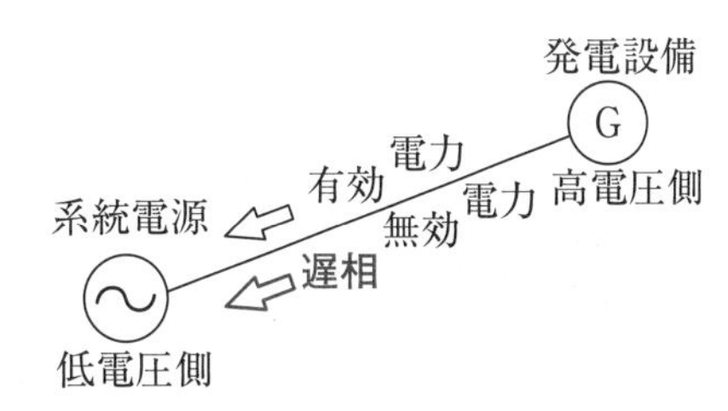

(a)　発電設備が遅れ力率運転のため発電設備に電圧上昇が現れる例

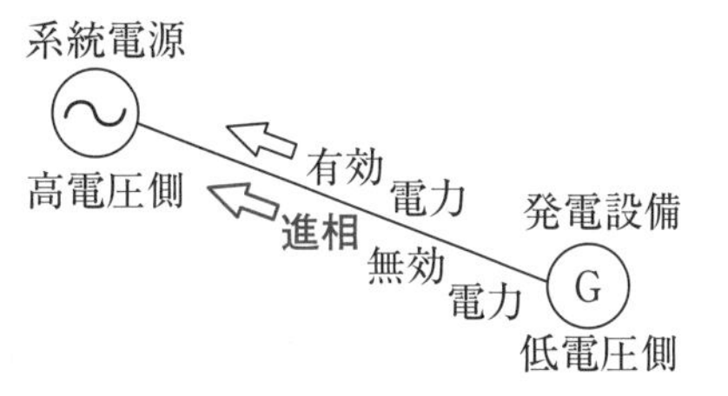

(b)　発電設備側を低電圧に調整するため発電設備に向けて遅相無効電力を流す

図2　電圧の高低差と無効電力の流れ

【模擬問題】 電力系統における電圧及び無効電力の調整方法について述べた文章として、適切ではないものを、次の(1)〜(5)のうちから一つを選べ。

(1) 比較的大容量の同期発電機では、自動電圧調整装置（AVC）の機能を使用して、その同期発電機の出力端子電圧を一定値になるように、界磁調整を行っている。一方、小・中容量の同期発電機は、自動力率調整装置（APfC）の機能を使用して、その同期発電機の運転力率がほぼ一定の値になるように、界磁調整を行っている。

(2) 系統の拠点となる大容量の変電所において、自動電圧調整継電器の出力信号により、負荷時タップ切換変圧器のタップを切り換えることにより、変圧器の変圧比を調整し、当該変電所の二次側（負荷側）母線の電圧値を目標値に調整している。

(3) 一次変電所、二次変電所、配電用変電所の必要な箇所に調相設備を施設し、1日間の無効電力の需要変化、及び、当該変電所に施設した主変圧器が消費する進相無効電力の変化に合わせて、当該調相設備専用の開閉器により接続及び切離しの操作を行っている。

(4) 電力用コンデンサ（SC）は、進相無効電力を消費する設備であり、遅相無効電力を供給することと等価の作用をするので、変電所の二次側（負荷側）母線に電圧の低下傾向が現れる平日の昼間帯に、当該SC専用の開閉器により接続の操作を行い、夕刻又は深夜に切離しの操作を行っている。

(5) 分路リアクトル（ShR）は、遅相無効電力を消費する設備であり、進相無効電力を供給することと等価の作用をするので、変電所の二次側（負荷側）母線に電圧の上昇傾向が現れる平日の深夜に、当該ShR専用の開閉器により接続の操作を行い、翌朝の需要電力が増加する時刻に切離しの操作を行っている。

類題の出題頻度　★★☆☆☆

【ヒント】 この設問のテーマは、「無効電力」である。この「無効電力」の用語は、正式な名称であるが、しかし、第9章のポイントの第1項の(6)「何の役にも立たない無効電力が、なぜ、電験の問題に頻繁に出題されているのか?」にて解説したとおり、無効電力の実態は「適正電圧維持のための電力」であり、「ビタミン・ミネラル電力」である。

この設問に対しては、第9章のポイントの第4項の(2)「系統電圧の調整方法」を復習し、解答する。

【答】(3)

設問の(3)以外の文章は、全て正文であるので、左記の「ヒント」に示した第9章のポイントの第1項の(6)項と共に、よく読んで、理解を深めていただきたい。

さて、設問の(3)の文章は、次の二重線の語句に誤りがあり、その語句を赤色で示した語句に修正して、正文になる。

(3)　・・・当該変電所に施設した主変圧器が消費する ~~進相~~ **遅相**無効電力の変化に合わせて、当該調相設備専用の開閉器により接続及び切離しの操作を行っている。

次の**図1**に示す単相交流回路において、R［Ω］の抵抗器に電流I［A］が流れると、$I^2 \cdot R$［W］のジュール熱が発生し、その発熱分は有効電力の消費を表す。同様に、X［Ω］の誘導性リアクタンスに電流I［A］が流れると、$I^2 \cdot X$［var］の**遅相無効電力を消費**し、これが受電端の電圧降下の原因となる。

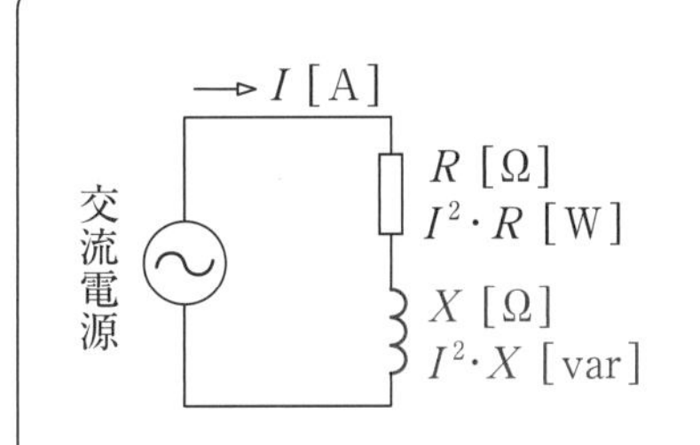

図1　交流回路における有効電力と無効電力の消費

需要設備の中で、図1の誘導性リアクタンスX［Ω］に相当するものとして、三相誘導電動機の励磁回路や、高圧変圧器の励磁回路がある。しかし、**図2**に示す一般的な需要設備においては、受電用主変圧器の二次側の変流器（CT）から電流情報を入力した無効電力継電器により、力率改善用の電力用コンデンサ（SC）専用の開閉器を自動制御しているため、CT設置点の総合力率がほぼ100％である需要家が多い。しかし、受電用主変圧器の漏れリアクタンスによる遅相無効電力の消費分は、SCにより補償されないため、受電点の総合力率が遅れ力率である需要家が多い。特に、二次側の短絡容量を抑制するため、大きな漏れインピーダンスの変圧器を選定した場合には、遅相無効電力の消費量［kvar］が、その変圧器の定格容量［kVA］の約10数［％］の大きな値になることがある。その対策として、SCの設備容量に余裕があれば、制御目標を進み力率に変更するか、又は変圧器一次側に施設したCTから無効電力継電器へ電流情報を入力する方法がある。

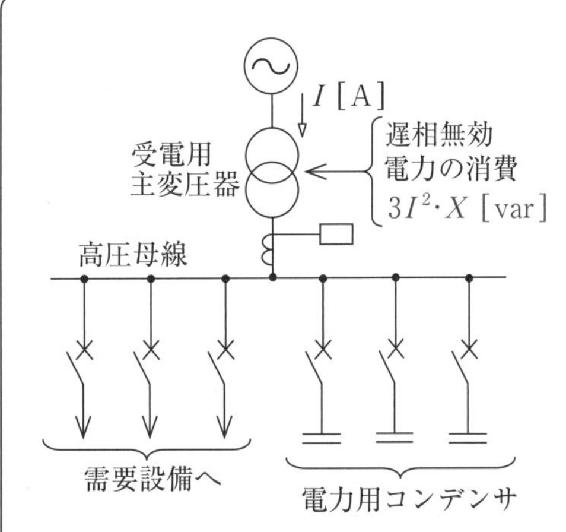

図2　受電用主変圧器による遅相無効電力の消費

変圧器に負荷電流I［A］が流れると、
$3I^2X$［var］の**遅相**無効電力を消費する。

3 SCによる電圧降下の軽減

【基礎問題】 1相分の抵抗値に対し約3倍の作用リアクタンス値の定数を有する三相3線式の送電線路がある。その送電端の相電圧をE_S [V]、受電端の相電圧をE_R [V]、送電線電流をI [A]、送電線に流れる電力の力率が遅れであるとき、E_S、E_R、Iの各ベクトルを適切に表したものを、次の(1)～(5)のうちから一つを選べ。ただし、この送電線路の対地静電容量値、及び対地漏れ抵抗値など、上記以外の定数は全て無視できるものとする。

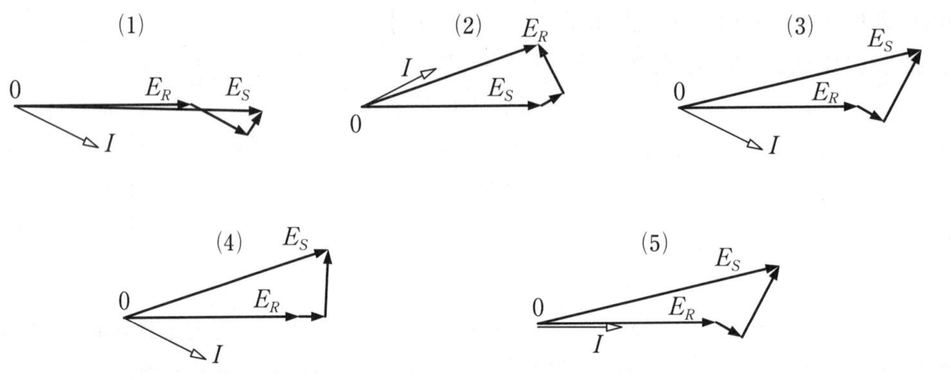

【ヒント】 第9章のポイントの第5項の(2)「電源線路の電圧降下の軽減効果」を復習し、解答する。

【応用問題】 1相分の抵抗値が2［Ω］、作用リアクタンス値が8［Ω］の三相3線式送電線路があり、受電端の電圧値が31［kV］、受電端の需要電力値が8 000［kW］で、受電端の力率が遅れ0.8であるとき、この送電線路で発生する電圧降下［V］の値として、最も近いものを次の(1)～(5)のうちから一つを選べ。ただし、この解答群の電圧降下値の表現方法として、送電端に対し受電端電圧が降下する場合は正値で、反対に受電端電圧が上昇する場合は負値で表すこととする。また、電圧降下値の計算法として、電圧ベクトルの虚数部を無視した簡易計算法により算出するものとする。

(1) −1 030　(2) 520　(3) 1 200　(4) 1 550　(5) 2 060

【ヒント】 第9章のポイントの第5項の(2)を復習し、解答する。この設問では、「・・・三相3線式送電線路があり、受電端の電圧値が31［kV］、・・・」と記してあり、その値が相電圧値なのか、又は線間電圧値なのかを明記していない。これは、出題者の記入漏れではなく、三相電路の標準的な電圧表示法について、解答者の基礎知識の有無を試しているのである。

【基礎問題の答】（3）

この設問の正しいベクトル図を次の**図1**に表し、その要点を図中にて解説する。

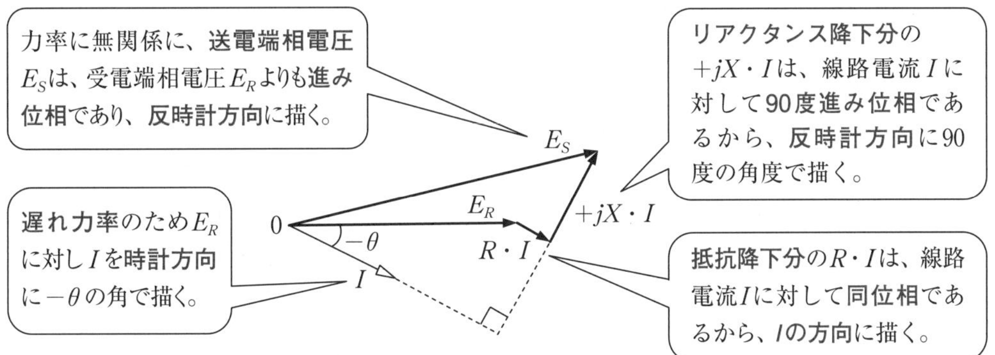

図1　設問の送電線の送電端相電圧E_S、受電端相電圧E_R、線路電流Iのベクトル図

【応用問題の答】（5）

遅れ力率0.8に相当する直角三角形を**図2**に示す。

この図からsin（$-\theta$）は**負値の−0.6**である。

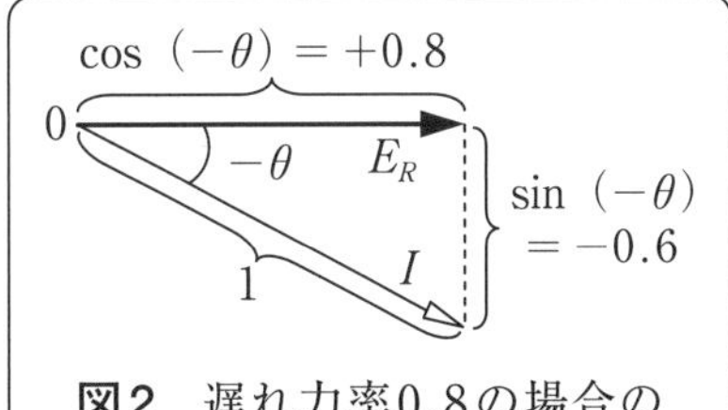

図2　遅れ力率0.8の場合の実軸分と虚軸分の比

三相3線式又は4線式電路の標準的な電圧表示としては、送・受電端電圧、機器の定格電圧、電圧降下値など全て**線間電圧値**で表す。一般的に“線間”の文字は省略して表すため、“相電圧”を表す場合の“相”の文字の省略は許されない。

図3に、相電圧表示のベクトル図を示し、送電線の線電流をI［A］として、この図から電圧降下v［V］の値は次の簡略式で求まる。

$$|I| = \frac{P}{\sqrt{3}\ V_R\ \cos(-\theta)}\ [\mathrm{A}] \tag{1}$$

$$= \frac{8\,000}{\sqrt{3} \times 31 \times (+0.8)} = 186.2\ [\mathrm{A}] \tag{2}$$

$$|v| = \sqrt{3}\, I\{R\cos(-\theta) - X\sin(-\theta)\}\ [\mathrm{V}] \tag{3}$$

$$= \sqrt{3} \times 186.2 \times \{2 \times (+0.8) - 8 \times (-0.6)\} = 2\,060\ [\mathrm{V}] \tag{4}$$

進み角は正値で
遅れ角は負値で
区別して表す

E_S　E_R　0　$-\theta$　I

$R \cdot I\cos(-\theta)$　$-X \cdot I\sin(-\theta)$

図3　相電圧表示の電圧ベクトル図

上の(3)式及び(4)式の$\sqrt{3}$は、相電圧表示の図3を基に、標準的な線間電圧表示値に変換する係数である。この$\sqrt{3}$の乗算を忘れるミスが大変多く、その誤計算の結果は解答群の(3)の値になる。また、(3)式及び(4)式の第2項の負符号を、誤って正符号にすると、解答群の(1)の値（負の電圧降下は、受電端の電圧上昇）になるので、第2項の負符号に注意しよう。

もしも、この設問が電験第二種の問題ならば、電圧降下の正解値は2 110［V］である。

【模擬問題】　1相分の抵抗値に対し4倍の作用リアクタンス値の線路定数で施設された三相3線式送電線路があり、その受電端に一つの需要家の需要設備が接続してある。この需要家の需要設備について、次の(a)及び(b)の問に答えよ。

(a)　この送電線路に流れる需要電力の大きさが変化しても、送電線路の電圧降下値を常に0［V］に調整し、受電端の電圧を常に一定値に調整したい。それを実現するために、受電端の需要家にて自動制御の目標である総合力率［%］の値を、次の(1)～(5)のうちから適切なものを一つ選べ。ただし、電圧降下の検討に当たり、次の全ての条件を適用するものとする。

「この設問の電圧降下の検討に当たり適用する条件」

イ　電圧降下値は、電圧ベクトル図の虚数部を無視した簡略式で求めるものとする。

ロ　この送電線路は、無負荷ではなく、ある値の需要電力が流れているものとする。

ハ　この送電線路の定数として、抵抗値及び作用リアクタンス値のみを考慮し、対地静電容量値及び対地漏れ抵抗値など、上記以外の定数は全て無視できるものとする。

ニ　必要に応じて、下に示した簡易三角関数表を使用して算出する。

(1)　進み99%　　(2)　進み98%　　(3)　進み97%　　(4)　100%　　(5)　遅れ98%

(b)　この需要家の受電点における最大需要電力値が8［MW］であり、電力用コンデンサ(SC)設置前の総合力率値が遅れ80［%］であった。この需要家の受電点電圧を、問(a)で示した「送電線路の電圧降下値を常に0［V］に調整する」ために、必要最小限度のSCの総容量［Mvar］の値を、次の(1)～(5)のうちから一つを選べ。ただし、この需要家のSC群は、小容量のもの多数台で構成し、その1台ずつに専用開閉器を設け、自動力率調整装置からの制御信号により、SC群の接続容量を自動調整するものとする。

(1)　5　　(2)　6　　(3)　7　　(4)　8　　(5)　10

簡易三角関数表（その1）

sin14［度］	0.242
cos14［度］	0.970
tan14［度］	0.249
sin28［度］	0.469
cos28［度］	0.883
tan28［度］	0.532

簡易三角関数表（その2）

$\tan^{-1}$（1/2）	26.6［度］
$\tan^{-1}$（1/4）	14.0［度］
$\tan^{-1}$（2）	63.4［度］
$\tan^{-1}$（3）	71.6［度］
$\tan^{-1}$（4）	76.0［度］

類題の出題頻度　★★★★☆

【ヒント】　第9章のポイントの第5項の(2)項の図15を復習し、解答する。

【答】(a)(3)、(b)(4)

問(a)の解き方；設問の線路インピーダンスZ［Ω］と相似形の直角三角形を右の**図1**に示す。この図1に、簡易三角関数表（その2）の$\tan^{-1}4=76.0$［度］を適用し、線路インピーダンス角αは76.0［度］と判断する。このαの角度値は、送電線に流れる需要電力の大きさに無関係の一定値である。

図1 線路インピーダンスのベクトル図

題意により「電圧降下値を簡略式で求める」ため、前ページの基礎問題の解説で示した図1の中の線路インピーダンス電圧を表す直角三角形の部分を、さらに**進み力率の方向**、すなわち**反時計方向**に回転させ、このページの**図2**に示す赤色の直角三角の斜辺$Z\cdot I$が、受電端の相電圧E_Rに対し90［度］進み位相になるよう回転して描く（ここが重要）。図2の力率角θとαとの和が90［度］（ここも重要）であるので、θは進み14.0［度］と求まる。次に、簡易三角関数表（その1）の中の$\cos 14.0$［度］$=0.970$を適用して、総合力率を**進み97［%］**に調整して電圧降下値を常に0［V］にできる。

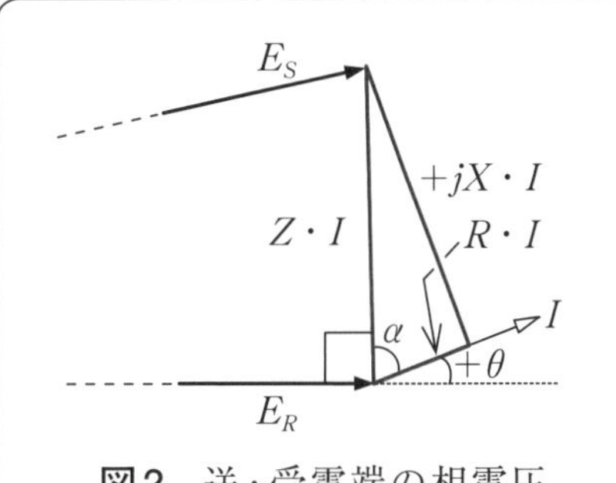

図2 送・受電端の相電圧ベクトル図（部分図）

問(b)の解き方；右の**図3**に、最大需要電力が発生するときの電力ベクトルを示す。この図3にピタゴラスの定理を適用して、電力用コンデンサ（SC）設置**前**に、需要家構内で消費する最大の遅相無効電力値は6［Mvar］である、と判断する。

図3の力率1の点からさらに、総合力率の角度を**14［度］だけ進み力率側に調整**するために必要なSC容量は、簡易三角関数表（その1）の中の$\tan 14$［°］$=0.249$を適用して、図3に示したように1.992［Mvar］と求まる。

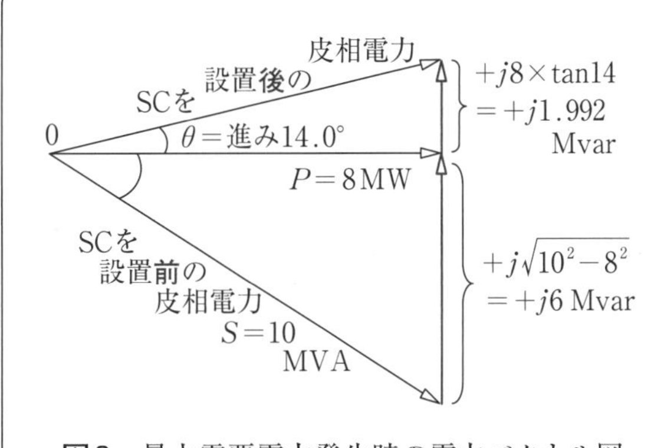

図3 最大需要電力発生時の電力ベクトル図

以上のことから、受電点電圧を常に一定値に維持するために、電圧降下値を常に0［V］に調整に必要なSC総容量値は、図3に示した6［Mvar］と1.992［Mvar］の和の7.992［Mvar］となる。

したがって、必要最小限度の容量は、解答群の(4)の8［Mvar］を選択し、解答する。

電圧降下を0［V］にするには、**抵抗降下分**と、**リアクタンス上昇分**が等しくなるように調整する。

4 SCによる変圧器過負荷の解消

【基礎問題】 次の文章は、変圧器の過負荷を解消するための電力用コンデンサの運用に関する記述であるが、その内容が適切でないものを一つ選べ。

(1) 変圧器の運転損失のうちの負荷損（銅損）は、負荷電流の2乗に比例した大きさで発生する。

(2) 変圧器の負荷電流値は、負荷の皮相電力値に比例する。

(3) 変圧器二次側の負荷の総合力率が遅れのとき、電力用コンデンサを接続して力率を改善することにより、変圧器負荷の皮相電力値が小さくなる。

(4) 変圧器負荷の有効電力が一定値のとき、負荷力率を $\cos\pm\theta_1$ から $\cos\pm\theta_2$ に改善すると、変圧器の負荷損は元の値の $\dfrac{\cos^2\theta_2}{\cos^2\theta_1}$ 倍に変化する。

(5) 力率100%の点よりも更に電力用コンデンサを追加接続すると、変圧器の負荷損の増加、及び、二次側電圧の過昇などの不具合を生ずる原因となる。

【ヒント】 第9章のポイントの第5項の(5)「受電用主変圧器の運転損失軽減と効率向上」を復習し、解答する。

【応用問題】 変圧器の定格容量を S_T、変圧器負荷の有効電力を P、負荷の力率角を遅れの $-\theta$ で表し、この変圧器の過負荷解消に必要な電力用コンデンサの最小限の容量 Q_{SC} を赤色の線により、全てのベクトルを正しく表したものを次の中から一つ選べ。

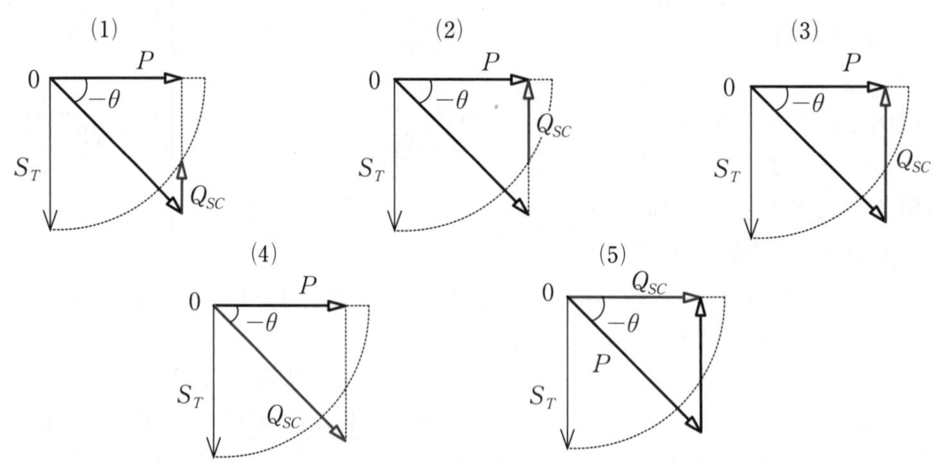

【ヒント】 第9章のポイントの第5項の(4)「受電用主変圧器の過負荷の解消効果」を復習し、解答する。

【基礎問題の答】（4）

変圧器の定格負荷をS_T［kV·A］、定格負荷時の負荷損をp_C［W］とし、変圧器負荷の皮相電力がS_L［kV·A］のときの負荷損p_L［W］の値は、次式で表される。

$$p_L = p_C \times \left(\frac{S_L}{S_T}\right)^2 \text{[W]} \qquad (1)$$

変圧器負荷の有効電力をP［kW］、変圧器負荷の遅れ力率を$\cos(\pm\theta)$とし、(1)式の中の皮相電力S_L［kV·A］は、次式で表される。

$$(S_L)^2 = \left(\frac{P}{\cos(\pm\theta)}\right)^2 \text{[kV·A]} \qquad (2)$$

この(2)式の右辺を、(1)式の$(S_L)^2$に代入して、負荷損p_L［W］は次式で表される。

$$\therefore p_L = p_C \times \left(\frac{\frac{P}{\cos(\pm\theta)}}{S_T}\right)^2 = \left(\frac{p_C \cdot P}{S_T}\right)^2 \times \frac{1}{\cos^2\theta} \text{[W]} \qquad (3)$$

負荷損は「力率の**2乗に反比例**」する。設問文の(4)の負荷力率値は$\cos\pm\theta_2 > \cos\pm\theta_1$のため誤りであり、正しくは「・・・元の値の$\dfrac{\cos^2\theta_1}{\cos^2\theta_2}$倍に変化する。」である。

【応用問題の答】（1）

設問の変圧器の過負荷を解消させるために必要な最小限度の電力用コンデンサ（SC）の容量と電力ベクトル図の要点を、次の**図**の中の①から⑥の順に解説する。

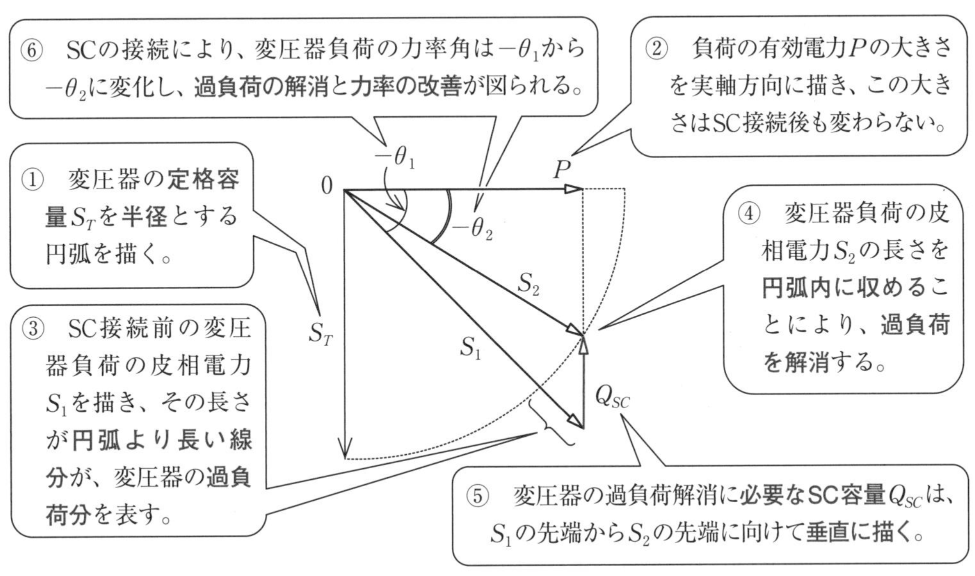

図　変圧器の過負荷解消に必要な電力用コンデンサ容量Q_{SC}と電力ベクトル図

【模擬問題】 三相定格容量12［MV·A］の受電用主変圧器1台で受電する需要家がある。その変圧器二次側の既設需要設備の最大需要電力は8［MW］、負荷力率は遅れ80［%］である。その変圧器二次側に、三相誘導電動機を主体とした最大需要電力が2［MW］、負荷力率が遅れ60［%］の需要設備の増設計画があるとき、次の(a)及び(b)の問に答えよ。ただし、上記の最大需要電力が発生する時間帯は、既設分と新設分とが同時に生じるものとする。

(a) 需要設備の増設工事に合わせて、電力用コンデンサの設置工事を行わない場合、この受電用主変圧器の過負荷率［%］の値として、最も近いものを次の(1)～(5)のうちから一つを選べ。

(1) 9　(2) 10　(3) 11　(4) 12　(5) 110

(b) 需要設備の増設工事に合わせて、電力用コンデンサの設置工事を行うことにより、受電用主変圧器の過負荷を解消させるのに必要な最小限度の電力用コンデンサの容量［kvar］の値として、適切なものを次の(1)～(5)のうちから一つを選べ。ただし、電力用コンデンサの接続により需要設備の有効電力値は変化しないものとする。

(1) 1 800　(2) 1 900　(3) 1 980　(4) 2 080　(5) 2 200

類題の出題頻度 ★★★★☆

【ヒント】 第9章のポイントの第5項の(4)「受電用主変圧器の過負荷の解消効果」を復習し、解答する。この設問の場合、特に、次の点に注意して解答するとよい。

1. 簡易の三角関数表等が与えられていないので、増設後の皮相電力値は、有効電力値と遅相無効電力値を基にして、**ピタゴラスの定理**を応用して算出する。
2. 需要設備の負荷力率の値は、既設分が遅れ80［%］であるのに対し、新設分は遅れ60［%］であり、双方の被相電力の**位相**が**不一致**の状態である。したがって、双方の和算をスカラー和で求めることは誤りであり、**ベクトル和**で求めなければならない。
3. 問(a)では「**過負荷率の値**」を求めるよう指定しているが、「**負荷率の値**」と混同しないように注意する。この両者は「互いに似ているが、異なるもの」である。
4. 問(a)は「最も**近いもの**を選べ。」であるが、問(b)は「**適切なもの**を選べ。」であり、この両者も「互いに似ているが、異なるもの」である。設問に「過負荷解消に必要な最小限度のSC容量は・・・」とある場合、算出した値の端数処理方法として、「四捨五入」と「端数切上」のうち、いずれが適切かを考えてから解答しよう。

【答】(a)(2)、(b)(4)

問(a)の解き方；変圧器負荷の電力値を表す変数として、有効電力をP［MW］、遅相無効電力を$-jQ$［Mvar］、皮相電力をS［MV･A］で表し、それらの変数の添字として、既設分には“1”を、増設分には“2”を、両者の和には“12”を付記して区別する。次の**図1**に**電力ベクトル図**を示し、図中の各値は次の手順で求める。

$$S_1=\frac{8}{0.8}=10\ [\mathrm{MV\cdot A}] \quad (1)$$

$$Q_1=-j\sqrt{10^2-8^2}=-j6\ [\mathrm{Mvar}] \quad (2)$$

$$S_2=\frac{2}{0.6}=3.33\ [\mathrm{MV\cdot A}] \quad (3)$$

$$Q_2=-j\sqrt{3.33^2-2^2}=-j2.66\ [\mathrm{Mvar}] \quad (4)$$

$$P_{12}=8+2=10\ [\mathrm{MW}] \quad (5)$$

$$Q_{12}=-j(6+2.66)=-j8.66\ [\mathrm{Mvar}] \quad (6)$$

$$S_{12}=\sqrt{10^2+8.66^2}=13.23\ [\mathrm{MV\cdot A}] \quad (7)$$

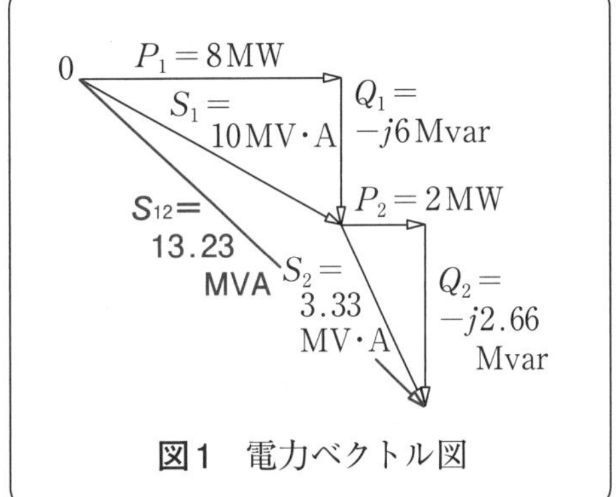

図1　電力ベクトル図

$$過負荷率=\frac{13.23-12}{12}\times 100=10.25\ [\%]\fallingdotseq 10\ [\%] \quad (8)$$

もしも、設問で「負荷率」の値を問うているならば、正解は(5)の110［%］である。

問(b)の解き方；次の**図2**に示すように、変圧器の定格容量値12［MV･A］を半径とする円弧を描く。変圧器の二次側（負荷側）に容量Q_{SC}［Mvar］の電力用コンデンサ（SC）を接続して、上の(7)式で求めた皮相電力13.23［MV･A］を12［MV･A］以内に収めて、過負荷を解消させる。その12［MV･A］のときの遅相無効電力Q_{Tr}の値を、次式で求める。

$$|Q_{Tr}|=\sqrt{12^2-10^2}=6.63\ [\mathrm{Mvar}] \quad (9)$$

SC容量Q_{SC}の値は、

$$|Q_{SC}|=Q_{12}-Q_{Tr}\ [\mathrm{Mvar}] \quad (10)$$

$$=8.66-6.63=2.03\ [\mathrm{Mvar}] \quad (11)$$

と求まる。ここで、端数を四捨五入せずに切上げて、(4)の2 080［kvar］を選択し、解答する。

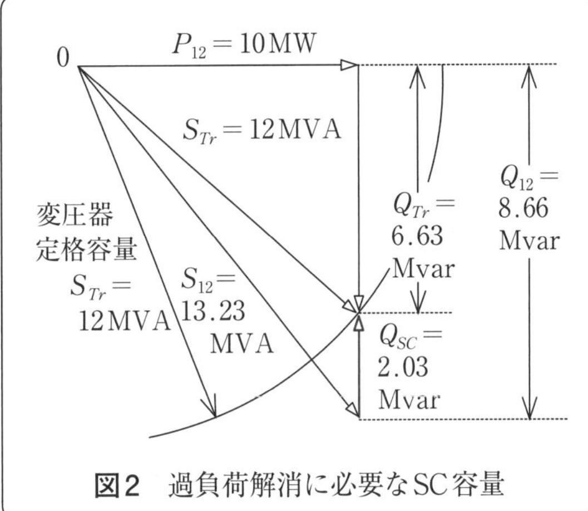

図2　過負荷解消に必要なSC容量

変圧器の過負荷解消の計算法は、定格容量値を半径とする円弧内に、負荷の被相電力を収める。

5 SCによる電力損失の軽減

【基礎問題1】 1相分の抵抗値が2［Ω］、作用リアクタンス値が6［Ω］の三相3線式の送電線路があり、その受電端の電圧値が31［kV］、受電端の需要電力値が8 000［kW］であるとき、受電端の総合力率を遅れ0.8から1.0に改善することにより、送電線路で発生する送電損失の軽減分［kW］の値として、最も近いものを次の(1)～(5)のうちから一つを選べ。ただし、この送電線路の対地漏れ抵抗による損失分、コロナの発生によるコロナ損分、及び、対地静電容量による充電流分等は全て無視することができ、かつ、送電線の抵抗値及び受電端電圧値は一定とする。

(1) 8.3　(2) 25　(3) 50　(4) 75　(5) 100

【ヒント】 第9章のポイントの第5項の(3)「電源線路の電力損失の軽減効果」を復習し、解答する。設問では「・・・この送電線路で発生する送電損失の軽減分・・・」とあるが、その値は三相3線式の送電線路の1相1線分であるか、それとも三相3線分であるか、について注意して解答する。

【基礎問題2】 定格容量値が100［kV·A］の自冷式の三相変圧器1台で構成するバンクがある。この変圧器の運転損失値は、定格負荷時が2 000［W］であり、無負荷時が400［W］である。この変圧器の二次側に接続した三相負荷の大きさが60［kW］であり、その総合力率を80［%］から95［%］に改善した場合に、この変圧器バンクで発生する全運転損失の軽減分［W］の値として、最も近いものを次の(1)～(5)のうちから一つを選べ。ただし、この変圧器負荷の総合力率を改善することにより、二次側の三相電圧値は変化せず、二次側負荷の有効電力値も変化しないものとする。

(1) 190　(2) 220　(3) 260　(4) 330　(5) 1 130

【ヒント】 第9章のポイントの第5項の(5)「受電用主変圧器の運転損失軽減と効率向上」を復習し、解答する。

【基礎問題1の答】（4）

三相3線式の送電線路の送電損失［kW］の値は、三相電路の3線分で表す。この送電線路の線電流値のうち、力率改善前をI_{08}［A］、力率改善後をI_1［A］とし、次式で求める。

$$I_{08}=\frac{8\,000}{\sqrt{3}\times 31\times 0.8}=186.25\ [\mathrm{A}] \quad (1)$$

$$I_1=\frac{8\,000}{\sqrt{3}\times 31\times 1}=149.00\ [\mathrm{A}] \quad (2)$$

送電損失の軽減分p_{loss}［kW］の値は、次式で求まる。

$$p_{loss}=3\times(I_{08}{}^2-I_1^2)\times R\times 10^{-3}\ [\mathrm{kW}] \quad (3)$$

$$=3\times(186.25^2-149.00^2)\times 2\times 10^{-3}\ [\mathrm{kW}] \quad (4)$$

$$=74.9\fallingdotseq 75\ [\mathrm{kW}] \quad (5)$$

上の(3)式、(4)式のところで、次の誤計算の例が散見されるので、注意しよう。

誤計算例　$P_{loss}=3\times(186.25-149.00)^2\times 2\times 10^{-3}$［kW］　（誤式1）

【基礎問題2の答】（3）

題意により、この変圧器の二次側電圧は一定値のため、運転損失値のうちの固定損（鉄損）は一定値である。題意により、この変圧器の定格負荷時の運転損失値が2 000［W］であり、無負荷時の固定損が400［W］であるから、定格負荷時の負荷損（銅損）は1 600［W］である。この設問では、「全運転損失の軽減分［W］の値」を問うているが、上述のとおり固定損（鉄損）は一定値であるから、負荷損のみの軽減分を求めればよい。その負荷損の値は、負荷電流値の2乗に比例するが、題意により二次側電圧が一定値のため、結局、負荷の皮相電力値の2乗に比例する。

この変圧器の三相負荷60［kW］は一定値であるので、総合力率が80［%］のときの被相電力値をS_{80}［kV·A］、総合力率が95［%］のときの被相電力値をS_{95}［kV·A］として、次式で求まる。

$$S_{80}=\frac{60}{0.8}=75\ [\mathrm{kV\cdot A}]、S_{95}=\frac{60}{0.95}=63.16\ [\mathrm{kV\cdot A}] \quad (6)$$

総合力率を80［%］から95［%］に改善することにより、変圧器の負荷損（銅損）の減少分p_{loss}［W］の値は、次式で求まる。

$$p_{loss}=1600\ [\mathrm{W}]\times\left\{\left(\frac{75\ [\mathrm{kV\cdot A}]}{100\ [\mathrm{kV\cdot A}]}\right)^2-\left(\frac{63.16\ [\mathrm{kV\cdot A}]}{100\ [\mathrm{kV\cdot A}]}\right)^2\right\}=262\fallingdotseq 260\ [\mathrm{W}] \quad (7)$$

よくある計算ミスの例として、(7)式の2乗を忘れると、解答群の(1)の値になる。また、定格負荷時の負荷損1 600［W］を、誤って全損失の2 000［W］を適用すると、解答群の(4)の値になる。さらに、変圧器の負荷率を無視して、単純に「力率の2乗に反比例」のみの計算で解を求めると、解答群の(5)の値になってしまうので、注意しよう。

【模擬問題】 1相当たりの抵抗値が2［Ω］、作用リアクタンス値が6［Ω］の三相3線式1回線構成の送電線路の末端に、1需要家が接続してある。その需要家の受電用主変圧器（LRT）は、1相当たりの漏れリアクタンスの一次側換算値は18.22［Ω］、二次側換算値は0.8［Ω］、二次側負荷の消費電力値は12［MW］、総合力率は遅れ0.8であるとき、次の(a)及び(b)の問に答えよ。ただし、下記に示す「簡易計算法」により解を求めるものとする。

(a)　上記LRTの**二次側**の総合力率を1に調整するために必要な電力用コンデンサの容量SC-a［Mvar］の値、及び、そのSC-a［Mvar］を接続中の送電損失［kW］の値として、最も近い値を組み合わせたものを、下の問(a)の解答表の中の(1)～(5)から一つを選べ。

(b)　上記LRTの**一次側**の総合力率を1に調整するために必要な電力用コンデンサの容量SC-b［Mvar］の値、及び、そのSC-b［Mvar］を接続中の送電損失［kW］の値として、最も近い値を組み合わせたものを、下の問(b)の解答表の中の(1)～(5)から一つを選べ。

「この設問の解答に適用する簡易計算法」

①　送電線路の末端電圧は31.5kVの一定値、LRT二次側電圧は6.6kVの一定値とする。

②　SCの有無により、変圧器の二次側負荷の電力値12［MW］は変化しない。

③　LRT内部で発生する運転損失は、漏れリアクタンスによる無効電力損失のみを考慮し、鉄損及び銅損等その他の損失は全て無視できるものとする。

④　線路定数のうちの抵抗要素は線路中央の電源側に、作用リアクタンス要素は線路中央の負荷側に、それぞれ1点集中形で存在する簡易型の定数配置とし、対地静電容量及び対地漏れ抵抗等その他の定数は全て無視できるものとして扱う。

問(a)の解答表

	SC-a［Mvar］	送電損失電力［kW］
(1)	6	107
(2)	6	150
(3)	7	180
(4)	7	320
(5)	9	320

問(b)の解答表

	SC-b［Mvar］	送電損失電力［kW］
(1)	7.5	97
(2)	9.0	170
(3)	9.5	290
(4)	11.65	290
(5)	12.65	320

【ヒント】 第9章のポイントの第5項の(3)「電源線路の電力損失の軽減効果」で解説した(6)式及び(7)式を復習し、**有効電力**の損失は$3I^2R$［W］の公式、**遅相無効電力**の損失は$3I^2X$［var］の公式で、“3”の係数を忘れずに算出する。また、題意のLRT漏れリアクタンス値の一次側換算値と二次側換算値を区別して、遅相無効電力の損失値を計算する。

【答】(a)(5)、(b)(4)

この種の問題を解く手順は、最初に**線電流値**を確定できる点の**損失電力値**を求め、その値を**需要電力に加算**して、隣接の電源側部分の電力潮流値を定める。これを、系統電源の点まで繰り返す方法により、**問(a)の解き方を図1**に、**問(b)の解き方を図2**に示す。

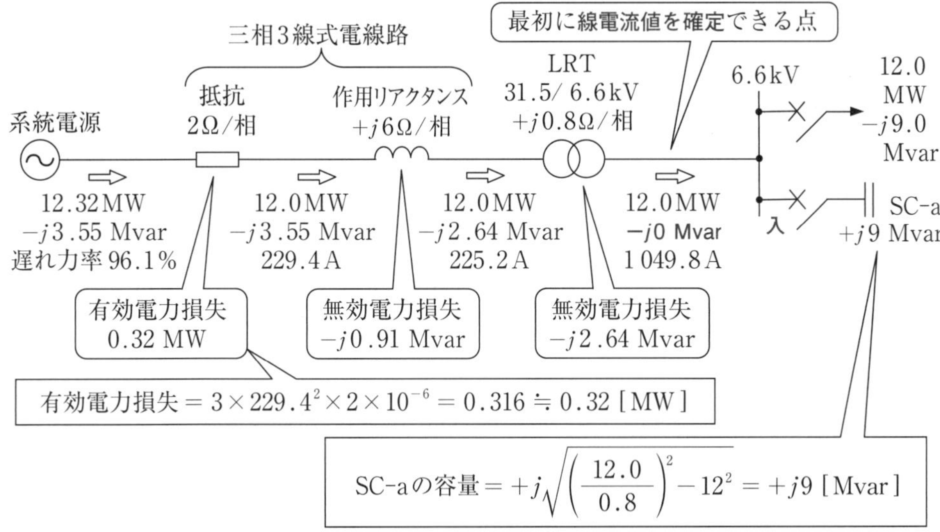

図1 LRTの**二次側力率を1**にした場合の系統各部の電力潮流と損失電力の値

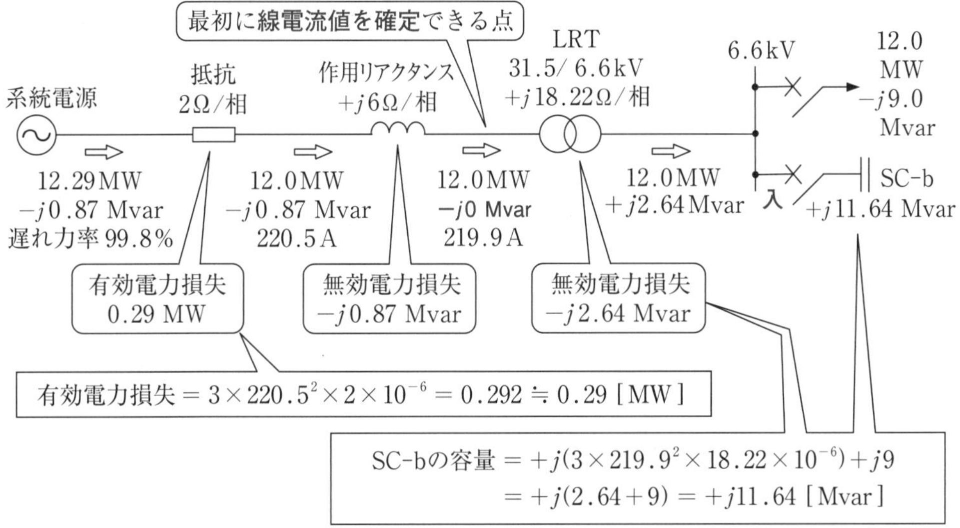

図2 LRTの**一次側力率を1**にした場合の系統各部の電力潮流と損失電力の値

系統各部の有効電力損失は $3I^2R$ [W] で、
遅相無効電力損失は $3I^2X$ [var] で求められる。

6 需要率、不等率、負荷率

【基礎問題】 ある需要家の需要設備が、**表1**に示すA～Cで構成され、それぞれの最大需要電力値及び運転力率値は表1に示すとおりである。この需要設備A～Cを総合した需要率の値が80［%］であるとき、この需要家の合成最大需要電力［kW］の値を答えよ。

表1

需要設備	最大需要電力［kW］	運転力率［%］
A	500	90
B	300	80
C	600	85

【ヒント】 第9章のポイントの第6項の「需要率、不等率、負荷率の基本式」の中で、特に⒂式を復習し、解答する。この計算は、小売電気事業者と締結する需給契約書の中の「最大受電電力」の契約値を事前検討する際に応用する重要公式である。

【応用問題】 下表に示す需要家A～Cの3箇所へ電力供給する1回線構成の送電線設備がある。この3需要家の需要設備の最大需要電力［kVA］の総和の値、受電点における総合力率の値、及び、需要率の値は、下表に示すとおりである。また、この3需要家を総合した不等率値が1.25であるとき、3需要家へ供給する送電設備の送電端に必要な最小限度の送電能力［kW］の値を、有効精度3桁表示で答えよ。ただし、この送電線の送電損失［kW］の値は、送電線の最大需要電力値に比べて小さいため無視できるものとし、解答値の中には将来の増設分を見込まないものとする。

表

需要家	最大需要電力の総和［kVA］	総合力率［%］	需要率［%］
A	5 000	90	50
B	3 000	80	60
C	6 000	85	40

【ヒント】 第9章のポイントの第6項の「需要率、不等率、負荷率の基本式」の中で、特に⒃式を復習し、解答する。

上の「基礎問題」はある1需要家についての問題であったが、この「応用問題」はある一つの送電線路にての問題である。

通常は、「ある送電線で供給する最大需要電力［kW］の値」は、「各需要家で発生する合成の最大需要電力［kW］の値の単純な総和」よりも小さいことが多い。その理由は、各需要家の合成の最大需要電力が発生する**時間帯が等しくない**ためである。その現象は、送電線路の送電能力に必要な最小限度の値を検討する際に重要な事項である。それを、係数化して表したものが**不等率**である。

【基礎問題の答】 1 120［kW］

第9章のポイントで解説した⒂式は、重要公式であるため、次に再掲する。

$$\text{需要率} = \frac{\text{合成の最大需要電力[kW]}}{\text{各需要設備の最大需要電力[kW]の総和}} \times 100\,[\%] \leqq 100\,[\%] \quad \text{再掲(15)}$$

表で与えられた設備容量A～Bの単位を注視すると、機器容量の単位［kV·A］ではなく、定格の有効電力の単位［kW］である。したがって、設問の表に「運転力率の値」が与えられているが、その力率値を［kW］単位の値に乗算すると、力率値の重複乗算の誤りになる。その場合には、960［kW］の誤答になってしまうので、与えられた数値の単位に注意しよう！

さて、この需要設備A～Cを総合した需要率の値は、題意により80［%］であるから、上の再掲⒂式を基にして、合成の最大需要電力［kW］の値は、次式で求められる。

$$\text{合成の最大需要電力} = (500 + 300 + 600) \times 0.8 = 1120\,[\text{kW}] \quad (1)$$

もしも、設問で問うている内容が、受電用主変圧器等の定格容量［kV·A］の必要最小値ならば、⑴式の右辺の値を総合力率値で除算し、その単位を［kV·A］に変えた値となる。

【応用問題の答】 4 590［kW］

第9章のポイントで解説した⒃式は、重要公式であるため、次に再掲する。

$$\text{不等率} = \frac{\text{各需要設備の最大需要電力[kW]の総和}}{\text{各需要設備の合成最大需要電力[kW]}} \geqq 1.0 \quad \text{再掲(16)}$$

需要率及び負荷率の双方が、［%］単位の百分率表示であり、かつ、100［%］以下の値であるが、この不等率は小数点表示であり、かつ、1以上の値であることに注意しよう。

さて、設問の「ただし書き」を適用すると、解答するよう指定された「送電端に必要な最小限度の送電能力［kW］の値」は、再掲⒃式の分母の値に相当し、その値は次式に示すように、再掲⒃式の「分子の値」を不等率1.25で除算して求められる。

$$\begin{matrix}\text{送電線端に必要な}\\\text{最小限度の送電能力}\end{matrix} = \frac{\text{各需要家の合成の最大需要電力[kW]の総和}}{\text{不等率}}\,[\text{kW}] \quad (1)$$

⑴式の分子に代入する需要家A～Cの各合成の最大需要電力をP_A［kW］、P_B［kW］、P_C［kW］として、それらの値を次の⑵式～⑷式により求めておく。

$$P_A = 5000 \times 0.9 \times 0.5 = 2250\,[\text{kW}] \quad (2)$$

$$P_B = 3000 \times 0.8 \times 0.6 = 1440\,[\text{kW}] \quad (3)$$

$$P_C = 6000 \times 0.85 \times 0.4 = 2040\,[\text{kW}] \quad (4)$$

$$\begin{matrix}\text{送電線端に必要な}\\\text{最小限度の送電能力}\end{matrix} = \frac{2250 + 1440 + 2040}{1.25} = 4584 \Rightarrow 4590\,[\text{kW}] \quad (5)$$

設問に「最も近い値を選べ」という指定がない限り、**必要容量**を求める際の**端数の処理**は「四捨五入」ではなく、「**端数切上**」で行う。

【模擬問題】　特別高圧で受電する需要家の受電設備に必要な容量の事前の検討を行う。その需要家の受電用主変圧器の二次側に、複数の需要設備を施設する予定であり、その定格消費電力値［MW］の総和は8.4［MW］、それら複数の需要設備全体の需要率値は60［%］、それらの需要設備に合成最大需要電力が発生する時間帯において、変圧器二次側の電力用コンデンサ接続量も加味した総合力率値が95［%］である。この需要家の需要設備について、次の(a)及び(b)の問に答えよ。

(a)　この需要家に施設する受電用主変圧器の定格容量値［MV·A］として、必要な容量値を満足し、かつ、最小限度のものを、次の(1)〜(5)のうちから一つ選べ。ただし、その変圧器の定格容量値を算定するにあたり、需要設備の将来増設分は見込まないこととし、かつ、この変圧器は過負荷運転させないものとする。

(1)　5　　(2)　6　　(3)　7　　(4)　7.5　　(5)　8

(b)　この需要設備の1年間を通じた負荷率が55［%］であるとき、この需要設備により1年間に消費する総電力量［GW·h］の値として、最も近いものを次の(1)〜(5)のうちから一つ選べ。ただし、1年間の日数は365［日］とし、受電用主変圧器の運転損失電力分の値は、上記の年間の総電力量に含めないものとする。

(1)　22　　(2)　24　　(3)　26　　(4)　41　　(5)　44

類題の出題頻度　★★★★☆

【ヒント】　第9章のポイントの第6項の「需要率、不等率、負荷率の基本式」の中で解説した事項のうち、問(b)は特に(17)式を復習し、解答する。

問(b)は最も近いものを選択して解答するが、問(a)は解答群に用意された受電用主変圧器の定格容量値の中から、「・・・**必要な容量を満足し**、かつ、最小限度のもの・・・」を選択する。その際の計算の結果の端数処理の方法として、単純に四捨五入する方法は、適切な解法ではない。題意のとおり、「主変圧器は、**過負荷運転をさせない**」ことが原則であるので、**端数は切上処理**の方法により、適切な値を選択する。

実務面においても、特別高圧変圧器の定格容量値を事前検討する際には、（水力発電所の発電機昇圧用変圧器の場合を除き）この問と同様に、変圧器の製造業者が提供する「標準の定格容量値から選定する」ことが一般的である。

なお、事前検討の実務としては、近い将来の需要設備の増設分を考慮することが大変に重要であるが、この設問では「需要設備の将来増設分は見込まない」と指定している。

【答】(a) (2)、(b) (2)

問(a)の解き方；需要率の値は、次の再掲(15)式で表される。

$$需要率 = \frac{合成の最大需要電力 [MW]}{需要設備の定格電力 [MW] の総和} \times 100 [\%] \leqq 100 [\%] \quad 再掲(15)$$

再掲(15)式を基にして、合成の最大需要電力P_{max}［MW］の値を、次式で求める。

$$P_{max} [MW] = 需要設備の定格電力 [MW] の総和 \times 需要率 [pu] \quad (1)$$

$$= 8.4 [MW] \times 0.6 [pu] = 5.04 [MW] \quad (2)$$

この設問で答えるべきものは、受電用主変圧器の定格容量S_{Tr}［MV·A］の値であり、その値は上の(2)式で求めたP_{max}［MW］の値を、次の(3)式に示すように総合力率で除算して求める。

$$S_{Tr} = \frac{5.04 [MW]}{0.95} = 5.31 [MV \cdot A] \quad (3)$$

題意により「過負荷運転はさせない」ので、**端数は切上処理**して、6［MVA］を選定する。

なお、需要設備の中の変圧器は、上述のとおり「過負荷運転はしない」運用方針が一般的である。しかし、一般的な系統バンクの場合は、2台～4台を常時並列運転で運用しており、そのうちの1台の故障時にも供給責任を全うするため、復旧操作が完了するまでの短時間は、変圧器の寿命を著しく短縮しない範囲で、過負荷運転を行う方針で運用するケースが多い。

問(b)の解き方；負荷率の値は、次の再掲(17)式で表される。

$$負荷率 = \frac{ある期間中の平均需要電力 [kW]}{ある期間中の最大需要電力 [kW]} \times 100 [\%] \leqq 100 [\%] \quad 再掲(17)$$

この再掲(17)式の中の「ある期間」に、設問の1年間＝365日間を適用し、分母の「最大需要電力」には上の(2)式で求めたP_{max}の5.04［MW］を適用し、総電力量W［GW·h］の値を次式で求める。

$$W [GW \cdot h] = P_{max} [MW] \times 年負荷率 [pu] \times (365 \times 24) [h] \times 10^{-3} \quad (4)$$

$$= 5.04 [MW] \times 0.55 [pu] \times 365 \times 24 [h] \times 10^{-3} \quad (5)$$

$$= 24\,300 [MW \cdot h] \times 10^{-3} \fallingdotseq 24 [GW \cdot h] \quad (6)$$

なお、P_{max}に5.31［MW］を適用すると(3)の26になり、P_{max}に8.4［MW］を適用すると(4)の41になり、年負荷率値の0.55の乗算を忘れると(5)の44になるので、注意しよう。

負荷率は、ある期間の**平均電力値**と**最大電力値**との**比**を、百分率値で表したものである。

第9章　電気施設管理のまとめ

1．貯水池を有する発電所の発電機出力［kW］の計算は、水車の流入量Q［m^3/s］の値を要領よく算出することがポイントであり、その値は、「河川の自然流量分」と「貯水池からの補給分」に分けると、解答しやすい。

2．無効電力は、何の役にも立たない電力ではなく、「適正電圧を維持するための電力」である。
受電用主変圧器の二次側で、総合力率を100%に調整した場合、その変圧器の漏れリアクタンスにより遅相無効電力を消費するため、受電点における総合力率は遅れになる。

3．受電端の力率角θは、進み力率は正値、遅れ力率は負値で表すので、送電線路の電圧降下vの値は、次式で求められる。

$$|\boldsymbol{v}| = \sqrt{3}\,I\{R\cos(\pm\theta) - X\sin(\pm\theta)\}\ [\mathrm{V}]$$

注意点として、係数の$\sqrt{3}$と、第2項の負符号を忘れないようにする。

4．変圧器の二次側負荷の総合力率が遅れで、変圧器が過負荷状態のとき、変圧器の二次側に電力用コンデンサ（SC）を接続して、総合力率を改善することにより、過負荷を解消できる。
その場合、変圧器の定格容量値を半径とする円弧の中に、変圧器負荷の皮相電力を収める方法により、SCの必要最小容量が求まる。

5．系統の各部分の電力潮流値、損失電力値を求める手順は、始めに電流値を確定できる点から送電損失値の計算を始める。その損失値を、その点の需要電力値に加算して、電源側に隣接する部分の潮流値を定める。その方法で、順次電源側へ移行し、系統電源の点まで同様の計算を繰り返す。

6．需要率、不等率、負荷率の定義は、次のとおりである。

$$需要率 = \frac{合成の最大需要電力\,[\mathrm{kW}]}{需要設備の定格電力\,[\mathrm{kW}]の総和} \times 100\,[\%] \leqq 100\,[\%] \tag{15}$$

$$不等率 = \frac{各需要設備の最大需要電力\,[\mathrm{kW}]の総和}{各需要設備の合成最大需要電力\,[\mathrm{kW}]} \geqq 1.0 \tag{16}$$

$$負荷率 = \frac{ある期間中の平均需要電力\,[\mathrm{kW}]}{ある期間中の最大需要電力\,[\mathrm{kW}]} \times 100\,[\%] \leqq 100\,[\%] \tag{17}$$

（上記の数式番号は、第9章のポイントで紹介した番号である。）

電験三種演習問題集　法規（第３版）

平成28年６月30日　初版発行
平成30年３月31日　第２版発行
令和３年11月15日　第３版発行

著者　柴崎　誠

編集 発行　一般社団法人 日本電気協会

〒100-0006　東京都千代田区有楽町１－７－１
Tel　(03) 3216－0555
Fax　(03) 3216－3997
E-mail：shuppan@denki.or.jp
URL：http://www.denki.or.jp/

発売元　株式会社　オーム社

〒101-8460　東京都千代田区神田錦町３－１
Tel　(03) 3233－0641(代表)
Fax　(03) 3233－3440

印刷　音羽印刷株式会社

ISBN978-4-88948-362-8 C3054